The Scientific Revolution

科学史与
科学哲学导论

An Introduction to the History
and Philosophy of Science

[澳] 约翰·A. 舒斯特　著

安维复　主译

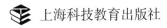

上海科技教育出版社

内容提要

面对科学的叙事与理解的二难问题,本书的新意在于采取科学史与科学哲学穿插进行的方式,清晰地解读了欧洲近代科学革命从古希腊亚里士多德哲学一直到牛顿科学体系建立的思想进程,论证了科学革命其实是自然哲学的转变:第一篇破除了科学史对于"事实"的误解;第二篇论述了亚里士多德与哥白尼之争在于自然哲学的根本不同;第三篇批判了科学方法之谜;第四篇详细解读了第谷、开普勒和伽利略在维护哥白尼学说中的不同路径;第五篇对库恩的科学革命观进行了合理重建;第六篇分析了科学与社会之间的关联;第七篇表达了作者试图整合内史论和外史论的新探索。

作者简介

　　约翰·A. 舒斯特(John A. Schuster)，曾任澳大利亚新南威尔士大学科学史与科学哲学学院院长，2011年退休后被聘为悉尼大学悉尼科学基础研究中心荣誉研究员。舒斯特专攻科学史，特别是欧洲近代科学革命研究，与同类研究相比，他从自然哲学的转变角度来解读科学史别出心裁。著有《笛卡儿的自然哲学》《17世纪的自然哲学》《探索者笛卡儿》等书。

目　录

序 言

　　本书的使用以及不断修订已经有许多年了,伴随着我对16至17世纪的科学革命的教学和研究,特别是我对引导学生有志于从事科学史与科学哲学研究抑或称之为对科学技术的综合研究(Science and Technology Studies)*的反思。本书的第一版成于20世纪90年代中期,用于远程学习模式,这项工作得到澳大利亚开放学习财团(Open Learning

---

　　* 对于 Science and Technology Studies(简称 STS),我国学界特别是自然辩证法理论界在如何翻译上存在分歧。中国社会科学院、中国科学院、北京大学、清华大学、浙江大学、北京师范大学、东北大学、山西大学等重要学术机构及知名学者都有所言说。有人主张将之译为"科学技术元勘",有人主张译为"科学技术论",有人主张译为"科学技术学"。关于 STS 译名的争论是有意义的,不同的翻译方式也都各有合理性。正如有的学者所指出的那样,"科学技术元勘"强调了 STS 是对科学技术的再认识,是一种元研究,但"元勘"作为学科名称过于生僻,不合我国学科目录上关于学科的称谓习惯。把 STS 翻译为"科学技术论"在意义上比较平易,但难以与 Theories of Science and Technology 划分界限,而且"论"字的含义太宽泛,容易混淆具体认识与再认识之间的界限。从学科归属的角度看,将 STS 译作"科学技术学"比较好一些,能够避免一些误解,但在逻辑上难以处理本学科与所包容的学科群之间的语义悖论,其中关系到 STS 与自然辩证法、科技哲学、科技历史、科技社会学等诸多学科之间的归属问题。我们以为,Science and Technology Studies 的关键是 Studies,而 Studies 关键在于我们用什么样的"研究纲领"来审视科学技术。国外同行有的用建构主义的一元论来研究科学技术,有的用理论与应用的二元论来研究科学技术,有的用观念、器物和价值的三元论来研究科学(转下页)

Australia Consortium)的签约资助。第一版是按照如下方式写成的：先将我的讲演录制下来，然后转换成文本形式，接下来将其编辑成较为学术化的风格，最后成为一本书。近年来我又修订了某些材料，增加了某些段落。可以说，本书是我在这个领域35年教学经验和40年学术研究的心血。

在讲授有关科学革命的导论性质的大学课程时，其内容、结构和叙述风格等都会受到编史学的、概念的和叙事的限制。这就意味着，我的课程设计以及该书本身多年来始终坚持某种多层模式——本书各篇的关联性就在于叙事和概念性理论的交替进行。叙事部分所使用的仅仅是概念工具已经提供的内容；但是，这些叙事部分也会在谈到下一层级的概念工具之前，让学生先了解这些概念工具的一小部分内容。例如，当学生在本书的第二篇学习有关哥白尼革命的内容时，他们也在不知不觉中了解了库恩关于"科学革命的结构"的著名观点的某些内容，虽然这些理论（及其批判）要到第五篇时才会正式讲到。同样，第六篇和第七篇所提到的历史解释和编史学等广泛的问题所凭借的也是前面各篇记叙的事实基础和概念基础。因此，总体说来，本书特别适合于并有助于科学史和科学哲学以及对科学技术的综合研究方面的初学者。笔者的一个强烈愿望是，本书所提供的这些学科的最新观点，最终将会成为读者的精神世界的一个永久性部分。因此本书绝不仅仅是另一种形式的科学史叙述性导论。

（接上页）技术，有的用建构、语境、问题、民主的四元论来研究科学技术。这就使国外学界的 Studies 更富有思想的创造性。相比之下，关于 STS 的"元勘"与"学"和"论"之争，不在于如何翻译 Science and Technology Studies，而在于如何进行 Science and Technology Studies，在于如何创造自己的 Science and Technology Studies。基于上述考虑，我们将 Science and Technology Studies 翻译为"对科学技术的综合研究"。——译者

说英语的读者可在互联网上发现本书的一个早期英文版本，网址是 http://descartes-agonistes.com/，其中还有许多我在该领域所做详尽研究的案例。在此谨向我曾学习、教学或从事研究的不同高校，如普林斯顿大学、利兹大学、剑桥大学、伍伦贡大学、墨尔本大学、乌得勒支大学、新南威尔士大学和刚到任的悉尼大学的同事们表示感谢，正是他们在漫长的岁月中，以各种方式激发、促成及修正了本书的材料和观点。

本中译本基于我对本书的最新改进和修订。将此书译成中文的想法出自我尊敬的同事、华东师范大学的安维复教授，是他热心促成了本书中译本的出版，并在我和上海科技教育出版社的编辑之间建立了联系。更为重要的是，安维复教授还审阅并修订了全部译文。

最后，关注本书所论诸多问题的中国读者如有兴趣，可参阅我的著名论文《科学革命》[The Scientific Revolution, 载 R. Olby, G. Cantor and J. Hodge, Editors, *The Companion to the History of Modern Science*（London, 1990), pp. 217—242]，该文已被译成中文，收入《中国科学与科学革命——李约瑟难题及其相关问题研究论著选》（刘钝、王扬宗编，辽宁教育出版社，2002年，第835—869页）一书。这部极其有价值的论文集包含许多有关"李约瑟难题"的重要研究成果，李约瑟难题最先由剑桥大学著名的历史学家、汉学家李约瑟博士提出，其所关切的问题是，尽管中国在科学、技术和社会组织等方面曾一度领先于西方，但现代科学为什么首先兴起于欧洲。

约翰·A. 舒斯特

2011年10月于澳大利亚新南威尔士的凯拉山

科学史与"事实"崇拜

◇ 第1章

导　论

1. 本书的目的

现代科学和技术每天都在冲击着我们的生活,强有力地塑造着我们的未来。科学史和科学哲学及其相关领域,对科学技术的综合研究(Science and Technology Studies),就是研究科学与技术的增长、本质和社会影响的学科。这些学科在近50年来已经发生了革命性的变化,因为学者们已经认识到,研究这些问题的传统方法已经不合时宜了,传统方法通常建立在与神话别无二致的基础之上。

在最近的两代人中,科学史家、科学哲学家和科学社会学家已经对传统观点提出质疑,传统观点认为,科学知识是一个平稳增长和扩展的实体,这个实体由关于客观事实的材料的真归纳和真规律构成。科学理论被看作与时俱进的变化的和动态的事物,它们是建构的而非发现的,它们总是被成功地或不成功地应用和表达,它们总是不断地在冠以"科学革命"的智力变革时期被拒斥。"事实"被视为受到科学家在一定时段所持有的理论的选择和严格制约。研究的方向,以及任何特定研究程序的内容,被看作由目的和任务所决定,这些目的和任务是由社会和政治决定的。因此,当我们使用"科学方法""客观性""事实"和"进步"等术语的时候,严重的问题就产生了:我们的意思究竟是什么?

在我们所理解的科学中,智力革命依然在进行中,且每年都带来新的观点和挑战。但有一点很明确,即不能重返事实、理论、方法、进步和客观性的传统观念。大众和传媒依然认可这些术语,如果不是出于这一事实,这些术语被普遍接受的含义可能就会立刻被贴上现代迷信的标签。

这部可作为教科书使用的著作,意欲向读者介绍这场智力革命以及关于"科学实际上是什么"的观点是如何变化的。它是对科学的本质以及科学方法的神话观念的介绍。本书将使你认识到,大多数人依然使用有关科学方法的朴素的但却误入歧途的观念,对于科学家在干什么,以及科学是如何进步的,本书将向你提供更多、更新的解释。如此,你就能对科学的历史发展更好地提出质疑,并且你也许会发现,你在媒体上,在其他学科中,甚至在科学家自身中间所发现的有关科学的普通假设,将在你所获取的知识背景中开始变得值得怀疑。

我们将探索发生在16世纪和17世纪的天文学和自然哲学上的革命,其挑战的是在古希腊和欧洲中世纪就确立了的、在当时认为是相当合理的、基于地球中心说的天文学和自然哲学。我们将发现,这场革命几乎不是直截了当的真理战胜明显的错误和愚蠢的案例;在科学革命中,理论决定事实而不是事实决定理论,宽泛的宗教和社会关注通常决定了这些理论的内容。

2. 本书的结构和内容

我讲授科学史和科学哲学已经超过35年了,并曾在三个洲讲学。不同层次的教材需要不同的设计思路和不同的教学方法。基于长期的经验,我把这部可作为教材的书设计成通过特殊的策略来向读者介绍科学史和科学哲学的基本概念、问题和技能,这个策略就是,我在本书中交替使用历史叙述和理论分析,有的章节进行历史叙述,也就是讲述科学革命的故事,其他章节则交代有关这些故事乃至一般科学史和科学哲学的基本观念、工具和论题。这就是本书分为7篇的原因。我之所以这样设计,是为了将读者顺利地引入这些不同的层次,并以一种舒缓的方式,始终利用我们已经研究过的材料,将重要的论题介绍给读者。这样,读者就可以在短时间内进入科学史和科学哲学领域,取得很大的进步。许多读者(包括学生)都说,阅读本书后自己的认识和看法有了很大的转变。应该了解的是,本书的问世与我讲授科学史和科学哲学或对科学技术的综合研究这些概论性的大学课程密切相关。对本书内容的学习是这样安排的,大约每周讲2章,13或14周讲完。本书的7篇内容概述如下:

第一篇:"科学史与'事实'崇拜"(包括第1、2、3、4章)研究历史学家如何建构他们的事实(而不是找到或发现事实),以及进一步论证科学的事实也是被建构的,而不是被找到的或被发现的;事实很大程度上形成于并受制于科学家所信奉的理论、目标和信念。在一般历史领域和科学领域,当我们通过事实的建构理解了我们的意思是什么时,我们就可以抛弃关于方法、自主性和进步的古老故事,除了科学的"神话"史,这些故事阻止我们做其他任何事情。其次,我们将会看到,存在一种非常独特的、误入歧途的撰写科学史的方式,这种写作方式依赖的是关于事实、方法、自主性和进步的过时观念。我们将学到,这种误入歧途的历史写作方式被称为辉格史,如果我们要为作为一种社会制度以及作为文化的社会产物的批判的科学史扫清战场,我们就必须摆脱这种辉格史。

第二篇:"科学中的冲突和革命:哥白尼对阵亚里士多德"(第5、6、7、8章)介绍我们的第一个历史案例研究。我们将探究科学革命中两方的对抗:一方是曾经占统治地位的、已经确立了的世界观,即亚里士多德(Aristotle)的宇宙论和天文学;另一方为挑战者的宇宙论和天文学的世界观,该世界观被宽泛地称为哥白尼学说,这种学说出自哥白尼(Copernicus)本人(逝于1543年)。为了方便这种研究,我们将利用第一篇所探究的某些观念,如事实的理论渗透、辉格史及如何避免等。

第三篇:"科学方法神话:两个传说"(第9、10、11章)是我们的第二个概念分析部分,这次论述的是科学哲学中的基本进路,以便理解我们已经研究过的各种历史案例。我们将探究西方传统的对单一的、灵验的"科学方法"的信念,这种信念有两种形式,一种是传统的或标准的形式,它可以追溯到亚里士多德,另一种(也是最重要的一种)是改进了的现代形式,它存在于卡尔·波普尔爵士(Sir Karl Popper)的方法论中。我们将会看到,基于我们的经验,除了科学家喜欢用那些方法论的故事作为他们的辩论术的一部分之外,为什么那些故事不能提供更多的有关科学进展的有用信息。只要人们不再认为科学实际上是按照单一的方法实践的,我们就能够在以后各篇中继续我们的历史案例研究。

第四篇:"科学家究竟怎样进行研究的"(第12、13、14章)是我们第二次进行历史案例研究。在本篇中我们转向哥白尼死后的两代人对哥白尼学说的争论。我们将讨论三个主要参与者——第谷(Tycho Brahe)、开普勒(Kepler)和伽利略(Galileo)——的研究工作;我们将把有关事实、理论、预设和知识的社会塑形等到目前为止已经开始出现的新的重要概念应用于我们的历史分析。因而当某种新理论被提出来时,我们将关注对这种新理论的反应和解释,即关注最终接受或拒绝这个新理论的业内沟通和再解释的过程。这就是科学的社会现象之一,科学史家和科学社会学家发现,这种社会现象很值得研究。毕竟,某个理论并不仅仅是它的发明者说了算的;一个理论取决于业内其他成员的认可,因为业内成员的辩论和沟通展示了新主张的可接受性。你不能将个人的意愿强加在整个学术共同体之上,你的理论是由你的同行来评判和解释的。

第五篇:"尝试重新理解科学是如何运作的"(第15、16章)研究库恩(Thomas S. Kuhn)在科学史和科学哲学中的开创性工作。库恩的观点超越了有关科学方法的传统观点,开辟了思考科学是如何发展和经历激烈变化的新路径。我们对库恩观点的研究,就是将他的思想与我们已经研究的历史案例进行对比,并在最近两代学者研究工作的基础上开始品评和改进库恩的观点。

第六篇:"思想冒险:社会、政治与科学变革"(第17、18、19、20、21、22章)再次回到我们的历史案例研究,但这种研究的概念和理论焦点都发生了变化。是时候该从更多地考虑广泛的社会力量、制度因素和社会环境的角度来考虑科学史了。我们考察了伽利略同天主教会的著名但不幸的对决。之后这个案例将我们带到了科学革命期间各种"自然哲学"相互冲突的重要历史论题上。这个问题的重要性在于,它与社会背景和社会塑形相关联。对自然界,或者说对所有的自然学科进行宏大的系统解释,都与社会及老套的观念高度相关。自然哲学家们必须维系与宗教、教育制度和政治环境之间的适当的关系,他们因此成了社会和文化的避雷针。当我们探究自然哲学在科学革命时期的变革时,我们实际上是在直接探究众多的社会力量是如何影响科学发展的。

因此我们必须研究机械论哲学的形成及其被接受的原因,研究机械论哲学如何以及为何被建构出来,以应对不仅来自某种新柏拉图主义的激进的自然哲学,而且还来自盘踞在各大学中的亚里士多德自然哲学的挑战。最后,我们将讨论艾萨克·牛顿(Isaac Newton)和牛顿的自然哲学。在这里,读者必须小心地避开两个陷阱:第一,牛顿是"对的",他是第一个"真正看到"自然的人;第二,牛顿代表了科学革命的"终结",代表了终极真理,这种终极真理早就自然而然地存在于万事万物之中。

第七篇:"理解科学史的关键何在?"(包括第23、24、25、26、27章)

讨论编史学,编史学意味着分析和讨论历史学家在其工作(描述、叙述和解释)中所使用的假设和理论。换言之,即在历史解释中所作的关于世界如何运作的假设。因此,科学编史学就是对科学史家所作假设的分析。我们将首先探究科学编史学中流行于20世纪的两个主要思想传统或流派,它们分别是科学史研究的内史论和外史论。我们将看到,无论是内史论还是外史论都不能对科学革命给出一个令人满意的解释。除此之外我们还将详细探究一个最重要的外史论观点,即科学社会学家默顿(Robert Merton)有关"新教伦理与近代科学的兴起"的研究。最后,基于本书所做的研究,我们将考察我们何以能超越那些过时的史学著作。在本书的结尾,这种考察将使我们勾勒出一个有关科学革命作为一个完整过程的改进了的最新的图景;这个图景就是重新阐述这一时期的科学史。

按照这种方式撰写本书,会带给读者许多密切相关的新的洞见和思想方法;对这些洞见和方法的领会得益于组织史料的方式,读者将展开一趟紧凑的旅程,最终改变对科学的本质及其发展的看法,同时获得一套继续在这个领域里进行持续研究的思想方法。

世界各地有许多资深的科学史专家都曾是我的学生,他们曾在自己的部分研究中使用过这些由我设计的材料。当时他们并没有认真地想过要从事科学史和科学哲学研究,而这段学习经历可能改变了他们。但是我也理解,本书的大多数读者可能从未研究过科学史和科学哲学,或对科学技术的综合研究,所以我期望读者不必顾虑这些,相信这是一个将对你们的观念和思想发生某些作用的有价值的心路历程。

3. 最初的动机:现代科学的本质及其根源被流俗观点所遮蔽,那么我们从何做起?

首先,科学史和科学哲学以及对科学技术的综合研究并不是科学或工程学科,我们并不教你具体的科学或技术知识。相反,科学史和科学哲学以及对科学技术的综合研究属于社会科学和人文学科,且我们所做的研究与人文或社会科学领域的其他学者所做的研究并无二致。社会科学和人文学科的每个人都研究某种人类行为或人类制度,他既可以研究政治、艺术、经济、军事、文化,也可以研究科学和技术。在科学史和科学哲学以及对科学技术的综合研究领域,我们就研究科学与技术的人类建制;它们就是我们研究的对象。我们的目的就是理解科学和技术是从哪里来的,它们如何运作,如何影响历史,如何影响社会。

这种研究听起来纯粹是"学术性"的,以此推之,所有的社会科学和人文学科都可被看作与科学技术知识无关,或无助于产生有价值的科技知识。但是,我们知道,科学技术作为人类建制是由社会塑形的,反过来又影响社会。但这种互动并不为一般的科学实践者,即一般的科学家、工程师或技术专家所知,这恰恰是真正重要的社会问题,也许是最重要的问题。例如,人们经常会在媒体上看到有关医疗、科学、技术和环境问题的争论,这些争论全都与经济、政治、道德和个人维度相关。科学史和科学哲学以及对科学技术的综合研究的任务就是研究科学技术变革的社会维度,帮助教育人们了解这些问题及如何分析它们。我们有必要教育的人既包括受过科学训练的科学家、工程师、医生和技术专家,也包括受过人文和社会科学训练的人(政治、艺术、社会学、语言学、历史学、哲学等学科的学者)。我把这种现象称为"内行"和"外行"问题。

我们把实践中的科学家、工程师和技术专家称为"内行"。第一件需要了解的事是,内行并不知道他们理应知道的有关其专业、作用和职业的所有事情。当这些专家谈及他们自己的狭小领域时,他们的知识是够用的,但他们自己的技术领域是由社会和政治建构起来的,这个领域被镶嵌在更大的社会结构和建制之中。除了专攻领域和较大范围的专业领域之外,没有人向内行们培训或传授过有关历史学、政治学和社会学或经济学的知识,而这些知识与他们的专攻领域相关联,与他们自己较为宽泛的专业领域相关联,与科学技术在更大的历史和社会结构中的地位相关联。如果科学技术真的独立于社会,如果科学技术专家真的那么单纯,没有政治、权力斗争,也没有内部协商,那就好了,然而事实并非如此。

外行就是社会科学或人文学科学者,包括历史学家、社会学家、人类学家、心理学家,他们研究科学技术的社会和政治方面。内行和外行各自缺乏对方的视角。把科学技术理解为人类事业,需要内行和外行之间的相互作用和相互理解。所以,科学史和科学哲学以及对科学技术的综合研究的任务就是研究科学技术变革的社会及人类维度,帮助教育人们了解这些问题以及如何分析它们。

对于理科的大学生而言,科学史和科学哲学为他们提供了以下机会:从研究科学的角度退后一步看并反思科学本质和科学变革的动力机制;把科学放在更广阔的社会文化环境和历史发展之中;思考当代科学技术所提出的伦理、政治和经济问题。对于非理科的大学生而言,科学史和科学哲学是他们获得理解科学技术的本质以及社会、历史和伦理维度的知识和技能的主要途径。

然而,我理解任何一个人(例如一个理科学生或一个人文学科的学生)可能仍会问:"为什么要学习科学史和科学哲学呢?真的那么有必要或者甚至有可能去研究科学技术的人文-社会维度吗?"甚至那些理解力强的人也可能提出这样的问题,之所以如此,是因为我们中的大多数人都认为自己是理解科学技术的;我们认为自己已经在一般的意义上完全了解了科学技术,因为我们就是在这个社会长大的,接受着日常生活和媒体对科学技术的谈论。因此大多数人认为理解科学技术无须借助于历史学家、哲学家、社会学家、经济学家和心理学家的研究。要知道,就大多数人而言,事实就是,科学技术在人类的字眼上看起来是简单易懂的:科学技术就是"自然的",就是那些聪明人在实验室和研究场所生产的东西,只要他们单独从事应用科学方法的工作。大多数人都相信,科学技术与社会、历史和政治是无关的,至少当科学技术正常运转的时候(即科学技术不被"外部"因素所"扭曲"和滥用的时候)是如此。总之,许多人持有这样的观点,科学技术最好在社会和政治的真空中运行,假定科学家和技术专家获得了适当的资助,得到了很好的训练,并免于俗务的干扰,科学技术必将发展,并将我们带到不断进步的理想之地。

现在,多年的教学与科研使我相信,大多数正读着这些文字的读者,确实都对科学技术这一相当纯粹的、非政治的、非历史的、在某种程度上"非人类的"图景深信不疑。但是,我的言下之意(而这正是本书的真正起点)是:我刚才所说的关于科学的话只不过是一个故事,甚至是一个迷信,但这迷信却流行着,而且从其诞生时起已经流行了300多年。它是一幅图景,一个文化故事,掩藏了科学技术作为社会和人类事业的真相,使常人无从知晓。

图1.1就是我正在讨论的内容的一个缩略图。图内的问题是,什么是科学及其发展、它为环境所塑造而又反作用于环境的现实的社会、历史、经济和政治事实。这些问题被一连串环环相扣的故事所掩盖、隐藏、遮蔽,这些故事就是关于"方法""进步"和"自主性"的神话,这些故事和神话通过提供简单的、似是而非的关于科学本质的另类故事来阻止人们提出更深入的问题。因而如此这般就形成了一道鸿沟,一边是科学的公共形象——科学的公认面孔,也就是众所周知的科学的故事;另一边是社会的和政治的复杂性实际存在于科学的实际活动中。这些编制面纱或藩篱的连环故事早在17世纪就已经形成,它们意在说明科学中的每件事都是对的,无须做更深入的历史或哲学分析。

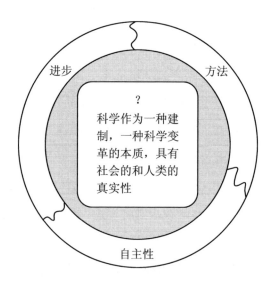

图 1.1 连环故事遮蔽了科学真正的历史-社会本质

　　连环故事中的第一个故事是科学方法的故事,我们将在第9章了解到更多。按照科学方法的故事,科学是以这样的事实为基础的:科学家已经发现并完善了科学研究的方法。这个方法就是一套发现事实、从事实中推导出理论并对理论进行检验的简单的规则和程序。这个方法是独一无二的——只有一个方法可以以不同的方式应用到所有的具体科学之中;而且它是可以转换的,只要这个方法得到正确的、良好的应用,人们就一定能获得科学知识。第二个故事认为,这种神奇的方法在应用中必须远离恶劣的社会影响,例如远离偏见、意识形态和宗教。如果让科学家不受干扰,则这种方法的效果最佳;如果科学家是独立自主的,则这个故事就是科学远离社会影响的自主性的故事。最后一个故事是进步的故事——通过科学方法的应用,实验室和研究机构得到越来越多的知识。这些知识越来越多,就像从香肠机涌出的香肠一样,在这里香肠机就是工作的方法,不断地制造出事实以及关于那些事实的被证明的理论。当这种知识积累变得越来越多时,就被称为进步。

在这种进步中,只有收益却无须有意义的成本。

所以我们就有了进步、方法和自主性的连环故事。如果这些故事是真的,那就太好了,因为那样的话做一个科学史家就非常容易了。我们就可以说,在17世纪出现了一些聪明的杰出人才,他们发明了科学方法,创造了现代科学,促成了科学技术进步的发生。实际上,确实有些科学史的著述以这种方式使用了这三个故事。遗憾的是,这三个故事中的每一个都有点误导性,遮蔽了有关科学如何进行研究以及如何在历史中进化的社会的和历史的真实情况。本书的主要任务之一就是分析和解构这些故事,这样,我们就能够得到一个关于科学变革的真实历史动力究竟为何的概观和体验;此外还能够看到社会力量是如何影响科学变革的内容和方向的。

解决这个问题的策略将取决于另一个重点:在方法、自主性和进步这三个故事的背后,存在一个更深的使它们皆成为可能的迷信,我将其称为事实崇拜。"事实崇拜"是这样一种观念:事实就在那里,等待着方法的"香肠机"在远离社会环境的情况下被制造,通过这些事实的发现和检验来取得进步。这就是本书第一篇第1—4章为何冠以"科学史与事实崇拜"的原因。

所以,在接下去的一章里,我们试图规劝读者接受这样的观点,即事实是古怪的事物,比我们平时所预料的更难懂而且易于曲解。事实更是历史的产物,具有更多的历史多变性。事实远比我们通常所认为的更要受社会及政治的影响,尤其是在科学中。我们将要发现的关于事实的基本问题是,事实更大程度上是科学家的观点的产物,是科学家的理论以及技术选择的产物;我们需要各种社会的、政治的和历史的分析来解释科学家的理论选择(以及那些理论所包含的对事实的选择)。一旦你发现事实是由理论和观点所形成的,那么科学的历史就突然变得非常有趣,因为你不是在审视轻而易举得到事实的神话中的"好人",

而是开始审视奋力建构和推销确凿事实来反对对手的人,对手想证实并推销不同的事实。这正是我们将要看到的在17世纪科学革命中的那种争论。

在下面几章中我们会了解更多有关事实的论述。在第2章我想说明的是,在我自己的领域(历史),我对事实的本质的论述是真诚的。所以我不会从科学事实出发,而是从历史和历史中的事实出发。这是因为,几乎每个人最初都会说,科学家的事实是真正的事实,而历史学家的事实是靠不住的、有条件的、被建构的、在历史中可变的,是历史学家的观点和旨趣的产物。你们所有人大概都想那么说,而且你们是完全正确的,只可惜当你读完本书时,我要让你明白,你也不得不说关于科学家的同样的话——科学家的事实是靠不住的、有条件的、被建构的、在历史中可变的,是科学家的理论和观点的产物!

当我们进展到接下去的三章时,我的议程上将会有两个议题。第一,在第2章分析了历史学家如何建构他们的事实(而不是找到或发现事实)之后,我将表明,科学中的事实也是被建构的,而不是被找到或被发现的。当我们通过历史和科学中的事实的建构理解了我们的意思是什么时,我们就可以抛弃关于方法、自主性和进步的古老故事,这些故事除了提供"神话"式的科学史,让我们不能做任何事情。这些问题将在第4章得到进一步的阐述,第4章通过先验理论、信念和目的研究人类的知觉(perception)和事实的形成。第二,在第3章中,我将说明存在一种非常独特的、误入歧途的撰写科学史的方式,这种写作方式依赖的是关于事实、方法、自主性和进步的过时观念。我们将知道,这种误入歧途的历史写作方式被称为辉格史,如果我们要为一种批判的、学术性的科学史扫清战场,这种科学是作为社会制度以及作为社会和历史的产物的科学,我们就必须摆脱这种辉格史。

第1章思考题

1. 是什么因素妨碍了公众和大多数学者对现代科学的正确认识？

2. 按照本书的观点，如何消除这些因素？

阅读文献

John Henry, *The Scientific Revolution and the Origins of Modern Science*, Chapter 1 (in any edition).

Peter Dear, *Revolutionizing the Sciences: European Knowledge and Its Ambitions, 1500—1700*, Chapter 1.

◇ 第2章

面对事实的历史学家和科学史家

1. 历史学家的事实来自自然和文化的共建

回顾前一章,一般而论,作为社会科学和人文学科的学生,我们研究的是作为人类建制和社会建制的科学。我们这么做是非常重要的,因为我们谈论的关于科学的这些事情并不为一般实践中的技术专家和科学领域里的专家所知晓。就每一个受过教育的人而言,对作为社会建制的科学的本质有一个现实的、批判的把握是重要的。

我曾指出,因科学身陷误解,这就会导致一个问题(参见第 1 章的图 1.1)。这种误解的存在制约了我们了解科学的实际的社会政治机制,这种机制是科学作为某种社会建制的真实运作。这个误解是由三个连环故事或三个连环神话引起的,这些故事或神话自 17 世纪开始就已经在科学周围编织这一误解了,其目的在于保卫科学并促使其成长。这些连环故事就是“方法”的故事,“科学自主性”的故事和“进步”的故事。

在本章我想关注某些更深层的东西,关注我们以这种方式谈论科学方法、客观性和进步的能力的根本原因。这个深层的原因就是我所说的“事实崇拜”,即这样一种常见的、似乎正确的观念:世界就在那儿存在着,其中有一系列给定的客观事实,等着“幸运的家伙”、崇尚客观性的人,来到这里精准地观察它们(图2.1)。我并不否认独立的客观世界是存在的,我所要否认的是我们人类能够直接地、清晰地看见这些事实,也就是否认我们人类能够直接把握构成世界的不可变易的纯粹事实(nuggety*facts)。

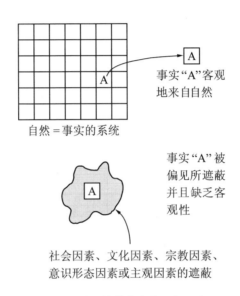

事实"A"客观地来自自然

自然 = 事实的系统

事实"A"被偏见所遮蔽并且缺乏客观性

社会因素、文化因素、宗教因素、意识形态因素或主观因素的遮蔽

图2.1 关于纯粹事实的一般观点

关于事实,我想我们将要论证的基本观点是,事实很大程度上是科学家的观点、科学家的理论和科学家的技术选择的产物。事实是理论渗透的,事实是被它的倡导者的观念、工作过程和信念所决定的(图2.2)。这或许使你感到新奇,其实不然,因为这种观点并不是新的,自从20世纪早期以来,人们就已经知道科学事实为科学家所建构的情况,这种观点来自哲学、心理学、认知科学、人类学、历史学和语言学的探索。我们将要看到,客观世界并没有给予我们这种如此"坚固",如此

---

* "Nuggety"意味着那些坚固的、不可分割的物质,一旦我们把握了这种事实,我们就能够彻底地理解它,而且没有什么可以阻碍对它的理解。——原注

"坚硬"或如此"所与"（given）的事实。我们将会看到事实不是所与的而是"建构的"，我们将会看到事实在历史上是多变的，事实因时因人而异。我们将会看到事实不是永恒的，而是可以协商的和可以修改的。

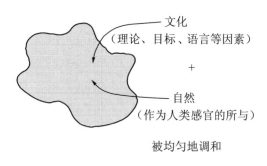

图2.2　作为文化建构的人类事实

然而，正如我在第1章结尾时所说，我并不打算从科学事实出发，而是打算从历史和历史中的事实出发，因为当你们都说科学家的事实是真正的事实而历史学家的事实是历史学家的观点和旨趣的产物时，你们是有偏见的。历史学家的事实的确是历史学家的观点和旨趣的产物，但我们将要看到，科学家的事实也是科学家的观点和旨趣的产物，科学家的事实也被科学家的理论和观点所限定。

2. 史实与叙事的一个简单看法

让我们先简单地看一下历史学家是干什么的（图2.3）：历史学家就是营造历史叙事，而历史叙事由若干事件构成：先发生什么，再发生什么，接下来又发生什么，等等。每个事件都牵扯到人、事和活动，每个事件都以历史事实为基础。这种叙述，从一个事件到另一个事件，就是历史学家对历史的说明或解释，这种说明使事件和事实获得意义；事实支撑了叙事或历史的说明，并为它提供证据。

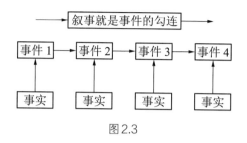

图2.3

接下来我们将要问"事实"可能是什么。例如,"事实"在字典中的定义是什么？按照《牛津英语词典》,事实就是一种"确知已经发生的事物,或确知为真的事物,一种经验论据,某种境况的真实存在"。论据(datum)来自拉丁文的"所与"(a given),一种经验的所与。事实是呈现在我们面前的。这就是我们在上述图2.1中提出的观点。因此,按照这种定义以及通常的理解,"客观事实"显然是真的、现实的对象、事件、境况或此类东西的属性,存在于物质世界之中,独立于任何感性主体的干预,绝不取决于主体的(他的或她的)偏见、意志、理论、情感、目的、旨趣或价值观。

所以,这就是人们如何不加批判地理解的"事实"以及事实如何简单地被认为同历史学家的叙事有关。但是我们想按照事实是如何被人类发现并如何被交流的最新研究成果来分析事实。这个故事有点不同,而且如前所述,我们从历史中的事实开始,然后将其扩展到包括科学在内的一般的事实。

3. 面对历史学家那种理论渗透的事实

以下所述为历史学、人类学、语言学、传播学和社会学对历史中的事实的最新研究:

我们知道,当一个历史学家想要解释某个事物,当他想要写下某个叙事的时候,他就需要某种"低层级事实"(low level facts)作为起点,即需要某种基本事实。那些基本事实通常是当时的人留给我们的：当时的报道，当时的信件，当时的解释、文件、陈述，无论什么，都来自我们所研究的那个时代。这类事实被称为初级原始资料，这些资料告诉我们发生了什么，它们提供了目击者对事件的陈述。

我们来分析一个案例。这个案例发生在大约40年以前：事情发生在1970年5月4日的美国俄亥俄州肯特镇的肯特州立大学。或许你已经知道，当时发生了一起预备役士兵（俄亥俄州国民警卫队）屠杀反越战学生的事件。下面是两个陈述，也就是两个目击者的陈述。（当然这两个陈述都不是真实的，而是我编出来的，以便举例说明这一案例。这两个陈述都似是而非。）

请记住这次事件发生在美苏之间"冷战"的高潮时期。因此想象一下，有一个苏联记者站在肯特州立大学的校园，而一个美国中央情报局特工站在同一地点，所以他们都获得了当天发生在他们眼前的事件的几乎相同的网膜视像。事件发生后他们双方立即写下了自己的陈述，而这些文件现在构成了历史学家的基本事实。40年后，我们在俄罗斯图书馆发现了苏联的官方报纸在第二天刊登的报道，并在美国政府档案室找到了归档在那一天的美国中央情报局特工的报道。下面就是这两个陈述：

陈述1

1970年5月4日下午，全副武装的国民警卫队士兵强行驱散了在肯特州立大学举行和平集会的学生，这些学生正在抗议越战和最近对柬埔寨的入侵（尼克松总统于4月30日公开宣布的），事件造成了相当大的人身伤亡。（刊登在次日的苏联报纸上的苏联记者所作的目击者陈述）

陈述2

1970年5月4日下午,国民警卫队士兵不得不驱散了一伙不法激进分子和无政府主义者,这些人用暴力威胁财产和人身安全,破坏该城镇和大学的公共生活。(中央情报局官员向美国官方档案提供的目击者陈述)

首先,这两个陈述都是历史学、社会学或任何一种考察社会的科学所必需的那种基本的、低层级的事实。你不可能得到比这种目击者的陈述更为基本的陈述或报道。值得注意的是,这些陈述都大大超出了这两个肩并肩站在那儿的目击者的视网膜和视神经所接收的信息。别忘了,他们就站在相同的位置,具有电磁辐射跳到其眼球视网膜上的相同模式。但是,有某种关于这两个陈述(即陈述1和陈述2)的东西超出了网膜视像所记录的信息。这些陈述被<u>两个不同的观察者的背景价值观和理论、目的和信念</u>所左右,所以由这两个观察者所报告的作为结果的"事实",是由观察者视网膜上的信息同他们的背景价值观、理论、信念和目的所共同铸造的。

所以,如果你要理解这个事件,则视网膜上的真正的信息加上了这样或那样的偏见事实上并不是一个问题。你不可能提出一个有关某个境况的按常理来说很有意思的陈述或报道而不带进你自己的背景知识、信念、目的和价值观。毕竟,光模式不会把文字印在你的视网膜上。在目击者的文字报告或陈述中所涉及的概念和程序来自何处呢?请再次审视图2.1和图2.2。图2.2指出,我们在这里所讨论的是,在一个给定的群体或共同体之内的某个报道或事实,是渗透着理论的,这种报道或事实是由两个事物所构成的:其一是(视网膜上的)自然输入物;其二是观察者的理论和价值观。我们可不是闲站着向彼此报告自己视网膜所见的情况。

而且,这些陈述并不是单纯的个人评论,因为,一方面,苏联记者公开了他的陈述,因为他是一个苏联记者,他期望其他的苏联公民能够发现上述"陈述1"是一套似是而非的"事实"。但另一方面,美国中央情报局特工并没有公开他的陈述,因为他是一个身份特殊的人,身为国家公务员,他希望他所报道的这个"事实"能够被他的长官和同僚所接受,他的长官和同僚都从事国家安全事务。就美国安全事务机构而言,他们的事实就是上述"陈述2"中的"事实"。

这两个人所得出的"事实"很可能被他们各自职业的同僚作为合理的准确基础而用于针对这种境况的进一步分析和解读。这两个目击者都向他的基本听众报道了"他看见了什么"。但这种报道却渗透着文化和理论。这种"偏见"或这种塑造源自成为某个群体或共同体的一员,这个群体或共同体具有某种信念、议程和处理事情的通常的群体方式。也就是说,我们谈论的是各个报道的相关信息的听众:具有同样的观念和价值观的共同体或群体或某个传统的成员,他们都把其成员的报道当作事实,而把其他人的报道当作怀有偏见的废话和曲解。

现在,我知道你为了应对这一切想做什么:你想做的也是从亚里士多德和笛卡儿(Descartes)直至20世纪的哲学家都想做的。你想说,"但确实存在某种更基础性的事实,这种事实没有被社会的或历史的添加剂所污染"。但我坚持认为,绝不存在有意义的、重要的、有用的"零点"事实("ground-zero" level fact)。不存在不受某种背景理论所制约的事实。

现在让我们考虑陈述3——试图提出一个真正中立的、无偏见的陈述。

陈述3

1970年5月4日下午,某些人过来杀死了另外一些人。

那倒是真的……但它对任何人有用或相关吗?任何人或群体会觉

得这种简单的、傻瓜式的陈述有任何严肃的意义吗？任何一个具有成熟信念、办事靠谱的成年人、共同体或群体的成员会想用这样一种陈述去做什么呢？历史学家会使用这条陈述吗？新闻记者会吗？行政人员会吗？不会，显然任何人都不会对这条陈述产生兴趣。它没有意义。也许一个5岁大的孩子会这样说话，因为一个5岁大的孩子还没有丰富的目的、信念、理论和价值观等背景。一个5岁大的孩子对这个世界仅有一个有限的理论。所以一个5岁大的孩子不能对我们讲出有用的"事实"。

我们或许同意这个陈述，"某些人过来杀死了另外一些人"。我们或许同意这个陈述，但我们不会把它用作一个基本事实。在我们开始使用这个陈述之前，我们会立即开始用深层的"意义"和"内容"把它搞得充实起来。当苏联记者说"某些人过来杀死了另外一些人"时，他的总部会说什么？总部会问他，"这件事是怎么发生的？当事人如何反应？接下来发生了什么？实际上发生了什么事情？"换言之，按照群体旨趣和程式受到观察训练的行家会对他们的基本信众给出有意义的报道；也就是，被群体共享的理论、信念和目标所铸成的报道。

现在，如果我们只是简单地播放一段记录了这两个人当天在肯特州立大学所见事件的录像，录像将包含什么基本的、真实的事实？你可曾注意到，新闻镜头总有一个"话外音"，即官方发言人对画面的评述。来自新闻提供者的某些对话告诉你如何"阅读"展现在你面前的画面。而仅仅录像本身，不会存在任何对任何国家安全机构或任何新闻机构或任何历史学家有用的事实，直到某些解释、某些说明性的谈话被补充进去。为了理解这段录像，为了"看见"其中的事实，你不得不在聆听陈述1或陈述2的同时来观看录像。

所以，有关肯特州立大学事件的数字记录本身是微不足道的。在任何"事实"显现出来之前，它都必须被解读才行，而且，正如我们已经看到的,那些事实因其"制造者"的世界观、价值观、观念和目标等的不同而各异。换言之,这个新闻记者和这个情报人员的信念、价值观和旨趣并没有扭曲"基本事实",这个新闻记者和这个安全特工的信念、目标和旨趣<u>构成</u>了特定的事实,他们都认为这些事实是基本的(回想一下图2.2)。这些目的、理论和信念制造了这种基本事实或者那种基本事实。在做这些解释工作之前是不存在一点儿事实的。

4. 历史学家在实际工作中如何运用理论渗透的事实:在专业共同体中为它们作解释和协商

历史学家必须用类似于陈述 1 和陈述 2 那样的"事实"来工作。首先,历史学家必须在类似于陈述 1 或陈述 2 那样的档案事实中进行<u>筛选</u>,因而这种筛选是建立在信念、目标、旨趣和价值观的基础之上的。但除此之外,为了撰写历史,历史学家还要对他选定的这些基本事实或原初报道进行重建。陈述 1A 就是一个重建陈述 1 的例子。

陈述 1A

1970 年 5 月 4 日晚上,全副武装的国民警卫队士兵强行驱散了在肯特州立大学举行和平集会的学生,这些学生正在抗议越战和最近对柬埔寨的入侵(尼克松总统于 4 月 30 日公开宣布的),事件造成了相当大的人员伤亡。<u>按西方警察机关的标准,这种官方的动武是过分的,但与法西斯意大利和纳粹德国在 20 世纪 30 年代的反聚会政策相比还算是有节制的。</u>

在这里,历史学家出现了,并对事实 1 他认为真实的内容进行了详细阐述。他说出了新闻记者已经说出的全部事情,而且还加上了有下划线的部分。换言之,这个历史学家把这个陈述放在了更大的观念和理论的框架之中,他由此对这个事件给出了附加的意义或解释。对陈述1的重建并非建立在对其他设想为原初的、基本事实的客观认识的基础之上,而是既建立在其他专业史学家所提出的推论的基础之上,也建立在他个人的负载价值的判断基础之上,这个判断是对大量其他形式的报道所包含的意思的判断。

历史学家打算利用基本事实1A来建构他对事件更宽泛的解释。正如新闻记者和国家公务员制造他们的事实一样,历史学家也在制造事实。历史学家对事实的制造并不是基于某种关于在肯特州真正发生的是什么的深层次知识,而是基于他认为他所知道的有关国家镇压类型的知识,也就是他的有关国家镇压的类型和程度的比较性理论。他在作一个比较判断——对一种极端情况的判断——纳粹倾向于做<u>这个</u>,意大利法西斯分子倾向于做<u>那个</u>,而美国当局,比如芝加哥警察,通常做事不该那么暴力。而且,他正在用那种知识或"理论"来形成某种比较,他运用这个比较把事实1塑造成了事实1A。事实1A不同于事实1,这是因为事实1A比事实1有所扩大,附加了"在肯特州,当局还没有坏到你所知的纳粹的地步"。为了构造事实1A,这可绝非对事实1的无足挂齿的附加说明。

接下来我们必须考虑的是,归根结底历史学家是对解释感兴趣的。历史学家想做的就是对某种境况给出一个较为宽泛的解释,在这个解释中,他关于"基

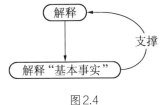

图2.4

本事实"的说法提供了基础和证据。因此"基本事实"是"改进的"并被用作历史学家想要给出的宽泛的解释的证据(图2.4)。在历史学家从事实1走向事实1A的行动中我们可以看到这一点。这种解释游戏需要对已经形成的"基本事实"如事实1A进行排列,然后将之与其他的基本事实、假设、概括、比较和理论一起并入所谓的解释之中,这种解释通常是由更大的叙事所表述的。

说到底,历史学家想利用他的选择和最初建构的基本事实或报道来构成一个更宽泛的叙事或解释。下面就是两种解释:

解释4. 美国当局的反应从根本上说源自他们自己的政治经验和感觉,形成于不但对20世纪30年代和二战之后出现的极端左派和共产主义者,而且对反越战运动中涌现出来的激进分子和恐怖分子的长期斗争之中。他们把结束战争的呼吁看作国内左派政治敌手回归的征兆,就像20世纪30年代那样有可能导致国内动乱和社会秩序失控。

这就是一个历史学家对美国当局此次行动的可能的解释。这种解释基于美国当局所喜欢的模式或理论,基于他们的历史观,基于他们在某种情况下很可能的行动。

下面是另外一个历史学家的解释,注意这两种解释(4和5)并不矛盾,因为这两种解释掺杂了略微不同的要素。

解释5. 改革,特别是在美国,需要选民的群众运动的支持,这种群众运动要受到重要的主流媒体的支持才会成为可能。鉴于这一事实,肯特州立大学的学生抗议者没有成功,这在20世纪60年代末期和70年代早期通常是可以理解的。

这种更宽泛的解释或叙事基于这个历史学家所持有的相关的政治历史观的某种理论。历史学家用这种理论制造了他对原初的说明或事实的解释。

如此,我们可以得到如下结论:首先,这些解释是大范围的理解,与大量业已选定和加工过的"事实"相关,并且植根于各种这样的判断性概括之间所主张的比较和类比。其次,也是特别重要的一点是,历史学家或许会利用这些解释(理论)中的一个,两个,或者一个都不用,来给出他那具有更多"基本事实"(如事实1、事实2或事实1A)的选择(和加工)的意义;这些选定的以及被加工的基本事实就成为历史学家的解释的"证据"或支撑的一部分(图2.4)。第三,这个历史学家将不得不与他的学术同行进行辩论或协商,以便确定他们是否接受他对"基本事实"的选择/加工以及他对它们的解释(理论)。

在美国,"学生运动"不算"群众运动",但法国大革命和中国革命则属于群众运动,为什么呢?我们可以讨论。也许"农业和城市产业工人"不得不卷进"群众运动",历史学家会接着争论什么时候一场"运动"是"群众运动"吗?显然,这是一大套制造出来的事实、解释、比较和类比。所有这些加在一起就变成了"那个解释",即对"那些事实"的解释。

想要建构一个解释的历史学家会遇到一大堆问题。

其一,他不得不形成一个解释;其二,他不得不选择并建构他的基本事实;其三,他不得不为这些基本事实与这一解释之间的明确联系而辩。所以历史学家的基本事实是建构出来的、筛选出来的。而且,他的解释是同那些"事实"和他作为专业史学家所持的其他理论、比较和判断相关联的加工过的建构。反过来讲,这些在一定程度上也受制于他在历史书面描述领域内的目的、目标、价值观和地位。历史学家做这一切都是为了得到利益和同行的认可,以便获得相互间"知道事实"和"恰当解释它们"的信誉。

作为一个群体,历史学家实际上存在于部分交叉的小集团或"学派"之中。在历史学科中,存在关于解释的不同学派,这些学派的成员在自己的学派内部和跨学派之间互相不断地进行协商,使出浑身解数谋求地位和认可。如果你对某些事实的解释以及你对事实本身的建构获得了广泛的肯定,那么你就获得了专业信誉,有助于建构普遍接受的历史知识体系。当然,除此之外,整体来看,历史学家的共同体仅仅是社会中的一个共同体,而且社会对历史学家如何建构、协商事实和解释施加着各种各样复杂的压力。

例如,在极其保守的华盛顿特区乔治敦大学,只有不太多的历史学家会从基本事实1出发,然后形成一个对该事实的解释。他们也许会把基本事实1看作"有偏见的、有成见的"苏联记者所说的东西,然后试图解释有偏见的、有成见的苏联媒体为什么会这么说。当然,在莫斯科大学,历史学家可能倾向于认可事实1并在此基础上形成解释。所以,历史学家选择和制造基本事实以及构思对它们的解释时都存在着社会压力。

所以,鉴于上述思考,我们现在对历史学家的叙事/解释以及理论渗透的事实如何比我们在上述第二部分提出的事实更加适合他们,有了一个更好的看法。所以……

5. 对历史学家的叙事和解释的改进的、复杂的看法

因此让我们考虑图2.5中那个对历史学家的叙事和解释的改进了的看法,这种看法不同于图2.3所介绍的朴素的观点。每个基本事实(就像陈述1和陈述2)实际上都是一种在某个共同体或某个传统内被认可的理论渗透的报道,每个事件都是一种对相关的"原始证据"(例如陈述1A)进行加工、塑形、延展、重新解释的更为复杂的说辞。这个连接基本事实和事件的箭头是双向的,就如同理论和假设在各自的层级上都能影响对方的形成一样。此外,更多关于事件的因果、历史角色的

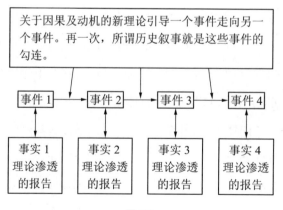

图2.5

动机的理论都可用来将一个事件与另一个事件联系起来。换言之,这种叙事也是一个事物与事件不断变化的复杂"理论"。

6. 小结:历史学家的事实,对科学家的事实的启示

下面就是我们在本章中学到的关于历史学家的事实的结论:

第一,根本不存在具有任何意义或旨趣的基本的、原初的、中性的事实。

第二,那些被认作"基本事实"的陈述都已经被渗透了意义,更确切地说,它们是被先验理论、价值观和目的所建构的、被高度解释的描述。(如我们在陈述1和陈述2所见到的那样。)这些陈述都是"理论渗透"的。

第三,如果把事实置于一个大理论环境中,那么即使这类理论渗透的事实本身也只有在某个严肃的研究学科(如历史学)中才会获得真正的意义。

现在需要你领会的是,我刚才关于历史学中的事实的一切说法也对自然科学中的事实适用。我并不要求你马上接受我下面的所有观点,但这些观点,下面的(1)到(5),非常类似于我刚刚得出的对历史学家的事实的观点,我们将要看到:

(1)科学中的事实绝不是肉眼的感觉。一个科学事实从来也不是科学家的视网膜之所见,或是他的视神经之所见。

(2)科学中的事实是口头/书面报告,它们在专业共同体中得到认可并传播。

(3)这些报告(事实),被报告者的价值观、理论和目的所建构。

(4)这些事实只有放在较大的理论和解释的情境中才会获得意义和重要性。

（5）总而言之，事实并不等同于我们感觉的简单的所与*，而是在某种共同体或某种传统中的认知和社会加工过程的最终结果；这些事实是在这种共同体中传播的得到认可的理论渗透的报告。

后面的第4章将完成对事实的理论渗透的分析。在我们着手这项工作之前，需要停下来考虑第3章中一个非常流行但被误导的思考方式，这种思考方式依赖于我们在本章中一直批判的那种同样的"事实崇拜"。

第2章思考题

1. 何谓历史事实？历史事实是怎么获得的？
2. 历史事实在历史学家试图提供的叙事和解释中发挥何种作用？

阅读文献

E. H. Carr, *What is History?* 7—15, 20—29, "The Historian and His（sic）Facts".

---

　　*值得注意的是，在非常常规的、常见的亲历知觉情境中，所有来自相同语言和文化背景的观察者都自然倾向于对他们的"所见"给出相同的陈述。这并没有使他们的陈述成为从自然直接传递给客观观察者的纯粹事实。这只意味着观察者所接收的外界环境的信号是一致的，这些观察者在相当程度上共享了相同的理论、概念、程序和价值观。——原注

◇ 第3章

科学史中的辉格史观问题

1. 辉格史的一个案例

本章讨论一个在现代社会中很常见的叙事形式,特别是有关现代科学如何发展的常见叙事形式。我打算解释一下这种叙事形式是有缺陷的,因此是应该避免的。以下是这种历史的一个案例——这是一个英雄的叙事或故事,高贵的"好汉"战胜了"坏蛋"的抵抗,建起了一条成功地从历史走向我们当代人(这些好汉幸运的后代)的简单路径:

"在中世纪的欧洲,即使受过最良好教育的人,也沉浸于宗教迷信之中。他们认为地球静止地处于宇宙的中心,太阳和其他行星都围绕着它旋转。对我们而言,幸运的是出现了一些勇敢而理性的人,在哥白尼(逝于1543年)和伽利略(逝于1642年)的引导下,为反对这种迷信而战。通过使用清晰的、理性的证据和精确的观察,他们确立了地球是运动着的,而且是围绕着太阳运行的思想。迷信者和无知者全都运用极其肮脏的政治手段对此进行抵抗,但最终哥白尼和伽利略的追随者取得了胜利,在此后的350年中,现代科学已经填满了证明这种宇宙观的细节。"

呜呼,这就是那个故事,人们通常在过分简化的图书和纪录片中见到的版本。注意,在这个故事中进步是简单的和线性的,进步观在取得胜利的过程中全都是正效应,几乎没有负效应。

现在,这里有5种被现代科学肯定了的说法。我们将要考察这些说法是否直接来自哥白尼和伽利略,以及如果这些说法并不直接来自哥白尼和伽利略,则关于我们应该如何研究历史那将意味着什么。

(1)宇宙是无限的。

(2)太阳只是一颗恒星,与其他恒星一样,并无特殊之处。

(3)行星按椭圆轨道绕太阳运行。

(4)太阳和行星绕着它们共同的引力中心旋转,这个引力中心靠近太阳的中心。

(5)存在着某种普遍原因,或者是如牛顿所说的引力,或者是如爱因斯坦(Einstein)所说的"时空"弯曲,解释了大多数天文学和天体运动的事实。

请注意,对于本章的目标而言,上述所列5点是被简化了的,在后面的章节我们将更为深入地考察上述论题的某些观点。

2. 这些好汉究竟相信什么?

扪心自问一下,"上述现代科学的5条真理有多少是哥白尼和伽利略在他们那个时代所相信的?"你也许感到惊讶,但真正的答案是零,一个都不相信!的确,哥白尼和伽利略相信地球"绕太阳旋转",就像我们今天所相信的那样,但从其他方面看,就如我们在以后各章中将会更详尽地看到的那样,他们也相信许多他们的反对者所相信的东西,比如:(1)宇宙是有限的,(2)太阳是一个不同于其他星星的特殊物体,(3)行星轨道是圆形的,(4)并不存在既在地球上也在宇宙中发生作用的普遍原因,(5)地球之所以运转是因为它自然而然地要运转,无论那意味着什么。

因此,如上所述的简单故事必定存在着某些悖谬之处。事实上哥白尼和伽利略有关宇宙结构、行星运动的本质以及地球的行为和轨道的看法,严格而确切地说,没有一条是我们今天所相信的。所以,用他们自己的方式,根据他们实际所相信的东西来看待哥白尼和伽利略的话,他们并不是朝着我们的方向取得明显而又无误的进展的伟人。同样,我们会发现,当时反对哥白尼和伽利略的天文学家并不是傻瓜。事实上,我们将认识到,即使在哥白尼逝去50年或60年后,也就是伽利略还在世的时代,他们的对手依然握有极好的合理的理由来反对哥白尼学说在科学上的不当之处。事实上,陷于孤立的恰恰是哥白尼和伽利略,在那个时代他们受到的批判都有某种正当性。因此,当我们说哥白尼和伽利略是在通往真理的道路上被那些无知或邪恶的、不想朝着真理迈出一步的坏蛋所阻碍的纯粹的好汉时,我们曲解了历史。

3. 辉格式叙事的错误

让我们在上述历史或叙事中列出某些我们已经看出的错误:

(1) 这个简单的故事把哥白尼和伽利略说成好汉,因为他们就像我们一样,但是

(2) 他们并不真的像我们当代人。

(3) 在这个故事中,哥白尼和伽利略被剥离于他们本人所在的历史环境,剥离于他们所在的时代,因为历史环境已经无所谓了——"他们就像我们一样"——而且

(4) 我们把我们当代的信念和价值观投射到了哥白尼和伽利略身上。这就使得我们并不关心他们"真正像的"是什么。

(5) 但是,从他们所在的时代和环境看,也许哥白尼和伽利略更像他们的反对者。

（6）因此，也许我们也误解了哥白尼和伽利略的反对者，即所谓的坏蛋。

（7）也许哥白尼和伽利略的反对者并不像那个故事所说的那样迷信和非理性。

我们上面所讲的那种简单的故事有一个古怪的名字，但你在阅读本书时将不时说到它，这个简单的故事就是历史学家称之为"辉格史"的一个例子，而且既然我告诉你的是一个关于科学史的故事，所以这个故事是辉格科学史的一个例子。

4. 赫伯特·巴特菲尔德爵士论英国的辉格史

科学史家从著名的英国历史学家赫伯特·巴特菲尔德爵士(Sir Herbert Butterfield)的著作《历史的辉格解释》(*The Whig Interpretation of History*, 1931年)一书中借用了这个词。他创造了"辉格史"一词，用以批评19世纪英国辉格党的追随者所持有的那种自以为是的历史观。

在当时的英国，辉格党及其喉舌偏爱经济和文化的"先进"部分。他们盛赞大英帝国的扩张；自由贸易；工业，资本主义农业（而非小规模的本地农耕），以及某种形式的宗教宽容和扩大投票权。辉格党遭到了较为保守的政治家和思想家的抵制，这些政治家和思想家偏爱旧式乡绅风范、对农产品进口课税、乡绅价值观、狭隘的宗教观以及严格限制选举权。

与辉格党相关联的知识分子和历史学家自认为是宗教宽容和政治启蒙的杰出代表，他们把英国的历史写成一个直接走向辉格党本身的"有条不紊的"故事。对于辉格党而言，宗教宽容意味着对大多数新教徒（而非天主教徒）、或许犹太教徒（特别是西方化了的犹太教徒）的宽容，而不是对无神论者、印度教徒、佛教徒或伊斯兰教徒的追随者的宽容。对于辉格党而言，政治启蒙意味着中产阶级绅士（而不是妇女、男性工人、移民或殖民地人民)能够在议院获得投票权和席位的君主立宪制。

所以,对19世纪的英国辉格党而言的宽容并不是我们今天所理解的宽容;他们所主张的政治权利也并不是我们今天所说的政治权利。但他们把自己所建立的信念、价值观当作适用于任何时代的真/假、好/坏、理性/偏执的标准,这对我们来说才是眼下的要点。

对于辉格党而言,那些可被视为跟他们一样的历史人物就变成了他们眼中的好汉,有助于推进辉格党启蒙的目标。那些被视为反对这些好汉的人们自然就变成了坏蛋,因为他们据说阻碍了辉格党观念的进步。所以,对19世纪的辉格党而言,任何早期的新教徒都是好汉,而任何早期的天主教徒都是坏蛋。例如,考虑一下早期的像加尔文(John Calvin)那样的新教徒,在1500年代,他是瑞士日内瓦的专制统治者,热衷于烧死异教徒,这些异教徒不仅包括天主教徒还包括其他的新教徒。这个绝不宽容的独裁者被辉格史学家视为好汉,视为19世纪正派、宽容的新教的绅士的先驱,因为他是个新教徒。但是如果我们把加尔文放在他那个时代、他本人的具体环境中进行详细研究,这就是毫无意义的废话。同样,许多16世纪的天主教徒实际上是相当宽容的,至少按他们所处时代的标准来看是如此。但在辉格史中,天主教徒被看作褊狭的和有偏见的,因为他们是天主教徒。因此,我们是在用后来的、简单的陈规描述早期的肯定要复杂得多的人和事。

所以,就辉格史的原意而言,正如巴特菲尔德所定义的那样,评判历史人物要根据他们看来是否偏爱或反对数百年之后的19世纪英国流行的观念。巴特菲尔德认为,这使得19世纪的辉格党人的价值观成为衡量所有历史人物和事件的标准,它因此而把历史人物从他们所处的社会和思想环境中剥离出来。

5. 辉格科学史

我们可以超越19世纪辉格党人的所思所言,作如下概括:辉格史总的来说是任何关于当前的进步的故事,在这类故事中,"好汉"被"坏蛋"阻挠,过去的"好"与"坏"是按照当代人对"好"与"坏"、"真"与"假"的理解来定义的。辉格史是从设定的优缺点的角度来对历史作出评价和诠释,这些优缺点是基于当代人所接受的某些价值观和观念(图3.1)。并且要注意,辉格史的每一种版本都依赖于讲述辉格史的史学家的"当代"究竟何在。

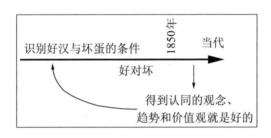

图3.1 辉格史

辉格史的分支之一,即辉格科学史非常流行,它是对历史调查的真正的阻碍,这正是本书期望改进的。辉格科学史家用科学中目前已被认同为真和好的标准来评判过去。因此,在过去,好汉们据说预见了当代的真理并为之而探索,而褊狭无知的坏蛋们则反对这些真理的出现(图3.2)。

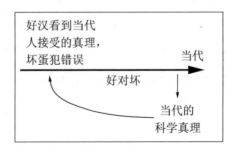

图3.2 辉格科学史

在我的小故事中,我处理哥白尼的方式是辉格式的:我说他看起来就像我们一样。我们也认为,地球围绕太阳旋转。所以哥白尼显然是个好汉,而在那个时代,任何不同意他的观点的人必定是宗教上或政治上有偏见的傻瓜。然而,我们发现,对于我们今天所认同的事,哥白尼相信的寥寥无几。所以从他自己的角度看,哥白尼并不是那种跟我们完全一致的伟人。同样,正如我们稍后在本书中将会看到的,与哥白尼(及伽利略)意见相左的人也并不是傻瓜。我们必须对具体环境中的角色,对冲突中的角色作更为准确的历史的陈述。

6. 辉格史观往往偏袒某一方,歪曲了历史人物和历史进程

让我们回到巴特菲尔德关于辉格史学家如何看待16世纪新教改革的例子:在辉格史中,所有的新教领导人及新教徒都是"好汉",所有的天主教徒都是"坏蛋",而这种"好"和"坏"是由19世纪中产阶级圣公会的英国绅士的标准来评判的。所以在这种情况下:

(1)早期的新教徒和天主教徒双方的组成、目的、身份都被曲解了。

(2)我们在这两个被歪曲的阵营之间选择支持对象,是基于我们当代的价值观和信念。

辉格史想让我们站在它的特指的"好汉"一边,去摒弃和谴责它的特指的"坏蛋"。但是,我们有必要站在任何一方吗?16世纪的辩论是好汉与坏蛋之间的辩论吗?尤其是当好与坏是按19世纪英国辉格党绅士的说法来定义的时候?

回答当然是否定的。再一次,问题的关键是:辉格史是从设定的优缺点的角度来评价和诠释历史,这些优缺点是基于辉格史学家的"当代"所认可的某些价值观和观念。我们把当代的价值观强加给历史,未能理解历史人物独特的历史个性,也就是他们的真实观念、价值观、目

标和观点。

换言之,辉格史把历史人物从他们的历史背景中剥离出来;把他们从所处的历史处境中剥离出来,在这种历史处境中他们的观点和行为才是有意义的;然后用某种神话方式,用19世纪辉格史学家评价好坏的标准,重塑这些历史角色。然而,这种方式并不是理解历史如何发展的途径,因为它在一开始就曲解了历史,曲解了历史进程,使之回到现在。

7. 辉格科学史也做着同样的事,如何修正这种科学史呢?

使所有这一切对我们来说是有趣的和相关的是:相同的事也发生在科学史中。存在辉格科学史;实际上大多数早期的科学史都是辉格科学史。

以哥白尼和伽利略为例,教训如下:

(1) 我们把哥白尼和伽利略看作同我们一样的人,但他们跟我们并不一样。

(2) 我们把哥白尼和伽利略的敌人看作傻瓜,但他们并不是傻瓜,而且我们把哥白尼和伽利略看作是绝对正确的和绝对理性的,但他们并不是这样。

为了撰写科学史,为了述说和解释发生了什么,我们并不想那样做。我们想理解所有处于他们本来的历史处境中的角色,我们想清晰地洞见历史角色自己的行为、目的和信念,就像他们在他们自己的时代一样。我们并不在一个直接通向当代的历史进程中解释或述说"好人战胜坏人"的情节,相反,我们想更准确地看待历史进程,作为人类相互作用的一个进程,各种主题,思想的、宗教的、政治的和经济的,都在那个进程中发挥作用,那才是恰当的历史和恰当的科学史。

8. 质疑辉格科学史的另一个理由：库恩论科学革命

辉格科学史之所以值得怀疑还有另外一个理由，这个理由来自库恩的重要著作《科学革命的结构》（*The Structure of Scientific Revolutions*），我们将在本书的第15、16章中进行详细研究。它的思路大体如下：

如果我们将哥白尼看作好汉，那么我们对他的判断是基于当代知识的基础之上的。库恩告诉我们，科学史家已经发现，在科学史中偶尔会存在观念和理论的重大的巨变、断续的革命。如果理论在一次革命后发生（有时是彻底的）变化，则人们在一次科学革命<u>之后</u>认为正确的科学知识，就会不同于那次科学革命<u>之前</u>认为正确的科学知识。（库恩关于科学理论中的主要革命的例子，包括17世纪物理学上的牛顿革命，19世纪生物学上的达尔文革命，20世纪早期物理学上的爱因斯坦和量子力学革命。）现在，假定我们当代的某些科学知识可能会受一场正在某处酝酿的革命的影响，那么，写于这场革命之前的我们的辉格史，就将不得不被改写成一段新的辉格史，以迎合新的革命或理论。

所以，辉格史使历史被我们当下碰巧所持的信念所绑架，即使很明显的是，被当作真和好的东西以后可能会彻底改头换面，从而改变历史中的"好汉"与"坏蛋"的辉格模式。

当我们撰写辉格式的历史时，我们不会劳神于将历史人物，即历史角色置于他们自己的价值观、信念和行为的语境之中，我们未能理解对他们而言什么是"理性的"，对他们而言什么是"有意义的"，因而我们未能理解在他们自己的时代、他们自己的社会、他们自己的信念系统的语境中，为什么他们会做着他们那时做的事。我们用我们当下的价值观和信念（在后来的历史中也许会发生变化）去衡量和解释他们做了什么以及为什么这么做，这等于在讲述我们自己的信念，而不是历史如何由历史人物的行为和信念所塑造。

9. 一种"后现代"的背离："倒置的"辉格史或"翻转的"辉格史

我已经发现,自20世纪90年代以来,在西方"后现代"和"相对主义者"思想占主导地位的环境中,兴起了另一种形式的辉格史。这种新形式的辉格史是同一个故事的倒置,但是具有相同的基本结构。因此在1990年前后,我首次将之称为"倒置的辉格史",而我的一位同事则称之为"翻转的辉格史"。

在倒置的辉格史中,旧式的英雄,辉格史中的前"好汉"(通常被"后现代主义者"讥讽为"该死的白人")变成了"坏蛋",因为他们所创造的历史需要改进。如果你是一个激进的女性主义者、环境保护论者或相对主义者,并且不"喜欢"现代科学技术以及由此而产生的现代社会,那么你也许会把这些先前的辉格史中的好汉称为事实上的坏蛋或这种可怕的现代科学知识体系的应受谴责的始作俑者。因此,你讲述的科学史并非进步的历史,而是从某个黄金时代(也许是一个"女性的"或"生态的"价值观和日常工艺知识的社会)堕落到"可怕的"现代社会的退步的历史。从前的好汉变成了坏蛋,新的好汉被创造出来。一个例子是,声称冷冻食品(现在被视为极其有害的东西,一项蹩脚的成果)的现代化大规模生产产生于一个消极发展的过程,这一过程肇始于弗朗西斯·培根爵士(Sir Francis Bacon)这个"坏蛋",此人在17世纪早期通过把冰块塞进鸡体来试验鸡肉的保鲜法!而新式的"好汉"就是那些阻止这种现代体系的示威者和激进主义分子。当然,所有这些都曲解了从早期的实验者到现代农业系统的历史过程。你可以看到,辉格科学史和倒置的辉格科学史二者都是完全没有意义的,为了更精细地了解历史实践,比如我们在本书中将要开始学习的,这两种科学史都必须避免。

10. 辉格史和前面几章的材料

在结束本章之前，让我们根据前面几章已经论述过的某些材料——第1章结尾和第2章论及的历史学家的事实，略为严密地审视一下这个辉格科学史的问题。

颇为老式的——辉格式的——对于科学史的看法的关键点是，它几乎总是依赖于"事实崇拜"中的基本信念和三个我们已经讲过的连环神话，即方法的神话、自主性的神话和进步的神话。

许多科学史著述就是根据这样一种辉格模式来看待本书所论及的材料的：

（1）首先，在任何一个关于科学史的辉格故事中，都会假定真理和事实是摆在那儿等着英雄好汉去获取的（见第1章中图1.1的事实崇拜，第2章中图2.1关于事实的未被曲解的观点）。

（2）哥白尼、伽利略、牛顿以及其他的好汉通过发明和应用"科学方法"来获取真理和事实，这些科学方法据说是用来发现和评估事实的可以信赖的和可以转换的工具（见第1章中图1.1的方法神话）。

但是（3）这些好汉当然要面对来自偏见、宗教和意识形态的反对，所以如果他们能为自己的尝试赢得某些自主和自由，他们才能获得成功（见第1章中图1.1的自主性神话），并且

（4）当然，最后，如果所有这一切都发生了，有关自然事实的可靠知识就会建立起来，以一种线性的、逐步的、一个事实接着一个事实的方式构成进步。（注意这个隐喻，我们将在第9章的图9.4中再次提及。）

11. 结论：走向一种非辉格式的、非倒置的辉格式的科学史研究！

当我们在本书后面的章节研究像哥白尼和伽利略这样的人的工作

和抗争的时候，我们将会看到我们是否想坚持某种辉格式的神话，或者科学史及科学哲学的现代视角是否并未提出一种相当不同的且更有启发作用的历史分析类型。我们将要看到，辉格科学史取决于并强化了有关科学的三个主要神话：方法、自主性和进步。因此我们将看到，所有这些信念一荣俱荣一损俱损。如果这些神话得以保持，我们对西方科学的理解就会停留在文化的神话和神秘化的层面；如果这三个神话破灭了，就有可能揭开从历史上理解科学的神秘面纱，这也是我们在本书余下部分所要达到的目标。

第3章思考题

1. 什么是一般的历史和关于科学的历史的辉格史观？

2. 辉格解释有何局限性？

3. 为了在一般的历史写作和关于科学史的写作中避免这些陷阱，历史学家应该做些什么？

阅读文献

H. F. Kearney, *Science and Change: 1500—1700*, 17—22, "The Whig Interpretation of History".

T. S. Kuhn, *The Structure of Scientific Revolutions*, "Introduction: A Role for History", 1—9.

H. Butterfield, *The Whig Interpretation of History*, 9—18, 24—31, 34—47.

◇ 第4章

事实和知觉的"理论渗透"

1. 事实崇拜基于人类对简单的纯粹事实的信念

在第2章中,我们考察了事实在一般的历史和社会科学研究中是如何呈现自己的。在第3章中我们考察了辉格科学史的问题。这两章之后我们有必要对简单所与的客观事实或我们在第1章所说的事实崇拜(见第1章中的图1.1,即事实就在那里等着幸运的人去发现的观念)对人类而言的可利用性的错误看法,进行一种批判性的审视。这种看法是以那些保卫科学免受审查的神话或故事为基础的。这种关于把握所与的、纯粹的、客观的事实的故事构成了方法故事的基础,我们将在第9章加以考察。相信这种对所与的、纯粹的客观事实的简单把握也是关于进步的故事以及科学自主性的故事的基础——为了审视这种所与的客观事实,科学家必须摆脱社会的和政治的偏见。我们只审视了历史和历史写作,但是,我们发现了一些关于科学事实的真相。所以,让我们回顾一下第2章,因为我们要用到第2章的诸多观点。

首先,事实从来不是肉眼的观察。我们已经说过美国安全特工和苏联记者并肩站在肯特州立大学,他们都具有同样的网膜视像,却建构了关于这一境况的极其不同的"基本事实"。我们发现,事实是口头/书面报告。事实并不是小金块那样的东西,摆在世界上的某个地方,事实

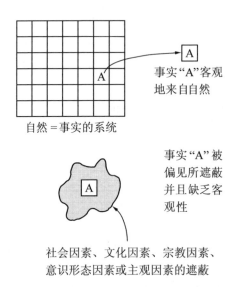

图4.1 关于纯粹事实的一般观点

是人们说出的或写下的,并在人与人之间相互交流的口头或书面报告。这些报告(事实)由报告中的语言所决定,由报告者的信念、价值观和目标所决定。所以当我说事实的时候,我指的是苏联记者和美国特工的报告;这些事实由记者和特工的信念、价值观和目标所决定;而且,在不同的情况下,作为结果的"事实"或报告都包含了这些信念、价值观和目标。如图4.1(我们在第2章也见过这幅图)所示,我并不是说,存在某种包裹在信念、价值观和目标的谷壳之内的事实的小金块或谷粒,好像我们能够从人类的信念、价值观和目标中提炼出真正的、中性的纯粹事实。记得在第2章中我们未能构想出有意义的、中性的事实。再重申一遍,事实是口头/书面报告,当你编制这些报告时,没有办法用信念、价值观和目标把这些报告的形式和建构从居于它们内部的真正的事实的某些假定的内核中分离出来。这反映在图4.2中,我们也刚在第2章见过。

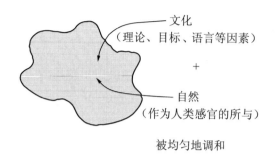

被均匀地调和

图4.2 作为文化建构的人类事实

一个事实非常像一个文本(text)。实际上,我想说的是,事实就是文本,而且文本确实是人类的建构,它们可以被修改、变更、解构,具有有趣的(非辉格式的)历史。乍看起来很奇怪的是,事实已经从作为事件变成了作为文本。然而,我们根本不能理解任何一个现代学科(不论是自然科学的还是社会科学的)讲述的是什么,除非我们看到事实是口头/书面报告。这就是说,事实就是文本,而且这些文本被它们的相关的"专家"(事实制造者和事实破坏者)共同体传播、协商、解释及重建。这些专家在创建、保存或修改事实或报告的互动过程中进行协商,互相联合,给予或拒绝给予职位,晋升或降职。而且,当大事实生效为大的描述/报告时,小事实或基本事实才会呈现出它们的意义。所有的描述,不论它们是大事实还是小事实,都是不完全的解释。你不能把描述和解释完全区别开来,因为每个报告都整合了信念、价值观和目标,这些信念、价值观和目标在一定程度上就是对报告所述内容的某种解释。这就是我们在第2章中所论及的。

在本章中,我们将考察每个人的事实,而不仅仅是用不太靠谱的事实(weak facts)从事研究的历史学家的事实。每个人的事实,甚至包括物理学家或生物学家的事实,与第2章中所描述的事实并无根本性差别。科学中的事实的产生方式与历史学或社会科学中的事实的产生方式略有不同,它们的传播方式也略有不同。但从根本上说,科学中的事实也具有渗透信念、理论、价值观和目标的相同特点,也都是可再协商、可再解释的文本。我们在第2章结尾提出了这些观点,指出有许多我们所了解到的关于历史学家的事实的特点也适用于科学事实。本章将通过首先研究知觉的本质和其次研究语言的本质,来探索每个人的事实的建构性(constructedness)和文本性(textuality)问题。

2. 人类的知觉和格式塔图示(gestalt figures)

我们习惯于把知觉等同于"事实"一词在旧式词典中的意义上而言的事实。也许,准确的知觉揭示了真正所与的、确实摆在那儿的事实。人们普遍认为,事实就是清晰无偏见的知觉。我们大多数人都倾向于认为,我们所具有的知觉就是这个世界的原本模样的某种呈现;是确实摆在那儿的事实的某种呈现。但是如果我们都同意知觉就是我们的思想、我们的头脑的状态,那么知觉可以是事实就值得怀疑了。知觉是太私人化的东西以至于难以成为事实。知觉是精神事件,是我们自己的神经系统和大脑的隐私处显然受到物理和化学因素影响的事件。此外我们将要讨论的是,知觉不仅被呈现在外部世界的东西所建构,而且也被事先存在于意识中的东西,被先验信念、先验知识、先验价值观和先验目标所建构。另外,事实是公开传播的和接受的口头/书面报告,知觉则肯定不是。

有一个在普通人和自古希腊人以来的西方哲学家中间流传的传统故事,它试图告诉我们如何通过我们的知觉来接触实在,我把这个故事称为天真的人的感知事实的故事。这就是这个故事(图4.3):

> 这里是世界,物质世界。它是事实的系统收集,所谓事实
> 就是日常所说的事实。正对着世界这个客体的,是具有他的

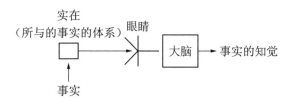

图4.3　关于知觉的朴素观点

或她的视觉器官和认知器官的感知主体。假定主体作为观察者是无偏见的,不带有社会的和文化的成见,他或她就会得到真正的有关实在(即外部的事实)的知觉。

值得注意的是,这个知觉的故事就是图4.1所假定的内容:人类能够从自然中萃取有生气的、清晰的事实。这个故事实际上说明了,在理想的观察条件下,世界上的事实,或有关世界上的事实的信息,会传送到感觉器官,在此例中是通过光来传送的。这些信息进入眼睛,呈现于视网膜(不必介意世界上的绝大多数事物都是三维的,但网膜视像却是二维的,而且是颠倒的)。这些信息进入你的眼睛,通过视神经传入你的大脑,你的大脑可以私密地体验一种知觉,即对某种事实的知觉。根据这个故事,"真理"就是由知觉和事实之间的符合所构成的,是对事实的真实表达,是你头脑中的一面小型"自然之镜"。

这个理论是一个简单的因果链条的故事:

世界>事实>感觉器官>神经系统>大脑>事实的真实知觉

按照这个故事,只要一切有条不紊,例如你的眼睛不出毛病,观测条件合适,你没有喝醉,也没有发疯,你也不抱有政治的、宗教的或社会的偏见,那么上述简单的因果链条就能运转。偏见会干扰这种因果链条,因为它是内部的静电干扰或"噪声",会破坏对事实的清晰感知。(再次重申,我们已经在图4.1中预示了这种情况。)所以,如果一切都运转正常进展顺利,我们就能够感知事实。"诚实""健康"的好人对事实能形成"诚实""健康"的好知觉。换言之,如果人们没能正确地感知事实,他们就不是好人,或者不健康,或者不诚实。

通过查看所谓格式塔图示的某些例子,我们可以开始解析有关知觉的朴素理论了(见图4.4和图4.5)。格式塔是德语,指形式或形状。自20世纪早期以来,这种图表就已成为许多认知和心理发展方面的考察的主题。从图4.4看,也许你有一种格式塔经验,在这种经验中,你感觉到某物,然后在下一刻,随着你的知觉从一种知觉向另一种知觉摇摆或急遽转变,你感觉到完全不同的某物。也就是说,你可能看见一只鸭子和一只兔子,抑或可能看见一只羚羊或一只鸭子;抑或你可能看见一只"怪物"和一只鸭子,因为我们已经享受了25年或30年的偶尔的科幻电影,在其中恰好这个"怪物"具有我们(观看者)似曾相识的某些形状。只要你拥有两种不同的来回转换的知觉,你看见的是两个东西中的哪一个并不要紧。例如,某些人难以识别图4.5中的两个图像。如果你不能看到那里的一个或另一个,也许能"教"你去看见它们。这是一个非常有趣的观念,某种文化的成员可以教你去看见某样东西。[也许科学家作为某种亚文化的成员就是被教会去看见东西(即科学研究的目的)的!]

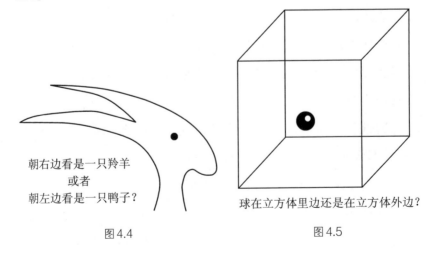

朝右边看是一只羚羊
或者
朝左边看是一只鸭子?

球在立方体里边还是在立方体外边?

图4.4　　　　　　　　　图4.5

3. 先验知识塑形知觉:"概念网格"

让我们回到知觉的朴素理论问题上。现在我们已经遇到了一个问题,因为我们必须承认,正如图4.6所表达的,我们感觉到一个图像,然后又是别的东西。大概,纸没有变化,空气和光线也没有变化,我们的网膜视像也没有变化,但是看起来我们大脑中的某物却是变化的,这是因为我们正在得到两种不同的知觉。你正在获得事实是鸭子的知觉,你正在获得事实是羚羊的知觉。

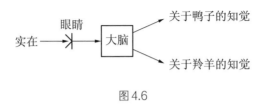

图4.6

这怎么可能? 显然,我们不得不修正有关事实的知觉的朴素理论。而且,修改这种理论有一个捷径,但这种修正会有深远的后果(图4.7)。当我们获得一组原因的同时,这些原因是来自世界的信息。同样的信息带来的是两种不同的知觉。按照科学方式对此进行修补的捷径就是增加另一组原因。那将解释在这些条件下我们为什么会得到两种知觉。所以让我们称来自世界的入射信息为"原因1"。接下来,让我们引入另外一组因素("原因2"),我们将称之为先验信念,包括各种信念,各

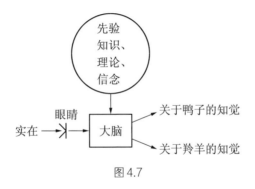

图4.7

种目标,各种价值观和各种知识;简言之,在观察格式塔图示之前你已经有所知,有所信。

所以,最后的理论是,知觉是由**两种类型的原因的综合作用**所导致或产生的。一种原因是来自世界的信息,显然这种来自世界的信息并不是事实的某种小图像。让我们假定这种信息只是电磁干扰的某种形式。另外一种原因,有必要同第一种原因联系起来,就是某些你所具有的先验知识,或先验信念,或先验理论。我的论题是,如果不把产生知觉的两种原因整合起来加工成知觉,你就不可能有所知觉。你需要电磁干扰的外部输入,同时你也需要某种先验知识来整合这些输入,或使其成为知觉。得益于某些先验知识与外界信息的整合,你的大脑就会产生出这种或那种知觉,即关于鸭子的知觉或关于羚羊的知觉。

这就说明,在你的已印入大脑的众多的先验知识或先验信念中,那些你交替感觉为"鸭子"或"羚羊"的先验知识或先验信念必定拥有两个理论,如下所示:

第一套理论:

"在世界上存在着像羚羊那样的东西"。这种理论可能接着主张羚羊的某种属性和特点。你也许会说你有一个关于羚羊的概念,或者说你有一个关于羚羊型物的**概念**。你显然有一个涉及羚羊的小空间或节点或先验理论或先验信念或先验概念。

第二套理论:

"世界上存在鸭子",而且你拥有关于某种鸭子型物的**概念**。你显然有一个涉及鸭子的小空间或节点或先验理论或先验信念或先验概念。

现在,当你感觉到是鸭子时,你的大脑是通过你跟鸭子相关的知识框架来加工信息,因此,你的大脑就产生了一个关于鸭子的知觉。在你看到这幅图之前你的大脑并没有一个关于鸭子的知觉,它仅仅具有一个概念(与先验知识有关的),一种有关鸭子的一般理论;当大脑接收了入射的信息之后,它仅仅**产生一个**关于鸭子的**知觉**,并通过你的鸭子理论照那样加工这种知觉。但在这种格式塔境况下,你的大脑遇到了一个小麻烦,你拿不准用哪个先验知识模块,拿不准要形成哪种知觉。如果难以"决定"产生哪种知觉,你的大脑就会时而产生这种知觉,时而产生那种知觉:这两种不同的知觉来自你的大脑,可以说是,通过两种不同的先验知识,**或者**羚羊型物的概念/理论,**或者**鸭子型物的概念/理论,重组、糅合、铸造外界入射的信息。让我们将这种由先验知识、信念、价值观和目标所决定的知觉称为"知觉的理论渗透"。

这里有一个隐喻有助于我们理解知觉的理论渗透的意义。让我们从图4.7中将大脑取出,放在一个网格或网络之中(图4.8)。这些网格就是你所拥有的理论、信念和概念网络的某种隐喻。你已经拥有了先验知识、先验信念以及先验价值观和目标的网格。所以我们可以说,这个网格中的小节点或空间之一可能就是你的羚羊型物的概念或理论,这个网格中的小节点或空间之一就是你的鸭子型物的概念或理论。你的大脑通过羚羊节点正在加工从外界获取的信息的"香肠肉馅",在一种情况下产生一种关于羚羊的知觉;或者,大脑并不确定产生哪种知觉,它就通过另一小块鸭子概念网格来加工信息的香肠肉馅,并形成一种关于鸭子的知觉。这非常有趣,因为它的意思是,它把外部世界的真实内容变成了一个问号(图4.8)。这个世界本身是一个问号,因为我们归根结底并不知道怎样划分事物。世界确实存在,但我们并不知道它由哪些事实所构成,因为我们只能通过我们的知觉才能获取事实,而知觉则是由我们的知识、理论和概念网格所决定的。

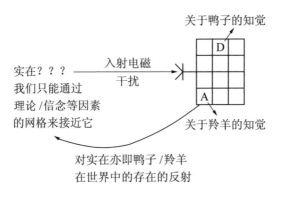

图4.8

4. 格式塔图示和日常/非日常生活经验

有理由假定,自孩提起,我们就已经在心理上将我们的网格投射在了自然之上,同样有理由假定,自然被分成了诸多事实,我们的网格将事物分成了这些事实。正如许多哲学家、人类学家、心理学家和语言学家在过去的一个世纪告诉我们的,人类是按照他们的先验信念和理论解析世界的。他们认为世界上有各种各样的事物,这些事物依赖于信念、理论和语言所形成的网格中的一系列范畴。这并不意味着世界并不是客观存在,而是说世界仅仅是为了我们,为了我们的知觉、我们的报告(事实)才被我们的网格所塑形的。这些网格会在或大或小的程度上随社会、历史时期乃至于同一社会中的不同人群的变化而不同。对人类知识和信念的历史研究因而也就是对网格或构成网格的要素的研究,这些要素,社会的、经济的、政治的和文化的,维系着或者改变着我们的网格。从这个角度看,科学史同神学史或其他文化表达并无区别!

显然,网格是非常复杂的。我们还没有开始了解这些网格是如何完整绘制的或如何分解它们。我们只是通过人类学家、语言学家、社会学家和历史学家的工作得到些暗示证明这些网格是存在的,也许还能得到它们的部分图像。但我们可以说出这些网格的某些特征:

首先,很显然,不同的动物物种在硬件水平上肯定具有不同的网格。某些动物具有的网格只能使它们感知令其关注的猎物,特别是当这个猎物处于令人关注的易受攻击的位置的时候。可以认为某些种类的苍蝇、蜘蛛和蛙类都具有这种网格。这些动物的网格的主要目的就是使它们感知什么可以吃,什么处于可以被吃到的位置。不过,作为人类,我们彼此具有同样的硬件。造成不同的是软件,而构成我们的不同的网格的最重要的软件程序就是我们所讲的独特的语言。从历史学、人类学和语言学的角度看,我们可以这么认为,不同的语言可以说对世界产生着不同的影响,这种影响的程度对寄居于世并说着具体语言的人来说是或大或小的。

我们可以用一个想法更清晰地说明硬件和软件这两个隐喻,这个想法是,我们的硬件很可能都是一样的,因为我们都是智人。但是,文化、学识和在某种文化之中的成长,以及学习一种语言则给我们"编制"了略微不同的软件。进而在一个语言共同体内,可能存在着不同的文化/社会范畴。例如,在我的文化中,我们都说英语,所以我们具有大体相同的宽广的语言软件;但是,也许我们并非都有同样的宗教信仰、政治意识形态或社会地位。可以假定,不同文化/社会环境中的经历和参与至少在边缘部分赋予了我们稍许不同的网格。

而且,即使我们都处于相同的社会阶层也仍会有不同。或许存在不同的特殊的教育活动;例如,我们也许全都是中产阶级学者,都具有天主教背景。但是我们中的某些人也许是职业经济学家,某些人也许是职业历史学家或科学哲学家。因而由于这些区别我们就可能拥有不同的网格。在某种既定境况下我们也许会作出些许不同的报告,这些报告包含些许不同的事实。

当然,即便我们全都是具有天主教背景的中产阶级经济学家,我们在那个专业也许也会持不同的理论。我也许是一个弗里德曼(Milton

Freedman)型的右翼经济学家,你也许是一个左翼经济学家。因此路线或左或右的所有这些不同都可视为网格上的些许不同,因而使人们得出些许不同的事实,即使在相同条件下也是如此。在第2章中,我们的美国安全特工和苏联记者不仅具有不同的语言网格,而且还有不同的文化、意识形态和专业,这些都有助于解释他们不同的信念、价值观和目标的网格,以及由此而导致的不同的报告,即他们所观察的境况的不同的基本事实。

总之我们可以说,你能够感知/报告的事实取决于你的概念网格的本质。

并没有什么客观事实的小图像飞进我们的眼睛,那些知觉是用先验文化质料和信念在人们的头脑中加工出来的。

稍微改变你的网格,某些事实的可能性就会消失,其他事实的可能性就会出现。外部世界的知识并没有带我们进入这种境况,我们关注的重点是人本身以及他们的知觉/信念,即他们的网格。

自然中的事实并不决定网格,倒是网格在既定的文化群体或亚群体之内决定可能的事实的范围。

你或许认为这并不是很重要,因为在日常生活中这些境况并不经常出现。我承认我们的概念是相当稳固的,我们的电磁信号的通常阵列也是相当确定的,这样,我们受过教育的和社会化的大脑就会给我们一个相当稳定的、清晰明白的知觉的阵列(array of perceptions)。

但是科学前沿的情况如何呢,或任何地方的处于竞争和冲突中的事实和信念的情况如何呢? 在科学研究的前沿,例如,新的东西被发现和被证明存在或不存在。也许很多东西就像格式塔转换一样,是如同科学前沿中被规定为正确或错误的事实那样运转的,如同研究人员争论说看到了什么,没看到什么。

然而我们必须自问,概念网格从何而来? 可以确定地说,这种网格来自人类的社会化和语言,但这并不能解释新的或变化的观念的产生,以及由此而来的新的或变化的事实。概念不因自然界加诸人类以一个新的正确的概念而改变,但却因我们在边缘通过类比、隐喻、关联等方式操控网格中的概念而改变。本书讨论的许多史料就证明了这种观点。

5. 科学的基础并不是私人的知觉而是公开的观察报告

对网格的解析就讲这么多。现在让我们回到理论渗透的第二个关键方面,**语言**的作用问题。

我们已经看到,知觉是理论渗透的;但知觉事实上并不是科学知识的基础,因为知觉是私人性的,知觉只存在于你的大脑之中,它们并不以命题的形式存在,命题即声明、主张,是在大庭广众之下发表的,能够在科学共同体中进行交流的,就像我们在第2章中论述过的那些历史学家制造并使用的基本事实的报告。所以,你的私人性的知觉(也是理论渗透的)是不能被交流的,因而也不能作为科学的基础,这种知觉并不是我们所说的事实。

基本观察报告,或者观察陈述可以作为科学研究的基础。但观察报告必须用某种共享的语言或理论来报告,并在相关的共同体中交流。所以科学中的基本观察报告是语言的,也是理论渗透的。科学中的"事实"一词就是用公认的语言或理论表述的报告,这些报告在某个共同体中是稳定的,没有异议的,"直到引起新的关注"。科学事实就是普遍接受的、确定的报告,这样的报告(事实)取决于我们所讲的语言,也就是我们所使用的理论。科学事实是理论渗透的。

5.1 你的语言塑形了你的(报告中的)世界

我们将看到,对于事实的报告者而言,语言塑形了"事实",语言包含了隐含的理论,正是这些理论起着影响作用。这里所讨论的是,语言不同,对事实世界的影响也就不同。某些人犯错并不是问题,因为他们的语言"让现实错了",而别人则拥有让每件事都正确的语言;也就是说,这种语言反映了"世界如其本来面貌的世界"。语言本身并不会使自然的事实正确或错误,相反,不同的语言以略微不同的方式影响了被认为存在的事实。我猜想,在19世纪欧洲人都相信他们的语言正确地报告了世界,而其他文化的语言则错误地报告了世界。正如我们刚才所说的那样,这在今天变成了一个简单的问题,不同的语言以不同的方式解析世界。不同的语言包含了不同的理论,即关于何物存在和存在之物的相互作用的理论。

5.2　日常语言和事实:"这支笔是蓝色的"

现在,让我们给你一个口头/书面报告——"我正拿着的这支笔是蓝色的"——这是一个绝对合理的**事实**。我的这个口头/书面报告,我所陈述的事实,用中文讲就是一个文本。现在我并不否认这是一个事实,特别是因为在某种语言共同体内部这是一个普遍接受的报告,而且对那个共同体而言这是一个事实,在他们的日常活动和交往中做着有用的工作。所以,我并不否认这个事实,即这支笔是蓝色的,但我确实想知道在这个陈述中是否隐含着什么理论;我想知道我的语言是否将某些关于这个世界及其结构的理论注入了这一看似平淡无奇的、事实性的陈述之中。

在"笔是蓝色的"这种看似简单的陈述中,是否存在着有关这个世界的某些理论呢? 这一陈述似乎是沿着一条理论界线展开的,在这条理论界线中,"蓝色"或"是蓝色"是事物具有的或不具有的状态。当我们用一般的日常语言讨论别的颜色时也会遇到同样的情景。例如,"我用来给我的讲座录音的录音笔是黑色的"。这表明它具有黑色。黑色是它所具有的性质。这里有一个很强的弦外之音,即白色、黑色和其他颜色都是不同种类的事物或实体,它们遍布宇宙,有的事物有颜色,而其他事物则没有颜色。这意味着句子的主语具有其他事物,特别是谓语中所说的性质。语言暗示宇宙中存在着很多事物,即句子的主语,这些事物拥有或没有各种各样的其他事物,即用动词"是"来表述的不同的特征和性质。

5.3 这支笔的表面分子与电磁辐射相互作用

但是,这是我们谈论笔及其假定的颜色的唯一方式吗?未必。例如,还有一种自17世纪以来,实际上是自牛顿以来,而且特别是在20世纪,开发出来的物理学语言。在这种语言中,颜色并不是世界上为客体所拥有的或没有的性质。我将举个例子来说明其他语言是如何将世界分成事物及其关系的,但我将用一段非常糟糕的译文来举例,因为我要用语文来表述,而它本该主要是用数学语言来表述的。下面就是对这个问题的物理学语言的语文译文:

> 所有的事物都是由原子和分子组成的;每种类型的原子或分子都具有吸收继而重发射电磁波谱的特定部分的独特方式。这支笔的表层由分子构成,这些分子具有吸收某种光谱的特性,但主要重发射光谱的某个部分中的电磁辐射,当这种辐射触及人们的神经系统时,会使我们用"蓝色"这个词来描述它。换言之,并不存在什么蓝色,只有电磁辐射与分子的相互作用。严格说来,这支笔并不具有蓝色,笔的分子、入射光和观察者都在"成为蓝色"这种活动中发挥着作用。

这包含的意义(理论分界线)是,我们头脑中的蓝色是人、笔以及宇宙中的任何其他东西之间的相互作用。不说"草是绿色的",在物理学中我们更接近于说"草具有绿色性质"。

普通汉语(或英语或任何其他日常使用的语言)所说的世界与现代物理学的专业语言所说的世界是两个完全不同的世界。在前一个世界中,颜色是四处漂浮或附着在事物之上的;在后一个世界中,其实并不存在什么颜色,只有原子、分子和能量之间的相互作用。这两个世界是由两种不同的语言所创造,并由两种不同的语言所表述的。这两种不同的语言承载着两种不同的作出报告的方式,所以这两种不同的语言将我们的报告,继而将我们的世界划分为两种不同的事实。不同的语言——不同的事实;不同的理论——不同的事实。我们称之为事实的理论渗透,它对我们理解科学事实上是如何运作的以及如何发展的非常重要。

6. 事实的理论渗透:在既定的共同体、文化或传统中,作为协商的、公认的、渗透理论的观察报告的事实

到目前为止,我们一直在剖析一个错误看法中的关键假设,这个错误看法与我们在第1章中所谓的"事实崇拜"有关。这个看法是说,存在一个世界,一个体系,一套所与的客观事实。这些事实就摆在那里,等着好汉去发现,这些好汉掌握着科学方法。如果这些好汉得到了方法,且没有遇到阻碍,他们就能利用这种方法去找到并检验事实,并将之转换为知识。我的言下之意是,这些事实其实并非那么牢靠:它们其实并非那么所与;它们并非摆在那儿准备着要被找到(发现),事实更多的是被建构的而不是所与的。

毕竟,事实并不等于作用于我们眼睛的电磁干扰;事实甚至也不像我们的私人知觉那么简单,我们已经知道,知觉是内部网格与外部信息的共同产物。我们的结论是,事实是可以交流的、可以讨论的报告,即可能跟我们的知觉相关联的口头或书面报告;但也极大地受制于语言、理论或我们可以说出或形成报告的交流系统。

这意味着事实是社会建构,竞争的团体和个人竭力建构和把特定的事实强加在科学和社会中的其他人身上。这意味着事实是历史变量,事实在不同的时代对不同的人来说是不同的;即使在同一时代,对不同的个人及群体来说也是不同的。事实因而是可协商的、可变易的,而不是永恒的。最主要的是,这意味着当事实改变或被更改时——我们并不想了解哪些好汉正确地和客观地洞察了自然——我们会问哪个团体赢了,为什么某些团体用他们的做事方式建构了他们的事实,是什么样的政治的、社会的、思想的、历史的因素决定并影响了竞争的团体获得和改变事实的方式。为了解释科学变化,我们不必诉诸神秘的方法,我们只需追问关于事实制造者的社会的、历史的、政治的和经济的问题。

7. 关于本书的第二篇:科学中的冲突和革命——哥白尼对阵亚里士多德和托勒玫

在下一章中,我们将开始讨论世界观,即对世界的看法,它是由欧洲中世纪占主导地位的自然哲学(科学)提出来的。世界观或自然哲学主要是一个名叫亚里士多德的古希腊哲学家的创造,直到17世纪,亚里士多德都可能是曾存在于西方传统中的最有影响、最令人信服的自然哲学家或科学家。命中注定,亚里士多德的自然哲学在16世纪和17世纪的科学革命中被推翻并被取代。此即我们在本书中所要考察的主要变化。

关于亚里士多德,真正令人关注的事情是,他的自然哲学理论在很大程度上基于把日常语言郑重其事地视为何种事实存在的指南。所以对亚里士多德而言,笔是蓝色的。蓝色就是某个事物。这支笔拥有这个事物,蓝色弥漫于笔周围的光学介质,作用于你的眼睛,并以某种方式进入你的灵魂,因为按照亚里士多德的观点,你是具有灵魂的,这样就在你的灵魂中产生了蓝色的知觉。所以笔上的蓝色对应着你的灵魂中的蓝色,由此你就具有了对世界中的蓝色的真实的知觉。这个故事是否对你有所启示?图4.3中的故事原型主要来自亚里士多德。在世界上的某处存在着蓝色,在人的心灵中存在着关于蓝色的知觉。显然,亚里士多德很乐意接受隐含在日常语言中的理论。

这里有另一个例子,讲的是亚里士多德的科学理论被日常语言渗透事实的方式所制约。亚里士多德的整个宇宙学建立在如下"事实性陈述"的基础之上:"重物落下"。问随便哪个小孩:"如果你把一个重物扔出去,会发生什么事情?"一个小孩或任何一个不是物理学家的人都会说:"它会直接落下来。"这样的语言假设的是什么?这个陈述包含着什么理论?当然存在着**重的**物体。这暗示可能存在着不会落下反而会上升的物体:就像水中的气泡,或火苗。但是,等一下,如果重物会落下,那么会"上"升的物体就必定是"**轻的**"。这就必然使得在现实世界中存在着与实在的本质结合在一起的"向下"和"向上"。突然间我们正处在一个巨大的概念网格之中:多一点系统化和论证,亚里士多德就可得出这样的结论,宇宙是一个大球,它的中心就是静止不动的地球,环绕地球的是月亮、太阳、行星和恒星。重物朝着地球以及宇宙的中心落下,轻物则从这个中心向外飘升而去。天体呢?哦,显而易见,我们可以观察到天体都是围绕地球运转的;所以天体既不重也不轻,因而天体必定由某种特殊的天体物质所构成。

你或许会说,亚里士多德精心建构和使之系统化的理论假说是日常语言所固有的,在公元前5世纪的雅典,这些理论假说看起来是绝对理性的和合理的,特别是当你像亚里士多德那样进行研究的时候尤其如此。在下一章中,我们将更加详细地研究基于这些理念的亚里士多德的宇宙论。

现在,假定没有一个读了上述内容的人真的相信有什么重物的存在。(从17世纪之后的物理学语言的观点看!)难道牛顿没有证明过并不存在任何重物吗?难道他没有证明过物体不是天然地具有重量或重压吗?物体只有质量。重量是一种相对属性。重量同物体与物体之间如何相互吸引有关,而且当代肯定已经无人相信物体具有"向下"的属性。按照牛顿和爱因斯坦以及17世纪以来的任何一位宇宙学家的观点,物体并不具有"向下"的属性。我们处于一个无限宇宙(你可以讨论它在何种意义上是无限的)之中。牛顿的无限宇宙不同于现代宇宙学所说的无限宇宙,但如果它是无限的,那么它就不会有向上也不会有向下。

上述观点使得我们开始审视我在第3章中有关辉格史问题的讨论。亚里士多德以及那些追随亚里士多德的人都是笨蛋吗,或者他们只是因为怀有偏见而没有看到实在的事实真相?他们是否怀有某种偏见,这种偏见使得他们看不见我们所看到的实在,也就是不存在重物,不存在轻,不存在向上和向下?抑或在他们所处的历史环境中,即在他们的时代与地域,在他们自己的形成事实的语言和理论中,他们具有非常良好的属于自己的知觉和事实的基础?的确有充分的理由来认真对待诸如"粉笔是白色的"和"重物落下"的观念。真正的诀窍是,把这些通常信以为真的事实整合在一个统一的理论之中,这正是亚里士多德作为一个自然哲学家所干的事。所以,对亚里士多德的辉格看法是错误的;他不是傻瓜,而是一个极其聪明的家伙。我们不能用他犯了一个错误、他被误导了或他的愚蠢来解释他的理论的内容;而且他的理论的崩塌并不是由于像哥白尼那样的好汉突然清晰地看见了真正的事实。

相应地,我们如何解释在16世纪和17世纪反对亚里士多德自然哲学的哥白尼和其他人呢?我们能否说这些人比亚里士多德更为真切地看到了真正的事实?不,我们所说的是,他们改变了自己的网格,或者至少试图改变自然哲学和宇宙学的网格。你不得不问,难道他们不是因发现了真正的事实而改变了网格的吗,因为事实就出自网格。不,你不得不问,他们为什么想改变网格?而且,他们是怎样成功的? 在一个网格中作个改动并非难事,难的是让这些改变在使用上及同龄人和同行的网格中被接受并铭记于心。所以你不得不问历史的问题、社会的问题、宗教的问题以及历史学、社会学、人类学和心理学的问题,而不是仅仅用辉格式的方式说,好汉看得清晰而坏蛋则用错误的方式看待事物。而且这样做的基本原因在于,每个人都是通过知识网格来审视的,所以科学的历史就是如何维系或改变理论网格的历史。重申一遍,科学史并不是发现了真正的事实的英雄的辉格史,而是如何以及为什么形成及改变网格的社会政治史,以及作为网格改变的结果,产生或改变了什么样的事实的社会政治史。

归根结底,我们所写的科学史与老式的辉格科学史之间的区别就在于,那种假设所与的和客观的自然事实并不决定科学史,原因很简单,我们无法获得某种直接的、所与的自然事实。我们过去从来没有办法获得,将来也不会有办法获得,即使有了办法也不会知道。但是有许多科学家一直在历史中争论使用何种网格;他们争论的方式以及他们为什么争论,他们为什么成功或他们为什么失败,都是历史的问题,而这正是我们在科学史中所要研究的。

第4章思考题

1. 格式塔图示对人类观察的本质有何启示?

2. 有意义的人类知觉的事实是简单"所与"的吗?

3. 科学家的语言或理论在事实的报告上有何作用?

阅读文献

A. Chalmers, *What is This Thing Called Science?* 20—34, "The Theory Dependence of Observation".

科学中的冲突和革命：
哥白尼对阵亚里士多德

◆ 第5章

亚里士多德(前 384—前 322)的自然哲学和宇宙论

1. 第二篇开始：科学中的冲突和革命——哥白尼对阵亚里士多德

前一章有关知觉的理论渗透和事实的理论渗透的讨论结束了本书的第一篇("科学史与事实崇拜")，在那一章，我们遇到了几个引导性的观念，这些观念有助于我们以更好的方式进行科学史研究。现在我们进入本书的第二篇，在这一篇我们将展开第一轮的历史案例研究，借此做一些历史工作。我们将考察科学革命中的一次对抗，这次对抗的双方，一方是曾经占统治地位的、已经确立了的世界观，来自亚里士多德的宇宙论和天文学；另一方是来自挑战者的宇宙论和天文学的世界观，这种世界观被宽泛地称为哥白尼学说。为了这种比较研究，我们将采用非辉格式的观念，例如，不把亚里士多德当傻瓜，也不认为哥白尼是显然正确的。我们将跟随这些人一道去进行事实和理论的建构与颠覆。我们将要阐明，事实和理论的建构与颠覆并非那些取决于与实在的本性的真实联系的历史现象——好汉发现了事实与理论间的关联，坏蛋则否。相反，这些现象取决于建构及颠覆事实和理论的个人的、社会的、政治的和制度的策略及其方式和方法。这就是为什么它导致令人关注的历史，而非虚构的辉格史神话的原因。

2. 亚里士多德以常识中的事实为基础建构的自然哲学

现在让我们转到亚里士多德的自然哲学(我将亚里士多德的自然哲学称为知识体系或世界观,也有人或许想称其为科学),下面我们将说明为什么我们更倾向于使用"自然哲学"一词。亚里士多德的自然哲学最先引起我们注意的是它是条理清晰的,在一定意义上甚至是杰出的,它把事件和现象的日常描述中所隐含的假设和理论整合为一个统一的思想。换句话说,如果你和亚里士多德一样说的是印欧语系的语言,那么你关于世界的日常描述便包含着某些理论,有的还非常接近于在亚里士多德的自然哲学中被系统化了的知识体系。亚里士多德的自然哲学是各种假设的精心总汇,并对之加以明确化和系统化。所以亚里士多德真的就是这种认为玫瑰是红色的,并且红色就存在于玫瑰之中的人,近代物理学并不这么认为(参照第4章)。对于亚里士多德或中世纪和文艺复兴时期的任何一个亚里士多德的追随者而言,说红色不存在是讲不通的:每个人都知道红色是存在的,并且它就存在于玫瑰之中。亚里士多德也是那种会把下面这个显而易见的陈述当作事实来看待的人,即"当你扔重物时,重物会落下;重物之所以会落下就是因为它们是重的",并且亚里士多德认为这句话中的每个词都有精确的物理意义。亚里士多德非常重视"太阳从东方升起,穿过高空,在西方落下"这种显而易见的"事实"(被普遍接受的报告)。

亚里士多德的自然哲学观点是思考物理实在的本质和从事科学研究的权威的和制度化了的框架。从大约1300年直到(在很多情况下)大大超过1650年,这都是一个在受过教育的欧洲人和欧洲大学中权威的哲学和科学框架。在16世纪的欧洲,亚里士多德的追随者——大多是受过教育的人——都不认同哥白尼及其追随者,其原因并不在于亚里士多德的追随者愚笨以及哥白尼的追随者聪明,而在于他们反对哥白尼所提供的事实(报告)以及"渗透"报告的理论。历史的疑点在于为什么哥白尼的理论(以及事实)渐渐取代了亚里士多德的理论(以及事实),因为在17世纪哥白尼并非显而易见是正确的(触及真正的事实),而亚里士多德也并非明摆着是错误的(没有触及别人曾经以神秘的方式触及的真正的事实)。

3. 一般自然哲学的游戏

一般意义上的自然哲学,作为社会精英的一项文化活动,是大约公元前6世纪至公元前4世纪古希腊人的一项发明。当然,也不是所有的古希腊人都信仰自然哲学,只有极少数的希腊精英阶层曾经对自然哲学感兴趣或者"从事过"自然哲学研究。那么这种作为一般的文化游戏,作为一种思想探索的自然哲学到底是什么呢?

是这样,如你所知,古希腊人或者至少是他们中的一些人,是西方哲学传统的缔造者。希腊人一般认为哲学有三条主线。一是政治哲学,这种哲学向受过教育的男人或受过教育的统治者阐述如何理性地分析和规划政治行为;二是道德哲学或伦理学,这种哲学与个人行为相关。对希腊人来说,另外一个主要的哲学分支就是自然哲学,也就是我们在科学史上所要重点讨论的。

要想了解希腊人的自然哲学的范围和主旨,你有必要了解,古希腊人也创造了众多的**技术科学**(在这里我确实想使用科学一词)。这些技术科学是探究具体自然的狭窄的、技术性的、专业的领域,希腊人认为,这些技术科学应当不悖于,且受制于某种包罗万象的、系统化的一般的自然哲学。在本书中我们关注的主要是希腊人发明的某些技术专长之一,某些科学之一,即天文学,以及天文学与16世纪和17世纪占统治地位的、具有挑战性的自然哲学之间的演化关系。如我所说,希腊人还发明了一些其他的科学,例如我们可以称之为解剖学的领域,某种程度上可以称之为生理学的领域，以及光学、静力学、某种声学以及最重要的几何学，出于某些理由，我们或许可以把它们都看作科学。对于我们而言，几何学显然不是一门自然科学，但它是一门学科，而且希腊人明确将它置于某种理论框架之上。他们喜欢将几何学看作真实的三维空间的科学，因而是一种探索自然的方式。所以希腊人创造了这些科学，它们中的每一门都是一种相对狭窄的、相当技术性的和专业化的研究领域。

对于希腊人，也包括中世纪、文艺复兴和科学革命时期的思想家而言，最为需要的是某种真正的自然哲学，一种一般性的自然理论，它能统摄、控制并解释所有具体科学领域的基本观念，并因此而表明具体科学皆是彼此相联系的，皆为一个包罗万象的正确的世界观的一部分。换言之，希腊人的自然哲学领域比他们所发明的任何其他领域都要更为宽泛更为深刻。希腊人把自然哲学设想为提供了一种包罗万象的、系统的理论的哲学，狭窄的具体科学就在这种理论中得以探索。问题是，在希腊时代，哪种自然哲学的观点或体系是正确的？这一问题到科学革命时期再次出现。

我们已经不再以这种方式审视自然科学的各个分支了。当然了，自18世纪晚期以来，科学已经被分割成太多的专业，以至于任何一个人都不能概览所有的科学并说："我是一个自然哲学家，我将在包罗万象的、正确的自然哲学内陈述所有科学的一般观念。"英国和欧洲，甚至美国的一些古老的大学有"自然哲学"教授一职，但这一教职现在是设在物理系，担任这一职务的不是"自然哲学家"，而是这个或那个物理学分支的科学家——量子物理学家或者固体物理学家，抑或可能是天体物理学家。至少从19世纪早期开始，"自然哲学"就已不复存在，再也没有一种涵盖所有科学以指示它们应该做什么的系统的理论解释了。

但是，在16世纪和17世纪的科学革命中，自然哲学依然作为社会的和文化的战场而存在着，**主要的争论**不是关于天文学、光学、解剖学、生理学、几何学、数理物理学这些分门别类的学科的，而是关于自然哲学的。主要的争论是，哪种特别的自然哲学体系（如果有的话）会取代亚里士多德的自然哲学体系——哪种自然哲学体系或观点是正确的（如果亚里士多德的自然哲学体系不正确的话），当然很多人依然是捍卫亚里士多德的。因此，科学革命没有摧毁作为一场文化游戏和思想竞技场所的自然哲学。后来的科学分化及科学分支的发展导致了自然哲学的消解，但那是在科学革命之后，18世纪晚期以后的事。因此，在我们正在考察的那个时期，自然哲学这一领域依然存在——哥白尼，开普勒（逝于1630年），伽利略（逝于1642年），笛卡儿（逝于1650年）以及牛顿（逝于1727年）都是自然哲学家，他们对哪一种自然哲学体系是正确的这一问题作出了不同的回答，这些回答都超越了那个时代的各种专门的科学知识。

4. 建构任何一种特别的自然哲学：物质、宇宙、因果性和方法

如果你在从事自然哲学研究，像一些古希腊人或者中世纪和文艺复兴时期的大学讲师那样（或者像科学革命中的积极参与者那样），你必须做什么？你的工作是什么？你的目标是什么？要想成为一个自然哲学家，要想加入到这场游戏中，你就不得不对以下4个问题给出系统的回答：

（1）自然是由何种材料构成的？存在何种物质？

（2）物质是怎样构成宇宙的？它是如何组织的，这属于宇宙学问题。知道何谓物质是一回事，知道物质如何构成宇宙是另一回事。

（3）事物如何产生或者为什么产生？这是一个因果性问题。

(4) 你如何知道问题(1)、(2)、(3)的答案并且如何知道你的答案是正确的？这个问题在早期希腊传统中是缓慢发展的,因为这个问题在希腊人的自然哲学传统的起始阶段是不存在的,但是随着像亚里士多德和他的老师柏拉图(Plato)这样的人的出现,这个问题最终还是出现了。因此,自然哲学不得不在其自身之内包含关于它的基础是什么这一问题的答案——自然哲学如何知道问题(1)、(2)、(3)的答案。并且,亚里士多德给出了答案的一个重要部分:"我知道问题(1)、(2)、(3)的答案,因为我有给我答案的科学方法。"

令人关注的是,尽管自然哲学如今已经不再作为一种文化形式和社会制度而存在了,但是问题(4)在科学哲学家和辉格科学史家中依然存在,他们认为理解科学及其历史的关键在于追寻"科学方法"的良好的、成功的发展和应用。对此我们已在第3章中略有所闻,在后面的第9章到第11章(第三篇)我们将了解到:(a)科学方法的观念绝没有也绝不可能对产生科学知识发挥实际的效用——科学是通过不同的、更加社会的和政治的有趣方式产生的,(b)科学方法的观念总是被用来辩护和支持以各种不同方式获得的观点。

此外,在转到亚里士多德的独特的自然哲学之前,关于一般意义上的自然哲学还有一件事必须了解:究竟是什么使得自然哲学和自然哲学家有别于发生在希腊社会或其近邻或其他稍微古老一点的文化(例如近东文化和埃及文化)中的其他一切事情? 正是希腊人在他们的自然哲学中将宇宙看作一个几乎包罗万象的整体。事实上,宇宙一词表示的就是这个意思。物理实在是一个独立的整体。这个假设非常重要,因为它意味着即使存在超自然的生物、上帝和女神——如果真有这些事物的话——他们也不会干涉宇宙这个独立的物理系统。因此,自然哲学未必是无神论的;可能存在超自然的生物,但是,其思想的目的是为了解释世间的事物,其方式不是从外部,不是从超自然的领域引进一个上帝去理解。这与那些古老文明的特点,实即希腊和罗马文明(不考虑一小撮自然哲学家的精英)的特点大相径庭,这些文明的特点即根深蒂固的宗教的和神秘的世界图景。(这一切对中世纪、文艺复兴和科学革命时期的欧洲基督教社会的自然哲学意味着什么,我们接下来就会提到,并会在本书中进行详细探讨。)

所以,例如,在亚里士多德那里,事实上超自然生物并不存在,当然也没有上帝这一为犹太教和基督教共有的有人性的造物主的概念。实际上,当亚里士多德的自然哲学在11—13世纪传入欧洲时,人们还不得不给它填补了一个上帝。基督教的(天主教的)上帝的形象不得不被置于亚里士多德自然哲学之上,结果欧洲大学里的基督教化了的亚里士多德自然哲学变成了宗教的主要支柱。其他的希腊自然哲学体系已经以同样的方式处理了上帝和超自然生物。在古代世界有一个同亚里士多德哲学相抗衡的学派,即原子论学派,原子论者认为自然是一个由原子和虚空构成的无限系统。(顺便说一句,他们所说的原子不同于我们今天所说的原子。原子论者的原子是坚硬物质的固态微粒,是不可分割的。我们今天的原子是指亚微粒子的复杂系统。)现在,原子论者承认诸神的存在,但是他们的诸神是由原子构成的,因此诸神已经**存在于**宇宙之中,不是超自然的。此外,事实上,根据某些希腊原子论者的观点,诸神居住在遥远的宇宙尽头,也不太在乎人类的命运。因为古代的原子论在很大程度上也是一种道德哲学,这也就意味着,我们不用担心很多事情:例如,不用担心你会因你的罪行而受到上帝的惩罚,不用担心你死的时候会发生什么。你的身体分解为它的构成成分原子,然后你就消失了——就是这样简单。在原子论者看来,没有拯救你的上帝。神是存在的,但他们不会拯救你,或者不能拯救你。这就是我所说的不存在超自然的干预的意思。对原子论者和亚里士多德(用他自己的方式)来说,宇宙是一个独立的整体,我们人类只能在这一自然的背景中探求我们的理解和生命与宇宙的意义。

5. 亚里士多德的自然哲学1:"两球宇宙"

现在我们来详细地考察一下亚里士多德的自然哲学,从他的宇宙论、他对万物是如何构成的这一问题的回答讲起。这是他的自然哲学中最缺乏创新的部分,因为这是他从柏拉图和柏拉图学派那儿直接承继而来的,在柏拉图和柏拉图学派那里,宇宙论早在上一代就已经诞生了。但是值得注意的是,亚里士多德的宇宙论后来发展为欧洲中世纪和文艺复兴时期的宇宙论,至少对受过教育的人来说是这样。一些历史书将亚里士多德宇宙论的中心思想概括为一个简短的名字"两球宇宙"[two-sphere cosmos,参见库恩的《哥白尼革命》(*The Copernican Revolution*)一书],因为你注意到的第一件事就是它包含两个天球。一个天球是地球,它静止地悬于整个宇宙的中心,地球的中心和宇宙的中心是一致的。第二个比地球大的天球叫作恒星天球,恒星被固定在这个天球的内表面上。只有恒星是固定着的,太阳和月亮则不是,行星也不是(当时人们只知道5颗行星——水星、金星、火星、木星和土星)。(图5.1)

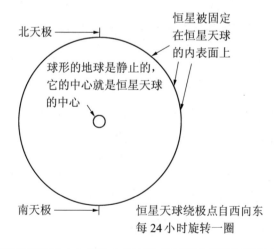

图5.1 恒星天球和位于中心的静止的地球,通过两个天极和地球中心的剖视图

　　这些恒星相互间的位置绝不会变动——它们看起来是"固定的"——因此以为它们确实是固定不变的自然是人之常情。这个大天球自东向西转动,每24小时完成一次旋转。这就意味着,从居于中心的地球表面看去,每个夜晚都能看见这些恒星和一些东升西落的恒星一起,自东向西运动,在我们头顶的夜空画下一个巨大的圆弧;有些恒星的位置太高,无论你从什么位置观察,它们看起来好像每个晚上都只是在兜圈子而没有东升西落的迹象。事实上它们看起来好像在围绕一个点转动,这个点一定就是恒星天球旋转轴的"极点"。这些乍看起来似乎合理的观念导引出了其他表面上"合乎事实的"精确发现。如果你来到希腊北部,你看到的恒星会同你走到埃及南部时所看到的恒星有细微的差别。这是为什么呢? 因为你是沿着球形地球的弯曲表面在行走,你的视平面会有细微的差别,这种视平面把恒星天球分割为两个部分。有很多不同的事实都可以用这种方法来解释,这也是亚里士多德这个聪明的柏拉图学园的学生何以能对他上一代人的宇宙论进行总结的原因。

　　那太阳、月亮和行星又怎么样呢? 这下麻烦来了,这个麻烦就叫作天文学,因为人们可以对太阳、月亮和行星的宇宙论作出一个极其概括的解释——太阳、月亮、行星是在做什么——但是它们的运动出现了一定的问题。为了合理地、精确地解决这些问题,我们不得不进行技术性处理,运用模拟这些客体运动的复杂的数学模型。这些问题的技术性处理即所谓天文学研究。在接下来的一章我们将会看到某些希腊人是如何研究天文学的,但是现在我们先来看一个基本的,也即宇宙论的故事。宇宙论的基本画面是,太阳、月亮和行星占据着地球和恒星天球之间的领域。以太阳为例(图5.2),它每天24小时围绕地球自东向西运行。在某种意义上,太阳和恒星天球的运动是一致的。但是太阳看起来好像也在缓慢地自西向东运动,大约一天一度,所以在365天结束时

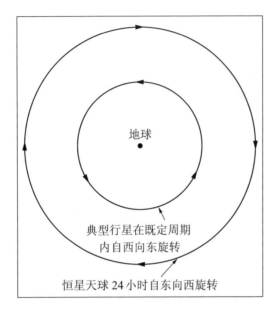

图5.2 两球宇宙,典型行星引入后的极点视图

太阳又回到了它在一年前以恒星为背景的同样的位置。月亮也具有这样的特征——有一个缓慢的回归运动(自西向东)——大约每天倒退12度,因此,大约一个月之后月亮又回到了以恒星为背景的同样的位置。每个行星都有自己的回归周期。这个理论能够很好地解释日食和月食、季节、行星和恒星运动的一般模式。

最后,在恒星天球的外部又是什么呢?亚里士多德和其他希腊异教徒认为在球形宇宙之外简直一无所有,也就是说,不存在任何物质,因为自然界(宇宙)的一切都处于这个巨大天球的内部;而且,既然不存在超自然物(或者自然之外的东西),在恒星天球的外部也就不存在任何东西。在中世纪,随着亚里士多德自然哲学的基督教化和它被接纳为官方的、有学问的世界观,这个故事也被修改为:正如地狱位于地球的中心(宇宙的中心),所以天堂——上帝和众天使的栖身之地——就处于物理宇宙的界线之外。

6.亚里士多德的自然哲学2:一些错综复杂的重要概念

现在让我们再接再厉,考察一下亚里士多德对自然哲学中的其他几个关键问题的回答。为了更好地做到这一点,我们来做一个游戏:据我观察,亚里士多德是西方"科学方法"神话的发明者之一。他声称他的自然哲学是基于对客观事实的细致观察以及对这些观察的概括("事实"的概括)。当然,亚里士多德没有认识到,理论渗透的问题,实际上是观察和事实的"文化渗透",所以当我们对观察到的事实进行概括时,我们通常只是简单地弄明白那些首先制约我们的观察或事实的理论。在此我打算扮演一个"亚里士多德式的方法论者"。我们将对某些"事实"进行观察和概括,并根据最初的事实建构更多的事实和概括。这样,作为亚里士多德的我,就可通过科学方法,通过对事实的观察和概括,得出"我的"自然哲学的思想主线。

当然,真正会发生的是,我将报告并使用理论渗透的事实,在此基础上建构越来越大的概念架构。这将教给你亚里士多德自然哲学的某些细节,教你知道我们如何能够识别潜藏于事实(这里指亚里士多德的事实)背后并决定事实的理论和假说。这也是一种证明科学方法无用的小尝试。看起来好像我们所做的一切只是观察自然并加以概括,事实上,所有的工作都是在幕后进行的,即基本事实的复杂"渗透"和将之建构成更加理论渗透的大事实或概括的幕后。

首先,我们来看一下天空和地球的区别,亚里士多德貌似合理地观察到天空中没有什么东西发生过变化——希腊人(和巴比伦人)的观察从来没有揭露过某个天体的诞生、灭亡和变化(流星位于大气之中,是一种地球上的现象——彗星也一样!)。我们因此可以断定,构成天空的物质——太阳、月亮、行星和恒星——是完美的、不朽的。无可否认的是,天空中的每个事物确实好像在围绕地球做大的圆周运动——这是我们已经观察到的——因此这种完美的、对称的圆周运动必定是那种最配得上完美的、壮观的天空物质的行为。此外,完美的天空同地球那火热的大锅形成了鲜明的对照,在这个大锅里一切都处于变动之中:季节的变换、潮汐的涨落、天气的多变和动植物的生老病死。对于客观的观察者而言,所有这一切及其与天空那不朽的、完美的圆周运动的鲜明对照都是显而易见的。我们因而可以理性地认为,地界(terrestrial area)是不同于天界的。(某些"事实"成为作出其他判断的基础,这些判断也许包含事实,但是被你最初的假设理论渗透了。)

现在我们来做进一步的研究,看看从地球/天空的差别这个事实中我们能得到些什么。我们看到,在天空和地球的各自领域里都有一种对该领域来说似乎自然而然的运动。在天空中只有圆周运动,即匀速圆周运动。在地界或在地球上,我们有"重"物,当我们松手它们就会垂直落"下"。显而易见,天体做圆周运动是出自它们的本性,这和构成它们的质料有关。地球上的物体会垂直落下也是本性使然,与构成它们的质料有关。这样势必存在至少两种类型的质料!天空由一种材料构成,地球则由另一种材料构成。我们已经暗示过,天空可能是由某种完美的、永恒不变的东西构成的,所以地球和地球上的事物必定是由一种不同的笨重的质料构成的。然而,地球上也有一些事物似乎会做自然的"向上"运动,例如洗澡水中的气泡、无风时的火苗,所以显而易见的是,存在三种类型的质料和事物:"天空的""重的"和"轻的"。从简单的观察就可看出,"向上"和"向下"这两个词在这里具有明确的含义:"向下"的意思是朝向地球的中心也就是宇宙的中心,"向上"则意味着远离宇宙的中心。因此宇宙本身是有方向的。注意,这不是牛顿所说的宇宙,实际上牛顿准是错的,因为观察和概括"证明"存在着"向上"和"向下"。

[自此之后,亚里士多德的物质理论比我们在此需要探究的要复杂

得多。亚里士多德将重的物质分为两种"元素":土和水;将轻的物质分为两种"元素":气和火。规则运动的、完美的天空物质是第五种元素,中世纪称为"以太"(quintessence)。在这里我们更感兴趣的是亚里士多德对天空和地球、轻和重的区分。剩下的部分我们将在本章的附录中运用一些进一步的资料进行更加详细的研究。]

接下来我们要说的是,亚里士多德的宇宙是一个整齐的、和谐的宇宙,因为宇宙中的一切都有自己的**自然位置**(natural place):土、气、水、火以及天空物质都处在它们本该存在的位置上。土元素被紧紧地压缩在宇宙的中心,只允许存在少量的山脉和海洋。在土元素之上是水元素,在水元素之上是气元素,最上面是火元素,但是火元素要在月亮之下,月亮是离地球最近的天体。所有这一切都包容于天界之中。

此外,现在我们可以来看一看为什么物体会"自然地"移动了。这是因为它们要回到自己的自然位置,如果它们被移离原来的位置的话。"自然运动"维系着**自然的秩序**!因此,为什么这个重物,比如说这支粉笔会落下?那是因为它的自然位置是朝向宇宙的中心的,因此,这就是为什么当我们举起一个重物然后松开它时,它就会落下的原因。水的气泡向上运动是因为它们的自然位置居于土和水之上。但是,当某物或某人对客体的运动加以干涉的时候,自然运动就不会产生了。举起一支粉笔,我是在强迫它,我在让它做它不想做的事情,我一让它走,它就会"程序化地"落下来。因此,我们可以得出亚里士多德的观点:"自然运动"还原自然位置,"受力运动"(violent motion)是人为施加给物体的——强迫它们偏离自身的自然位置,或强迫它们以一种非自然的方式运动(假定该物体是由要素构成的)。

7. 后来科学革命中的一个大问题：亚里士多德的自然哲学忽视了人类的工艺、技术或者实验的结果

现在我们可以来探索某些亚里士多德自然哲学的重要价值判断和发展方向了。"自然运动"和"受力运动"之间的区别使亚里士多德得出了一个重要观点：亚里士多德的自然哲学与人类技术或工艺毫无关系，也就是说，与任何人工制作的用来完成任务或取得成果的东西无关，因为技术和工艺都是基于驱使物体做非自然的事情。金属矿石不会自己转变为金属；树木不会自己变成房屋；木材不会自己燃烧；陶瓷不会自己成型；船舶不会自己漂洋过海，所以所有这些人类制造的奇迹事实上都与自然哲学的研究和教化无关，或者至少与亚里士多德的自然哲学无关，因为由技术产生的任何事情都是强制性地限制自然的结果，是违背事物本性和它们的自然运动的一种强制行为。另一方面，自然哲学，或者至少是亚里士多德的自然哲学是对自然事物的研究，这些自然事物自我决定自身的自然运动和自然行为。这就意味着，将物体置于非自然的条件和限制下的技术和实验不能指导我们了解自然。对亚里士多德和整个科学革命时期的亚里士多德的追随者来说，自然哲学的基础是细致的观察，而不是实验或技术经验。

考虑到上述假设，下面这种看法是完全合理的：亚里士多德并没有说所有的技术都是无用的，他只是说技术在（他的）自然哲学中不重要。有工匠、矿工、造船工人以及从事制造武器、构筑防御工事等诸如此类技术活的人是件好事，因为他们提供了经济剩余，这些经济剩余使我、亚里士多德以及我的朋友们能够围坐在吕克昂学府，讨论为什么他们的工作不是科学的一部分。但是真正重要的事情是研究自然哲学（以我的，也即亚里士多德的方式）。

对亚里士多德自然哲学来说，所有这些也暗示了一定的社会地位

和社会背景。显然,在文艺复兴时期,亚里士多德哲学不会在军营、船坞、磨坊或者印刷厂这种地方感到自在。不,亚里士多德哲学只会在一种地方感到自在——在那里,悠闲的人们能够分析亚里士多德的论著,进行辩论并撰写更多的著作,而无须亲自动手去处理人类的工艺和技术,因为那与自然哲学无关。这并不意味着亚里士多德自然哲学是与它后来赖以生存的社会(希腊、罗马、中世纪和文艺复兴时期的欧洲社会)毫不相干的。这种自然哲学离不开当时的社会精英,离不开能以某种方式组织自己的生活和追求的人,它与他们高度相关。或许对我们来说这看起来很愚蠢,但是却能防止我们成为辉格主义者。在希腊和罗马,精英们在道德和自然哲学的灌输中被培养为社会的统治者;在欧洲中世纪和文艺复兴时期,基督教化的亚里士多德自然哲学为受过教育的社会名流提供世界观、价值观以及神学研究的基础。

在我们正在研究的这个时期——欧洲文艺复兴时期和17世纪,每个受过教育的人都在大学里学到过一些基督教化的亚里士多德哲学的观点。除了向精英们提供世界观,基督教化的亚里士多德哲学的社会功能是什么?在中世纪和文艺复兴时期,基督教化的亚里士多德自然哲学为基督教神学研究提供基础。任何一种打算取代亚里士多德哲学的自然哲学都不得不以同样的方式和基督教结盟。

自然哲学的第二个功能就是为各门专业科学——天文学、光学、占星术、解剖学等提供概念基础。例如,在下一章中我们将看到托勒玫(Ptolemy)天文学是怎样以亚里士多德自然哲学为基础的。天文学处理的仅仅是数学计算装置。亚里士多德自然哲学解释了宇宙的结构、物质的本性、运动的原因。任何新的自然哲学要想取代亚里士多德自然哲学,都必须为诸门具体科学提供新的基本概念。

就像我们将要在后面(第19章和第20章)看到的一样,在17世纪存在很多想要取代亚里士多德自然哲学的自然哲学家。他们不仅认为亚里士多德的宇宙论是错误的,而且认为亚里士多德对待技术的整个态度也是错误的,他们认为要促进科学的发展,就必须研究人类的工艺和技术,认为这将反过来丰富人类的实践。尽管在何为自然哲学的正确体系这一问题上存在分歧,但培根、笛卡儿、玻意耳(Robert Boyle)以及其他一些人都认为,你不会用技术或者实验歪曲自然,相反,你实际上揭示了自然界的真相,这一真相隐藏在亚里士多德哲学所研究的肤浅的自然模式之下。

但是记住……不要成为辉格主义者。这不是两派孰是孰非的区别,而是由两种类型的自然哲学(亚里士多德的和反亚里士多德的)所表达的两种社会态度和价值观之间的差异,因为在17世纪,任何一方都无法证明谁的观点是对自然哲学的正确回答。为什么16世纪和17世纪的思想家对自然哲学提出了不同的问题并设定了一个与亚里士多德自然哲学不一致的新的目标,这不是因为他们看到了新的真理或者发现了新的科学方法。不,这是一个关于为什么它们会有不同的价值观和目标的历史的、社会的和政治的问题。我们将考察在科学革命时期形成自然哲学的新目的、新价值观和新目标的一些因素——我们将在第7章和第8章追问这些与哥白尼及其追随者有关的历史问题;并在后面的第19章和第20章探讨自然哲学真理的亚里士多德垄断的挑战者:17世纪早期的"巫术型"自然哲学以及"机械论"自然哲学。

附录:一些关于亚里士多德自然哲学的详细注释

每个实体都是质料和"形式"的联合,质料没有属性;质料对"形式"具有纯粹接受性;形式赋予特殊的质料以结构和功能;形式是非物质的,就像计算机的程序,它决定着通过质料而呈现出来的结构和功能;形式就是使物之为物的那种东西。像计算机程序一样,形式决定目的(终极因),这个目的就是实体的结构和功能的趋向——"形式的自我实现直到实现终极目的"。顺便说一句,在真实的世界里,形式不会脱离质料而存在,也不存在无任何形式的质料。

亚里士多德:"只要自然运动是潜在的, 它就是潜在性(形式)的实现。"
长箭头代表由动力因引发的自然运动,它不断地走向它的自然目的——目的因或目的。在这一有限的、目主导的过程中发生的是,形式或问题的本质达到了自然运动的目的,或者实现了自然运动本性的全部潜能。

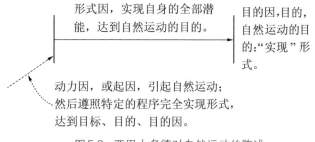

形式因,实现自身的全部潜能,达到自然运动的目的。

目的因,目的,自然运动的目的:"实现"形式。

动力因,或起因,引起自然运动;然后遵照特定的程序完全实现形式,达到目标、目的、目的因。

图5.3 亚里士多德对自然运动的陈述

宇宙中各种实体的等级:从低到高

地界实体:由4种元素组合而成;例如,岩石主要由"土"构成,它的形式是冷的、干的、重的(易于落向宇宙的中心,也就是地球的中心)。因此岩石具有某种形式,但不具有任何类型的灵魂。岩石自然而然地,但莽撞地做自然运动(落下)并显示出基本的特性——干、冷、重。

植物:植物的形式是灵魂的最低类型,植物的灵魂控制着生殖、营养和生长,以及各种植物的典型结构。

　　动物:拥有某种较高级的灵魂,动物的灵魂除了拥有植物的灵魂所拥有的功能外,还控制着感觉和运动。

　　人类:是地球上因而也是宇宙中独一无二的物种,拥有的灵魂等级高于动物和植物,除了拥有动植物的灵魂所拥有的功能外,人类的灵魂还控制着推理和思考。灵魂是"身体的形式",当你死去的时候,你的身体被分解掉,还原为它的构成元素,你的灵魂也就不再存在。(亚里士多德不是基督徒,后来的基督教亚里士多德学派将不得不"修补"这个观点。)

　　天体:恒星、太阳、月亮、行星不具有灵魂,但是极其完美的形式使得它们永恒、完美、不可改变并且产生围绕地球的永恒的匀速圆周运动。

　　(后来,中世纪的基督教、伊斯兰教和犹太教的亚里士多德学派将不得不把万能的<u>造物主</u>上帝放在这个等级的最高层:上帝创造了一切,设计并控制着人类和宇宙的历史进程。非基督徒亚里士多德认为,宇宙是永恒的,无始无终,就是按自然的周期和再生规律永无休止地运行——当然也不会有"进化"!亚里士多德的原意是,没有事实证据能证明宇宙的始或可能发生的终结,所有已知的证据都支持在上面提到过的永恒模式。)

　　<u>四因说和自然运动的解释</u>

　　自然运动,也就是运动,在古希腊意味着各种各样的改变,而不仅仅是我们现代科学意义上的时空运动,它还包括:出生、生长、死亡;性质的改变;地点的变换等等。

　　形式是事物的本性,也是事物的"偶然"特性。

　　变化是事物本性的一部分:一粒橡实长成一棵橡树;一个重物向下坠落;但一事物的偶然特性也会发生变化:人(本质上来说是有理性的

两足动物)的头发可能颜色各异,也可能会随着年龄增长而变白,头发的颜色以及变白并不是人之为人的形式的本质属性,但是人是会偶然性地经历这些现象的。

两个隐喻:(1)亚里士多德所展示的自然变化,用我们今天的话来说,一是指自然整体类型的发展、表达和行为的"结构"模式;一是解释自然的"生物"模式。(2)源于某种内在计算机程序的自然变化或运动,是某个实体(它的形式)的内在属性,这个实体会以一种目的导向的、目的寻求的方式激发所有的行为和行动。

四因:

质料因(在这里指宇宙中的事物及其发生的运动,这个范畴不是追问"这是什么",而是指"纯粹的可能性的存在物,质料就是这种东西"。)

形式因(回答"这是什么":自然运动的本质、形式、程序,形式因使得作为纯粹可能性的存在物成为自然运动以及施行自然运动。)

动力因(回答"如何"产生的问题,促发某个具体实体发生自然运动的外因。)

目的因(回答"为何产生"的问题,和形式因密切相关,自然运动/变化发生的结果、目标、意义是什么。这个目标或意义是行为的形式、本质、程序的自我实现,因此和实体的形式密切相关。)

关于亚里士多德的自然运动及其原因在图5.3中进行了说明。这个结构模式可以应用于自然变化的所有事例之中:青蛙卵的受精以及它成长为一只成熟的青蛙;被松开的重物垂直地落向宇宙的中心——"重的"形式的自我实现。

第5章思考题

1. 亚里士多德用可靠的(理论渗透的)事实和有力的证据支持他的主张,即地球是球形的,并且静止地位于宇宙的中心。亚里士多德的事实和证据都有哪些?

2. 在亚里士多德自然哲学中,"自然运动""自然位置""天"界和"地"界等核心概念是如何在一个条理清晰的诠释故事中结合在一起的?

3. 亚里士多德体系基于一系列条理清晰的概念,这些概念都有经验事实。正是这使他的体系能以一种令人信服的方式解释如此多的"日常"事实。试着用一种亚里士多德的方式来解释以下日常生活中的事实:

1) 太阳每天东升西落。

2) 重物垂直落向地面。

3) 当你向空中发射或抛掷一枚炮弹时,它最终落到地上并停下来。

4) 水泡浮到盛满水的容器的水面。

4. 辉格史学家会对亚里士多德自然哲学发表什么看法? 可能存在关于亚里士多德自然哲学的非辉格式历史故事吗?

阅读文献

T. S. Kuhn, *The Copernican Revolution*, 25—29, 78—99.

B. Easlea, *Witch-Hunting, Magic and the New Philosophy, 1450—1750*, 46—50.

Peter Dear, *Revolutionizing the Sciences*, 1—18.

G. Christianson, *This Wild Abyss : The Story of the Men Who Made Modern Astronomy*, 39—53.

◆◆ 第6章

托勒玫天文学和希腊/中世纪
世界观的合理性

1. 柏拉图/亚里士多德宇宙论中的行星问题：西方理论天文学的诞生

在本章中，我们不得不进行某些有点技术性的研究，你无须掌握它的详细内容。但是，了解一些希腊天文学的知识还是必要的，因为只有知道希腊天文学是关于什么的，我们才能明白在哥白尼革命（所谓的"天文学革命"）中究竟发生了什么。因此，本章试图帮助你处理一些重要细节。了解这些细节有助于你浏览其他辅助性读物，这些读物难免技术性更强，有时可能出自更加辉格式的观点。

我们已经考察了亚里士多德的两球宇宙，这种考察是把这种宇宙看作亚里士多德自然哲学分析的某个具体组成部分。你还记得我们试图理解，亚里士多德只是众多希腊自然哲学家中的一员，尽管他的自然哲学曾一度在中世纪和文艺复兴时期的西方占据统治地位；像其他对"宏大物理世界图景"（big physical picture）感兴趣的自然哲学家一样，亚里士多德关心的问题是：物质是什么，它是怎样构成的，引发自然现象的原因是什么，我们又是怎样认识这些原因的？

现在，当我们谈论亚里士多德的宇宙论时，我简要提一下太阳、月亮以及行星是如何被纳入这一模式的（图6.1）。简单地说，你还记得我们说过,它们位于恒星天球和地球之间。一般来讲,太阳、月亮和所有的行星都是自西向东做缓慢的圆周运动,这个缓慢的自西向东的旋转是以恒星为背景的。表6.1中有关这些天体做自西向东的缓慢运动的特定数据都是古代天文学家和哲学家耳熟能详的。例如,月亮绕地球自西向东转一圈需要27天,而太阳绕地球旋转一圈则需要365天。

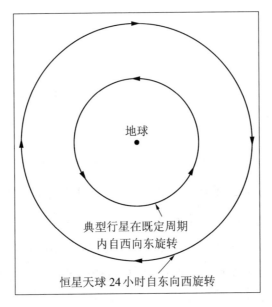

图6.1 两球宇宙

如果行星的运动真是如上面所说那样简单,那么希腊人就没有必要去改进这一基本的两球宇宙论学说。这些行星的运动本该是简单的和合乎规律的。对你来说,不幸的是,你将不得不学点行星的知识;但对于科学史来说,非常幸运的是,行星的运动并不遵循这种简单的样式。希腊人以多种方式对行星在做什么加以精确的解释,最终导致了一门技术的、数学的和理论的学科的诞生,希腊人和我们将之称为天文学。天文学最初致力于解释行星的奇特运行。如果行星的运行没有这么奇特,那就不会有数理天文学——可能只有这一"宏大物理世界图

表6.1

天体	西/东周期	逆行周期
月亮	27天	——
金星	365天	116天
水星	365天	584天
太阳	365天	——
火星	687天	780天
木星	12年	399天
土星	29年	378天

景"——因而也不会有希腊天文学，也就没有后来的哥白尼天文学；或者，随之而来的也就没有牛顿物理学和天体力学，因而，也许连19世纪理化学科的数学化都不可能出现。换句话说，尽管可能存在西方的自然哲学，也不会产生西方的数理物理科学。这是因为行星的运动问题首先是一个技术问题，这个问题引起的是复杂的、数学的和技术的注意，其形式就是这种早期科学或天文学学科，它是在自然哲学的庇护或启发下发展起来的，尤其是在柏拉图和亚里士多德的自然哲学所特有的两球宇宙的庇护或启发下发展起来的。

这些行星的问题是什么呢（图6.2）？一颗行星以你从地球上可能看到的恒星为背景自西向东运行。问题在于行星并不总是自西向东运行的。每颗行星都有自己典型的定时的、额外的、不同寻常的运行状况，它们会周期性地变慢、停止并向相反的方向（自东向西）运行一段时间，直到再一次变慢、停止，然后重新回到通常的自西向东的运行状态。从地球上看，这种运动表现为随时间的流逝而产生的循环运动。每颗行星都表现出以恒星为背景的循环运动；并且每颗行星都有自己独特的循环周期。例如,金星的循环周期是116天,火星的循环周期是780天,等等。我们把这些循环运动称为"逆行"(retrogression)。

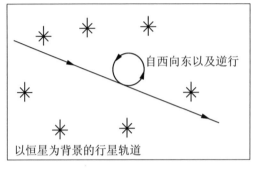

自西向东以及逆行

以恒星为背景的行星轨道

图6.2

这些逆行显然摧毁了任何一种简单的宇宙论,而且使得坚持一种简单的两球宇宙成为不可能。在这种不变的、缓慢的自西向东运动之外,我们需要为这一模型添加更多新的内容。这就需要设计出某些数学模型来演示通常的自西向东运动中的逆行——这些模型可以"相当"准确地预测出所观测的行星的位置,**这**正是西方理论天文学的关键的原创性问题。

2. 从巴比伦工艺天文学到柏拉图学园

早在希腊人之前,天文学家就已经观察和记载了行星的逆行以及其他许多奇异的天文现象,尤其是巴比伦天文学家,但不是在约公元前2000年的真正的古巴比伦帝国,而是在约公元前1000年至约公元前700年的新巴比伦帝国。巴比伦天文学家在黏土板上用楔形文字来记载这些天文现象,他们创设了非常精巧的天文学,尽管它不是一种理论天文学,我称之为"星表"天文学("time-table" astronomy)或"手艺人"的天文学(craftsman's astronomy)(而不是自然哲学家的天文学)。古巴比伦人世代都在对这些天文现象进行观测,其中包括逆行和其他许多天文现象的观测。他们会记录他们的观测并对他们所研究的天文现象的周期性循环进行猜测，然后再做进一步的观察，提炼出一些重要天文现象的周期性发生的时间表。通过一系列的粗略估计，巴比伦人创建了在黏土板上用楔形文字记录的重要天文现象不可或缺的星表。

在巴比伦人建立了星表后，并没有产生任何宇宙论，也没有关于宇宙结构的图景或蓝图。没有产生建立在以经验研究为基础的星表之上的宇宙结构理论。巴比伦人的工作就是建立了星表。如果你有一个火星逆行的时间表，那上面将是一系列的柱形图，上面列举了日期，以及逆行开始时在天空中的所推测的相关位置。如果你在后来的观测中发现一些推测偏离了几度或者几天，你会对它进行修改和完善，或者在目前对循环的周期模式的猜测中添加一些东西，并制造出一个新的星表。如果你这样做上数百年，你就会得到相当完美的星表。

希腊自然哲学对这一切作何反应呢？大约公元前600年，最早的希腊自然哲学家们由于知识和技能的缺乏而没有对这一精湛的、准确的巴比伦星表天文学产生兴趣。随着我们对希腊自然哲学日渐成熟时期——公元前5世纪的古雅典时期——以及柏拉图的学园和其学生亚里士多德的了解，你会对自然哲学家有一个新的认识。如果你想了解两球宇宙，也就是柏拉图宇宙论（即后来的亚里士多德宇宙论），如果你听说过逆行问题，如果你知道一些巴比伦或者其他的天文数据，那么你将会问，我们是否能够将现在这些有文字记载的信息纳入这个基本模式中。问题便成为："我们是否能建立一个更加技术性、更加详细的理论模型并将这一模型置于基本的宇宙论之中，来解释一些诸如逆行现象的细节？"

柏拉图发现了当时天文学的这些问题，并鼓励他的擅长数学的学生们开发出一种精细的关于行星运动的数学理论，这些行星的运动可以大体上纳入基本的两球宇宙中。这是巴比伦人所没有做到的，他们所做的只是编制了星表。他们对现实世界的基本描述依然来自神话，他们没有自然哲学的论述或者传统，以此来提出更深刻的行星运动模式的理论问题。你也许会认为他们的星表只记录了当时统治天体运动的诸神的行为。因此，他们不需要具体的宇宙图景或模型，仅仅需要一个行星来去的时间表，这些行星好像是超自然的物体。

因此，你可能会认为，自然哲学再加上巴比伦的星表，在柏拉图学园产生了理论天文学问题的可能性（图6.3）。接下来的问题就是，以一种数学的方式、以一种与基本的和看似合理的两球宇宙具有可以商榷的一致性的方式来解释行星运动。这也是为什么我认为是希腊人（在自然哲学的庇护下）创造了天文学这门科学，巴比伦人做了非常有意义而且富有成果的事情，但是那并不是我们所谓的天文学"科学"，充其量不过是一种带有神话色彩的天文预言技术。

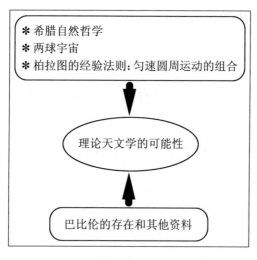

图6.3

让我们注意，挑剔希腊人的"愚蠢"或思想狭隘的地球中心说的天文学是多么辉格式。从他们的角度看，以及从我们的角度看（如果我们公正地历史地考虑），希腊人是极其聪明的。他们通过找到一种有关行星运动的星表的数学理论,努力完善和精心构造一种看起来合理的宇宙论。我们应该赞赏他们的聪明和勇敢,而不是谴责他们的信念不同于我们自17世纪以来形成的信念,特别是因为我们的天文学和现代的世界观脱胎于他们的世界观和天文学的成熟及逐步消亡,而不是一种没有历史渊源和连续性的全新的发展。

实际上,柏拉图曾这样告诉他的学生,"各位,我们的宇宙是某种具有多种圆周运动的球体。因此,我希望你们用一系列匀速圆周运动、充分利用可以获得的观察资料(包括巴比伦的资料)来努力解释复杂的、怪异的行星运动"。显然,一种(自西向东的)圆周运动是不够的,所以柏拉图在未来的天文学的内容和结构上制定了这样的挑战或条件:不管他的"专家们"得出的是什么样的结果,它都得同现存的两球宇宙模型具有毫无疑问的一致性。

柏拉图的一个学生——欧多克斯(Eudoxus)提出了第一个理论天文学,这一理论天文学实际上认为,每一颗行星都是在各自的同心圆上绕着地球同时运转。因为作为"第一个"天文学,它并没有后来希腊传统中的某些天文学理论那样成功或富有成效,所以我们对欧多克斯的天文学的详情可以忽略不谈。我们只需要研究一种希腊天文学,也就是托勒玫天文学,托勒玫是一位伟大的和希腊传统中的颇为晚期的实践者,正是他整理并系统化了以前的天文学成就。

3. 托勒玫是谁?

大约在欧多克斯之后500年,托勒玫在公元2世纪罗马帝国强盛时期的亚历山大城从事天文学研究。由此你不难发现,经过相当一段时期之后,天文学研究已经成熟和发展了很多。一直到16世纪,托勒玫的天文学理论都是西方天文学的范本和基础。简单概括这段历史:在西方,经过中世纪大学的发展之后,也就是从13世纪一直到我们所研

究的这个时期,占统治地位的自然哲学就是亚里士多德自然哲学以及
与之相吻合的托勒玫天文学。这并不意味着这种吻合是完美的,或者
甚至在某些方面看起来是非常完美的,正如接下来我将说明的;但是亚
里士多德和托勒玫的组合或多或少地规范了自然哲学领域以及相伴而
生的技术天文学(technical astronomy)。正是这种组合在科学革命中遭
到了抨击。

下面我们必须来讨论托勒玫天文学,并且这里将要涉及一些数学
知识。你无须在使用和应用它的意义上理解这个理论。我仅仅是想说
明托勒玫的一些工作,以及这些工作的贡献和不足,并不深入到技术的
层面。毕竟这些工作涉及复杂难懂的立体几何和三角学——当时没有
微积分和计算机知识,即使是专业人士要掌握这些技术也要花好几年
时间。

我们还应该注意,托勒玫是最后一位具有伟大数学传统的古代自
然哲学家之一,他不仅精通天文学,而且还熟悉光学、音乐理论、几何
学,以及属于数学科学的占星术。如果托勒玫不是一位杰出的创新者,
他也应该是一位杰出的整合者,他对古代科学衰落之前的古代传统资
料进行了整合,这也正是托勒玫对后来的西方传统的重要性之所在。

4. 托勒玫的几何工具

在图6.4中,我们可以看到恒星天球,地球居于中心地位,行星绕地
球简单地自西向东运动。在这个图里,我们没有看到逆行。我们不得
不寻找一种方式来表现或解释这种循环。托勒玫并没有发明这种方
式,但他无疑运用了这种方式。为了得到行星的循环路线,托勒玫使用
了本轮——一个圆圈上面的圆圈(图6.5a)。我们把行星放在远离B点
的圆(本轮)上,本轮以B点为中心,B点以地球为中心旋转。本轮以同
样的方向沿着较大的圆旋转。因此,本轮带着行星一同运转,或者它的

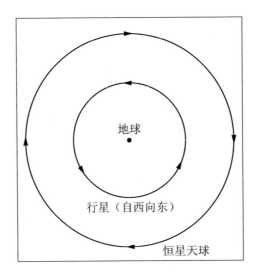

图6.4　过于简单：没有逆行

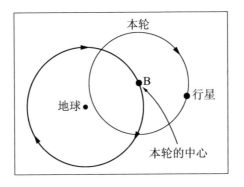

图6.5a　本轮

中心点B在以地球为中心的大圆（均轮）上运转。如果我们把这些圆的大小和速度精确地调整到可用的数据，我们就能得到任何我们想要的行星的轨道形状以及任何循环的形状和位置（图6.5b）。因此，显然我们可以模拟特定行星的特定循环频率和周期。

　　我们还应该注意，逆行通常发生在行星离地球最近的时候，也就是行星在本轮"内部"以B为轴运转的时候。这很有趣，因为根据以往的观察，当行星逆行时，它们总是会比其他运行时刻更亮。托勒玫的模型

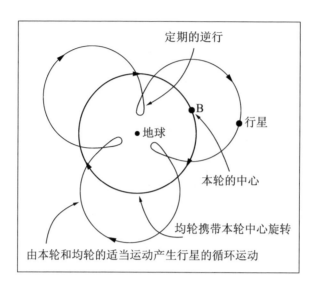

定期的逆行

B

行星

地球

本轮的中心

均轮携带本轮中心旋转

由本轮和均轮的适当运动产生行星的循环运动

图6.5b　本轮和循环轨道

解释了这一点,他认为,逆行发生时,行星离地球最近,所以就最亮! 因此,这个复杂的模型看起来相当完美! 它作出了和已知数据相一致的预测,这些数据反过来支持了这一预测和这一看似合理的模型。

托勒玫所做的就是利用巴比伦人的成就,外加希腊人的数据(注意,这些数据是理论渗透的,例如对大气反光的考虑、人类肉眼知觉的理论有限性,等等),试图建立一个像图6.5a一样的书面图。当你使用它时,这一模型可以预测你的数据,或者作出可以通过进一步的观察来检验的预测。如果你的模型"不够精确"(仅仅是一个判断),你就会在这里或那里调整几个参数,并尽量弥补模型预测和可用数据之间的差距。

大体上看来,本轮模型还是相当不错的,但是可惜的是,事情并不总是这么简单。为了提高可用数据预测的精确性,托勒玫不得不在这些模型中添加了两个另外的几何"工具"。图6.6中是所添加的第一个几何工具——将地球移出均轮的中心,使它离开中心的位置,我们称之为"偏心圆"。现在的这个模型和宇宙论已经不完全一致了,因为在宇宙论中，在自然哲学中，地球完全是处在宇宙的中心位置的。在托勒玫体系中，为了预测的精确性，所有的行星模型都不得不包含一个偏心圆，偏离中心的地球！使用偏心圆的一个例子就是对季节的解释，如图6.7所示，为了获得北半球季节的确切时长。

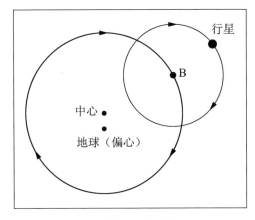

图6.6 偏心圆

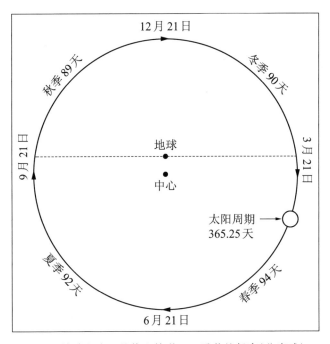

图6.7 地球和太阳的偏心轨道——季节的长度（北半球）

最后,我们来看一个确实会难倒很多现代学生的工具。哥白尼也很讨厌这个工具,倒不是因为哥白尼不理解它,而是因为这个工具不论是在哲学上还是在美学上都是哥白尼所不能接受的,以至于他转向了以太阳为中心的体系的研究,寄希望于借此来摆脱这一"令人难以接受"的工具,这一点我们将在第8章中讲到。但是,哥白尼是托勒玫传统(他本人就是这个传统中的资深研究者)中反对这一工具的第一人,现在我们来看一看当时的情形。

在图6.8中,有均轮、本轮、偏心圆以及第三种工具——"均衡点"。均衡或者均衡点是什么?通过对比没有均衡点时的情形,我们可以知道答案。在没有均衡点的情况下,本轮的中心B在以点C为中心的均轮轨道上匀速运转。也就是说,当点B绕点C运转90度的时候是均轮周期的1/4,运转180度的时候是均轮周期的1/2,以此类推。

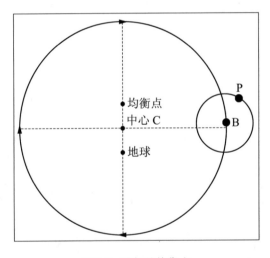

图6.8 添加的均衡点

因此,均衡点就是一个<u>不在均轮中心</u>的点,点B在此均轮上围绕均衡点做匀角速运动。因此,在图6.9中,点B的运动决定于均衡点,设想点B在轨道即均轮上,从均衡点伸出一个指针或杆,像一个时钟指针一样,围绕均衡点做匀速运动,推动点B沿着均轮轨道运转。假定时钟指针绕均衡点旋转一周需要100天,那么,点B将在25天后到达点X,50天后到达点Y,75天后到达点Z,100天后回到顶部的点W。现在你就明白了:从中心点看(不是均衡点),点B的运动在100天中的前25天是缓慢的,在接下来的50天相对快一点,在剩下的25天又再一次变慢(如果从均衡点看,这个运动将是匀速的)。这就是关键:均衡点使我们产生运动的加速或者减速效应,就像从均轮内部的其他点看一样,例如中心的点C或者点E,点E就是"偏心的"地球在这个模型中的位置。

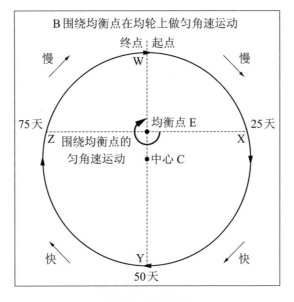

图6.9 均衡运动

如果柏拉图的观念是使用匀速圆周运动,那所有这一切都显得有点怪异,因为这一观念似乎指的是圆的中心,而不是某些神秘选择的圆心之外的点。对哥白尼来说,这有点为人所不齿,一种运动竟然跟柏拉图所确定的规则不一致,即运用匀速圆周运动的组合的规则。但是,我再一次强调,哥白尼是公元1400年后第一个对这个工具感到如此不爽的天文学家。

5. 预测的精确性与物理实在:工具主义与实在论

现在问题已经变得相当复杂了,行星模型不得不借用大量的几何工具来作出适当的预测。为了达到足够的精确性,一个典型的托勒玫行星模型不得不看起来像图6.10所示的某种东西。图6.10有一个均轮,一个偏心地球和一个均衡点,以及不只是一个携带着行星的本轮,而是这颗行星在一个本轮上,这个本轮自身被一个更大的本轮所携带,这个更大的本轮又承载在一个均轮上! 托勒玫不得不为每颗行星,以及月亮和太阳,都制作一个模型。每个模型都要花几年的时间。这样做当然是为了精确性以及与数据的"适当的一致性"。

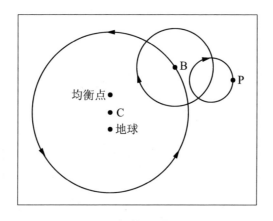

图6.10 典型的托勒玫模型

事实上,为了精确性,托勒玫不得不为每一个被预测的不同现象计算一个不同的模型。换言之,例如,如果我们正在讨论月亮,并且想要解释它相对于地球的角位置,我们就得画出一个像图6.10所示的东西。但是如果我们想要解释月亮的亮度变化问题,我们就需要一个不同的模型,这个模型具有一个小得多的主要本轮,因为亮度的变化不同于第一个模型所能给出的月地之间距离的变化(图6.11)。

那么,对于演示月亮亮度变化的模型和演示月地之间距离变化的

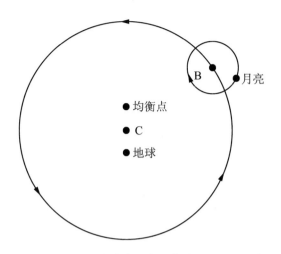

图6.11　从地球上看到的月亮亮度的变化模型。比图6.10小得多的本轮

模型而言,哪一个模型是真实的呢? 很明显,在某种意义上两个都不是:我们之所以有不同的模型,关于行星的均轮、本轮、偏心圆以及均衡点的不同的解释,取决于我们想要模拟行星的哪个方面的行为。天文学开始看起来更像是假说或虚构,尽管这些模型不是对实在的表征,而只是调适预测以契合观察数据的小玩意或计算工具。在科学哲学中,这种观点被称为"工具主义":按照工具主义的思想,理论就是一件计算出精确的预测数据的有用工具,但这种理论本身仅仅是一件工具,它不能描绘自然和自然中的物质、原因和结构的物理事实。(与之相对的另一个理论叫作"实在论"。实在论认为,理论精确地描绘或刻画了真实存在于自然中的客体、关系以及原因。)亚里士多德自然哲学是实在论的一个好例证:如果你接受了这种自然哲学,你就会认为它正确地揭示并描绘了物质、因果关系和宇宙结构的真正的本质。

在此,我们必须当心,因为这里出现了一个非常重要而且容易引起误解的问题。一些人已经由此得出这样的结论:和自然哲学家一样,托勒玫和其他天文学家都认为,天文学模型和物理事实问题**没有**任何关系。也就是说,像托勒玫模型这样的天文学理论完全是"工具的",这些理论没有任何关于自然的实在论的主张。就像图6.12a所示,真理(在自然哲学和宇宙论中,真理在本质上就相当于亚里士多德自然哲学的内容)是一回事,天文学中的那些古怪的预测工具是另一回事:就像一组用作数值预测的"计算机"那样管用,却与物理事实无关。

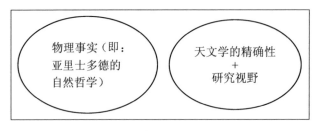

图6.12a

这种观点的基础在于,例如,从物理学的角度来看,常识与亚里士多德信念之间的差别就是,相较于天文学的研究结果,地球是宇宙的中心,天文学的研究结果认为,每个模型中的地球都是偏离中心的,而且地球所处的偏离中心的位置每次都不太一样。噢,真的!这些不可能是物理事实。同样,你真的认为每个天体都有两个、三个甚至四个本轮吗?这在物理上似乎是不合理的。或许每个客体会有一个本轮,但不会有几个本轮,不同的现象也不会有不同的本轮,如此不一而足。

因此,我们认为天文学与物理事实是不相关的,物理事实只包含于自然哲学的某个独立的领域里。我们当然希望天文学能完整地体现自然哲学,也就是说,我们希望一种物理上真实的天文学能够与亚里士多德的自然哲学完全一致,同时又保留它的精确的预测能力。但遗憾的是,同时做到这两点看起来是不可能的。

然而上述说法有些言过其实。物理事实(由亚里士多德规定的)与天文模型并非完全分离,而是有一些重合,如图6.12b所示。**可以肯定的是,天文模型的某些方面受制于物理事实的亚里士多德标准或与其**

相一致。例如,有限的球形宇宙,静止的地球被一系列做"环形"运动的天体所围绕,这些观念都来自自然哲学。在亚里士多德那里,这些都是作为物理事实被提出的,并且在托勒玫天文学中被保留了下来。像后来的穆斯林理论家一样,你甚至可以建造这样一些模型:每颗行星至少有一个本轮也许是真实的,也符合基本的亚里士多德图景。

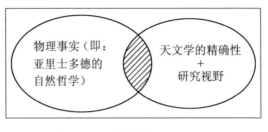

图 6.12b

因此,总的来说,天文学与物理事实并不是完全隔绝的,而是有部分的重合,这种重合对于天文学的发展具有重要作用,但还不足以同时支撑全部的物理事实和精确的天文学。在不重合的区域就是"虚设的"模型工具——偏心圆,均衡点,众多的本轮,每个客体的多重模型,等等。它们对于研究精度和开拓研究视野是很有用的,但它们并不真实地存在。有助于提高天文学精确性的东西,也倾向于使天文学变得不真实、虚构或假想,这种不真实、虚构或假想是与亚里士多德的自然哲学和宇宙论的"事实"所定义的实在相比较而言的。

这就是当时的情形。托勒玫知道所有这一切;后来的穆斯林天文学家知道这一点;中世纪和文艺复兴时期的欧洲天文学家知道这一点。他们认为天文学和物理事实不是完全分离的,尽管一些老的科学史家认为二者是分离的。当然,他们也知道这是天文学发展的瓶颈、不足以及"现状"。这和得到的东西一样好,他们想:我们有亚里士多德的物理事实,我们也想要天文学的精确性,它们二者之间相互关联,就如图6.12b所示。在哥白尼时代,也就是16世纪,任何一个聪慧的、受过教育的人都会因此得出这样一个结论:在西方,我们已经研究自然哲学和天文学近2000年,这些确乎已是人类智慧之精华。

6. 哥白尼的冒险:天文学实在论——这个理论就是物理事实!

但是对于这一切,哥白尼自己有一个非常古怪的看法。他的观点肯定令同时代的人震惊,肯定被他们视为怪异的,甚至是狂妄的观点。他不仅提出了地球绕太阳运转的观点,而且还提出了一个更深刻的主张:有这样一种天文学,在这种天文学中,物理事实和天文观测的精确性是一回事——它们彼此确定。对此,他的反对者说:"你不会有那样的天文学,那是不可能的,你没有得到那样的天文学,你是在自欺欺人。"

哥白尼的反对者们并没有按照辉格史学家们所希望的那样去做;也就是说,这些反对者并没有向哥白尼屈服,并没有说:"噢,是的,我们忽视了那一点,当然你是正确的,你按照事物的真实性来理解它们是多么明智。"从16世纪的天文学和自然哲学的专业性角度来看,哥白尼的主张带有或多或少的荒谬性。因此,在接下来的两章,我们必须从哥白尼的角度,以及从和他同时代的人的角度来看哥白尼,目的是以16世纪的技术、理论和标准来衡量哥白尼的贡献和不足。在此,我们希望再一次地避开辉格史,不能按照我们今天的标准来评判历史人物或历史事件的是非。

第6章思考题

1. 描述托勒玫在设计他的天体运行理论时所使用的主要几何工具:本轮、均轮、偏心圆、均衡点。

2.关于托勒玫作为一个天文学家的目标和价值观,他对这些工具的使用告诉了我们什么?

3.托勒玫天文学只是某种完全与物理实在无关的抽象几何学吗?亚里士多德的自然哲学(也就是"实在")与托勒玫的天文学理论究竟是什么关系?

4.考虑到亚里士多德自然哲学和托勒玫天文学,在古希腊或古罗马和欧洲中世纪是否具有支持以太阳为中心的宇宙论的某些基础?

阅读文献

Peter Dear, *Revolutionizing the Sciences*, 18—24.

T. S. Kuhn, *The Copernican Revolution*, Chapter 2.

◇ 第7章

哥白尼（一）：贡献与不足

1. 哥白尼（逝于1543年）不是我们，他甚至不是牛顿（逝于1687年）

1543年，波兰天文学家哥白尼在弥留之际看到了刚印好的他的著作《天体运行论》（*De Revolutionibus Orbium Caelestium*）。回顾历史，此书的出版可能是科学革命的第一弹。哥白尼等这本书的出版等了25年到30年，差点没能活着看到它面世。他在科学与宗教之间疑虑徘徊（尽管不应该过分强调宗教对日心说的消极作用）。在这本书中，他提出了一个在天文学上具有革命性意义的主张。他认为可能存在着一种更好的天文学理论，如果我们接受这样的观点：太阳是整个行星系的中心，地球是一颗每365天围绕太阳运行一周的行星；此外，地球绕自己的轴自西向东每24小时旋转一周，取代了（以地球为中心的）托勒玫/亚里士多德的观点：恒星天球每24小时自东向西旋转。在哥白尼的（以太阳为中心的）宇宙中，地球因自转而在赤道上具有约1600千米/小时的速度。

正如我们已经知道的，对于生活在欧洲中世纪后期和文艺复兴时期的受过教育的人来说，"物理实在"是由亚里士多德自然哲学（在大学中以基督教版本讲授的）和托勒玫天文学一同定义的，托勒玫天文学被看作一种可行的天文学,这种天文学可以精确地预测天文事件。可惜的是,这种精确的天文学与亚里士多德自然哲学所定义的"实在"的某些方面并不相符(回想一下第6章的图6.12b)。人们很早就已经知道,可以用均衡点、偏心圆和本轮作出精确的预测,但按照亚里士多德自然哲学,它们不可能是物理意义上的实在。而哥白尼最惊人的主张之一便是,他的天文学既是物理上精确的,又是物理上真实的。

我们也许会认为,哥白尼在1543年所相信的,正是我们这些生活在后哥白尼时代的人所相信的,我们生活的世界是完全由哥白尼诠释的,或者也许不都是哥白尼一个人干的,还有诸如牛顿这些后来的天文学家也做了很多的工作。毋庸置疑,我们有关宇宙的日常观点非常接近于牛顿在科学革命(因哥白尼而起)结束之际即1700年左右提出的观点。但是牛顿相信的是什么呢?当代那些普通的受过教育的人相信的又是什么呢?通常,他或她会相信,宇宙是无限的;宇宙中有无数恒星,故而存在无数行星系。当然,当代受过教育的人不相信天文学家会运用本轮和偏心圆,因为这是中世纪的观点。我们认为牛顿和其他天文学家提供了一种物理学说,它可以解释这个无限的宇宙,包括地球的运动。这都没问题,但是你必须了解的是,如果我们以为哥白尼也相信或想到了我刚定义为牛顿学说的或"现代的"宇宙论主张,那我们肯定会犯错误。

哥白尼相信,宇宙是有限的,以恒星天球为边界。他认为只存在一个行星系,而我们就生活在其中。他还相信,太阳是这个有限宇宙的中心,它是一个独具特色的天体,它不是一颗恒星,不像其他天体那样被限定在恒星天球的内表面。哥白尼在他的天文学中使用了本轮和偏心圆。他取消了均轮,但是他发现若要取代一个均轮,就必须使用两个本轮或者是一个本轮加一个偏心圆。因此哥白尼的学说就比托勒玫体系多出来很多本轮。**哥白尼并没有创立新的物理学,也没有发现新的自**

然哲学体系来解释地球如何得以运动和旋转，以取代亚里士多德的理论。 那"地球如何得以运动"这个问题怎么解决呢？是什么推动了地球？我们为什么感受不到它在运动？哥白尼无法以一种令人信服的、理论上清晰严谨的方式回答这些问题。他只能说出亚里士多德关于这些问题的几个主张，而这些主张，在他所建构的这个完全不同的宇宙里，没有任何意义。这些问题在哥白尼之后才变成科学研究的主题之一。而在1543年之后的最初50年，哥白尼的追随者屈指可数。当我们这样讨论这些问题时，我们就与第3章中所定义的辉格主义划清了界限。因为我们所使用的是与哥白尼同时代的学者的标准，他们非常理性，很可能拒绝哥白尼的主张。

当你考察哥白尼体系时，你或许期望看到他对于托勒玫体系的一些根本的改进和澄清。如果你是一位辉格科学史家，你会把哥白尼的洞见归因于他对实际情况的精密观察，或者归因于他使用了一种其他任何人都没有想到的方法。通过对哥白尼体系的"简单版本"（图7.1）和技术上完善的托勒玫体系以及本轮、偏心圆等等（图7.2）进行比较，人们有时会错误地提出上述观点。但令人不解的是，哥白尼体系也有本轮和偏心圆——甚至比托勒玫体系中的还要多——因为哥白尼用更多的本轮和偏心圆取代了托勒玫的均衡点！所以一个技术上完善的哥白尼体系看起来更像图7.3所示。为了准确预测，除了均衡点之外，哥白尼沿用了所有常用的托勒玫几何工具。所以，例如，在图7.3中，月亮运行的本轮在另一个本轮之上，而火星只在一个本轮上运行。太阳附近的小圆圈是一个循环焦点，这个点实际上是每颗行星的均轮的中心。为什么呢？因为如果所有均轮的共同中心都在太阳里面——我们或许期望这个中心点就是日心体系的中心——这个体系就不够精确（托勒玫也面临同样的困境）。作为物理实在的一个表述，哥白尼体系并没有对托勒玫体系作太多改进。这样看来，哥白尼体系与托勒玫体系相比，

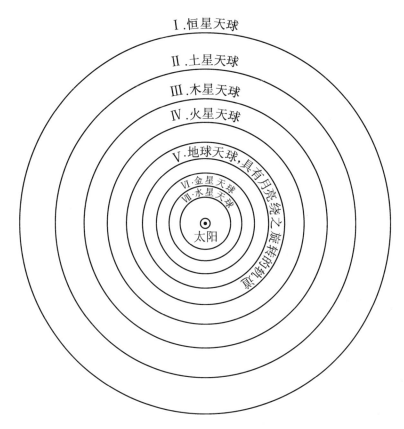

图7.1　哥白尼体系的"简单"版本

没有取得多大的进步。在大多数技术的层面上来说,哥白尼其实很大程度上仍旧是一个继承了托勒玫传统的天文学家。

2. 如何对托勒玫和哥白尼的天文学理论进行比较和"打分"——当时的和现代的:标准;这两种理论的选择、打分和权衡

我们且来尝试一下"反辉格式"的史学练习。让我们来判断一下哪个体系更好,不是用当下的标准来判断;而是像它们在当时可能会受到的评判那样来判断。但是在我们这么做之前,我们需要澄清一下有关

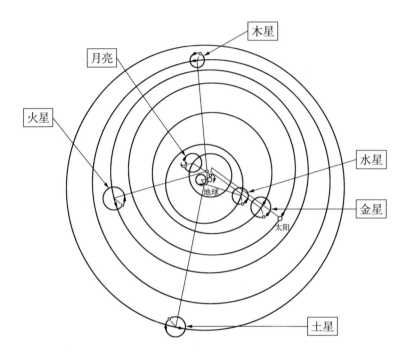

图7.2 托勒玫体系,充分利用了本轮,以获得足够的精确性。请注意,金星和水星的本轮的中心位于连接地球和太阳的线上

"正确"(true)这个词的使用。

1543年之后发生了一场关于哪个体系更好或者更正确的论战。用一种朴素的辉格式方法来探索的话,就是拷问哪一种体系实际上更加正确;也即考察哪一种体系与当时那些已为人知的事实相符合。现在,托勒玫的理论和哥白尼的理论都是由一系列相互关联的几何学命题所构成的,这些命题能解释和预测事实。这些事实都是观察者所熟知的,正如我在前面的章节中谈到的辉格式观点以及事实的理论渗透。我们知道,事实形成于先验信念,所以显然,一方面我们有哥白尼和他的追随者,另一方面,我们有亚里士多德和托勒玫的追随者。我们至少有两派,他们所搜集的事实略有不同,其中包括极少数共有的事实。即使他们都认可这些相同的事实,一派也可能认为某个特定的事实是非常重

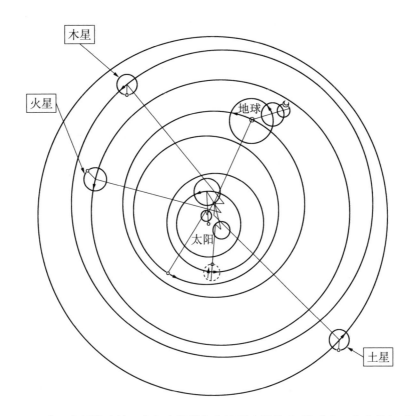

图 7.3　为了获得精确性而实际上极其复杂的哥白尼体系：地球在一个本轮上；月亮在一个本轮之上的本轮上；靠近太阳的水星和金星也在本轮上；就连太阳也必须以某种运动为背景

要的，而另一派则会质疑其重要性。所以，这种将理论与事实联系起来的观念是易变的和存在争议的。

在两个理论之间如此大的争斗之中，最关键的问题是，我们不能根据它们彼此与"事实"的一致性来对它们直接作出判断。那是辉格式的观点。无论是在 16、17 世纪，还是在 21 世纪，在科学领域真正发生的是，一直都存在着供人判断一个理论的众多标准。对于"它是正确的吗"这个问题，并不存在唯一的标准。以下就是一些评判理论的标准：简洁性（simplicity），精确性（accuracy），与公认的知识的一致性

（agreement with accepted knowledge），引人注目的新预测（dramatic new predictions）。并不是现在的标准和1543年时的标准有什么两样，而是争论的内容不一样了，此即当代科学是当时的科学的延续的原因之一。你也许会问，"那真理在这中间起什么作用？"如果我们在争论中获得了胜利；也就是说，如果基于我们的标准，我们说服所有人相信我们的理论是"更好的"，那我们就可以为自己的理论贴上真理的标签。或者，如果我们处于争论之中，而我想说我的理论是更好的，因为有许多标准都证明它是好的，那我就可以将之简略表述为：它是"真理"。真理是我们考察理论的结论，而不是判断理论的起点，因为你只能用诸如以下这些标准来评判一个理论：简洁性，精确性，与公认的知识的一致性，引人注目的新预测。在这里还应该提出几个另外的观点。这些标准并不是唯一可能的标准。这两种理论可能都不会同意标准的唯一可能性。顺便说一下，是什么给了我们这些标准的清单：是事实吗？不是，这些清单都是用先前的方法来从事科学研究或者做其他任何事所产生的社会的、政治的、文化的结果：你的宗教信仰或意识形态可能会使你修改某种标准的清单，或者改变现有标准在争论中被评估或权衡的方式。在第11章中，我们将更严密地考察一系列信念是如何整合并评估各种理论的。

此外，不同的标准会得到来自两派*的不同的阐释。什么是"简洁性"？它高雅吗？什么才是一个出色的理论？难道你想不到处于争论中的双方都会认为自己的理论是非常高雅的、简洁的、出色的吗？不同的标准可能会有不同的侧重或不同的意义。一种理论也许会说"简洁

---

*注意，这里的两派不是指托勒玫体系的支持者与哥白尼体系的支持者，而是作者设想的用16、17世纪的标准和当代的标准对这两种天文学体系进行评判的两种观点的持有者。——译者

表7.1 给哥白尼学说的"真理性"打分

所谓真理的朴素观点="与事实的一致性"

一个理论,是一系列相互联系的命题,这些命题试图去解释/预测有关事实的范围和类型。

但是,事实是:

(1)建构,由信仰、价值观和目标决定;

(2)竞争方不同,用以评估理论的相关的事实也就可能不同。

—对于"同样的"事实,他们可能会有不同的看法;

—他们可能掌握了不同的一系列事实(只有少部分是重合的);

—即使对于那些他们都认可的事实,竞争双方也会对其重要性有不同的衡量。

所以,像这样的理论,并不会遭遇已有的客观"事实"的挑战。一个理论不会明显地和直接地是"正确的"或"错误的"。

理论会根据以下这些标准得到权衡和判断:

1.结构上的简单性/完美性

2.解释/预测"相关事实"的精确性

3.与已确立的知识体系的一致性

4.提出一些"主要的"新的预测,要与"相关"事实相符

使用这些标准时,有些地方是可以灵活解释的:

A.对于不同的体系,上述4条标准并不是唯一的

B.对于不同的体系,上述4条标准将得到不同的阐释

C.对于不同的体系,上述4条标准将得到不同的权衡

D.如上所述,对于不同的体系,相关事实会有所不同

E.对于不同的体系,"已确立的知识体系"也将有所不同

所谓真理就是,两种理论中得分最高的那一个理论,这个理论是通过使用这些协商的标准得到高分的,而这些标准都与它们各自偏好的定位和事实的解释相关。

就是唯一的东西"。另一种理论也许会说"精确性是主要的标准"。它们如何得知哪种标准比其他标准更加重要或较不重要,以及如何权衡呢?这些选择本身是不是基于"事实"呢;我们是否可以获得用以解释如何权衡这些标准的事实呢?不行,对标准的选择或评价是基于判断、文化假定、承诺和价值观的。"与公认的知识的一致性"又如何呢:或许争论双方对什么是公认的知识和什么不是公认的知识,都有各自不同的见解。所以,有关标准的所有问题,它们的数量、权衡和解释,都是未知数;争论双方一直都在斗争和协商,希望在权衡哪种理论更好这个问

题上尽力找到一种共识。(所有在这里和在之前的段落中提出的观点都总结在表7.1中,此表应认真研究,因其与本章极其相关,还因为它对理解科学史和科学哲学具有重要意义。)

3. 建立第一张记分卡——上半场战平:精确性和简洁性

那么,为了进行非辉格式的分析,我们需要做的就是建立一些记分卡,以此来给这两种理论打分。但是值得注意的是,即使是"记分卡"这样的词,都备受争议。你可能觉得此事令人苦恼,但是事情往往如此,因为并不是事实或"科学方法"的应用决定了结果,而是社会的和制度的冲突创建并强制实行了某种记分卡来裁决争论中的理论。当人们开始争议这些分数和记分卡时,会发生什么呢?这才是理解科学的全部问题之所在。好汉如何发现事实并不重要,重要的是那些自称是好汉的人如何比别的人得到更高的分数。(毕竟,好汉总是赢,因为正是赢者书写历史!)科学史中的每个争论都大抵如此,这正是它们值得研究的原因。

让我们来看表7.2,它试图用16世纪的流行标准和解释来建立一张记分卡。首先,在这场特别的争论中,双方在"精确性"方面所做的不相上下。(他们确实在特定事情上达成了共识,因为他们都来自研究中世纪天文学的相同传统。)什么是"精确性"?一般而论,所谓精确性就是由模型作出的预测与可以获得的人类观察数据之间的"差距"。很容易用这两种理论作出与现有数据较为接近的预测。在很大程度上,双方对这些数据的意见是一致的。因此,双方都(或多或少地)认为这两种理论具有同样的精确性。所以,在理论的精确性问题上双方不分胜负。

"简洁性",又是什么意思呢?双方在何谓"简洁性"的问题上倒是趋向于达成共识的。在16世纪的天文学里,为了获得一定程度上的精

表7.2　托勒玫和哥白尼的得分情况

标准	托勒玫	哥白尼
简洁性	平局	平局
精确性	平局	平局
与已知事实的一致性	正无穷	0
已证实的对重大事件的预测	不适用	输？

确性，一般都不得不用到若干数量的本轮或均轮。用到的本轮或均轮越多，理论越复杂；反之就越简单（回想一下图7.2和图7.3）。两种体系用了基本上同等数量的本轮或均轮，尽管一些历史学家力图提出一些建设性的主张，认为哥白尼的学说更好，因为他只用了8个或10个较少的本轮或均轮。就16世纪所说的"简洁性"以及16世纪的所有天文学家所认同的"简洁性"而言，这两种理论也不相上下。所以，我们的记分卡在上半场是0比0。（这也许有利于哥白尼，因为毕竟他是挑战者……或者这也有利于亚里士多德和托勒玫，因为他们是不得不被取代的一方。这些分数意味着什么也被旁观者看在眼里——假定得到1分就表示得到一份支持！！）

4. 建立第二张记分卡：与物理世界和《圣经》文字读本中的公认的知识的一致性

"与公认的知识的一致性"：这将成为哥白尼的一大灾难！在公认的知识的一个领域，它是一个灾难；在公认的知识的另一个领域，它是半个灾难。哥白尼遇到麻烦的公认的知识的第一个领域当然是关于宇宙的基本的"物理事实"，因为对大多数受过教育的人而言，地球是静止地位于宇宙的中心，地球并没有在宇宙的某个地方围绕轨道自转和公转。哥白尼想在这条标准上获胜，至少在他的追随者眼中获胜，唯一的办法就是提供另一种物理实在的图景,在这一图景中,地球实际上是自转和移动的,但我们人类在日常经验中观察不到这一现象,像这样的说法将是合乎情理的。也就是说,哥白尼需要一种新的、可以理解的自然哲学,这种自然哲学可以解释地球如何围绕轴线自转和如何围绕太阳公转,但常识性的观察看不到这些现象。

哥白尼没有发现这样一种自然哲学,甚至他的追随者也失望而归。像伽利略和牛顿那样热切的追随者日后会想到要提供这样的物理学,因为对于哥白尼学说而言,由于不可能在物理学上说清楚,所以必将导致灾难性后果。所以,根据16世纪为大家所接受的自然哲学(以及对自然的常识性观察),**地球没有自转或移动**。接着我们将做些什么:给托勒玫1分? 或者,我们应该给托勒玫多少分? 这取决于你是什么样的人。取决于你如何"权衡"哥白尼学说的这一缺陷。如果你是一位托勒玫体系的信奉者,并且你将此视为"重要的",你会给托勒玫打出很多分,因为托勒玫体系与亚里士多德的(正确的)物理学高度一致。如果你是一位信奉哥白尼学说的人,并且勉强承认哥白尼体系存在一点小问题,那你就不会给托勒玫体系打太多的分。谁在这里打分呢? 这就好比一间正在开会的房间,里面烟雾缭绕,如果可能的话,你会在其中争辩和哄骗,协商和劝说。我说的是,记分卡并不是固定的,它的得分条款是可以协商的。这是一个很好的例子。

公认的知识的另一个领域是关于《圣经》的。但是,千万不要高估了这方面的讨论,因为情况是这样的:在16世纪,很多人(但不是每个人)都相信,《圣经》里关于宇宙的说辞是不折不扣的真正的事实。所以如果《圣经》里有段落描写太阳和月亮绕地球飞行,那意味着这就是正确的,因为《圣经》就是这么说的。但是,在新教徒和天主教徒中有一部分人持有一个稍微不同的关于《圣经》的观点,他们认为(且不说哥白尼学说的争议)《圣经》不是一本关于自然哲学或天文学的教科书,所以它关于科学的任何说辞都是隐喻或者寓言。《圣经》不提供实实在在的、物理意义上的事实。但是许多人还是易于相信《圣经》中包含了不折不扣的物理事实，而且他们还读到很多段落使他们确信地球是不动的。所以，16世纪的打分者应该怎么做呢，是给托勒玫0.5分呢，还是给他10亿分呢——这取决于你处于哪个立场。然而需要注意的是，在1543年，即哥白尼的著作出版之时，这个问题与我们已经考察过的其他问题相比较并不那么重要。有关哥白尼学说的宗教含义这个问题，在16世纪后期才开始流行起来，然后到17世纪早期在伽利略的职业生涯中达到了顶峰，正如我们在本书稍后的部分将看到的。

5. 被证实的重大事件的预测？亚里士多德学派和常识的反击

"重大事件的新预测"：竞争双方还会在预测方面下足功夫。如果我不喜欢你的理论，我会设法从你的理论中找出一些荒谬的不被事实所支持的预测。如果我喜欢我自己的理论，我就会强调我的理论作出的预测是成功的。下面就是关于这如何运作的一个例子。显然，如果我有个新理论，我的新理论提出了前人所没有提出过的重大事件的新预测，而且如果我们去检验并证实了这个预测，那么当然，这将是一个对我非常有利的论据。现在让我们考察一下在哥白尼的案例中这是如何操作的。

亚里士多德学派认为："啊，这里有个新的理论。它可能会作出一些引人注目的新预测。你知道，当身体在转动或旋转时，周围的事物也会跟着旋转起来。（是因为后来称为"离心力"的作用。）如果地球在赤道上以1600千米/小时的速度旋转，比一匹马跑得还快，或者比一艘船航行得还快，那么所有未被固定的事物都会飞离地球。葡萄牙人和西班牙人曾航行跨过赤道，根据哥白尼的观点，赤道就是地球整体旋转极快的地方,但是没有东西飞离地球。所以,这个哥白尼所作的重大事件的预测,绝对是错误的。"

下面是另一个例子:"如果地球真的旋转得那么快,那么大气必定跟不上它的旋转速度。比如说,如果我移动这张桌子,我会感觉到相反的方向有一阵风。所以,当地球在转动时,我们会感觉到一股相当强劲的风。但是事实上我们并没有感觉到这样的风,所以,哥白尼学说是错误的。"

对于这种现象,我们该怎么打分:给哥白尼减1分;减100万分;减10亿分或者给哥白尼负无穷分(从托勒玫体系的信徒的立场看);但是,对哥白尼学说的信徒来说,这只是一系列"需要解决的问题"而已。

6. 请问哥白尼,恒星视差(Stellar Parallax)——它到底在哪儿?

下面将谈到另一个关键的重大事件的预测:哥白尼学说预测到一种叫作恒星视差的现象。伸出你的手指放在眼前,然后交替眨眼,你会看到你的手指在一个固定的背景上交替移动。把你的手指伸到远一点儿的地方再交替眨眼,你又会看到什么? 你会发现手指移动的距离按比例缩小了。这种视差与你的手指放得有多远以及你的两只眼睛分得有多开有关。如果你的眼睛确实分得很开,那么即使手指放得很远,你还是会觉得手指在大幅度移动。现在,如果地球在一个轨道上,那么人们便会观察到一种恒星视差(如图7.4所示)。设想一下地球绕太阳转动,轨道上相对的两个端点假定就是6月和12月。地球在6月所在的位置与12月所在的位置相距最远。无疑,如果我们在6月和12月观察恒星,在长基线(像我们双眼之间的直线)的两端,我们应该可以观察到恒星之间的视差。事实上有些恒星间的视差直到1838年才被观察到,因为你不仅需要相当大的望远镜,你还需要知道如何处理望远镜观察

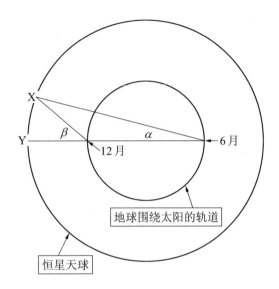

如果地球围绕太阳转动，哥白尼体系中的恒星视差:在 6 月份和 12 月份观察恒星 X 和 Y。6月份时，这些恒星的角测度要比在 12 月份测量到的小一些:角 α 比角 β 要小。这些恒星显然发生了运动，但是肉眼观察不到任何视差!

图7.4　恒星视差

到的数据的误差以及一些极其复杂的数学知识来解释这个现象。

因此,哥白尼学说预测了恒星视差,但是在 16 世纪并没有诸如"恒星视差"这样的现象,任何人都观察不到。所以,托勒玫体系的信徒所能得出的结论只能是,不存在恒星视差,因为地球没有在一个轨道上运动,也没有可供观察的基线。而哥白尼学说的信徒得出的结论却是(或等待的结论是),恒星天球与我们的距离远比我们想象的要远得多,这个距离是如此遥远,就好像你以为地球是宇宙的中心,其实你只是在谈论地球的直径而已。换句话说,恒星天球与我们的距离比任何人所想到的都要远上好多倍。这就是为什么我们看不到视差的原因;因为这种视差小到难以用肉眼观察到。这个例子很好地说明了两种对立的理论间的科学争论的普遍做法:每一方都以某种方式来解释某个检验的结果,以支持自己的理论,即使那意味着以某种在此项检验之前未明确说明的方式对理论进行修正。

这就是科学中的争论如何发生以及每个人如何设法抓住对方理论的弱点变成自己的优势。托勒玫体系的信徒说,

> 一个重要的预测还未得到证实,而现在你却提出更加荒谬的命题来试图逃避检验,即认为恒星天球与我们的距离非常遥远。上帝干吗要将它放在那么远的地方呢?

哥白尼学说的信徒如此回应:

> 仅仅因为你没有观察到这种视差并不能证明我们的预测是不对的。而且,我们作出了另一个重大事件的预测:恒星天球与我们相距非常之远。

如此等等! 那如何打分呢? 托勒玫得 2.5 分而哥白尼得 0 分? 抑或,托勒玫得 20 亿分而哥白尼还是 0 分? 这取决于对这条标准的解释和权衡。但是几乎所有的解释都在告诉我们,哥白尼要输了。16 世纪的人并不傻,但是哥白尼学说的信奉者并不多。

7. 如果你不喜欢目前的得分,那就改变记分体系——用哥白尼自己认为至关重要的新标准

但这场争论远没有结束,原因很简单。在哥白尼体系里,存在着一个另外的标准,他相信这条标准是绝对的、压倒性的重要,他还相信这条标准克服了他的理论在所有其他领域上的缺陷。这条对于哥白尼来说独一无二的和至关重要的标准,当然不会被另一派当作真实的或相关的标准来接受。哥白尼的标准就是:当你把我的理论看成一个整体的时候,它在数学意义上是非常优美的,而托勒玫体系则并非如此,所

以我的理论是正确的，因为它在数学意义上看起来是如此优美。哥白尼如何能够提出这一主张，是何种理由使得哥白尼提出了这一古怪的和极不寻常的观点呢？

第7章思考题

1. 在哥白尼看来，托勒玫天文学中的哪些地方是最有问题的，为什么？

2. 在何种意义上说哥白尼的理论和托勒玫的理论有相似之处？

3. 哥白尼在观察证据、自然哲学、运动解释以及与《圣经》论断的一致性等方面都遇到了什么问题？

4. 为什么我们要用"记分卡"来评价托勒玫和哥白尼的理论的相对"优点"？为什么我们不直接评价这两种理论的对或错？

阅读文献

T. S. Kuhn, *The Copernican Revolution*, 134—155.

B. Easlea, *Witch-Hunting, Magic and the New Philosophy*, 56—68.

J. R. Ravetz, "The Copernican Revolution", in R. Olby *et al.* (eds.), *The Companion to the History of Modern Science*, 201—206 only.

A. Koestler, *The Sleepwalkers*, 194—213.

◇ 第8章

哥白尼(二):哥白尼学说是正确的吗? 视接受者及条件而定——记分卡的另一个标准

1. 哥白尼的秘密武器:一个新的标准——造型之美[宇宙和谐]

在前一章中,我们试图评判哥白尼理论相对于亚里士多德-托勒玫理论的优点。我们利用了在16世纪盛行的事实和信念,是因为我们试图去理解当时的判断基础,而不必采用350多年后的成果。也就是说,我们想避免辉格史。我们发现,我们不能从他们解释或预测的事实的收集和权衡来简单地判别哥白尼或亚里士多德-托勒玫体系的正确或错误,因为这两派理论各自拥有略微不同的事实的收集及权衡。而且,"正确"不能直接从理论中得出,因为你只能根据一些标准,如精确性、简洁性、与公认的知识的一致性和确证的新预测来判断,从而证实理论的正确。即使是这样,那些标准的意义、数量和权衡本身也并无定论。我们试图评估这两种理论,我们发现哥白尼学说在16世纪有许多麻烦。与亚里士多德-托勒玫体系相比,就精确性或简洁性而言,哥白尼体系并不占上风,而且也违反公认的知识,其中某些知识正是自然哲学或物理学中的基本信条。哥白尼学说作出了一些令人注目的新预测,但它们似乎没有什么证据来支持,因此,这些预测被视为错误的预测。

显然,迄今为止哥白尼并没有自称得到了这场争论的好处。他明显地感觉到,这场争论到目前为止并不是很重要,因为存在另一条标准,哥白尼视之为最重要的一条标准。这条标准表述如下:"作为一个整体,你的理论是否有任何数学方面的优美或优雅呢? 如果理论是一件建筑品,你会说它是优美的,或者是摇摇欲坠和丑陋的吗?"如果这个理论是优美的,那么它就是正确的;如果这个理论并不优美,那它就不是正确的。这是一个现在听起来非常主观的判断,但是在当时,某些标准就是非常主观的,但如果这些标准被一个专家评审组所认同,那它们就算数! 我们将在本章中探讨这条标准。

在我们研究这条标准之前,我们必须先考虑一两件事情。如果你是一个像托勒玫或哥白尼那样的天文学家,你最为关心的就是得到一个有关行星运动的精确模型,某颗行星在某一时刻的运动模型。作为一个天文学家,你要使预测的行星的位置与现有的数据相匹配。你最终会得到一个纸上的模型,它或许有一个偏心圆,一个均轮,一些本轮,以及一定的旋转速度,这样你就可以通过操纵这个模型来预测行星在每个时间段所处的位置(如第6章的图6.10)。试想,哥白尼可以把每一个行星模型,水星、金星、地球、火星、木星、土星,用幻灯片投射在天花板上。如果你把这些行星依次叠加的话,你就能建立一个宇宙(模型)。现在,如果你把这些幻灯片汇集起来(也就是构成宇宙的诸多行星运动模型的叠加)会怎么样;如果你看这个宇宙并且能够看到这个宇宙中的优美的数学特征,你想不到这个宇宙会有这些数学特征,而且这些特征根据天文学理论是优美的,那又会怎样。如果你这样做了,那么你做的就是与哥白尼所做的相同的事。

[注意,第7章的图7.3基本上就是哥白尼的由各种各样的行星模型叠加而成的"宇宙"。你认为这个模型"优美"吗? 如果与托勒玫的将行星模型叠加而成的类似的"宇宙"(如第7章的图7.2所示)进行比较,你认为哥白尼所建立的宇宙模型更优美吗? 或从任何角度看托勒玫的

模型都明显地稍逊一筹吗？哥白尼认为他的这套叠加模型在几个不同的方面都更加优美，正如我们现在将要看到的。]

现在，哥白尼将诸多行星模型叠加而成的宇宙所具有的数学之美称为"宇宙和谐"，谓之"宇宙"，是因为它们涉及总体的宇宙理论，这个理论是由所有行星模型叠加而成的，而谓之"和谐"，是因为哥白尼是从希腊音乐和建筑理论的角度出发来思考的，在希腊的音乐和建筑理论中，简单的数学关系即称为"和谐"。例如，希腊人已经发现如何根据一个发音和弦的长度的简单比例来解释赏心悦目的音乐的和音，如八度音——一个八度音就是一根弦在1/2处被弹拨时所发出的声音。

2. 柏拉图主义的和新柏拉图主义的背景

柏拉图和他的学园，以及在此之前的毕达哥拉斯学说的圣哲们，都对简单的数学关系运用的一种似乎操控了如此美妙的物理现象的方式留下了特别的印象。这种理念延伸到了希腊和罗马的建筑理论中，在欧洲中世纪得以复兴，作为柏拉图哲学在诸多领域复兴的一部分，通常被称为新柏拉图主义。某个建筑是否优美取决于它是否包含大小和形状的简单比率和比例，数学意义上的优美可以在优良的建筑中去寻找。

现在我们将看到，柏拉图哲学强调数学和谐之美的元素在哥白尼学说的早期故事中扮演了一个很重要的角色，因为哥白尼和他的早期追随者强调的是，他的宇宙所包含的几近于建筑的数学关系，这些数学关系不但使他的宇宙是优美的，而且是必然正确的——这是他们的观点！哥白尼的宇宙是一个优美的建筑物，出自上帝这位建筑师之手，而在哥白尼学说的信徒们看来，托勒玫的宇宙是一个烂摊子，没有体现和谐，上帝才不屑于建造这种宇宙建筑呢！由此可见，哥白尼的制胜法宝是，如果他的宇宙拥有这些数学意义上的和谐，那么他的宇宙必然是正确的。

（另外，我们在这里提一下，我们还将在后文谈到这种广为流传的新柏拉图主义自然哲学的其他追随者，即我们在第13章谈到开普勒，并在第20章和第21章讨论17世纪的几种自然哲学体系之间的冲突的时候，这些冲突导致了机械论自然哲学的胜出。）

图8.1中的图（1）至图（4）勾勒出了哥白尼在他的宇宙中所洞察的建筑要点或"宇宙和谐"：他认为他的宇宙具有这种良好优美的数学关系，而亚里士多德-托勒玫的宇宙则没有。

3. 哥白尼学说中关于宇宙和谐的七个例子中的两个

让我们仅仅考察一下这些宇宙和谐中的两个和谐，借助于库恩在《哥白尼革命》这本书中的详细分析，你可以从图8.1中研究其他几种和谐。

首先，为什么水星和金星从来不会远离太阳呢（见图8.1中的图解Ⅰ）？这是从巴比伦时代就为人们所接受的天文学的一个"事实"，希腊人，还有中世纪和文艺复兴时期的欧洲人也都知道这个事实。水星和金星紧随着太阳在天空中移动，有时候是太阳追随着它们，但这两颗行星从来不会远离太阳。这两颗行星各自拥有一个相当小的角度追随太阳，从来不会超越这个角度而远离太阳。托勒玫知道这一现象并将这一现象作为一个事实接受了。托勒玫通过将地球照例放置在宇宙的中心，并建立了一条规则来建构金星运动的模型来解释这一现象：金星本轮的中心一定总是在连接地球和太阳的直线上。这就是为什么金星平均每365天自西向东绕地球旋转一周的原因。而且，这也意味着金星决不会远离太阳；金星可以在本轮的这端或者在另外一端，而且从地球上看到的金星与太阳的角度不会超过图中的角度β。因此，托勒玫接受了这个事实并在理论上解释了这一事实。

哥白尼也将"金星从来不会远离太阳"视为事实，但是，他不同意金

Ⅰ. 为什么水星和金星从来不会远离太阳：根据哥白尼的观点［如图（1）所示］，从地球朝着太阳的方向观察，金星与太阳之间的角度从未超过$\beta/2$。

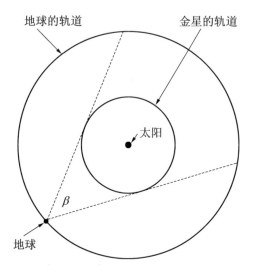

图（1）

根据托勒玫的观点［如图（2）所示］，为了解释这一事实，你必须假定，金星和水星的本轮中心总是在连接地球和太阳的直线上。在下面的图（2）中，在托勒玫理论中，金星与太阳之间的角度从未超过$\beta/2$。

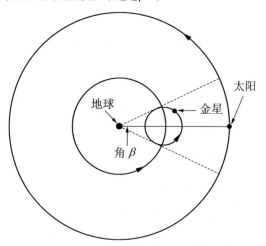

图（2）

Ⅱ. 地球每日自西向东的自转解释了托勒玫体系中每个天体每日自东向西的旋转。（我们忽略了这样一些物理难题——地球真的能旋转吗？）

Ⅲ. 逆行：逆行仅仅是内行星与地球"重叠"的结果；或者是地球与外行星"重叠"的结果。当一颗行星距离地球最近时，逆行就会发生。

在图(3)中,地球在其轨道上从E_1运行到E_7,而外行星(例如火星),在同一时间从P_1运行到P_7。行星在恒星天球背景上的视位置(从1到7),一般向东移动,但是当地球和行星彼此相距最近时,行星就会出现很明显的向西的逆行。

根据托勒玫的观点,正如第6章的图6.5a和6.5b所解释的,逆行是在这样的情况下发生的:当一颗行星在它的本轮上前行,其方向与它的均轮的运动方向相反。并且逆行发生在该行星与中央的地球相距最近的时候。

Ⅳ. 我们可以计算每颗行星的周期[周期=某颗行星绕太阳旋转一周的时间]。这很重要,因为在托勒玫理论中,金星和水星绕地球旋转的平均周期是一年,因为它们的运动是以太阳围绕地球的运动为条件的。现在,在哥白尼学说中,我们可以为金星和水星计算一个单独的周期。

金星周期的计算:金星每584天逆行一次,这时它与地球"重叠"。584天=1年+219天。在这584天里,地球会绕太阳转1.6圈,而金星会转2.6圈,也就是说,金星绕太阳转动一圈所需的时间是225天。

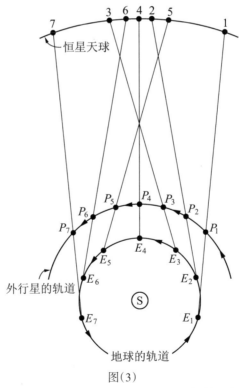

图(3)

Ⅴ. 各颗行星与太阳的相对距离,取地球-太阳之间的距离为基本单位。在托勒玫理论中,这样的相对距离是不能计算的,但是你可以提出一系列假设,来获得一个关于相对距离的粗略概念。在哥白尼学说中,利用简单的观察和三角学,就能得出相对距离。

以金星为例[图(4),P为金星,E为地球,S为太阳]:

当金星与太阳处于最大距角时从运动的地球上观察金星。在△EPS里,∠EPS = 90°,所以△EPS是一个直角三角形。我们来看∠PES,则∠ESP=90°－∠PES,根据三角学,我们就能得到PS和ES的比率。

Ⅵ. 取消地球实际运动的几何投影。

在托勒玫理论中,内行星(水星,金星)肯定有每365天在其均轮上运行一周的周期,就像太阳一样。因为它们的运动是以太阳的运动为条件的(参见上面的图解Ⅰ)。在托勒玫理论中,外行星(火星,木星,土星)的本轮比较大,需要365天才能运行一周,而连接本轮的中心和行星的那条直线,总是与连接地球和太阳的那条直线的方向保持一致。这些事实似乎非常复杂和不真实。

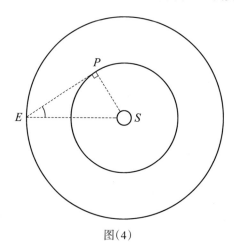

图(4)

在哥白尼学说中,外行星不需要"绕太阳运行的"本轮,而且内行星也有自己确定的周期,这个周期并不是一年(参见上面的图解Ⅳ)。哥白尼废除了这些特征,并解释说,在托勒玫理论中会出现这些特点是因为,它们是地球的运动在其他行星的运动模型上的投影。

Ⅶ. 和谐现象背后的和谐!

1. 我们可以通过观察和三角学,计算出行星与太阳的相对距离。这在托勒玫理论中是做不到的。

2. 我们可以通过逆行数据,计算出行星运动的周期。这在托勒玫理论中是做不到的。因此,

3. 我们可以将距离与周期联系起来! 随着与太阳距离的增大,周期也会增加:水星90天,金星225天,地球365天,火星2年,木星12年,土星30年。

图8.1 对7个宇宙和谐的说明:以哥白尼模型在物理上是正确的设想为依据的宇宙结构的和谐

星本轮的规则。哥白尼声称金星从来不会远离太阳,是因为地球处于环绕太阳的第三轨道,而金星则在第二轨道上。所以,当我们朝着太阳看时,我们也不可避免地面朝金星,因为地球的轨道更大。哥白尼与托勒玫承认相同的事实,但在哥白尼看来,地球和金星的轨道构造就可以简单而直接地解释这一事实——只要地球有一个轨道。哥白尼认为这比托勒玫对于金星本轮的规定更加优美而且更加和谐,因为托勒玫不得不附加一个额外的规则,使他的模型与事实相符。他们观察到的事实或者他们据以预测事实的精确性并无区别,但在建构宇宙模型的优雅性上,则存在差异。你差不多得是个学美学的学生才能看出他们眼中的差异,但差异是客观存在的。按照有点"柏拉图式"的处事方式,哥白尼相信因其数学上的优雅性,他的模型必定是正确的。

　　第二种将要讨论的宇宙和谐涉及行星的逆行(图8.1中的图解Ⅲ)。我们在第6章中已经探讨过托勒玫如何通过对每一颗行星都使用一个相当大的本轮,来解释逆行以及行星的逆行周期。这在图解Ⅲ中有所描述。对他本人而言,哥白尼有一个相当大胆的论断。他指出,如果你将地球的轨道与其他行星的轨道相联系,你会立马看到这些行星其实并没有真的在逆行,它们只是看似在逆行而已(图解Ⅲ)!逆行的错觉是在以下情况下发生的:在其轨道上移动的地球从后面赶上并超过了一颗(较慢的)外行星(如火星、木星或土星)时,就好像一个跑步者超过比他跑得慢的人的时候,逆行就产生了。当我们从移动的地球上观察火星、木星和土星时,这些行星看上去一会儿放慢速度,一会儿在倒退,一会儿又放慢速度,一会儿又停止了,然后又重新开始了正常的进程。这对于地球轨道以内的行星也同样适用,如金星和水星——它们比地球运行得快,所以超过了地球。当我们观察到它们比我们领先时,我们会看到它们在明显地减速、倒退、再减速,然后又回到它们正常的轨道上去。所以,没有所谓的逆行,也没有空间中的什么轮,只有在各自轨道上运行的行星之间的几何关系,从移动的地球上观察时,这会使环形的轨迹呈现在我们眼前。哥白尼因此补充道,他可以去掉托勒玫用来解释逆行的5个本轮;尽管如上文所说,他不得不为了其他原因而增加其他新的本轮,尤其是为了去掉均衡点。

这可是最好的例子之一,用以说明哥白尼所认为的他的理论中包含的构型美或数学美。哥白尼没有提出更精确的关于明显的逆行的预测;他也没有提出更精确的关于行星位置的数据的预测;他所有的只是一种在他看来更加优美的理论。这是因为,(明显的)逆行现在被简单地解释为行星运行轨道(只要地球在一个轨道上运行!)之间的几何关系的产物,而托勒玫需要的是为每一颗行星提供一个特别的本轮,以此来解释行星的(真实的)循环运动。

哥白尼还有其他的宇宙和谐论点,它们也来自他的体系中的行星轨道之间的关系。这些都在库恩的《哥白尼革命》一书中得到了充分的讨论,图8.1中的其余图解也对之进行了概括。在本书后面的章节中,当我们考察那场关于是否接受哥白尼学说的争论时,我们将会谈到哥白尼学说中的其他的宇宙和谐论点,这场争论发生于16世纪后期到17世纪前30年的伽利略和开普勒时期。

4. 一个亚里士多德学派的人的回应:优美顶什么用?

总之,哥白尼正在告诉我们的是,这种优美的标准是他整个体系的重点。他的态度是,基于宇宙和谐这一基础,他在这场与托勒玫的比赛中获胜了。不过,这只是在他自己的记分卡上是如此。亚里士多德学派的人的回答是,哥白尼学说是错误的:他的新的预测都是错的,整个理论与为世人所知的那个世界观极不相符,这种世界观认为地球是静止的,根本没有任何证据可以证明地球是在运动着的。对于一个亚里士多德学派的人来说,哥白尼的理论的优美是不重要的,因为事实就是,地球实际上不在运动。这种所谓的"和谐"只是纸上谈兵——他们怎么能让一个物理上不可能的理论变成事实呢？的确不可能！所以,回顾上一章,我们再次看到,对争论中的一方来说不重要的观点,对于另一方来说却是基本的观点,而且有趣的是,关于科学理论的主要争论,常常都以这种类型的争论模式呈现。

5. 哥白尼的背景

因此,我们将面临两个直接的历史性的和传记性的难题:为什么哥白尼要强调这些"和谐"？而且,为什么会有人同意他的观点？我们需要说的关于哥白尼的第一件事就是,哥白尼是波兰人。由于远离意大利和德国南部这种国际化的中心,16世纪的波兰还是欧洲文明的"未开化的东方"。毕竟,毗邻波兰的,是在当时甚至还没有开始成为半欧化国家的沙皇俄国,它是在18世纪和19世纪才开始半欧化的。波兰是欧洲文明的边界,所以也许正是因为哥白尼来自遥远的欧洲化外地区,他对某些问题所持有的态度,与来自更国际化的欧洲中心的人相比,便有所不同。

青年时代的哥白尼前往意大利求学,他在那里待了8年,直到他返回波兰。他在教会做低级神职人员,后来回到波兰成为一个大教堂教士(教会官员)。在意大利他接触到了两种世界观的优点。在威尼斯附近的帕多瓦大学,哥白尼接受了亚里士多德哲学的教化(帕多瓦大学是研讨亚里士多德哲学的主要中心)。在意大利——它即将遭受法国、西班牙、奥地利等强国的入侵——哥白尼还接触到了意大利文艺复兴文化的余音。

6. 文艺复兴时期的人文主义和新柏拉图主义的作用

文艺复兴包含很多方面,但由于我们的目的是试图理解年轻时代的哥白尼,所以它主要包含两个方面。第一个是人文主义。考察文艺复兴时期的人文主义的一个办法是,说人文主义是一个严肃的和齐心协力的尝试,人文主义试图重回中世纪,回到希腊和罗马的权威(经典作家),尤其是以下这样的所谓的人文研究的权威:政治和道德哲学、修辞学、古典拉丁语、古希腊语、伦理学、古代政治史。人文主义的目的就是寻找某些人文经典用以教化年轻的意大利绅士们(这就是人文主义在欧洲传播所要面对的主要任务),他们无法从大学的教授们那里获取这些知识。人文主义理应是一种重要的且有用的知识载体,它使得绅士们可以胜任在现实世界中的各种职位,比如外交家、社会管理者、重要事务参与者,等等。

16世纪人文主义的一个关键方面是,当时的人文主义者开始穷究古代的文献,从事历史和诗作的文本研究,所以他们开始寻找一些未被研究或研究得还不够的古代科学和哲学作品,而这些工作是早期的意大利人文主义者较少涉及的。这意味着以下古典著作将得到更多的关注:自然哲学(除了亚里士多德之外的)、数学、医学,以及以数学为基础的科学,如天文学、光学、力学和音乐理论。因此,在哥白尼的时代,一些已被文化和学术中的人文主义观所感动的天文学家认为,如果能回到托勒玫的原始的(希腊语)文本,设法重建原始的文本,并探究伟大的托勒玫的本意是否在穆斯林和基督教的中世纪学术研究的漫长解读传承中得以保存或者被歪曲,这将是一件非常有意思的事情。

在文艺复兴时期的人文主义者之中,亚里士多德是一位不受欢迎的哲学家,因为他的哲学是学术型大学不可撼动的基础。人文主义者崇拜的英雄是亚里士多德的老师——柏拉图,因为柏拉图是一个艺术哲学家,他写的是高雅的对话,并热衷于政治学。在文艺复兴时期的人文主义者看来,柏拉图具有智慧并富有艺术气息,而在他们看来是个古板的书呆子的亚里士多德,则似乎并不具备这种智慧和艺术气息。

柏拉图哲学与亚里士多德哲学在很多方面都是不同的。但一个重要的不同在于，对于柏拉图而言，自然是建立在数学蓝图之上的。在这一点上，柏拉图与亚里士多德存在严重分歧，对亚里士多德而言，数学并不是实在的基础：数学只不过是人们研究和观察日常事物之后所得出的抽象概念。对亚里士多德学派来说，数学在自然哲学中也不重要，因为它并不处理物质和因果关系的关键问题，它仅仅用于给现象建立一个工具性的模型，就如我们在天文学中所看到的。相比之下，柏拉图自己的自然哲学著作，被称为《蒂迈欧篇》(*The Timaeus*)的对话，则强调宇宙是神圣地建立在完美的数学图景之上的，具有简单的数学上的和谐。要成为一个文艺复兴时期的新柏拉图主义者，就得至少一般地说，将这种关于实在的数学结构的相当非亚里士多德的信念作为正确的信念来信奉。因此，显而易见的是，哥白尼带有新柏拉图主义的痕迹，他希望新柏拉图主义能够成为帮他"拉分"的基础，使他赢得天文学理论之争的胜利。

7. 对哥白尼理论建构路径的一种可能解释——科学史家的研究

接下来我们要考察一下哥白尼这个人，然后追问："某种新柏拉图主义的哲学视角为什么会，又是如何塑形了他的天文学？"首先，他在很多方面依然是一个亚里士多德学派的人（从他对其体系的某些并不重要的论证中可以看出来），但是，意大利之行也使他有了强烈的人文主义和新柏拉图主义色彩。考虑到这一点，对于他如何得出以及如何辩护他的理论，有几种不同的假说，下面只是其中之一：

像同时代其他受人文主义影响的年轻的天文学家一样，年轻的哥白尼仔细研究了托勒玫的天文学，他研究的是应该已经清除了中世纪/经院哲学家的阐释的版本。结果令哥白尼很失望。就他所能辨别的来看,托勒玫的原始体系并不比其体系在大学中流传的中世纪版本好多少。许多人在仔细研究了据说是托勒玫体系的经过改进的文本(或版本)之后都意识到了这一点。

但是,有一些关于"真实的"托勒玫体系的东西格外地惹恼了年轻的哥白尼(但是没有惹恼其他的天文学家)。使哥白尼烦心的就是,"经过改进的文本"中的托勒玫体系在其行星模型中使用了均衡点,就像托勒玫体系的传统版本所做的那样(参见第6章)。哥白尼对托勒玫使用均衡点而非均轮中心的匀速圆周运动深感不解,哥白尼认为这个均衡点是个"骗局",违背了柏拉图的基本规则(参见第6章),柏拉图认为,宇宙模型只运用匀速圆周运动的组合。哥白尼好像认为,围绕非均轮中心的匀速圆周运动违反了柏拉图的原初思想。他决心去建立一个没有均衡点的天文学。

但是这是为什么呢? 从整体上看来,在天文学传统中还没有其他人面对均衡点会有如此的反应。这可能是因为对柏拉图主义的爱戴以及粗浅地理解了柏拉图那著名的关于天文学的规则的字面意义。也可能是哥白尼从欧洲的边缘突然置身于一场伟大而复杂的对"真正的"托勒玫的人文主义寻求的浪潮之中,因而激发了这一古怪而坚决的态度。

现在看来,哥白尼是一个聪明的天文学家,他看出均衡点是可以取消的,但问题是你在数学上取消的每个均衡点都不得不用两个本轮或者偏心圆上的一个本轮来替代。因此,与托勒玫体系相比,哥白尼体系到头来有更多的本轮。在这一问题上,哥白尼从关于天文学的古代文献想到,古希腊有个天文学家叫阿利斯塔克(Aristarchus),他曾经提出一个以太阳为中心的体系。哥白尼尝试将太阳放在宇宙的中心来建造模型,这样他摆脱了有关逆行的体系,意味着他可以去掉5个本轮,这挺好,因为为了摆脱那讨厌的均衡点他已经不得不添加了一个额外的本轮!

因此,哥白尼假定太阳是宇宙体系的中心,他花了许多年时间设计出水星、金星、地球、火星、木星、土星的以太阳为中心的模型。这样做花去了他的大量时间,因为这些以太阳为中心的模型必须与托勒玫的模型一样精确。当这些模型被应用到宇宙中时,哥白尼渐渐明白,不仅逆行问题得到了解释,而且整个体系都具备了一种整体上的和谐结构(我们曾经说过,哥白尼有一点新柏拉图主义的倾向)。哥白尼认为他的蓝图是如此完美,因此,它肯定是正确的(图8.2概括了这种研究方式)。

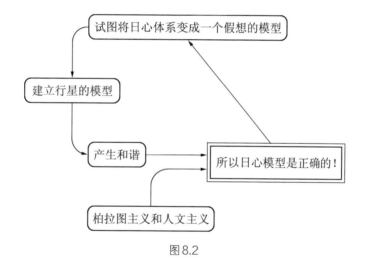

图8.2

一些科学史家认为这是一个似乎可信的关于哥白尼的故事,这位来自"穷乡僻壤"的人文主义者和新柏拉图主义者,胸怀摆脱托勒玫均衡点的期望,偶然发现了日心说这一美丽的蓝图,这对于哥白尼的多少有点新柏拉图主义者的观点来说好像是正确的。如果他确有如上思想历程,那么他的独特观点就可以得到解释:他从来没有担忧过他的理论与公认的知识的一致性或者新预测的证明,因为他知道他的思想有重要的意义。他已经经历了这个"发现"的过程并且这个过程看起来几乎是一个天启;因为在基督教的新柏拉图主义看来,是上帝这位伟大的

"建筑师"描绘了这一蓝图。因此,哥白尼的理论是上帝本人的蓝图最终透露给了一位凡人。一些小困难,例如没有一丁点儿证据能够证明地球能够或者确实在运动,最终都将以某种方式被解决!

8. 转入第三篇——为什么会有人信奉哥白尼学说?

哥白尼可能曾考虑过后人会不会认可他的学说;他或许也很喜欢他自己设计的"记分卡",但事实是,在16世纪,很少有人认可他的学说。在1543年到约1600年之间,欧洲真正信奉哥白尼学说的人屈指可数。在《天体运行论》出版后的两代人中,哥白尼学说并不像个得胜者。我们应该知道这不是因为16世纪的人普遍愚蠢或带有偏见,而是因为在绝大多数受过教育且聪明的人眼里,哥白尼学说并没有在这场竞争中取得好成绩! 这使该历史问题变得格外不同。我们所要解决的问题变成了:谁曾经认同哥白尼学说,为什么这一学说直到17世纪后期才得以确立以及是如何确立的。

第12章到第14章将探讨这两个问题,而在第17章和第18章中将处理哥白尼去世90年后伽利略与天主教会产生的冲突问题。但是,在我们回顾哥白尼之争的历史之前,我们将停下来,并在第三篇,即接下来的三章中评判一个问题:科学方法的观点(以及它所提倡的辉格式科学观)能否帮助我们理解这段历史,或者科学方法的观点是否遮盖和隐瞒了我们对合理的历史理解的进路。如果我们能从如同辉格式的"方法神话"的"科学神话"中解放出来,我们就应该能很好地理解现代科学的起源。

第8章思考题

1. 在精确性上,哥白尼体系与托勒玫体系不相上下,但哥白尼认为他的理论因其包含了"宇宙和谐"而优于托勒玫体系并且是正确的。对于哥白尼而论，他所说的宇宙和谐指的是什么，为什么含有这种和谐就可以使其理论是正确的？

2. 哥白尼强调的宇宙和谐是"有道理的"吗，抑或这只是私密性的、个人的、主观的想入非非？如果你生活在那个时代，你会接受哥白尼相信其理论正确的理由吗？（这里关键的是伊斯利和库恩所强调的要点，即哥白尼不是完全的亚里士多德哲学的追随者，他的自然哲学也是不完全的"新柏拉图主义"，因此哥白尼重视简单的数学关系和对称，他认为实在就在其后。）

阅读文献

T. S. Kuhn, *The Copernican Revolution*, 134—155.

B. Easlea, *Witch-Hunting, Magic and the New Philosophy*, 56—68.

J. R. Ravetz, "The Copernican Revolution", in R. Olby *et al.* (eds.), *The Companion to the History of Modern Science*, 201—206 only.

A. Koestler, *The Sleepwalkers*, 194—213.

科学方法神话:两个传说

第9章

普遍认可的科学方法神话

1. 第三篇开始:关于科学方法的两个神话

在第二篇的第5章至第8章中,我们谈论了科学史上的一个有趣的案例:哥白尼挑战托勒玫和亚里士多德。在本书开始几章我们讨论了许多问题,包括事实的理论渗透和辉格科学史等,这些问题依然存在。因为在这场对抗中我们已经看到了如此多的新东西,现在我们留出一篇来讨论哲学问题。在这一篇,我们主要考察关于科学方法的故事,既有亚里士多德发明的老套故事,也有最新的关于方法的卡尔·波普尔爵士的故事。我们将要看到,为什么方法故事并没有告诉我们任何有关科学动力学方面的事情,只是被科学家当作说服他人接受自己理论的工具之一。只要我们不再认为科学实际上是根据某种单一的方法来实践的,我们就可以重新开始我们的历史个案研究。

2. 方法故事遮蔽了科学的真实过程

这本书的开篇即表明了科学被遮蔽了,我们不能看到科学的真正面貌;科学真实的历史、政治和社会进程都被"事实崇拜"掩盖了。这是三种其他观念的基础,这三种观念帮助遮蔽了科学的真实本质,这三种观念是:(1) 认为有一种简单的科学方法可以产生和证实科学知识;

（2）认为这种方法最好被孤立地运用，这意味着科学和科学家们一定要游离于社会、政治、意识形态的束缚和影响之外；（3）与上述两点相关联的观念是，科学能取得清晰可见的进步。我们将集中讨论其"方法"部分（图9.1）。

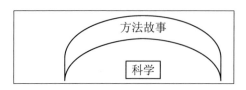

图9.1　（科学的）探求被故事所阻

让我们回顾一些事实和理论。哥白尼的历史案例说明了许多问题。第一，事实不是我们头脑中的实在之镜。第二，事实是（头脑中的）文化网格（观念、目标、价值观）和（非事实的）外部输入所形成的口头或书面报告。第三，不管你怎样思考事实，不论你是用简单的镜像类比来考虑它们还是将它们视为渗透文化的报告，理论都不是事实的简单堆积。为什么？正如我们在亚里士多德、托勒玫和哥白尼的案例中所见到的，理论也包含着广泛的文化假设，或在第11章中我们将要谈到的"形而上学背景"。第四，理论的选择不是基于理论与事实的一致——至少不是基于与已知的客观事实的一致，因为我们无法接触到这样的事实。理论的选择基于特定标准下的判断和论证，而且不同的人有不同的标准，或者对相同标准的不同的理解，或者对相同标准的不同的权衡。

让我们回到方法问题上，看我们能不能从这沉重的文化神话中被解救出来。方法是个伟大的故事，从亚里士多德发明普遍接受的方法故事算起，至少已有2500年的精彩历史。17世纪的培根、伽利略、牛顿等人都更新并验证过这个故事。方法故事在科学上有一个真实的功能，但遗憾的是这个功能不是告诉我们科学是怎样进行研究的。事实上,它的职责是误导我们关于科学研究如何进行的看法。方法就像一个文化神话一样在起作用,保护着科学和科学家,因为它使得科学家可以向非科学家解释为什么他们(科学家)是另类的,为什么他们应该置身物外。这个神话声称,在科学中有一种做事方法是科学的门外汉不知道或者不能正确使用的,这种方法是独特的和唯一的(因为如若方法太多则没有什么好处)。它是有效的,因为它确实起作用,而且如果你聪明,它也可以移植。你起先从事物理学和天文学研究,然后转到化学,然后转到生理学和心理学(在20世纪这些学科都形成"系统")。或许这将导致当经济学科形成"系统"后成为经济学。或许有一天甚至历史学也会变成科学! 当然这一切都要为一个相关的功能服务,这个功能就是使科学家能够超越和对抗那些不是科学家的外行,因为(如果你相信这个故事)它把科学家变成了研究科学问题的独一无二的权威。

3. 科学方法的传统故事

什么是科学方法的故事?它是怎样运作的?我们从两个基本的事情着手:其一,作为"客观事实"的系统的自然或宇宙;其二,无偏见的、客观的观察者(因为所有的故事都需要足够数量的角色来发挥结构性的功能)(图9.2)。所以,方法故事的角色就齐全了:主体是无偏见的观察者;客体是自然,即一个客观事实的系统。这是一个幸福快乐的故事。这个客观的观察者根据定义必须是"无偏见的",他不能是醉醺醺

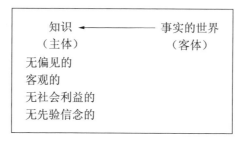

图9.2

的、焦虑不安的、精神失常的、病恹恹的,不能有文化的偏见,不受制于任何关于个人经历的、社会的、政治的、意识形态的、推论的、语言学的、人类学的或其他的什么东西。这个主体(无偏见的观察者)致力于捕捉事实,这些事实如同实在的反映一样进入他或她的意识(这是第4章中关于知觉的天真故事)。现在,一旦这个无偏见的观察者捕捉到了事实,方法故事就会声明,他或她形成了关于事实之间的关系的概括,这就叫**归纳**。通过不带偏见地观察事实所形成的概括是一个暂时的概括,它有可能变成一条科学定律,如果你喜欢,也可以称之为定律的草案;亚里士多德会称之为假说(一条定律的设想)。由于故事的主角是完全客观的和理性的,他不会妄下结论,而会将他的暂时结论付诸检验(图9.3)。

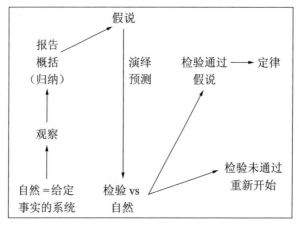

图9.3 方法故事

什么是检验?检验不是一种有偏见或(先于判断的)成见的检验。检验必须是客观的,只有客观的检验才能看出你从归纳事实中得出的假说是否违反自然本身。严格来讲,你不需要总是将你的假说和自然进行比对,需要与自然进行比对的是从你的假说中推出来的预测。按理说,预测来源于你的假说的严格的逻辑上和数学上的**演绎**,从假说演绎而来的预测与相关的事实进行比对。对于诚实无偏见的观察者来说,检验只会产生两种情况:要么你的预测或解释被事实支持,要么不被事实支持。这不是一个见仁见智的问题,而是一个客观的检验。如果你的基于假说之上的预测或解释得到了事实的支持,继而又通过了几个更多的检验,那么你就可以说你的假说被提高到了定律的地位。如果你的假说在检验中未能过关,你也不会有偏见并固执己见的,对吗? 你会放弃这个假说并重新开始。

什么是定律? 在方法故事中,定律就是构成事实的基石。记住我们是从哪儿得出定律的:定律是对经过检验并被接受的事实的概括,因此,定律就是对事实的判定。这就是全部——没有其他的。

从这个科学方法的故事中可以得出几个有关科学的本质和科学史的本质的结论——这个故事理应产生这些结论,因为它们正是这个故事的主要目的之一:

第一,科学史肯定存在于由某些英雄人物作出的关于科学方法的英勇的发现和拓展之中,这些英雄从亚里士多德算起,接着是培根、伽利略和牛顿。科学方法已经完善了,剩下来的事就是把它应用于更多更广的各类事实。例如,亚里士多德因为自己的原因没有强调实验在科学方法中的作用,或数学在实验方法中的作用;但是 17 世纪的科学英雄修正了亚里士多德的疏忽。培根强调实验;伽利略和牛顿强调实验和数学化。所以到牛顿的时候,科学方法已经基本上大功告成。

第二,鉴于方法的发现,科学史因此是由一系列科学事实的缓慢但却稳定的积累构成的。科学缓慢而稳定的发展和进步就像慢慢地砌砖墙(图 9.4)。随着时间的推移,砖墙变得更长、更高、更坚固,砖块不断地叠加——只是在这种情况中砖块被看作经过确证的事实和理论的小单位。随着方法的使用,我们收集(一种不断的积累)了许多以定律的形式表现的既成事实,每个定律其实都是一包经过概括的事实。每隔

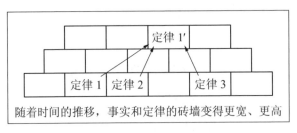

图9.4　关于进步的砖墙隐喻

一段时间,当这种收集不断增加的时候,有人就会出来并探索如何用定律1、定律2、定律3来概括诸多事实,从中推导出一个更高层次的基本定律1′,可以说是另一个更高层次的理论。但由于这些定律和理论不是别的,而是经过概括的事实,所以完全可行的是,某个人出来对这些事实进行概括,推演出某个更高层次的定律。这就是伟大的科学家之所为,(按上面的比方)伟大的科学家就是在这堵事实之墙中加上关键性砖块的那个人,以便事实之墙可以逐步扩大。事实之墙的扩大体现在长度、宽度和高度等三个维度上。随着时间的推移,我们发现越来越多的真理及知识都被收集在这堵砖墙之中,这堵砖墙形成了一面并不平整的镜子,反映了我们从自然界那里通过各种方法得到的一系列客观事实。

第三个结论,从方法故事看,科学发展经历了一个从无知到有知的缓慢而稳定的过程,因为砖块的堆积其实就是对系统的有关事实的知识的收集。事实之墙越大、越宽、越高,我们知道的真理就越多,无知就越少。

第四,当然这是辉格科学史的另一种观点。辉格史声称,我们朝着真理的方向发展,我们比古人更加接近真理。因此,我们可以基于已知的真理来评判古人的科学行为。古人或许错用了方法;或许错判了事实;或许由于偏见而没有看见确定的事实。我们知道的比他们多,因而我们应该用我们的标准来衡量古人。这是纯粹的辉格史!

4.传统的方法故事无法解释亚里士多德或哥白尼

如果我们认真地对待科学史和科学哲学研究,我们就不会再接受刚刚谈论过的故事了。第4章中对事实的分析和第二篇中对科学史上的一两个事件的分析动摇了这个故事的根基。第一点:存在于头脑中的意识状态,即所谓的知觉是理论渗透的。第二点:头脑中的知觉是理论渗透的,不是可以在朋友和同行之间传播的正式报告。"事实"是可以传递给朋友或同行的正式报告。这种可以在朋友和同行间传播的正式"报告"甚至比你个人的知觉包含更多的理论-信念-价值,负载更多的目的。

这些关于事实的理论渗透的发现对于传统的方法故事具有非常大的破坏性。显然,人类观察事物并对观察到的事实进行概括,这仍然是正确的。但是现在我们可以看到,一切事物都倾向于依赖人类用于观察情境的网格、理论或范畴。你会对各种事物和事件进行观察、报告和概括,这些事物和事件都受制于或存在于你的理论网格之中。换言之,如方法故事所说,人类确实在观察和概括,但这只是方法故事的一部分,因为你所概括的事实的范畴在很大程度上取决于你的信念、目标和理论。这意味着支持不同理论的争议双方都可以说自己是遵循"科学方法"的,因为双方都会倾向于观察和概括由自己的理论塑造的事实。

有这样一个例子:重物会落下,这是亚里士多德甚至小孩子都认可的。这可以通过万亿次的实验来证实:从高处将不同类型的重物扔下,它们都会向下坠落。因此,我可以非常肯定地得出结论,"所有的重物会落下"。任何学过基础物理学的读者都会争辩道:那不是近代物理学,物体自身并没有重量,只有质量——重量是在引力场中强加给物体的力——而且宇宙中没有绝对的"向下"。但是我要说:"问题就在这里,我感知、报告和概括的是我的网格所承认的事实。"但是方法故事却并不允许这种情况,因为方法故事并不允许双方具有不同的理论(网格),并因而恰当地去观察和概括两类极其不同的事实。我们刚刚听到的方法故事处理不了这个问题,因为它假定有一种而且只有一种事实是真实的和可以被客观地、正确地了解的。按照方法故事,任何其他种类的事实都是偏见或者错误的结果。但在我们的例子中,双方都"从(理论渗透的)事实进行了正确的概括"。在决定科学成果存废的第一线,没有人可以得到那种秘密的"真正的"纯粹的事实,他们彼此只能在科学方法的基础上通过与对方交换观点来声称知道这些事实,因为他们着手处理的总是与人的活动无法脱离的、理论渗透的事实。

同样,事实的理论渗透的观点也破坏了传统的方法故事的其他方面——在这一点上我们用实验或受控观察中显露的事实来检验预测。重申一次,我们并不否认人类做检验和实验,也不否认他们将检验和实验的结果与预测进行比较。在这个简单的意义上,传统的方法故事是有道理的。但是这个故事只说对了一半,因为如果观察是理论渗透的,那么人类进行的检验和实验结果当然也是理论渗透的。此外,具有不同的理论或先验信念的人会倾向于在检验或实验中观察到不同的事实。这破坏了事实是简单地来自自然的观点,以及按照方法做事的客观的人类可以将<u>事实</u>与预测进行简单比较的观点。

例如,让我们再次回到关于亚里士多德自然哲学的那一章,并想象一下我们要对亚里士多德的阐述进行检验:"所有重物都会落下。"为了合理和遵循方法,我不得不做一个检验:**这儿有一个重物:我预测,当我扔出它时,它将垂直落下。**你瞧,它落下去了! 这证明了我的理论,所有的重物都会落下。现在你可能认为这个实验是微不足道的,但是所有的理论都是通过这种方法产生的。事实是建构的,不是简单的所与,对事实的概括是通过范畴的网格建构的,这些范畴网格对特定的科学共同体是有效的,而检验是在理论框架之内被设计和观察的。为了观察检验结果,我们无法超越理论框架而达到某种绝妙的、客观的、无偏见的状态。如果我相信一个理论并去检验它,那么我会根据那个理论(或至少某个理论)来观察这个检验。检验的结果不存在非理论渗透的观察。就传统的方法故事而言,检验不具有决定作用。

让我们从这个角度看看哥白尼。根据这个故事,哥白尼肯定是个拥有新事实和新概括的人。我承认哥白尼有新的概括,但我不相信他的概括来自某些新客观事实的首度发现并继而加以概括。是什么让哥白尼的理论与众不同? 他没有提出基于客观事实的新观点。他只是得出了一个不同的理论,这个理论建构了一些有点不同的事实。为什么哥白尼提出这样一种不同的理论? 因为这种理论是由一系列颇为不同的(新柏拉图主义)假设以及判断一个理论是好是坏的不同标准所建构的。这些标准和假设建构了哥白尼的理论,这个理论建构了他对事实的评价。

检验又如何呢? 没有太多方式的检验,因为没有太多可以想出来的检验——请注意,这些检验只能在亚里士多德物理学的框架中来想象。例如,曾经有这样一个“思想实验”,如果地球旋转,那么所有东西都会飞走。既然并没有什么东西从地球上飞走,所以地球肯定是不旋转的! 确实,在这个“检验”中有一个假设:亚里士多德物理学是正确的。你若在亚里士多德物理学的框架中来检验哥白尼学说,哥白尼学说就难以通过。这实在令人惊讶不已。所以在16世纪,哥白尼学说不太靠谱。哥白尼学说没有得到新的客观事实的支持。哥白尼提出了一个不同的理论,这个理论给了他有点不同的事实,而不是在发现新事实的基础上推出新的理论。

5. 但亚里士多德和哥白尼都可以用方法故事对他们的主张进行粉饰和包装

我们现在来看看问题的关键何在。哥白尼为争论的一方,亚里士多德和托勒玫的追随者为另一方,他们双方都有权利说自己正确地遵循了科学的方法。

根据方法论故事,我们已经看到亚里士多德是怎么说的:观察事实,概括,检验。亚里士多德发明了科学方法的故事并用以提出和证明他的理论。

然后哥白尼出现了,想讲述一个不同的故事(伽利略和牛顿后来也是这么干的)。下面是一个哥白尼类型的方法故事:

> 亚里士多德不懂得科学方法。亚里士多德咋就不明白呢?科学方法必须是数学上的,亚里士多德的方法无疑不是数学上的,因此,他永远也不可能看到正确的事实并从这些事实中概括出结论。现在,因为亚里士多德不理解数学在科学中的作用而疏漏了什么事实呢?毫无疑问,是宇宙和谐的事实!

或者,哥白尼可以用不同的方式争辩:

> 我知道某些我们所有人都认同的事实,例如,金星从不会远离太阳。你们这些人(托勒玫和亚里士多德)可以解释这种现象,我也可以解释,但是我的解释远比你们的解释在数学上更优美。因为数学是通往科学和方法的钥匙,所以我的理论和我的方法更好。

所以,哥白尼可以用方法论故事粉饰他的研究,亚里士多德也是如此。这并不意味着亚里士多德一方和哥白尼一方通过方法的使用真的得出了他们的观点,也就是说,这并不意味着亚里士多德无偏见地观察了事实和进行了检验,也不意味着哥白尼无偏见地观察了事实和进行了检验,因为随后我们将不得不因偏见或错误等未经确定的原因来指责某人犯了错误——其实双方都不对。对方法的迷信造就了辉格史!但是真实的科学史并不符合这样的辉格史:因为双方都是在信念、价值观和目标背景中建构自己的理论;双方都是在信念、价值观和目标背景中检验自己的理论,双方都可以用一个方法故事来解释自己的理论。这表明方法故事只是一个故事而已。作为他们赢得这场"理论"辩论的尝试的一部分的,不是他们真正所做的事情,而是他们宣称他们做了的事情。"我的理论比你的好,我的事实比你的强,我的标准比你的高,我的方法比你的棒。"万变不离其宗:"接受我的理论吧,不要接受他的。"

历史事例把被普遍认同的科学方法神话搁置了起来。但是请不要误解我的意思。我没有说科学是不存在的;我没有说科学是没有意义的。我说的是,只要受到方法故事的遮蔽,我们对于科学及其历史的实际的运作情况就不会知之甚详。我们已经看到方法故事可以怎样被应用于争论的双方;在科学之战中怎样被用作辩论的武器。方法实际上并没有创造科学知识,或者证实科学知识。"方法"只是一种讲述令人信服的故事的方式。真正的问题是:在科学中发生的实际上是什么? 我们将在第四篇(第12、13、14章)回到哥白尼学说之争的历史,届时我们将对这一问题有更多的了解。

6. 怀疑一种独特的、有效的、可转换的科学方法存在的理由

让我们来看一些怀疑科学方法故事能否告诉我们关于科学怎样工作和发展的真相的理由。第一个怀疑的理由是对以往的方法的内容缺乏共识:早期的方法很简单,简单到实际上没有哪个有自尊心的方法论专家会对之感到满意。实际上,没有两个伟大的方法论者曾对什么是正确的科学方法故事产生过共识。方法故事已经成为一个庞大的、无止境的研究文献的主题:例如,在17世纪早期,培根(1620年)和笛卡儿(1637年)各自发表了关于科学方法的有影响力的说明,声称科学方法是这一时期兴起的新科学的钥匙——但他们的说明是完全不同的,甚

至可以说是不相容的。

1687年,伟大的艾萨克·牛顿爵士发表了一个关于方法的说明,人们猜想这个方法指导过他的研究——它没有指导过他的研究——牛顿的说明也没有终结这场方法之争。牛顿的方法持续了整个19世纪直到现在,直到卡尔·波普尔爵士1934年有关方法的著作问世。波普尔无疑是20世纪最伟大的方法论者,但他最亲近的学生却与他的观点有异,在下一章中我将证明他的据说是关于科学方法的决定性的说明是失败的。

思想家信任科学方法已经有2500年的历史了,却从未在细节上就什么是科学方法达成过任何共识。如果人们对一个故事具有毫不动摇的信念,而这个故事却有无休止的和相互矛盾的版本,那么我认为我们面对的就是一个神话。

第二个怀疑方法故事的理由与科学革命的问题有关。许多人持有这样的观点:如果所有的理论以及审视自然的方式都被推翻和取代,科学的历史就会被偶尔的理论革命打断。(这种观点主要源自库恩,我们在第3章提到过他的《科学革命的结构》一书,第15章和第16章将对这本书进行详细研究。)例如,天文学从中世纪的地心体系到哥白尼和伽利略的日心体系的改变;或者在约20世纪初,从牛顿的经典物理学到爱因斯坦的相对论物理学的转变。有人可能会问:"在一系列的革命中,谁才拥有正确的、真正的方法?"每个胜利者在自己的时代都声称拥有正确的、真正的方法,但后来他那获胜的理论都被推翻了。人们因而或许会怀疑,科学是否总是根据唯一的、简单的方法被完成的。

第三个怀疑来自这样一个问题:日常的科学工作是否靠的是一种唯一的、简单的、可转换的方法。这个观点在库恩的著作中得到了很好的讨论,他在这个问题上显示了一种深刻的历史洞察力。库恩用一种非常简洁的方式指出,科学不是一门学科而是很多门学科——有众多的学科及分支——其数量随时间的推移而变化。库恩说,如果你审视一个科学研究的既定传统,你会发现这个传统是理论、标准、实验规则、工具和目标的奇特组合。这是他通过使用"范式"(paradigm)这个著名的术语所凝成的洞察力,稍后我们再研究。每门学科在特定时期都有自己的结构独特的、不断拓展的研究领域,拥有这个领域独特的理论、假设、技术、目标和评价标准,当然,尽管有些理论工具和技术会在不同的研究领域借用和共享。

问题的关键点是:如果你有关于研究的多个相关的但是不同的亚文化,你极其难以想象一个简单的方法能够支配或者解释任何既定传统的内部运作,更遑论众多传统的内部运作。(**这些库恩的关键点都列在表9.1中。**)

表9.1

库恩怀疑唯一的、独特的、可转换的科学方法的存在的非常重要的历史论据如下:

[1] 有许多科学学科和分支学科:每个学科都有它自己独特的、不断变换的研究新领域。

[2] 不同学科领域的研究者使用针对特定学科或分支学科的理论和假设。

[3] 在第14章我们将会看到,实验技术和设施也是由理论建构和渗透的。

[4] 所以每个研究领域都是由该领域所特有的理论、假设及实验设施和技术共同构成的。

[5] 每个研究领域都有自己进行研究的"方法",这种方法是与它们自己的理论、假设和技术的整体密切相关的。

[6] 因此,认为存在一种能够被应用于过去、现在和未来的每个领域的独特的、唯一的、可转换的简单方法的观念是极其令人难以置信的。

[7] 但是,这种曾经存在或将会存在的适用于所有科学研究领域的唯一的简单方法的故事是诱人的,并在粉饰和兜售其主张中发挥着作用。

[8] 为了理解各个科学学科是如何产生研究成果的,我们必须超越传统的科学方法神话!

---

7. 但神话很难被清除：波普尔的新方法又成为20世纪的方法神话

然而，不是所有人都相信，方法作为科学实践的解释是僵死的。研究神话的人类学家知道，神话是不可捉摸的、富有创意的、灵活的尤物。神话总在变形和转变，对神话的研究也必须跟着改变。你可以跨越社会和时代来研究神话的变形及其改变。科学方法的故事就是一个神话，它在转变并突变。当人们面对科学方法的否定性证据的时候，人们并不会放弃方法神话，而只会简单地说："我们还没有正确地理解科学方法，但这里有一个另外的版本，一个正确的、可行的版本。"

因此，在过去的100多年里，即使这个故事已经受到批评，依然有哲学家和其他人仍想告诉我们科学方法是存在的。他们相信可以设计出科学方法的一个不同的版本，这是一个切实可行的、最终正确的版本。换句话讲，如果一个好的方法版本最终被开发出来，那像我这样的人就会被证明是错误的。在20世纪，一个新的方法故事出现了。它的作者就是卡尔·波普尔爵士，20世纪最重要的科学哲学家，想要逃避和抵制我们刚刚谈到的一切。许多受过教育的人都相信他是成功的，并相信波普尔版本的方法是可行的，而且确实是一种普适性的真正的科学方法。我们现在将看看这个新方法中包含着什么，什么是它毋庸置疑的有力之处，以及为什么到头来我们可能必须得出如下结论：就像从亚里士多德到牛顿的所有早先的方法故事一样，它也只是起着神话和巧言令色的作用。

第9章思考题

1. 请描述科学方法的正统观点。如何批驳某种唯一的科学方法可以控制一切科学工作的思想？（可以利用你已经在本书中获得的各种资料。)

阅读文献

A. Chalmers, *What is This Thing Called Science?* 35—46 and 57—72.

D. R. Oldroyd, *The Arch of Knowledge*, Ch. 8, 297—317.

◇ 第10章

波普尔拯救科学方法的尝试

1. 方法并没有真的死亡,它将会以一种新的形式征服一切——波普尔(1934年)

在这一章中,我们会看到卡尔·波普尔爵士对科学方法神话的全力挽救,他试图把科学方法拯救成一个可信的故事,试图编造一个真正能够解释科学家如何工作和如何获得科学知识的故事。让我提醒你一下我们在本篇打算做的事情。我们会对关于科学方法的一些观点进行探讨,并据此判断这些有关科学方法的观点是否令人信服,是否能对我们将要探讨的历史案例给予某种解释或理解。

再次考虑科学方法的传统故事(图10.1):你首先将事实概括归纳成一个定律草案,称为假说,然后对该假说进行检验。如果假说作出的预测与"事实"相符,那么你就会更加肯定这个假说是正确的,或极有可能是一个定律。我们也对这些观念的历史略作了讨论,我认为我们对"事实的理论渗透"的了解其实会对以下观点造成损害:如果你想概括或审视,你只能在你自己的框架中,在你自己的网格中审视或概括。这些你能够进行概括的事实的类型可以说是前定的(pre-given)。另一个观点是,理论不仅仅是确凿事实的总结;理论的形成与文化相关,受制于背景假设,或受制于我们将在下一章称之为"形而上学"的东西。因

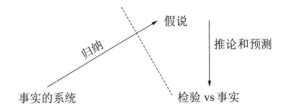

图10.1 波普尔不同意左边的研究进路——"发现假说"——从"方法"领域

此理论所包含的不仅仅是纯粹的确凿的客观事实(假设这些事实是我们可怜的人类可以获得的)的总汇。

此外,我们发现无论是亚里士多德还是哥白尼,都不能通过科学方法的使用对原始的事实进行概括从而"归纳"出他们的理论;尽管他们能通过粉饰和包装提出和捍卫自己的理论,这种粉饰和包装源自关于方法的观念,源自像我所说的"方法谈"(method-talk)。

所以,有关方法问题存在困难。在20世纪这些困难已在一定程度上得到了承认。一些人,像某些对我们的研究颇具影响的科学史家,认为科学方法是无效的,它或许是出于粉饰或政治目的而讲述的一个令人愉快的故事,但科学的真正的本质(科学知识怎样产生和协商)一定是通过其他的方式表现出来的。但你应该理解的是,在哲学领域,科学方法的彻底失败并不一定是个令人愉快的结论。科学哲学家还想研究科学方法。而且许多科学哲学家(很大程度上是从大约70年前的波普尔开始的)认为,旧的方法观念确实没有用处了,但我们或许可以做得更好。或许我们对于什么是科学方法还没有一个明确的概念。如果我们能让我们的故事更加精确和更加具有新意,那么我们仍然可以相信存在这样一种科学方法,它确实是有效的,确实能够解释科学中发生了什么以及科学史上发生了什么。因此,我们需要寻找一个替代品,寻找一个对过时的理论的修正。

在20世纪,有关科学方法的最重要的和最有影响力的可供选择的新构想是波普尔提出的。1934年,他在一部德语著作中独创性地写下了他的观点,当时他刚刚30岁出头,这部著作的正确的书名应该是"科学研究的逻辑"*,那是其德语书名的本意。但该书1958年的英译本犯了一个严重的错误,书名被译为《科学发现的逻辑》(*The Logic of Scientific Discovery*),完全误解了书名的意思。如果你仔细阅读本章,你就会发现为什么英译本会错误地认为波普尔是在告诉我们如何发现事物。他甚至不相信存在一种发现的方法。

20世纪20年代,波普尔在维也纳学习哲学、物理学和逻辑学。虽然奥匈帝国在1918年第一次世界大战之后瓦解了,但维也纳仍然是欧洲的文明中心之一,是研究物理学、哲学、逻辑学和精神病学[例如,弗洛伊德(Freud)及其追随者就在那儿工作]的重要地方。处在这种充满学术气氛的环境之中的年轻的波普尔,非常清楚科学方法的传统观点面临的诸多困难。所以,他以一个怀有雄心壮志、充满智慧的人的形象出现,来解决这些难题并提出了一种科学方法的新方案来替代陈旧的科学方法观念。

2. 波普尔眼中的关键问题:理论渗透、发现的"方法"、革命的存在、科学与非科学的划界

我们来考虑一下波普尔当时所面临的一些关于方法的问题。第一个问题我们在第4章中提到过,并且在前一章又再次提到。就是说,波普尔意识到"知觉的理论渗透"和"事实的理论渗透"是存在的。事实上,他是最早在哲学上讨论这一问题的人之一。在《科学发现的逻辑》一书中,他提出了关于知觉的理论渗透的某些令人惊异的激进的观点。他知道事实的理论渗透确实对通过观察、归纳来发现新的定律的观点

---

* 德语书名:*Logikder Forschung*。——译者

提出了质疑。波普尔已经意识到任何观察都是有网格的观察。

波普尔还意识到科学史揭示了一些关于"发现"的不寻常的事情。究竟什么是发现呢? 在老式的方法故事中,发现是指图 10.1 左边所发生的情况。按照图 10.1 所示我们就能够发现一个新的定律,或新的假说。你出去仔细观察,然后归纳,然后得出或者"发现"一个以前从没有人发现的定律或假说。但是波普尔知道,科学史上有许多事件并不是科学家出去看看然后归纳产生的。科学史上有许多著名的例子(有些也许有点虚构的成分),说某个著名的科学家并不是通过观察大量的事实来归纳和发现新定律的;恰恰相反,新的定律或新的理论是以一个创造性的火花、一次富有想象力的跳跃的形式甚至是在他的睡梦中顿悟出来的。

例如,苹果砸在了牛顿的头上,使他悟到了:"哦! 现在我懂了;这就是万有引力理论!"虽然事实并非如此,但类似的故事广为传播也正表明了发现并不总是被理解为对事实的单调乏味的概括。另外一个例子是公元前 212 年死于罗马人之手的古代数学家阿基米德(Archimedes)。阿基米德发现了浮力定律,即物体在水中所受的浮力等于它所排开的水的重量。大家还记得,阿基米德是在进入澡盆时发现浮力定律的,看到水从澡盆里溢出,他说:现在我有一个发现![实际上谣传的情形是,他跳出浴盆,赤身裸体地跑到街上大喊"我发现了(Eureka)……我发现它了! 我发现它了!!"]当然,事实并非如此,但是这个故事再次表明他的发现不是从事实中归纳得出的,而是借助充满想象力的洞察。再一个例子是 19 世纪发现的在化学上称为苯环的六边形。碳原子分布在苯环的六个角上,很难想象这六个原子是如何紧密结合在一个分子之中的,除非你机缘巧合想到了这个环。但是这种结构作为一个观念、一个假说是被化学家凯库勒(Kekulé)在梦中看到的或发现的。

所以,发现并不总是看起来像事实的归纳。因为理论渗透,事实的归纳陷入了困境,无论你如何归纳总是在自己的框架之内进行归纳。

第三件困扰着波普尔,同时也困扰着当时的许多物理学家和科学哲学家的观念是,每隔一段时间,显然就会在科学领域尤其是物理学领域涌现出大量的理论革命。看来经过验证的事实和理论的砖墙(如果我们可以回到第9章中图9.4有关老式方法的砖墙隐喻)有时候有相当部分是裂开的,或被戳了一个大洞,而一些不同的砖块,一些砖块的不同类型,不同的事实被放了上去。科学的进步并不总是把一块砖放在另一块的上面,有时候是结构上的巨大改变。

困扰波普尔的一个例子是爱因斯坦的物理学问题。经历了1919年的验证后,爱因斯坦的狭义相对论和广义相对论(尤其是广义相对论)获得了巨大的声望。现在没有一个检验曾经以一种绝对权威的方式"证明"过任何事情;但物理学界认定,与牛顿理论相比,爱因斯坦得到了一个更为合理的结论。所以爱因斯坦的理论逐渐得到了认可。但是如果你仔细探究,你会发现爱因斯坦的理论不只是在牛顿的旧墙上砌砖。爱因斯坦的理论意味着敲掉一部分墙并放些新砖块上去。例如,爱因斯坦用的是诸如"空间""时间""质量"这样的词,牛顿用的是诸如"空间""时间"和"质量"这样的词,但这些词在这两种不同的理论中意味着完全不同的东西。它们差不多是两种不同的网格:牛顿学说的时间不是爱因斯坦理论的时间,牛顿学说的空间也不是爱因斯坦理论的空间。这不只是一个砌墙的问题,而是一场革命。墙的风格和构造已经改变了。相当多的科学哲学家已经注意到这一点并为之忧虑。

现在的问题是,科学革命为什么会发生,怎样才会发生?你不能用老式的方法故事来解释,因为在老式的故事中总是在确证事实,形成砖块,把砖块砌到墙上,为更多的事实做铺垫,为更多的砖块埋下基础,如同砌砖墙一样缓慢而稳妥地进行。在这样的故事中你不可能得到砖墙大规模的"革命"。

除去以上提到的三个技术问题,还隐约可见另一个颇具政治意义的重大问题:如何去判定什么是科学,什么不是科学;什么是合理的科学程序,以往的评价标准中又缺少些什么。这也就是所谓的**划界**问题。在老式的方法故事陷入困境的情况下,什么(如果有的话)可以给这样的问题提供答案呢?对波普尔来说,只能是一种改进的方法原则。

波普尔是个非常聪明的家伙。不仅在技术上很聪明,在领会一个人如何能够在科学哲学上出名方面也很聪明。显然,只要能够拯救方法并回答有关问题,你就可能在科学哲学上出名。这就是学科运作的方式;问题不断,人们通过声称解决了这些问题而获得认可和名声。

3. 证伪方法的界定,及其伦理维度——不寻求肯定性的证据

所以我们来看看波普尔在《科学发现的逻辑》中公布的答案。许多我将要说的事情听起来是奇特的、怪诞的、矛盾的,但它们是一系列针对这些问题的答案,非常有趣而且非常有才气。事实上在我看来,波普尔完全搞错了方向,并且未能抓住科学之要害(并创造了另一种方法神话),但是显然,即使在我看来,它是一个充满智慧的神话,值得细细探究。

波普尔开篇就提到:"我对发现的方法不感兴趣。"(正是这使得此书英译本的标题如此悖谬怪异。)事实上他说:

> 作为一个方法论者,我不能告诉你任何关于科学发现的进程的事情。[换句话说,]我不能告诉你怎样用方法去创造或发现定律和理论。根本没有一种方法能够创造或者发现定律和理论。

所以他带着那些问题和批判上路了。如果你喜欢,他把传统的方

法故事左边的全部东西都抛出了窗外。(不幸的是他没有把另外一半也一起丢掉,他或许想留给我们。)"发现是需要历史学家、人类学家和心理学家的研究来阐释的重大问题,不可能简化为一种方法",他如此说道。牛顿怎样发现万有引力的? 这是一个心理学和历史学问题。阿基米德怎样发现浮力的? 这是一个心理学和历史学问题。不是应用方法的问题。所以这就是首要的事情,波普尔不关心你怎样得到一个理论或定律。他不关心你怎样发现一个理论或定律。他只关心一件事情:你的理论或定律能否经受住检验。它是否具有可检验性。

可检验的(testable)意思是,理论或定律是否作出了能够付诸检验的预测。现在到了真正异乎寻常的部分。波普尔在这个紧要关头的基本观点是,当你对你的理论或定律作出的预测进行检验的时候,你对肯定性的证据并不感兴趣,对那些证明你的预测正确的证据不感兴趣。凭良心说,你不应该浪费大量的时间来寻找支持你的预测的肯定性证据。恰恰相反,无论从专业角度还是伦理角度,你都应该全神贯注地投入对否定性证据的寻找之中。你应搜寻证明你的预测错误的证据。因此波普尔的方法论称为证伪主义(Falsificationism)。

事实上,这是他定义一个科学理论的依据。如果一个理论作出的预测有可能被发现是错的,那么这个理论就是科学的。一个理论如果具有可证伪性,那它就是科学的。并不是说如果理论本身**是错误的**,我的意思是以后**它可能被证明是错误的**。你不得不推测或提出一个"科学的"陈述,一个定律,一个理论,你不得不说某些东西付诸检验时可能会被发现是错的。举例来讲,我提出一个关于明天天气的论断:"明天会下雨,或者可能不会下雨。"按照波普尔的理论来讲,这并不是一个"科学的"论断,因为无论出现什么情况我都会被证明是正确的。(明天不是下雨就是不下雨。)我的这一明天会下雨或不会下雨的论断相当宽泛,相当空洞,无意义。但如果我这样说:"明天会下半厘米到1厘米的雨",那我的论断可能被证明是正确的,也存在错误的可能性。这是一个具备可证伪性的命题。目前我们不知道它是不是错误的,但是它是可证伪的。

因此,按照波普尔的理论,你必须预先提出可能是错的定律或理论,并设法验证它们是不是错误的,这才是波普尔所谓的了解事物的方式。每次证明某定律或某理论是错误的,我们都可以学到一些切实有用的东西。我们会了解到我们刚才持有的理论或定律是错误的。这听起来似乎有些似是而非,以后我们会继续讨论这个问题。现在让我们首先来探讨一下关于肯定性证据的问题,为什么他对肯定性证据不感兴趣? 他有三个主要理由。

首先,很容易收集大量的肯定性证据。任何一个提出一个理论并因而具备一个知觉网格的人都能够毫不费力地看到或报告支持自己的理论的证据。例如,如果我是一个亚里士多德学派的人,如果我想证实我的理论,我会把接下来的42年时间都用来投掷重物,然后说,"哦,重物落下来了。""哦,它又落下来了。""哦,更加确定了。""啊哈,肯定性证据真是多不胜数啊。"看看,你可能会觉得好笑! 你并不信服。你认为我扔一万亿次并不能证明亚里士多德的理论会比我扔一次的时候更加正确。这种做法有某种不合理之处,它只是肯定性证据的堆积而已。追求肯定性证据的不合理性有一部分是伦理上的。波普尔把科学看作一项必须在正确的道德框架内去追求的事业,如果只寻找肯定性证据,科学就可能烂掉,并肯定会变得贫乏。

第二点是逻辑上的观点,这一观点对波普尔来讲并不是新东西,但他强调这一观点。这一观点即,再多的肯定性证据也不能证明一条定律是确定的、完全正确的。你可以堆积那些肯定性证据,但那不会使你的主张完全确定。但是,如果你找到了哪怕只是一条否定性证据,你就可以认定你的定律是错误的,你确定地知道它是错误的! 就是说,一条证据就可以准确无疑地证明一个论断是错误的。但是再多的肯定性证据都不能证明一个论断是正确的,是完全正确、完全确定的。所以,这里存在一种不对称性。

波普尔的第三个观点实际上又是一个哲学观点和一个伦理学观点:寻求肯定性证据会让我们远离真知。我能在重复的"重物落下"实验中学到什么吗? 答案当然是否定的,我坚持做这个实验其实学不到任何东西。但是当我探寻否定性证据,并根据否定性证据得出自己的理论是错误的这一结论时,我确实明白了某些东西。我知道了它是错误的。

4. 划界标准——诞生了,卡尔爵士!

如果一个理论是可证伪的,它就是好的科学;反之,则是不好的科学,这种观点为波普尔及其追随者提供了最有价值的结果——"划界标准",用以在科学与非科学之间划界。根据波普尔及其追随者的观点,真正的科学要作出可证伪的论断;一门自然科学就是一种规范,它建构了可证伪的经验性论断并对之进行严格的检验(并拒斥已被证明为错误的论断)。非科学才包含不可证伪的论断。

对波普尔及其追随者来说,这是一个有力的工具。他声称(许多人也如此认为),某些现代学科和理论事实上都是非科学;它们都是由非科学的陈述构成的。显然波普尔不是在攻击物理学、生物学或者化学,但是在所谓的社会科学中,划界标准允许波普尔发号施令……判定什么是科学,什么不是科学。弗洛伊德的精神分析学(Freudian depth psychology)不是科学——不是因为它充满性别歧视或男权主义——而是因为它的核心论断是不可证伪的,是不可检验的。

更重要的一点是,以及对波普尔的由英国女王授予的爵士头衔来说更重要的一点是,他声称他<u>发现</u>马克思主义不是科学,出于同样的原因:马克思主义的经济学和历史学论断是不可检验的。正如我所说,这一切都取决于你是否接受波普尔的分析。毫无疑问,在冷战期间,苏联的"方法论者"也在莫斯科费尽心机地论证着波普尔是一个"资产阶级的帝国主义的走狗",是一个反对"马克思列宁主义科学"的空头理论家。

这些也为某些学科的内部争斗提供了合法性。例如,在心理学中存在波普尔学派,他们坚持认为,心理学或心理学的主要部分是科学的——具有以硬科学(hard sciences)为原型的技术。他们反对"软科学",软科学提倡人文主义、存在主义或心理学的临床分支——被认为经不起可检验的假说的框架的检验。

因此,从全球政治层面到心理学和经济学的微观政治层面,波普尔学说都是强大而有效的……如果作为划界基础的波普尔式方法故事是有效的,那么这种科学与非科学的划界就是合理的。

5. 波普尔的科学史模型:革命和线性进步可以并存!——基于他的方法

现在的问题是,假设所有的科学家都按此行事,科学史现在会是什么样子? 我们应该相信科学家们都会努力去推翻他们的理论吗? 如果他们这样做了,科学如何得以发展呢? 波普尔对此自有答案。他有一个关于科学史如何陈述的答案。这正是我们感兴趣的地方,因为这是一个关于科学史的可能的故事。下面就是波普尔的故事:

(参见图10.2,图中反映了下面三段所表达的观点)

从前,有一个科学家,他提出了一个理论,称之为理论1,记住,我们不能用现有的科学方法来判断怎样发现或创造一个理论。他只是提出了理论。这是一个科学理论,因为它具有可检验性和可证伪性。所以这个科学家运用这个理论作出了一个预测,称为预测1。然后他去检验这个预测。他做了一个实验,进行了一次观察。他检验他的预测以发

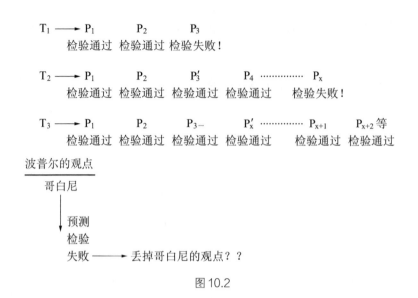

图 10.2

现这个预测是对还是错。当然他希望预测 1 是错的,因为这样他就可以真正地懂得一些东西。然而遗憾的是,预测 1 被证实是正确的,他在实验中所做的观察证实了他的预测。然后他对该理论进行了进一步的处理并得出了另一个不同的预测,然后做了个实验去检验它。遗憾地发现这个预测又是正确的。然后他对理论进行了进一步的处理并得出了预测 3,同样不是一个老的预测,而是一个新的预测。他再次通过实验去检验,这一次他发现实验的结果与预测并不符合,所以他的理论最终被证明是错误的。根据他的理论得出的一个预测是错误的。现在,他必须做什么? 他不能找借口,不能假装这没有发生。他不能说,"我们再来一次吧",也不能说,"让我们试试别的,要不让我们把它忘了吧";他只能说:"我的理论是错误的,我要丢掉它。"再见! 就是这样,不耽搁,不拖延,不偷奸耍滑,不找借口,不巧言辩解,义无反顾地扔掉吧! 现在我们知道了,理论 1 是错误的。

但这样做,科学的发展在哪儿呢? 前途又在哪儿呢? 根据波普尔的观点,如果我们幸运地(在物理学和天文学的历史中我们一直是幸运的)生活在理论1被证实为错的时代,某些聪明人可能会想出一个"优于"理论1的理论,即理论2。什么是"优于"? 优于的意思是,理论2的预测与理论1被证实为正确的预测相同。所以理论2作出了预测1,我们知道预测1是正确的。它得出了预测2,预测2也是正确的。现在我们到了紧要关头,理论1在第三个难关败下阵来,它的预测3是错误的。噢,理论2必须对此作出解释。换句话说,理论2必须准确地预测出第三个实验的结果,即那个绊倒了理论1的实验。所以它必须得出符合实验结果的关键预测3。这样理论2就优于理论1了。它解释了理论1先前所解释的,并且解释了理论1所不能解释的。假设理论2继续作出预测4,经证实后,又可以得出预测5,再证实后继续得出下一个预测,直到预测X。而预测X不被观察或实验结果所支持,那么理论2将是错误的。现在我们要怎么办? 同样我们会对理论2说再见,并希望有人想出更好的理论:理论3。理论3将做什么? 它将会解释理论2已经成功地解释过的一切,并解释理论2所不能解释的。一直这样下去,没完没了。

或许理论1是亚里士多德的,理论2是牛顿的,理论3是爱因斯坦的。如此我们能得到什么? 我们会得到"发展",因为这一系列被证实的预测会越来越多,并且我们会得到革命:当我们从理论1过渡到理论2时,我们彻底抛弃了理论1,从某种意义上来说,当我们把理论1扔出窗外并接受了另一个不同的理论时,我们也抛弃了理论1所附带的一系列观点。理论2采用了不同的视角。我们经历了一场科学理论的革命。所以依照波普尔的观点,我们已经在处理理论渗透,已经明白了发现是一种创造性行为,已经解释了科学革命的存在,已经取得了科学的进步。真是一个圆满的大结局。在科学哲学领域,他的确是一个聪明的家伙……但他的理论完全是自以为是,毫无说服力。以下是我对他的理论的三点驳斥。

6. 问题 I:所有伟大的理论似乎都在被证伪中诞生

首先,当你去探究科学史中诸如哥白尼、牛顿、爱因斯坦或达尔文(Darwin)提出的伟大理论时,你会发现从他们出生伊始,他们面对的都是支离破碎的、颠倒黑白的证据。(还记得来自当前的理论的证据是如何对哥白尼不利吗?)如果科学家真的遵循波普尔的方法,那么那些理论在问世或提出之初就会被丢弃,因为显然每一个理论都有极其充分的否定性证据。

让我们以哥白尼学说为例,但其实他们中的任何一个都可以在这里用作范例。牛顿可以,爱因斯坦可以,沃森(James Watson)、克里克(Francis Crick)和DNA也可以。1543年哥白尼的学说问世,但从当时的信念体系的角度来看,他的理论面临着直接的证伪性论据。其中的一些也是我们所熟知的。根据粗略的推测,如果地球在旋转,那么在这支粉笔开始落向地面的时候,也许在这一秒或者更少的时间里,地球应该已经旋转了两个百米、三四百英尺了,那么当我扔出一支粉笔,而地球在粉笔掉落的同时还在旋转,因此粉笔应该掉在远离我扔出地点的西面,因为地球是自西向东旋转的。这是一个决定性的实验:哥白尼预测了物体将会掉落在西面。他真的这样预测了吗?没有。但这个理论似乎预测了物体会掉落在西面;它们并未掉落在西面。(事实上,粉笔的确偏离了原地……只不过微小得观察不到。)因此,粉笔掉落实验的结果似乎证明哥白尼的理论是错误的。

对此,我们该做些什么呢?如果哥白尼参照波普尔的观点,那他当时就会割破自己的喉咙,或割破他的理论的喉咙。在这种情况下哥白尼做什么了?哥白尼按照波普尔所说的科学家理应采取的举动行事了吗?(顺便提一下,第7章提到过其他类似的问题,如视差等现象。)哥白尼在这种情况下的反应差不多是这样的:真遗憾,我不在乎。这就是他的反应:我将忽略这个问题,等待转机。在89年后,确实出现了哥白尼所期待的转机。现在的问题是,波普尔的方法是否意味着,我们可以等待89年来看一个证伪是否不是一个证伪。波普尔的方法突然看起来不是一种方法了;而更像一个童话。

不管怎样,哥白尼的理论的确出现了转机,而这将引出我的第二个观点。伽利略在1632年登场了。伽利略说:我刚刚创建了一个新理论,称为惯性理论。如果你相信我的理论,你就不会再被粉笔掉落实验所困扰,你就会理解这个实验并不能证明哥白尼是错的。虽然它也不一定能够证明哥白尼是正确的,但是肯定不能证明哥白尼是错误的。

伽利略的惯性理论严格来说不同于50年后牛顿的惯性原理。伽利略惯性理论还比较粗糙,只能说是惯性理论的准备。想象一下你在一个系统内,你属于系统的一部分,或许你在一列火车上,车轮没有摩擦,没有噪声,外面没有风,窗户是被遮住的,可能你在火车里面无法判断火车到底有没有动。(牛顿会说,在它突然刹车或加速的时候你肯定知道它是在移动的!)但是抛开这一点,在车厢内你不能肯定火车是不是移动的,但是你肯定能看到车厢内物体的移动。人们来回走动,做各种事情,将东西扔下去……随便什么东西。换句话讲,当你处于这样一个系统之内时,你不能以这个系统内彼此关联的物体的运动为参照来判断这个系统作为一个整体是否在运动。

伽利略称匀速旋转的地球是一个惯性系统。(据牛顿讲并不是这样的。像哥白尼一样,伽利略的很多观点在后来都被证明是错误的。)不管怎样,伽利略称它为惯性系统:我们都在同一个系统内运动——可以说都在同一条船上。因此,我们随地球一起运动;空气随地球一起运动;我们掉落的书也随地球一起运动;当书掉落的时候,相对书来讲地球是不旋转的;书同地球保持同步运动。因此我们观察不到书掉落时的侧向运动。

这是落体实验修正后的解释。伽利略没有改变实验结果,他只是用了一个新的理论来重新解释原先的结果!它没有证明地球是旋转的,它只是说,实验结果可能是跟地球在旋转这一理论相一致的。地球在旋转,同样的实验结果在我们眼前发生——书垂直落下,这是可能的(图10.3)。

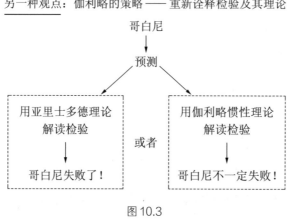

图10.3

7. 问题Ⅱ:理论渗透的"判决性检验"也可以重议或改变——伽利略及其惯性理论

这引出了我反对波普尔方法的第二个观点。不存在判决性实验,因为检验是在理论关照下展开和加以评估的,而且人们可以对一个检验的理论提出异议。伽利略正是挑战了对这个检验的评估。

实际上伽利略是这样说的:

"你假定亚里士多德的世界观是正确的。你假定地球是不旋转的;但是如果它是旋转的,掉落的书不会跟着它一起旋转。如果书没有固定在地球上,它就会掉落在后面。我,伽利略,提出了一个可供选择的解释。把这看作一个在惯性系统中进行的检验来考虑……无论这一系统移动与否,你都将得到同样的结果——书会垂直落下。"

伽利略削弱了证伪的力量。哥白尼的理论1并不一定被实验证明为错误的,因为伽利略提出了另一种理论来解释实验。但是有一点我们必须清楚,波普尔的方法并不允许此类招数的使用。你不能做一个实验,见你的理论被证伪了,然后就去编个能消除这一检验的影响的新理论。波普尔认为这非常不诚实,并且是不符合方法论精神的,但这种做法看起来正是推动科学发展的社会政治因素。

顺便说一下,检验背后的理论可以受到质疑,这正是我先前说以下这番话的原因:一切伟大的理论在出生伊始即<u>显然</u>面临着否定性证据。任何证据都不可能简单地和明确地构成某个理论的伪证,因为证据本身会随着其他理论的出现而变化,这些理论可能会受到挑战。当然哥白尼所面临的否定性证据是以理论(主要是亚里士多德的理论)为基础的。伽利略对这些理论发出了挑战,但不是用新的事实,而是用解读检验的其他理论来发出挑战。

波普尔在这里陷入了真正的困境。如果他否认检验背后的理论可以受到质疑,那他就必须承认大多数伟大的理论在诞生之时就应该被废弃。但如果他承认检验结果的可变通性,那么他就以放弃尖刻的、明确的可证伪性为代价挽救了那些伟大的理论——也就是说,以放弃他的方法为代价。

科学家们在研究中不会遵循波普尔的方法。他们将捍卫自己的理论,而捍卫的最佳方式之一,就是挑战威胁他们理论的某个实验基础。我们在环境纠纷和技术纠纷中经常看到类似的例子。

8. 问题 Ⅲ:检验数据不会发表个人意见——专家会"协商"预测/数据"差距"的大小和"意义"——在外是用方法来协商,在内是用专家群体的微观政治来协商

对于熟知科学史和科学哲学的人来说,这是最后一个例子也是最

重要的一个例子。这是反驳波普尔的第三个理由——"检验数据不会发表个人意见"。波普尔的方法似乎假定,你只要做个检验,结果或数据就会把一个明确的客观结果直接交付给你,检验会对我们说话。你做了个检验,检验会对你说:"你好,我是一个检验,我得到了检验结果。我现在告诉你,你的预测是错误的,你的预测是不对的。"或者:"你好,我们是检验数据,你的预测是对的。"但是仔细想想,数据是不会为自己说话的,是人在代表数据说话,其原因是:当你提出一个理论,作出一个预测,然后做一个检验,然后得到数据,然而预测的数字与检验数据的数字总是会存在差距,数量上的差距。事情就是这样。这就是为何数据不能对你说话,你不得不自己为这个差距辩护。你不得不作为一个科学家介入其中,并且说,我认为这里的差距"太大",我们可以认定这个预测是错误的。或者是,我认为这些数据与预测"足够接近"(图10.6)。没有规则、方法或模式可以判定,当差距是"如此大"的时候,预测是"错误的";或者当差距是"如此小"的时候,预测是"正确的"。

让我详细地解释一下第三个反对波普尔的论点:检验其实就是检验由理论或假说所得出的预测(图10.4a)。预测是关于将来会发生什么的命题,它源自你的假说。这通常意味着对假说进行某种数学上的或逻辑上的处理,以得到一些可供观察的预测。为了从假说中得出预测,你常常不得不做些别的事,例如作些未经核对的或只是部分核对的猜想或假设(图10.4b)。一般来讲,我们不能直接从假说中得出预测,因为这个推导过程包括猜想、假设、信息以及其他"公认的事实"等因素。

实验设施的反馈通常被称为"数据"或"检验结果"。我们在检验中所考察的正是预测与数据之间的关系。如果数据并不"与预测相匹配",我们就有了放弃我们的假说或质疑我们的理论的强有力的依据。如果数据"与预测相匹配",我们会感到高兴,会更加确信自己的假说。

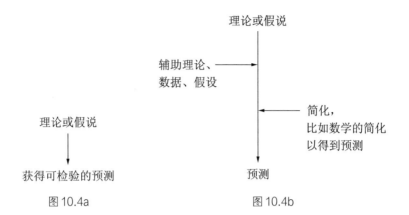

图 10.4a

图 10.4b

类似的情景在我们高中课堂的科学实验中就曾经历过。然而,这种解释过于简单了,只要它变得稍稍复杂一点,对波普尔的方法论来说,情况就会变得更加有趣,更富有政治色彩和更加有害。

为了具体地探讨这个问题,我们以伽利略的一个著名实验为例(图10.5)。伽利略在1638年出版了一本关于物理学的著作,尽管他在书中的许多观点都不能被现代物理学教材所吸纳,但也算是我们如今称之为经典物理学或牛顿物理学的第一本专著。伽利略物理学中最重要的部分之一是落体的数学定律,这个定律是在空气阻力和摩擦力被忽略的理想情况下,对物体怎样下落的数学描述。这听起来简单,但它可是经典物理学中第一个被确定为定律的假说。

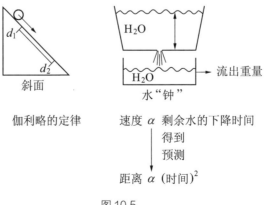

图 10.5

伽利略通过该实验来检验他关于物体下落的论断。物体下落时将会按以下方式运动：下落的距离与下落时间的平方成正比；如果时间增加1倍，距离便会随之变为原来的4倍，如果时间为原来的3倍，距离会变为原来的9倍。从静止（时间0）开始下落的距离d与下落的时间t的平方成正比（或者，如果正比常数$k=1$，则$d=t^2$）。伽利略从速度与下落时间成正比这一更为基础的假说中推出了这个理论，这一假说即：当物体在这种理想条件下下落时，它的速度随下落时间的增加而增加。相对于伽利略推导而出的假说或$d=t^2$的预测，这一基本的假说更难以检验。（伽利略推导他那可检验的假说的方法与我们今天会使用的方法不太一样，因为我们会使用他当时一无所知的微积分；而他采用的是中世纪和希腊的数学。）

伽利略声称他做了实验，但是很多人对此提出了质疑，因为他的书对有关实验细节鲜有提及。但从他的一些手稿中我们可以得知他确实进行了实验以及他是如何操作的。为了检验$d=t^2$，伽利略建立了一个斜面，将17世纪可以找到的最好的钢球从上面滚下。据推测这些球不是用外太空最高等级的钢制造的，因此，它们不是完美的球体，但它们是用最好的威尼斯或佛罗伦萨技术制作的。

伽利略试图将钢球从斜面上滚下并测出滚动距离。他对所得到的滚动距离进行了比较，因为他把钢球的"滚动"看作"下落"，并用水钟来计量时间。在时间为0的时候打开孔口，水倾泻而出，在此期间球"下落"了实验设定的距离，距离完成后，你"瞬间"关闭孔口。一定数量的水是可以称重的，水量与孔口打开的时间成正比，即与下落时间成正比（图10.5）。

粗略地讲，这个实验是对的，但并不符合近代物理学甚至后来的1700年的物理学：水量与孔口打开的时间不成正比，因为随着水位的下降，通过出水孔的流量会发生变化。事实上，水的流量是不断下降的水位的函数,在不断变化。因而需要用微积分确立这个水钟的精确刻度,但是伽利略并不知道这些,些许误差被忽略了。对伽利略来讲,水钟是按如下方式校准的:得到的水量同钢球滚动经过的时间成正比。他只用了一个简化的假设(理论)来解释水钟的运作(表10.1)。

表10.1

伽利略的假设	(1) 斜面是直的并且是光滑的
	(2) 水钟以线性方式运作,流量 = 时间
	(3) 滚动的球没有问题
	(4) 空气阻力没有问题
	(5) 距离测量"足够"准确

伽利略实验充分表明,每个实验往往都存在着大量的背景理论和假设。只有假定水钟是精确的,并对水钟理论作出一定的假设,该实验才是可行的。伽利略的实验取决于他的水钟并最终取决于他的水钟理论。如果我们改变了水钟理论和实验的校准方法,实验的结果也会在一定程度上发生变化。因此我们可以说,水钟是一种理论渗透的或假说渗透的设施,对他的实验来说这种设施是必不可少的。实验设施渗透理论的观点对于我们理解实验科学的本质和历史是至关重要的。

这个实验还涉及另外的东西,即必不可少的理论渗透或假说渗透的辅助设施。伽利略声称他的斜面是直的,但"直的"在几何上意味着两点之间的最短距离。伽利略可能会说:(a) 他并不太在意"直的"的这个定义,或者(b) 光线的路径是"直的"。当然18世纪追随牛顿的物理学以后会声称,在有引力场的情况下,光会稍微弯曲,但是伽利略当时认为,光线在均匀介质中"直线"穿行(表10.1)。

所以伽利略对他的实验设施作了一些假设,这些假设对于实验的设计和控制是必要的,有些假设是理论渗透的,其他假设则是凭空臆想的,因为你不得不作些假设。(例如,伽利略假设,空气阻力摩擦在这个实验中"无关紧要",尽管它对他所做的每个试验都有影响。)伽利略的斜面、球体和水钟构成了一整套理论渗透的设施,包含了有关实验条件的背景假设和辅助理论(表10.1)。如果没有这些理论和假设,伽利略的实验是无法进行的。由于他的实验设计是一种文化,所以伽利略的斜面实验并不是自然过程。伽利略的仪器是一种人造技术,你可能会说,伽利略的假说和理论承诺甚至他的实验目的,所有这些都体现为实验设施和实践的模式。

我们现在可以做伽利略的实验了(表10.2)。我们已经得到一些典型数据,这些数据显示了伽利略会在他自己的实验中找到的精度类型。我们有距离,它表示为时间的平方;我们有预测时间,它假定一切都被精确到单位量度;将预测时间平方就会得到符合假设的结论:d 与时间的平方成正比。前三列包含在预测中,其余各列是我们得到的实验数据。在"时间"和"时间的平方"列中有一些数据同伽利略获得的数据相似。钢球下落1个距离单位接近于1个时间单位;钢球下落4个距离单位接近于2个时间单位;钢球下落9个距离单位接近于3个时间单位。结果略有出入,因为它们与预测相差10%—15%。

伽利略在书中声称他做了实验,而且预测与实验数据匹配得很好,从而证实了他的假说是正确的。但是,请注意一些有趣的现象。他的实验数据和预测之间是存在差距的。实际上,任何一个实验都是这样的。不管是什么理论,或什么超级计算机计算出来的数据,或采用的是什么设备,实验数据和预测之间总是会存在差距,因为它们永远不会完全匹配。如果它们完全匹配,那我们大概是生活在某种数学仙境之中。**总是会存在差距的**(图10.6)。

既然如此,第二件需要注意的事就是差距的大小,这取决于进一步的假设和解释。如果我们研究一下伽利略的数据,我们就会看到在第

表10.2　数据不会发表个人意见——专家争论和协商表达了它们的意见

伽利略(1638年)的自由落体定律：

从静止开始下落的距离与下落时长的平方成正比：

$$D = kT^2$$

一些与伽利略的数据类似的数据：它们怎么说？

距离	预测的时间		实验数据		差距
	T	T	T	T^2	差距
0	0	0	0.00	0.00	0%
1	1	1	0.90	0.81	− 19%
4	2	4	2.21	4.88	+22%
9	3	9	2.87	8.24	− 8%
16	4	16	3.93	15.44	− 4%

每次实验数据的平均误差：13%

可以忽略不计的平均误差：$d=4$：10%

在"长的"距离内被看作"最好的"实验的平均误差：6%

伽利略的定律是被证实了还是失败了？

数据"足够好"还是"不足够好"？

谁有权力或能力来决定？

他们怎样决定？

他们怎样强加或推销他们的决定？

© J. A. Schuster 1991

一种情况中数据与预测有19%不匹配。有可能这是一个"不好的试验"，我们可以把这些数据打个折扣，这样将把所有的试验差距降低到10%或11%。也有可能确立某个"规则"，规定应该给予那些我们认为较好的试验较多的"权重"，而给予那些我们认为"做坏了的"(不管出于什么原因)试

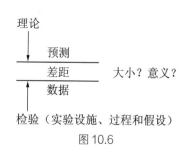

图 10.6

验较小的权重。我们可以引入一些复杂的方程式来权衡不同的试验。最终这就是我所说的对差距的大小的调整或变通。

因此,有两件事情需要记住:第一件,差距总是存在的;第二件,差距的大小取决于对数据如何进行处理的决定和判断。我说这些并不是在指责科学家们如此处理数据是不诚实的或有所偏颇的;我说的是,科学家总是要作出决定的,他可能真的做了个有瑕疵的试验;或水钟确实未达到预期的效果,这当然意味着,作为实验者,你会说某个特定的试验是不算数的。如果有人怀疑你是一个不诚实的科学家,他们会说你对数据进行了处理(篡改了数据)。但我会告诉你,每个科学家都知道,你不得不出此下策。在出自理论的预测和取决于数据处理技术和人为决定的数据之间,差距总是存在的。你或许又会问,是谁在作这些决定:个人做实验,其他专家阅读刊登在杂志上的实验,因为这是一个巨大的社会决策过程。

第三点,也是最重要的一点,数据经过处理之后,无论与预测存在多大的差距,**差距本身仍然不具有内在意义**。伽利略声称数据和预测的差距"足够小"。但是差距真的"说话"了吗? 这是这个故事的真正的寓意:差距为自己说话了吗? 数据从纸上或数据表中跳出来说"我们已经与预测'足够接近'了,可以确定预测的正确性了"吗? 答案显然都是否定的。你可以给你的电脑编制程序,当差距在一个既定范围内时,电脑会显示:"预测是准确的,因为数据与计算'足够接近'"。但是,电脑程序是你自己编制的,是你让它作出"决定"的,你的同事可能会对你给电脑编制一个显示什么构成了"足够小的差距"的程序提出质疑。数据是无法发表个人意见的。

那么谁来代表数据说话? 自然? 神启? 猜测? 不,是人在代表数据说话及说出数据的意义;但是,只有那些在相关的科学共同体内对特定数据"有权"作出解释的人,才能代表数据说话。相关的科学共同体内的那些人会针对预测与数据之间的差距的意义进行论证、争辩、较量。这使得实验科学研究比你以前所想象的要更为接近政治学研究。检验的结果并不会发表意见,因为是人在说检验的意义。因此波普尔对于简单、客观的"检验"结果的设想只是一种幻想,一种曲解科学的历史和社会特点的危险的幻想。

当然,接下来的问题是,谁去讲话,谁对讲话施加关键性的影响。伽利略的朋友或对手都有可能借数据及差距之口来说出别的"话",其他的朋友或对手都有可能争论某个实验中的差距的大小的意义和重要性。

伽利略的一些最好的朋友和科学盟友就对这个实验(数据与预测之差距的意义)作出了不同的解释。他的一些巴黎的朋友重复了他的实验,得到了同他实验中得到的差距值相似的数据,但是他们拒绝接受这个差值已小到可以支持有关自由落体的预测。弄清楚伽利略的朋友作出这种判断的原因十分重要。这些人是伽利略在巴黎最好的朋友。1633年,伽利略因讲授哥白尼日心说为真理而被天主教会判刑和软禁。接着伽利略完成并出版了他的物理学著作,书中没有使用哥白尼的假说,没有真正地提及它。他在巴黎的朋友也是哥白尼学说的信奉者,他们支持伽利略,但伽利略在1633年被审判这件事把他们吓坏了;他们虽与伽利略站在同一学术立场,却否定了他的实验。

如前所述,当人们陷入对预测与实验数据之间的差距的意义的争论时,他们必须对这一差距的意义作出解释,并且只能做特定的基本事情。(参见表10.3,当相互角逐的专家对实验性的检验中的差距的大小和意义产生争论时,有一个可供他们选择的一般性的声明。)你可以声称所得结果有一个足够小的差距从而证实预测,或者你可以说差距太大,数据不能证实预测。说这个差距"足够小"的人一般都有自己的想法,他们基本认同这种研究,并希望该研究能够为其他研究领域提供基础。这正是伽利略处置他的斜面实验的做法,他声称他的实验可以用作其他领域的研究的基础。

一般而论,那些站在反对立场的人会说差距"太大",出于某种原因他们想阻止与该实验有关的研究。有时人们会考察这个差距,并认为它有点儿太大了,因此有必要做进一步的研究来缩小差距。这些以"缩小差距"为目的的进一步研究可以重点研究预测(它可以被修正)的推导、其他假设或附带事实的使用;或者可以重点研究数据,通过设法重新协商某些数据或全部数据的选择和权重来减小差距。或者在本案例中,他们可以对实验装置如何起作用进行研究,设法改良水钟理论来改进数据,从而缩小差距;或者或许可以关注空气阻力,提出某种能调整数据的理论,从而缩小差距。差距的大小与意义是可以变通的,作为策略的进一步研究是可以提倡的,这些进一步的研究是从数据(实验)或预测(推导)的方向来设法缩小差距。

在伽利略的案例中,他希望差距足够小,以便他那建立哥白尼的世界体系的更大的计划得以被人们接受。伽利略想要他的物理学是正确的,而要做到这一点最重要的办法就是,使他的检验结果作为基本原理被大众接受。伽利略希望他的物理学能发挥效力,从而能够支持他的天文学。他在巴黎的朋友在对哥白尼体系的公开接受上持更为谨慎的态度。除了在特定的圈子内他们并不作为哥白尼学说的支持者被人们所周知;因此,他们不愿意支持伽利略的理论,这有可能冒犯天主教会或自然哲学共同体。因此,他们建议伽利略多做些研究来缩小实验的差距。此外,他们可能还有其他想法:如果他们首先声称差距过大,并随后通过自己的研究成功地"缩小"了差距,他们就有可能在这些实验上获得属于他们自己的荣誉。许多科学都是通过这种方式运作的。就好像这是一个党派政治问题——不是某个党派反对另一个党派——而是一个党派内部的问题,人们为获得他们科学生涯中的地位而激烈竞争。

一个检验及其结果是在相关的研究团体内进行协商、论证、辩论和深入研究的契机。这是一场关于差距大小,及在判断差距过大时如何缩小差距的辩论。(或者,如果差距被判断为过大,它也可能是一场关于是否抛弃整个实验或整个推导或将二者都抛弃的辩论。)

没有检验能够决定自身。没有检验能自己说话。只有相关研究团体的大多数成员对差距的大小和意义达成一致意见时,检验才可能是被确定的。大多数成员并不意味着占半数以上的份额,而是指那些通过争论和协商将其意志强加于科学共同体的极具宽泛影响力的人。毕竟,就像其他圈子一样,在科学专家共同体内,总有一些人较之其他人更具影响力,有更大的能力去说服或影响别人,诸如此类。社会政治进程决定了对实验的争论的结果,科学史、科学政治学和科学社会学的工作就是研究这些社会政治进程。

上文关于检验和实验的观点对于将科学理解为一项社会政治事业是很重要的。在科学的中心存在着这种小规模的政治、专家共同体的斗争。所以,当专家对我们滔滔不绝地讲述这种或那种调查或检验的结果时,我们现在可以看穿所有的说辞,并且理解作为检验"结果"被提出来的,本身也不是由自然直接而简单地传授给顺从的客观的"好汉"的某些经验,而是在那些同样的专家内部进行协商和论争的小型社会过程的结果。如果检验结果被认作"事实",也就是说,作为关于事件的自然陈述的口头/书面报告被广泛接受,那么这些"事实"也无非是社会建构的一部分,是在有资格发布此类报告的专家共同体内进行解释、判断、协商和争论的结果。

(再一次,请参见表10.3,表10.3概括了我们对伽利略的实验性检验的发现,以便这些检验能够适用于人们可以找到的关于实验性检验的结果的科学争论的任何情况。)

所以波普尔遗漏了一点:只要有检验,就会有相关的实验者、相关

表10.3

从伽利略对落体定律的检验的案例中可归纳出：人们怎样建构和确定"差距"及其意义

[1] 在预测和数据之间总是存在着差距的(请记住预测是一个复杂的结果，数据来源于理论渗透的实验设施)。

[2] 差距的大小取决于特定的参与者如何选择、解释和权衡数据。

[3] 但是即使经过了步骤[2]，差距也没有内在的意义——它作为检验结果的意义必须由检验者来发布，并由他们协商出一个决定[以"缩小差距"]。

关于差距的策略运用：

[1] 差距"足够小"，意味着"我们接受检验下的假设，让我们以此为基础继续工作吧"。

[2] 差距"太大"，那么选择如下：

[a] 我们一点都不喜欢这种情况。丢掉整个假说和研究路线。

[b] 我们觉得如果差距能缩小一点就更好了，意味着"或许我们可以完成这一壮举!"

在[b]的情况下，我们可以选择：

[i] 适度调整预测——假设、辅助数据、理论、数学方面，等等。

[ii] 通过选择、权衡来调整/重新协商相关数据；或攻克理论和检验仪器的校准。

的科学家对检验的意义，尤其是无法避免的"差距"的大小和意义进行协商和争论；诚实的人们会对检验的结果持不同的看法。既然如此，能够决定检验结果的统一的、可转换的"科学方法"根本就不存在。对科学方法的信念只不过在有关差距大小和意义的问题上为自己提供了说辞而已。

在今天的科学史和科学哲学上，波普尔告诉了我们什么？他没有告诉我们任何我们需要知道的事情。我们真正需要知道的是，专业的科学家们是如何争论和协商他们对检验结果的理解的。(这些问题最终需要历史学、政治学和社会学的观点来解答，正如我们在本书后面的章节将看到的，特别是当我们在第15章和第16章中详细考察库恩的工作的时候。)告诉我们，"做一个检验，如果你通过了检验，那理论就是正确的;如果你未能通过检验,那就丢掉你的理论",等于什么也没告诉我们,因为科学家不会这样做。他们也许会说,"我是一个波普尔学说的信奉者,波普尔说过,你必须按这种方式去做",但这只是一个故事,一种劝说其他科学家接受你对"差距"的大小和意义的解读的方式而已。在这场争论中,还会有其他的故事叙述者,彼此抛售自己的故事。

所以,波普尔遇到了问题,而这意味着我们现在必须做的是,在第四篇深入到关于哥白尼学说的故事的更多的细节中去,对哥白尼学说的传播、变通和论辩进行探讨,了解事实的真相而不是被像这个故事一样的关于检验者应该或能够做什么的故事所误导。但是首先,我们需要在下一章中引进一个研究科学史的最新的概念工具,即"形而上学"概念,或理论总是具有构成它们的内容和应用的背景假设的观念。

第10章思考题

1. 波普尔提出用他的证伪方法来取代科学方法的正统观点。按照波普尔的看法,证伪主义方法是如何运作的?波普尔认为他的方法优于标准的方法故事,其理由是什么?

2. 如果波普尔真的摆脱了观察的理论渗透问题,那他的方法真的能够应用于实际的科学研究吗?例如,实验或观察能否确定地证伪某个理论?毕竟,所有的实验和观察本身都是理论渗透的,科学史中的所有重要的新理论在诞生之初即面对着明显的否定性"事实"。

3. 波普尔划分科学与"非科学"的标准是什么?这些标准能否起作用?波普尔的划界标准的策略性作用是什么,尽管这种划界标准并非切实可行?

4. 如果波普尔要写科学史的故事,你预料他的故事看起来像什么?这个故事会否与用标准的方法故事所写的科学史故事有所不同?

阅读文献

A. Chalmers, *What is This Thing Called Science?* 35—46 & 57—72.

D. R. Oldroyd, *The Arch of Knowledge*, Ch. 8, 297—317.

◇ 第11章

预设和形而上学的作用

1. 揭开科学史和科学哲学的"形而上学"概念

第11章是本书第三篇的结论。我们已经讨论了科学方法的传统观念和现代观念,现在将筛选出对我们有用的最终的概念工具。我们将公开某些在我以前的讨论中未言明的东西,但这需要有点哲学味道的或抽象的讨论。对于科学史家或科学社会学家而言,我们在本章所要讨论的观念非常重要:即由深层次的预设所构成的理论的观念,这些预设决定并制约着理论,科学史家将这种观念称为"形而上学",或理论的形而上学背景。

我们已经动摇了简单地提供给人类的纯粹客观事实的老观念,因为我们已经看到,为人类所用的事实实际上是理论渗透的。现在我们将要看到的是,理论是预设渗透(presupposition-loaded)的;理论是被存在于一定的社会或文化中的文化预设、信念、承诺和目标所决定和制约的;预设决定了现有理论的起源和应用。所以,如同理论是事实的一部分一样,文化预设(或理论的形而上学背景)也是理论的一部分。图11.1说明:(a) 关于所与的及归纳为理论的事实的朴素观点;(b) 人类的事实的理论渗透;(c) 关于理论的形而上学渗透(metaphysics-loading)的新观念。

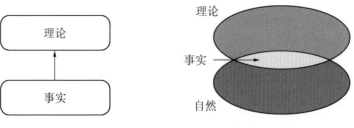

图 11.1a　事实与理论之间关系的朴素观点　　图 11.1b　事实的理论渗透

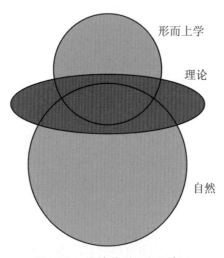

图 11.1c　理论的形而上学渗透

2. 从网格、概念、概念集、定律、形而上学背景到定律和理论

让我们回到"概念网格"的隐喻(第4章),每个人都有一个概念网格。概念网格可能会因语言、阶级、职业或经历的不同而略有不同,但是每个人都有一个概念网格。让我们用概念网格的观念和形象探讨我们用科学理论或科学定律所表达的意义。图 11.2a 是一个人的概念网格的某些不同的区域,此人拥有关于"鸟"的类型的概念。他好像还把这些概念划分为几个更大的"鸟类事物的类型"的概念。此外,他也有一组关于颜色的概念以及一个一般的对"颜色"进行分类的概念。

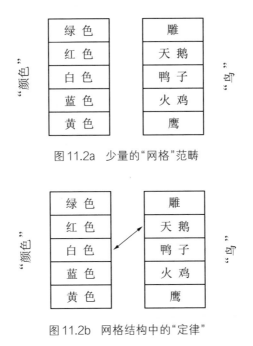

图11.2a 少量的"网格"范畴

图11.2b 网格结构中的"定律"

现在,我们所说到的"科学定律",是指"在两个或两个以上的概念之间所作的联系",进一步推想,如果你拥有一系列相互联系的定律,那你就有了一个理论。但基本上,一个科学定律在两个或两个以上的这些类型的一般概念之间确立了一个联系或关系。

在整个这章中,我将举一个科学定律的例子,这是一个哲学家们喜欢使用的例子,当他们建构科学家应该做什么(与他们真正所做的相反)的抽象的、非历史的图景的时候。由于某种原因,20世纪的许多哲学家都考察了科学定律和理论,并使用了下面这个科学定律的例子:"所有的天鹅都是白色的"。任何相信这条定律的人都在他或她的概念网格上建立了一个联系,并因此不易察觉地改变了自身的概念网格。图11.2b显示了我们如何在天鹅和白色之间建立一个联系。在某种意义上,此人的概念网格的总体内容现在略有不同,因为他现在容纳了这条定律,接受了天鹅和白色这两个基本概念之间的关系。

  显然,在如前所述的"所有的天鹅都是白色的"情况下,在这个人的概念网格中,概念之间的关系并不是互相独立的、彼此冲突的。在众多的概念之间已经相互有关联了。例如,在某人说"天鹅"是"白色的"之前,通常此人对天鹅或者对鸟的一般概念,以及对白色和对颜色的一般概念已经有了概念上的关联。显而易见的,鸟和颜色也不是独立于所有先前的概念关系的。那些概念之间的联系,在它们如"天鹅或白色"那样被联系起来之前,正是我想称之为文化预设或这一定律的形而上学背景(概念/信念背景)的组成部分。

  因此,定律是根据你的概念网格中的一般概念来阐述的:你不可能主张一个关于某个不存在于你的概念网格中的概念的定律,但概念网格中的概念在你主张一个联系之前就已经相互联系在一起了。这些业已存在的联系塑造和影响了你作为定律所得出的更新的联系的类型。换言之,一个理论以及一个理论所使用的概念总是有一个语境,有一个笼罩四周的其他的信念和理论的氛围,这些信念和理论决定了如何把那些概念应用于新的定律和如何把新的理论组合起来。科学史家发现,这些决定新理论、新定律的背景信念可以是任何类型的信念,也即可以是宗教的、政治的、哲学的信念;它们也可以是基于某些其他的已经创立的科学的信念。任何少量的先验信念都能为新的定律或新的理论提供预设或形而上学背景。显然正如我们所说的,决不会存在没有预设或某种形而上学背景的新的定律或理论。

  为什么这是重要的? 其原因在于,其一,在科学史和一般科学中,理论或定律的形而上学背景影响了理论的意义。其二,它影响了与理论相关的事实。其三,理论的形而上学背景影响了理论研究中的目标和策略。

3. 天鹅科学（Swan Science）* 与形而上学 1：1859 年之前的创世论；天鹅科学与形而上学 2：1859 年之后，作为形而上学背景的达尔文理论

为了说明这一点，我们继续研究上面介绍过的非常简单的例子，但是可以向你保证，这个例子可以用于更为复杂的现实状况。我将接受"所有的天鹅都是白色的"这条定律，并设想这是一门被称为"天鹅科学"的非常强大的科学所拥有的全部内容。显然，真正的科学要比这个复杂得多，但这就是天鹅科学的教科书的全部内容："所有的天鹅都是白色的。"

现在我要将这一科学放到两个不同的且对比鲜明的形而上学背景和两种不同的文化预设中来。我将设法说明，天鹅科学（或理论或定律）在两种情况下是不同的，即形而上学预设不同时，相关事实会得到不同的解释，研究的目标和策略也会有所不同。

这不难做到，因为这是一个极其简单的例子，生物学史（19 世纪的进化论史）上就真的发生过这种情况。对比一下 1859 年之前（前达尔文时期之前）的生物学观点和 1859 年之后（达尔文主义）的生物学观点。事实上，达尔文早在 1859 年之前就提出了进化论的思想，但直到这一年才发表了他的思想，甚至在 1859 年之后许多人仍然以 1859 年之前的方式思考。

1859 年之前：

假设你选择了一门叫作"天鹅科学 336"的三年级课程，教授站起来说"所有的天鹅都是白色的"。听到这话你会思考，教授也在思考，结论

---

　　* 所谓"天鹅科学"（Swan Science），是作者以"所有的天鹅都是白色的"为例，探讨这一命题背后的形而上学。——译者

如下：

　　"天鹅是一种生物。"

也就是说，我们正在剖析概念预设和这一科学的形而上学背景。讲课者并没有说"天鹅是一种生物"，他只是说"所有的天鹅都是白色的"，但是，如果你作为一个1859年以前的听众，会把这跟什么联系起来呢？你认为，而且他也认为……

　　"天鹅是一种生物；正如《圣经》所授，物种是上帝所造，因
　　而正如《圣经》所授，上帝所造之物是不可更改和不可变易的。"

当讲课者说"所有的天鹅都是白色的"时，他在字面上并没有提及这个定律的概念预设和信念背景，但他说出的这个命题确实包含着概念预设和信念背景(图11.3)。

现在要是你接受了1859年之后的达尔文进化生物学又怎么样呢(图11.4)？ 在许多方面达尔文的进化论已经成了相关的形而上学背

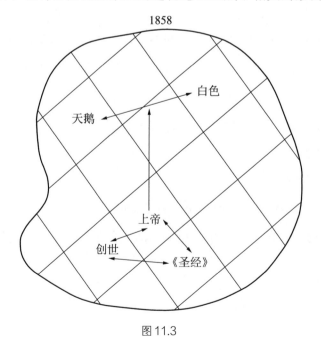

图11.3

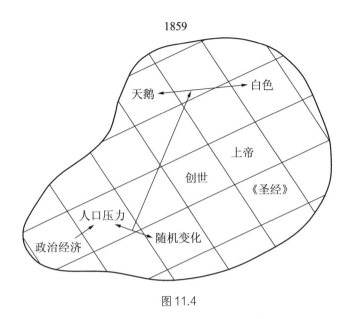

图 11.4

景。其实没什么能够阻止某个理论为别的理论提供形而上学背景！历史学家发现，任何文化/信念都能为别的主张、理论或定律提供概念背景。所以，既然你正在学习达尔文之后的生物学，达尔文的进化论已经成了相关的文化预设，当我说"所有的天鹅都是白色的"时，其中就包含了一个不同的形而上学背景，因为当我说"所有的天鹅都是白色的"时，你会这样思考：

　　"物种是可变的，物种会根据自然选择的机制进化。"

这真的与我们在达尔文之前所拥有的预设完全不同。

4. 天鹅科学的事实和研究策略是如何因两个形而上学背景的不同而不同的

现在讨论一下这个问题：是否不同的形而上学背景倾向于影响并促进不同的相关事实和研究策略。有人挖出一块化石。理论渗透的知觉器官告诉我们，这是一个像鸟儿的东西，并进一步地告诉我们它部分像天鹅,部分像鸭子。

在达尔文主义之前的拥有宗教形而上学的天鹅理论中,我们说的是:"物种不会改变或进化,它一定是自然界中只出现一次的怪物。"确实出现过6条腿的羊。6条腿的羊是不能生殖的,因为不存在6条腿的羊这样的物种。一只像鸭子的天鹅或者像天鹅的鸭子,也是自然界的怪物。或许,如果我们仔细阅读一下《圣经》,我们可能会了解上帝为何允许这样的事偶然发生。或许他想通过展示自然界的怪物来向我们发送某些信息,或许上帝想提醒我们,他拥有宇宙的全部的仁慈的所有权。那么我们的研究应该怎么做呢?我想我们应该申请一项研究基金(这就是研究策略)来解释这种自然界的怪物的存在,以及有必要寻找更多这样的怪物,以便我们可以探索这个问题的意义——意义显然存在于神学语境之中。这是一件非常合理的事情,值得去做和进行研究。

现在,对于关于这块化石的达尔文主义的观点而言,会出现不同的事实和研究策略。从某些基础层面看,双方都同意这里有一块化石这一基本的事实(我们面前的一个客体)——它是一只像天鹅的鸭子或者像鸭子的天鹅,但是某人想根据其理论和形而上学做稍微深入的研究。达尔文主义的观点是:这是一个现在已经灭绝的鸟类的例子,它可能是现在的鸭子和天鹅的共同祖先,这需要我们做更多的研究。至于研究的策略,我们必须申请一项研究基金,申请的理由是:"根据进化论的观点,应该存在与现存的物种有祖先关系的已经灭绝的物种——我们要做一些实地工作来找到更多的证据。"

然后双方可能去同一个地方挖出第二块古怪的化石。每一方都可能非常高兴地报告一种不同的事实和一种不同的做深入研究的计划。每一方都会继续声称在推进他们自己眼中的"天鹅科学"的前沿上取得了成功。

5. 形而上学的来源——其他的科学、宗教、意识形态等等，以及其中的未必是主流的观点：达尔文进化论的政治经济形而上学

设想一种新的理论正在草创，这种新理论的形而上学背景（这一理论的概念预设）未必是当时社会中主流的或非常知名的一套信念。一个新理论被创立时，并不总是有一个形而上学背景，这个形而上学背景包含了当时社会被大众普遍接受的观念或被大多数人青睐的观念。新理论所需要的是，充当这个新理论的形而上学背景的信念，必须在某种程度上可供新定律或新理论的创立者所用。

举个例子：达尔文不得不超越他所处时代的主要宗教观点。这种我作为1859年以前的"天鹅科学"的形而上学背景提出的宗教观点，不是进化论的形而上学背景。但是达尔文并没有完全超越他所处的维多利亚社会的得到认同的信念的范围。相反，他提出了或者说是在别人的鼓励下（有必要研究一下达尔文的生平以弄明白这一点）提出了一些不同的信念，这些信念也是在他所处的社会，尤其是在与他同属一个阶层、具有相同背景的人中间流行的和得到认同的信念。这是一些关于经济学和政治经济学的观点，而不是关于动物和进化的观点：这些观点是关于人类及其高人口增长倾向的——通常人口的增长比食物资源的增长更快——所以人类不得不为了生存和经济上的成功而彼此斗争，从而得出这样的观点：在经济上取得成功的人就是最有能力的和"最棒的"人。这样，从维多利亚时代政治经济的特定部分来看，这些观点归根结底源于马尔萨斯（Thomas Malthus）的著作，达尔文将马尔萨斯的思想用生物学术语表达出来，成为他的进化论思想的理论背景。我们几乎可以描绘这种情况（参见图11.4，在图11.4中，我们可以将政治经济观点与人口压力观点用线连接，人口压力观点又与随机变化相连，构成

了自然选择的核心,这些现在在达尔文的思想中成了关于"天鹅科学"的任何思想的背景)。

要重申一点。在图11.3中我们有"天鹅"和"白色"以及它们之间令人眼花缭乱的关联。在这一网格的其他地方,我们有上帝、《圣经》、创世(它显然要比这复杂得多)。在达尔文时期之前发生的是,这种集群(宗教)正在影响和控制天鹅科学的联系机制,它是概念预设或天鹅科学的形而上学背景的集合。

就达尔文而言,在图11.4中我们又一次有天鹅、白色和二者之间的关联。但对达尔文来说,我们有自然界中的动植物数量的压力和随机变化。动物和植物以惊人的数量繁衍不息,但是每一个后代彼此之间都有些微的差异,由于存在相对于环境而言的种群数量压力,具有些微有利的差异的后代存活下来并自我繁衍。这一切都是相互联系在一起的,实际上这种联系就是自然选择。我们还可以进一步把自然选择与其自身的在政治经济上的形而上学背景联系起来。所以,当达尔文思考天鹅问题的时候是以这种形而上学背景为背景的。但必须承认,上帝、《圣经》和创世仍然存在于他的思想之中(他在剑桥研究神学!)。达尔文切断了对天鹅问题的思考与一系列宗教观点之间的关联,其他所有人都认为这种关联是"自然的"。达尔文仍然持有那些观念,与当时真正的原教旨主义者相较他可能要低调一些,但他肯定仍然持有那些观念。我猜想,如果观念集群不融入其他新的集群之中,也不为新的集群提供概念预设,它们就会被淘汰,除非当时社会的其他群体和制度让它们存在下去。

显然,鉴于我们已经了解的,我们很难证明存在一个真正良好的恰当的形而上学的科学框架,并且证明我们发现的其他所有的框架都是愚蠢的、错误的或有偏见的。有时候大学本科一年级学生的文章中会出现这种观点:"'哥白尼'的事实渗透着他自己的理论,但幸运的是他拥有正确的形而上学!"这是形而上学的"进步",还是形而上学的辉格史? 你的形而上学正确了,那么你的科学就正确了! 但是,我们已经远离了那种不可变易的、纯粹的事实,很难去想象这种自然中的不可变易的、纯粹的、所与的事实能够决定什么形而上学是好的和什么形而上学是不好的。我们已经远离了自然而进入了文化和历史,这些形而上学背景是文化信念和承诺的整合。

6. 我们已看到:作为具体科学的形而上学背景的自然哲学

我们已经遇到了形而上学背景问题。我们一直在研究却至今未给形而上学背景一个正式名称。如前所述,天文学是解决行星运动难题的尝试,在托勒玫的研究后直到欧洲的文艺复兴,这门科学不得不尽可能地在亚里士多德自然哲学的约束和支配范围内进行研究。所以你现在可能说亚里士多德自然哲学是托勒玫天文学的形而上学背景。这是一个有趣的案例,因为他们想要的和得到的是两种不同的东西。托勒玫天文学基本上是按照亚里士多德的宇宙论建构的:有一个宇宙,有恒星天球,地球是静止的,其他物体围绕地球旋转等等。不幸的是,正如我们已经知道的,精确性的要求意味着托勒玫天文学的一些零碎东西在物理学上是说不通的,也不符合形而上学背景,例如,本轮之上的本轮,偏离中心的地球,均衡点机制。这是有趣的。或许形而上学背景并不起绝对的约束作用,只是有这种倾向而已。在这种情况下,相对于同亚里士多德自然哲学所提供的形而上学背景保持高度的一致性而言,精确性更受天文学家的青睐。但是我们都认为自己的形而上学是正确的。因而出现了精确性与"真理"之间的冲突,这种"真理"是通过对亚里士多德宇宙论的真理性的信念而在形而上学上加以界定的。

再举一个哥白尼的例子。哥白尼曾提出一个特别的理论判断标准:"该理论是不是一种数学上优美的蓝图。"他不仅提出了这个标准,还把这个标准视为最重要的一条标准。正如我所说，这与以下事实有关，即他汲取了柏拉图哲学的部分思想，而没有完全信奉亚里士多德哲学。柏拉图的部分哲学恰好包含这样的观点，即有一些真正优雅的数学蓝图藏在大自然的表面之下。现在，这表明（这种洞察是对近代科学史的基本洞察之一），我们可以说，较之托勒玫天文学，哥白尼天文学的形而上学背景要略少一些，并且哥白尼对柏拉图哲学的信奉在约束或支配哥白尼如何从事天文学研究上起了一定的作用。这种对柏拉图的信奉支配或约束了哥白尼的研究工作，使得他提出了一种判别理论好坏的新的不同的标准。这种形而上学预设的差别也许就是哥白尼和他的对手总是互相各说各的原因，不仅他们的理论是不同的，他们的事实略有不同，他们的标准略有不同，而且，他们的重要的预设也是相当不同的。我们将会遇到更多的新柏拉图主义者，如开普勒和伽利略。这些人似乎都是在一开始就会响应哥白尼学说的人。

总的来说，从现在开始需要记住的是，我们将会碰到的大量的自然哲学都为专门科学诸如天文学提供了形而上学背景。特定的自然哲学的追随者：亚里士多德学派、新柏拉图哲学、后来的机械论者或信仰牛顿学说的人，倾向于把他们喜欢的自然哲学作为他们在这种自然哲学下所从事的所有更加具体的科学的形而上学，正如我们已经看到的，亚里士多德哲学影响了托勒玫天文学，新柏拉图主义影响并在一定程度上建构了哥白尼天文学。

7. 对于启蒙运动之后的经验主义者和实证主义者而言，"形而上学"是一个贬义词

"形而上学"在一些哲学家和头脑冷静的科学家中间已经变成贬义词了。在过去300年里，出现过专注于"事实崇拜"的哲学派别，他们被称为经验主义者（认为所有的知识都来源于纯粹的事实）或实证主义者

（认为只有拥有事实的科学知识才是真正的知识，许多辉格科学史家都是实证主义者）。这些哲学家认为，我们在科学中不需要任何的"形而上学"。这类哲学声称，直接观察到的事实是真的；用科学方法从观察到的事实中直接归纳的定律和理论也是真的，而不以真实的事实为基础的观念，诸如宗教或意识形态观念，则是荒谬的，它们是"形而上学"。所以，换句话说，"形而上学"已经被用作没有事实基础的信念的代名词，然而在本书中，我们一直在论证的是，形而上学制约着理论，理论制约着事实，因此，间接地，形而上学制约着事实。

形而上学这一术语的现代用法，从18世纪欧洲启蒙运动以来以这样一种方式把形而上学变成了一个贬义词：暗示"形而上学"是并不真正基于事实的任何信念或概念，意思是，不是基于"事实崇拜"所设想的那些纯粹的事实，而是基于我们迄今为止已经剖析过的不是真正存在的事实。所以，对许多具有这种实证主义信念的人来说，宗教观念是毫无意义的、荒谬的，因为它们不是以事实为基础的。现在，我想我们要从另一个角度来说，正如我们一直在本书中所说的那样：对于人类而言，并不存在纯粹的事实；所有的事实都是以某种方式理论渗透的。

问题的关键在于，以这种贬损的方式使用"形而上学"标签的人显然认为，人类总有办法获得不可动摇的、客观的、未经加工的纯粹事实。这就是他们的核心观点，因为如果我们可以通过某种方式获得不被人类的理论所塑形的客观的纯粹事实，那么那些犯错误的人，那些相信事情并不是基于不可动摇的、公正的、客观的纯粹事实的人显然是愚蠢的，或者误解了或听信了胡说，并且都沉溺于"形而上学"。这就是某些哲学派别对形而上学的贬义诠释。

8. 作为科学史和科学哲学中一个有用术语的"形而上学"

上文所述不是科学史家使用"形而上学"这一术语的普遍方式。现代的非辉格科学史家,不论是库恩之前还是之后的科学史家,都是以我在本章开头所定义的方式使用形而上学这一术语的,即将之界定为历史上和社会上可以获得的影响新理论的产生和使用的预设、信念、背景假设。显然,对于重建科学史而言,形而上学是一个有意义的工具。但是,为了使用这一工具,我们必须为形而上学背景补充一些东西,因为这些东西是20世纪中期的科学史家提出的。如下所示:

显然,形而上学背景是文化和社会信念的一部分,所以我们需要从社会、政治和历史的角度来解释形而上学。库恩和其他人往往并不对某些人为何采取某种形而上学预设给出历史学的解释。但是,我们已经知道,我们在解释新柏拉图主义为何在文艺复兴时期出现时,不能仅仅说这是由于"好汉"触及了大自然的事实;或者说这是因为新柏拉图主义明显是个好东西,所以聪明的人开始用它来塑造自己的理论。如前所说,这是一种形而上学进展的辉格史。所以,历史人物会认同某种形而上学,这一事实促使我们对他们为何优先采纳某种形而上学而不是其他的形而上学,作出社会的、政治的、历史的和经济学的解释。这不是一个对"真正的事实"的辉格式发现的问题,这些真正的事实迫使特定的人物去采纳一个"获胜的形而上学观点"。换句话说,如果早期的哥白尼学说的信奉者是新柏拉图学派的人,你会发现很多人是这样的,但那并不意味着柏拉图主义是宇宙的关键,我们也不能如此解释他们的选择:因为他们是聪明的,他们挑出了"正确的"形而上学。而且,正如我们将看到的,如果大多数17世纪中期的自然哲学家转向一种"机械论的"自然哲学,并因而把机械论的形而上学作为他们的科研工作,其原因决不会是因为"机械论"是真正"正确的"或者优于其他任何一种形而上学。相反,我们必须对他们的选择及他们的(临时的)胜利(正如我们将看到的)给予历史的解释。

接下来的三章构成了第四篇,截至哥白尼死后的两代人对哥白尼学说的论争。下面三章将分别讨论三个关键的参与者——第谷、开普勒和伽利略——我们将用到:历史分析,关于事实、理论、理论的形而上学预设的重要概念,以及迄今为止已经开始兴起的知识的社会建构。

第11章思考题

科学史家是如何定义和使用"形而上学"这一术语的? 一旦我们开始意识到理论具有深层的文化基础,这会如何影响我们可能提出的关于理论的历史问题,以及这些问题的建构、应用和改变?

阅读文献

E. A. Burtt, *Metaphysics and the Origins of Modern Science*, Chapter 1.

G. Holton, "Kepler's Universe, Its Physics and Metaphysics", in R. Palter (ed.), *Toward Modern Science*, 460—484. (Also appears in G. Holton, *Thematic Origins of Scientific Thought*, 69—90.)

科学家究竟怎样进行研究的?

◇ 第12章

妥协、协商和政治策略：第谷与
哥白尼学说被接受

1. 引言：第四篇开始

　　第三篇完成了科学方法论的讨论，现在我们回到历史故事上来，或者我应该说，回到一个历史故事上来，因为显然还有关于这一主题的其他历史故事。我们现在来研究一个科学史家和科学社会学家认为十分重要的科学社会现象。这就是当一个新理论被提出时，人们对它的接受和解释——最终接受或否决这一新理论的专业的协商过程——以及对它的内容和特点的再解释。因为毕竟，一个理论并不只是它的创立者说它是什么样的，它就是什么样的。业内其他专家通过辩论和协商阐明了这个新主张的可接受性时，他们说一个理论是什么样的，这个理论就是什么样的。你不能将自己的意愿强加于整个专业界之上，你的理论取决于你的同行的判定和解释。

　　所以在本篇中我们将研究后来的哥白尼学说的信奉者和反对者的协商和解释过程。同时我们也将考察科学的一般社会/政治特性。我们的研究是通过考察三个科学家在这场哥白尼学说之争中的工作，并在每个案例中分离出一个由他们阐明的一般的社会政治特性来完成的：对于下一章的开普勒，这种特性即作为智力建构的科学发现的本质，这种智力建构存在于一个理论背景和先验性研究之网内部；对于本篇最后一章的伽利略和望远镜,我们将考察仪器的理论渗透以及仪器在科学中的应用的政治学;对于本章的第谷,我们将考察理论主张的专业协商。更通俗地讲,本章关注的是,在哥白尼1543年逝世后的第一个50年内业界对哥白尼学说的反应。本章主要研究第谷(1547—1601)的工作,他的理论(而不是哥白尼或者亚里士多德/托勒玫的理论)在1600—1630年期间是最成功的。老式的辉格科学史家对第谷理论的成功感到不安和尴尬,因为他们需要一个拙劣的老理论的故事,即被哥白尼的优秀的、正确的新理论所取代的托勒玫–亚里士多德的理论的故事。他们想忽略第谷,第谷的理论实际上是从哥白尼到伽利略的过渡时期占统治地位的理论。对于老式的科学史家而言,这是一个令他们不安的事实,但正是这一事实让我们对科学变化的一般性本质有了很多了解。

2. 专家协商和微观政治:科学变革的动力

本章的主要观点如下:科学变革和理论更替,并不是像一个伟大的"英雄"提出某个比旧理论明显更加正确的理论那样简单地发生的。科学变革发生在科学共同体、相关专家共同体之内,并且是科学共同体、相关专家共同体的一种现象。当某人提出对现存理论的修正(大的或小的)时,这一提议会在相关共同体中传播,每个专家或专家组必须对之进行解释和判断。因为并没有什么简单的方式或途径可以据以决定某个主张的"正确性",所以该主张必须根据标准来评判,这些标准是易变的,在权重上也会因专家的不同而不同。(我们已经尝试依据16世纪的标准去衡量哥白尼的理论。)接下来就是推进科学进步的协商与竞争过程,专家斟酌着自己对一个新主张的态度——是完全接受,部分接受,根本不接受,还是作些重新解释。因此,我们在这里即将了解的是一个极其棒的关于科学的历史的、社会的和政治的观点的例子,这些观点是我们这个领域的基础。我所叙述的这段历史与发生在当代科学上的情况并没有什么两样。

无论何时，当某位科学家在其专业领域内向他的同行提出一个新理论时，他的同行显然不会简单地说"噢，是的，你的理论是正确的，因为它符合事实"；或者说"不，你的理论是错误的，因为它不符合事实"。他们并不能直接作出这类裁定，因为我们已经知道，方法是无效的，我们不能直接获取"事实"而不受先验信念和目标的影响。我们已经明白，为了评估一个理论，你必须拥有一个判断标准；不同的人有不同的标准；他们对这些标准的权衡各不相同；他们对这些标准的解释各不相同；你拥有的不是一个仓促的判断，而是一场辩论，一次协商，一种政治上的沟通，在这种辩论、协商、沟通中，专业共同体中的不同的参与者都会以不同的方式来评估新的主张。有些人会接受，有些人会反对，有些人会提出修改意见——对于新主张的不同的态度，不同的诠释以及不同的理解都会出现。

业内专家各有不同的旨趣；也就是说，对他们的技能和声望的专业旨趣各不相同。每个在专业领域享有一定地位的人都有不同的技能，不同的专业经历，或不同的专业影响或能力。每个专家在考察一个新主张时，都倾向于根据该主张对他们自己的旨趣意味着什么来作考察。该主张会不会危害我以前的旨趣？会不会危害我的主张或我的技能？不会吗？我能利用它吗？我能采纳它吗？不同的专家会得出不同的见解。这并不是一个欺骗、偏见，或不保持客观的问题。人们除了这样做，没有别的选择。所以，我们正在研究的是"微观政治"（micro-politics），关于协商和诠释的微观政治。某个主张要想在一个共同体内得到传播和评判，就只能通过这一判断、沟通和协商的过程。

总之，在这场赌博中，作为一个赌徒，每个专家都有基于他自己的立场的旨趣：因此他或她会小心谨慎地掂量他/她对新主张的态度。认为某个主张除了通过这种共同体内的"微观政治和沟通"的方法得以裁定之外，还有别的方法可以做到这一点，这是大错特错的。不存在什么方法或天启可以告诉那些专家如何去诠释和评估新主张：他们有自己的兴趣、目标和专门知识，他们必须押下自己的赌注，并为自己获得最好的收益而赌一把——以此来使他们能以更高的身份地位继续这场赌局。

我们将考察相关专家是如何诠释哥白尼的主张的；为什么他们只接受这一主张的极小部分内容，为什么第谷的相反的理论不仅成功地驱逐了托勒玫的理论，而且也使得哥白尼的主张在另一个时代处于边缘地位。

实际上我们考察的只是一小部分专家，在这一案例中，欧洲的专业天文学家在16世纪的任一给定时期也许只有50到100人。我们考察的不是一般的受教育的人，我们考察的不是自然哲学家，或一般的曾经受过大学教育的人；我们考察的是极其狭窄的天文学家专业共同体。我们尝试去理解他们对于哥白尼学说的反应。现在为了达到这个目的，我要将这一时期分为两个阶段。第一阶段大概是从1543年到1570年；第二阶段大概是从1570年到1600年。1600年是一个绝佳的时刻，它恰好处于第谷去世之前，同时也处于神奇的1609年之前，我们以后会了解到，在这一年两个信奉哥白尼学说的伟大英雄——开普勒和伽利略，都戏剧性地出现在社会舞台上，力挺这一显然必败的主张。

3. 接受哥白尼学说的第一阶段（1543—1570年）：一些细节的专业同化

我们已经获悉，在哥白尼的《天体运行论》（1543年）出版后的第一代人中（肯定是在整个1570年代），专业天文学家对哥白尼的反应是非常挑剔而专业性的。正如我们在第7章和第8章中对哥白尼所作的总结，大多数人认为，"总分"对哥白尼是如此不利，以至于他的理论不能作为新的真理被接受。与托勒玫相比，哥白尼的分数太低了。

但是专业天文学家确实将哥白尼评价为一个技术娴熟的、发挥主要作用的专业天文学家。他们认为哥白尼已经作出了有限的改进，这些有限的改进理应整合到托勒玫-亚里士多德框架之中。专业领域内普遍认为，哥白尼非常聪明地解决了均衡点问题。你其实无须知道均衡点的细节，但你要记住哥白尼摆脱了它们。这看起来非常有趣；这件事以前没人费心去做过，但这件事值得去做。因此你获知的是：托勒玫-亚里士多德的天文学没有均衡点了。这意味着你不得不有更多的本轮，但是它们摆脱了均衡点。当时的专业天文学家认为这是一个小进步。

另外，也许哥白尼理论更重要的、技术性的成就是，它能给出行星与太阳间的距离的相对排序。所以在他的理论中，你能够确定水星、金星、地球、火星、木星、金星到太阳的相对距离。而在托勒玫理论中你做不到这一点。（这当然是就哥白尼而言的宇宙和谐的一部分，参见第 8 章的图 8.1 的第 V 部分。）所以那时的专业天文学家认为这也是非常富有智慧的。通过以下类型的讨论，这被"驯服"、同化或整合到了托勒玫天文学中。其中的一位天文学家也许曾说过：

> "看，拥有相对距离真不错。遗憾的是，你必须假定地球是绕着太阳转的才能计算出相对距离。这不符合事实！是荒谬的。但是假定，作为一个假说，计算出二者之间的距离，然后把地球放回中央的位置，而太阳在第三个轨道上，并反过来应用地球/太阳距离。因此，哥白尼一定很聪明，竟然想出了这个以地球为中心来排列行星的小花招！"

哥白尼关于"天体和谐"的其他论点并不被视为是特别重要的。其原因有二：第一，反对地球运动的证据依然存在；第二，哥白尼在《天体运行论》的第一卷提出了那些论点，但不是在该书的技术部分，即他为每颗行星的运动建立模型的那部分提出的——精明的专家们感兴趣的是这些技术性材料。一个专业的天文学家不会太关注第一卷。你想做的就是打开《天体运行论》，翻到，比如说，火星那一章，或者翻到月亮那一章，或者翻到木星那一章。你真正想要了解的是如何建立模型，你想了解的是如何摆脱均衡点，你想了解的是他如何建立圆形轨道。所有这些有关宇宙以及和谐的疯狂的主张，这不是真正的天文学。谁会认为这一理论是正确的？它并不重要，仅仅是个计算工具而已。

这种专业反应并不愚蠢，在某种不动脑筋的、被动反应的意义上来说，也不是保守的。（如果你想让哥白尼成为一个被误解的英雄也可以这样说——但是那个年代的人们认为他没有被误解，他只是很可能错了，尽管他做了一点技术性的好事。）这种专业反应是合情合理的：一个关于他们愿意在多大程度上（不是很大）同意哥白尼的精明的专业判断。

这就是专业科学家几乎一直在做的事情。他们总是在判断在多大程度上他们想认同业内同行的最新主张。同时他们说："我们会采纳某些技术性的东西，将之转换为我们自己的体系中的术语。在更大的图景上，噢，你知道，他并不认真。我们其实没必要考虑这个。"据此，在专业天文学家眼里，哥白尼并不是个野蛮人或疯子，而是一个优秀的技术天文学家，他在其著作的开头莫名其妙地提出了一些令人无法接受的观点。

哥白尼的著作是在一个错误的伪装下面世的，这一事实助长了上面两个观点中的后一个观点的产生（但并不完全由它导致）。奥西安德（Andreas Osiander）是路德教会的一名牧师，同时也是哥白尼的朋友，他在1543年通过出版社看过哥白尼的书。在哥白尼并不知晓或未经哥白尼同意的情况下，奥西安德为哥白尼的著作加了一篇匿名的序言，在这篇序言中，他声称书中提出的理论将只被当作一个计算工具；它其实不可能是正确的。正如你已经知道的，人们对托勒玫也是这么评价的。如我们在第6章中看到的那样，人们认为托勒玫体系的细节不可能是正确的，这些细节太复杂了。你必须具有那种复杂的水平以便得到足够准确的预测，但它不可能是物理现实。可能奥西安德试图把哥白尼从某种窘境（或更糟的处境）中解救出来，奥西安德认为这将使人们接受这部著述。也可能他认为他是在把哥白尼从宗教惩罚的危险中拯救出来；我其实并不认为哥白尼处于任何这样的宗教危险之中，我们会在后面研究伽利略的时候了解个中原因。但是，不管怎样，大多数读者都会自然而然地认为这篇序言是哥白尼本人所写的。

哥白尼在《天体运行论》第一卷中极其清晰地阐述了他的基于"宇宙和谐"的存在的体系是正确的，但是奥西安德的序言让这本书变成了胡说八道。业内人士会在读完这个序言后说："哥白尼其实并不认为该书的观点是正确的，那我们为什么要把这个理论当真呢，就让我们从他的书中找些有用的技术就好了。"除了这个，还有一个导致天文学家要如此解读哥白尼的大的专业论点：他们的专业文化（或网格）的一部分假定自然哲学家对物理实在具有最终的决定权。每个人都知道天文学（托勒玫）并不与实在（亚里士多德）完全相匹配，所以再一次地，为什么要选择哥白尼的这一古怪的看法呢？哥白尼的看法是，他的天文学理论不但新颖，而且在物理实在上是完全正确的。

4. 接受哥白尼学说的第二阶段（1570—1601年）：哥白尼的实在论和第谷的地位

从大约1570年以来，在哥白尼之后的第二代，事情开始在专业天文学家中发生变化。其中一个变化是，他们越来越意识到《天体运行论》的序言并非哥白尼本人所写。这个传言开始在业内流传,后来开普勒证实了序言的作者是奥西安德。这意味着业内专家不得不面对这一事实,即哥白尼这位他们眼中极其优秀的天文学家,实际上对他自己那古怪的理论的正确性深信不疑!尽管这并没有使大多数天文学家完全转变对哥白尼学说的看法,但提升了业内对他的论点的关注。专业共同体已经认定哥白尼是一个优秀的技术天文学家。现在他们必须认真对待以下事实:哥白尼主张地球是运动的,宇宙和谐是这一主张的基础。所以这也提升了业内对哥白尼关于宇宙和谐的论点的关注,但是这种关注并没有使大多数专家转变对哥白尼学说的看法。顺便说一下,在1540年到1600年这段时期内,我相信你扳着10个手指就可以把忠实的、彻底的哥白尼学说的信奉者数完。

另一个开始浮现的事实是第谷的工作,第谷重视物理事实问题与和谐的作用,他具有很大的专业权威,这种权威来自他那独特而精准的观察,此外,他提出了一个相反的理论,这个理论得到了极其广泛的支持。(第谷革命在哥白尼革命之前发生并几乎阻止了哥白尼革命的发生!)

5. 对第谷的理解——观察者和理论家:彗星和变化的天空;天文台;新理论

第谷是一个丹麦路德教绅士,一个在16世纪不太可能成为专业天文学家的绅士:绅士不必做医生、律师、牧师或者天文学家,实际上他们不需要从事某项职业,但是第谷成了一个专业天文学家。他自负,任性,谨慎得几乎有些病态。他有一个用金银合金做的鼻子……原来的鼻子的大部分在他年轻时的一次决斗——他那个时代的年轻绅士主要关心的事情——中被削掉了。第谷先是对炼金术很感兴趣,后来因为1577年一颗大彗星的出现而转向了或被吸引到天文学以及理所当然的占星术的研究。整个欧洲都饶有兴趣地追踪着这颗彗星的运行。对它的观察成了第谷在天文学上若干理论创新的开端。

1577年彗星并不是16世纪70年代第一件引人注目的新奇的天文现象。在1572年曾出现过现今称为超新星的现象。用现代的语言更确切地说，超新星就是到达生命终点并发生爆炸的恒星。但当时的人们将这种现象称为新星（nova），一颗新的恒星。人们以前没有看到过这颗特殊的发生爆炸的恒星，所以这颗又新又大又亮的恒星是突如其来地出现的，它变得越来越亮，然后开始暗淡下来，并在几个月后最终消失。当时的天文学家认为，这是一颗新的恒星，它在诞生时发出短暂的极其明亮的光，然后衰亡。

这很有意思，因为专家们一致同意（因为他们很聪明），这颗超新星在恒星天球上。这就是一颗恒星，它没有显示出视差，但它刚刚诞生和死亡。现在，每个人都认为，在天上是没有变化的或者如专家所言的"生殖和腐坏"的。天是完美的和不变的。那么这颗超新星就为亚里士多德宇宙论带来了些许困惑。然而值得注意的是，宇宙论或自然哲学并没有因孤立事件、一次性事件而被推翻。很多关于新星的解释可以将新星带回到基本的文艺复兴世界观。比如说，新星可能是来自上帝的某种信号。在正常情况下天上是没有变化的，但上帝也许在神奇地尝试向我们人类发出某种信号。某些新教徒认为，这是向天主教徒发出的信号，要天主教徒变成新教徒。而很多天主教徒认为，这是向新教徒发出的信号，要新教徒再一次转变成天主教徒。正如我们在第2章中造访肯特州立大学时所了解到的：人们总是在非常灵活地诠释事实。

讨论超新星的时机也非常有意思，事实上新星早就引起了人们的注意。早在公元11世纪中期，就曾出现过一颗很大的超新星，它爆炸的残余物就是现在的蟹状星云，这一现象被中国的天文学家注意到了，但是在西方或伊斯兰国家，没人看到这一现象，只有一些欧洲的修道士好像在一个晚上看到过它，但没有对它进行系统的研究。然而，在16世纪70年代，宗教气氛空前紧张，除此之外，在一些天文学家的脑海中也许出现了对哥白尼学说的疑问，最终导致了对这颗新星更进一步的关注和讨论。但是让我们记住，这颗新星并没有推翻亚里士多德自然哲学。它仅仅给那些有意于反对亚里士多德自然哲学的人提供了一个额外的证据，这些反对者人数不多，但他们显然已经被这些证据所折服。

让我们回到1577年彗星上。第谷计算了这颗彗星的轨道并且得到了一些有趣的结论。亚里士多德以及其他所有到当时为止的天文学家和自然哲学家都认为彗星存在于大气层中，是一种气象现象。第谷和其他的天文学家则断定1577年彗星不是在大气层中，而是在天上的轨道上。这本身就很有趣，因为后来，等我们研究伽利略的时候，我们会发现伽利略用自己的方法得出了彗星并不在天上的结论。出于一个充足的理由，他同意亚里士多德的观点。伽利略错误地认为，如果彗星存在于天上，那么哥白尼学说就不可能是正确的。细节在这里并不重要。这个例子表明，在关于科学事实的微观政治协商过程中，人们是如何下赌注的。所以，尽管每个人差不多都同意1577年彗星是存在于天上的，伽利略后来却像亚里士多德一样坚决主张彗星不在天上！

至于第谷，他认为1577年彗星是存在于天上的，并且计算了这颗彗星的轨道，而后得到了一个非常惊人的发现，即它经过或者穿过了某些行星的轨道。这样第谷的研究遇到了问题，因为在亚里士多德自然哲学看来，每颗行星都处在一个由第五元素构成的坚硬而透明的完美的水晶球上，这颗水晶球携带着它的行星一起旋转。显然，这些由第五元素构成的、各行星附着其上的天球不可能是坚不可入的，因为这颗彗星穿越了它们。

所以第谷在亚里士多德世界观中作了一个"进步性的调整"。（谁说亚里士多德学派没有对证据作出反应。）第谷说：看，天不可能是坚硬的，因为这个东西穿过了它们，天肯定是液态的——流体（fluid）。但是，当然，这是一种在地球上并不存在的极其特别的流体。这是显而易见的，因为地球上的物体并没有以圆圈状旋转，不是吗？但这种流体确实是携带着行星旋转的。简言之，第谷将天的旧的、坚硬的、水晶般的第五元素变成了流体的第五元素——一个惊人的"发现"！它是流体的事实意味着，天体（如行星和彗星）的轨道是可以穿越的。

在 17 世纪的头 30 年，欧洲的大学普遍都在教授这一关于天是流体、是一种特殊的超凡脱俗的物质的理论。所以，当伽利略站出来说受过教育的人们愚蠢地认为天球是坚固的时，他实际上树起了一个虚假的目标，一个稻草人，一个纸老虎，因为许多人已经知道，坚固的水晶天球是不存在的。不过这是伽利略式作风或主张的典型特点。他喜欢同他为自己树立的虚假的目标进行争论，而不是同诸如第谷这样的真实的、强大的对手进行争论。他几乎从未提到过第谷。一个合理的解释是，第谷很难被攻击。

第谷需要一个基地来从事天文学研究。身为贵族并得到了丹麦国王的资助，第谷能够建造起欧洲第一座高水准的行星天文台。中世纪的伊斯兰国家已经建造了一些天文台，但第谷所建的是基督教欧洲的第一座天文台。丹麦国王赐给第谷一座岛屿（丹麦有许多岛屿，所以这一行为也不是那么慷慨），第谷在岛上建造了一座名为天堡（Uranibourg）的天文台，意为"天上的城堡"。图 12.1 即天堡的图片。现在，第谷以他一丝不苟的偏执方式，找到了一种非常现代的堂皇理念（也许现代科学就是建立在这种偏执之上的），那就是如果我们要解决理论的冲突，我们就需要很多很多更好的数据。获得那些数据的唯一方法就是建立、校准和使用更精确的观测仪器。不是望远镜，因为正如我们将看到的，望远镜在 17 世纪之前并不广为人知，在 1609 年之前也未被应用于天文学。

图 12.1　第谷的天堡

典型的第谷式观测仪器是他的墙象限仪(图 12.2),它建在墙壁内部,所以非常坚固;它的体积也很大,其校准非常精确和严密。利用这些仪器,第谷把肉眼观测结果提高到了人类视敏度的极限,约±4 弧分。

第谷最终与丹麦国王分道扬镳,去为一个天主教徒工作。在当时具有较高贵族等级的社会里,天主教徒和新教徒之间互相打交道没有问题,如果你认识身居要职的人的话,所以第谷去了哈布斯堡王朝奥地利帝国的首都布拉格,担任神圣罗马帝国皇帝鲁道夫二世(Rudolph the Second,历史学家认为鲁道夫是个疯子,因为他的宫廷简直就像一个动物园,里面住着占星家、炼金术士、魔法师、食客,还有第谷)的御前天文学家。第谷在布拉格工作了数年,其间他雇用了开普勒做他的助手。当第谷于 1601 年逝世时,开普勒成了御前天文学家,并获得了第谷的数据资料。

天文观测离不开可行的理论。第谷有志于设计一种理论来指引他的观测,这种理论又能被他的观测进一步完善。他发明的理论多年来

图 12.2　天堡中巨大的墙象限仪的版画：观测者即第谷

成为一个非常成功且被广泛接受的理论。第谷的理论成功地赢得了很多专家的支持,可能是1600—1630年期间最重要的理论。

　　老式的、以方法神话为基础的辉格科学史并不喜欢这样的事实:哥白尼的胜利必须是平稳且明显的——为何当哥白尼学说本应吸引当时精英的时候,其他一些非哥白尼理论却开始变得流行?辉格科学史因而将注意力集中在作为观察者的第谷身上,他的作用就是通过提供较为充分的证据为开普勒和伽利略服务。但伽利略惧怕第谷不同于哥白尼学说的替代理论的力量,因此,正如我们将看到的,他在自己的职业生涯中刻意回避公开谴责第谷的理论。伽利略被卷入了一场真正的斗争,这场斗争是与第谷理论的明显正确性——这一事实是方法束缚的、辉格式的历史神话需要避免和阻止的——之间的斗争。事实上,我们可以说,当哥白尼学说的大危机在1610—1640年期间最终发生时,战斗是在第谷理论和哥白尼学说之间,而不是在哥白尼学说和托勒玫之间打响的。因此,让我们来看看1600年左右的第谷理论及其高"得分"。

6. 第谷取得了阶段性的胜利——为第谷理论打分

第谷的理论如图12.3所示。我们再次得到了恒星天球(还有什么?);地球回到了体系的中心(感谢上帝)。太阳和月亮围绕地球旋转,正如在托勒玫体系中一样,月亮大概28天绕地球一圈,太阳大概365天绕地球一圈。但行星们在哪里呢?这里正是绝招之所在——这就是高明之处:水星、金星、火星、木星和土星围绕太阳旋转,就像太阳围绕地球旋转一样。行星的轨道就好像是大的本轮,这些本轮以在绕地轨道上运转的太阳为轴心,太阳的轨道构成了全部行星的均轮。

所以,举例说,太阳围绕地球旋转,考虑一下金星像一个本轮一样、像太阳围绕地球旋转一样围绕太阳旋转。它本质上是围绕太阳的本轮运动。每隔一段时间,当金星运行到太阳和地球中间时就将逆行。那时一颗外层的行星看起来会像什么样呢?考虑一下火星围绕太阳旋转,正如太阳围绕地球旋转一样。从地球上看,当火星位于太阳的对面时,人们也会看到火星在逆行。(顺便说一下,火星绝不会撞上太阳,即便它们的轨道会相交,这是因为火星和太阳永远保持着一定的距离。)

对我们来说,尤其是对辉格史学家来说,这个体系看起来是不匀称的和荒诞的。(辉格史学家喜欢要么忽视第谷的理论,要么说他的理论

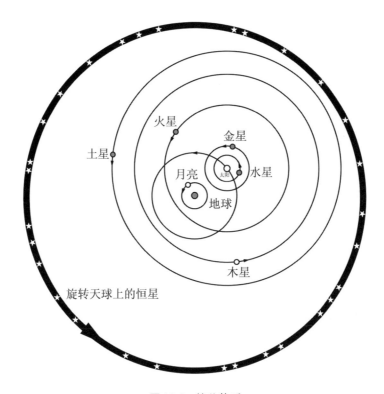

图 12.3　第谷体系

是多么愚蠢，因为如果他的理论非常成功，关于好汉赶走坏蛋的辉格故事就给毁了，既然如此，这看起来甚至比托勒玫更愚蠢。)但那是因为，辉格史是从牛顿学说的立场回顾性地作出判断的，而在牛顿学说中，这样一个体系的动力是"不可能的"。然而，第谷的理论根据任何标准来看，都可以说是三个竞争者中最好的一个(牛顿学说那时还未被提出，或者还未被专业共同体认可)。如同我们在第 7 章和第 8 章考察哥白尼对阵托勒玫的得分一样，让我们也考察一下第谷的"得分"。

第一，他把地球静止地置于宇宙的中心，因此，以"事实"为基础的条理分明的亚里士多德的地球物理学复原了。

第二，他的体系不悖于《圣经》的文本诠释，尽管这一点并不是每个人都会看重的，但这是一条具有某种重要性的标准(即将会变得越发重要），又一次，在这个方面第谷打败了哥白尼。

第三，令人惊奇的是，这个体系实际上包含了哥白尼学说的宇宙和谐！这确实是明智的。这一体系确实是这样，出于一个简单的原因，即第谷论证了他的理论和哥白尼体系在几何学上是一致的。事情很简单，就看你把神一样的示指放在哪里。你是把示指放到地球上，让整个体系围着地球转呢，还是放在太阳上，让地球和其他行星绕着太阳转。这两种做法在几何学上是相同的，因此哥白尼学说中的所有几何因素在第谷体系中都被保留了。你会得到逆行，得到对金星和火星同太阳之间的有限距角的解释，得到行星的次序，得到"和谐中的和谐"。你会得到一切，它们尽在其中（见第8章的图8.1，哥白尼理论中的宇宙和谐）。事实上你和第谷得到的是一个全新的、特别的和谐（如果你同意他的观点的话）。我们还记得哥白尼曾不得不把恒星天球向后移到离土星的轨道极其远的地方，因为人们观测不到他的理论似乎预测了的恒星视差。现在第谷可以说，实际上，并没有必要将恒星天球移到这么远的地方，因为地球回到了宇宙的中心，当然不会有恒星视差，并且这一宇宙越紧凑，就会比哥白尼的宇宙更和谐，哥白尼的宇宙拥有的是人为设定距离的恒星天球！

显然，这就是选择的理论。这是供理性的进步人士信奉的理论，如果他们严肃地考虑1600年左右的问题。第谷成功地提出了一个出色的新主张——这个主张制服了所有反对哥白尼的意见，同时体现了支持哥白尼自己的体系的最重要的和最根本的论点——和谐。

7. 辉格史和伽利略曲解了第谷理论实际上的重要性

辉格科学史总是想忽略我们刚刚表达的观点。因为就像我上文中提到的，第谷理论十分有力地在如此美好的辉格式故事中制造了一个漏洞。可以戏仿一下他们通常是怎么对付第谷的：

好的，第谷想出了一个愚蠢的理论，这个理论是介于其他两个理论之间的一个笨拙的折中。他显然太保守了，因而不能完全同意哥白尼的观点。但是，他却提供了一些很好的数据，这些数据后来成了哥白尼学说获胜的基础。

这就是通常的故事，但这是荒谬的。因为在知情者看来，第谷体系在1600—1630年那个时代是最最被广泛接受的理论。这些第谷理论的支持者在当时的环境下是"理性的"，因为第谷体系符合当时的标准，而且得到了第谷的数据的完全支持。

顺便说一下，第谷的数据能够支持三个理论中的任意一个：你可以将这些数据运用于托勒玫的模型；或是用于哥白尼的模型——这样做不会造成任何不同。你只要改动一下周期并使你的预测与新的数据尽可能匹配就行了。数据不会造成任何不同。在这种情况下，数据并不选择理论。在这整个辩论过程中它都没有这么做。数据没有造成不同。第谷只是使一切对每个人来说都更精确了而已。任何人都可以使用这些数据，所以数据并不能解决争论。

最后，如果我们不是辉格史学家，那么我们应该如何评价第谷呢。第谷是一个才华横溢的专家的完美典范，而不是一个纯粹的观测者，或者瞻前顾后的、妥协退让的保守之徒。第谷做了什么？第谷在玩一场专业的游戏。实际上他在说：

好的，哥白尼有一个观点，他有一个关于和谐的观点。那好，这并不意味着你将会是一个哥白尼学说的拥护者。这意味着你设计了一个理论，这个理论包含了那些和谐，但也具有物理意义——地球不动。这就是关键，先生们。

他是一个聪明而干练的、富有想象力的关于理论诉求和理论主张的谈判者。这种天赋正是一个专业科学家所需要具备的。因此第谷不应因其不是一个哥白尼学说的信奉者而在某种辉格意义上受到诋毁。

他应该被看作一个技术精湛的、聪明的并且富有想象力的专业科学家。他是最好的专业科学家的典范,而不是脱离科学史的愚蠢的人物。这反过来意味着我们现在必须去了解信奉哥白尼学说的"极端分子"——开普勒和伽利略——以及他们是如何复活哥白尼体系的,因为哥白尼体系在1600年已经近乎消失。

第12章思考题

1. 什么是第谷的天文学体系? 人们接受这种天文学体系的理由是什么? 它只是一种慎重的妥协吗?

2. 第谷根据《圣经》中某些段落(这些段落描述了太阳在天上的停止或移动)的字面意义来提出自己的论点时,他是迷信的或教条的吗?

3. 鉴于第谷的策略及其伟大成功,以下两种说法哪一种更合理:科学进步是通过事实的堆积来实现的,或者科学进步是通过科学家对如何解释/改进/应用理论进行协商来实现的(事实被看作支持各种主张的证据)?

4. 第谷通过成功的协商使其天文学体系成为广为接受的"第三种理论",这说明了什么? 是证明了传统的方法故事是可靠的,还是证明了波普尔的方法故事?

阅读文献

T. S. Kuhn, *The Copernican Revolution*, 200—209 [Tycho]; 185—200 [background].

Tycho Brahe, "On the Most Recent Phenomena of the Aetherial World", in M. B. Hall (ed.), *Nature and Nature's Laws*, 58—66.

J. R. Ravetz, "The Copernican Revolution", in R. Olby *et al.* (eds.), *The Companion to the History of Modern Science*, 206—209.

第13章

开普勒与天文学革命：科学定律是科学家发现的还是科学家制造的？

开普勒是他那个时代最伟大的自然哲学家，也可以说是自古以来最伟大的两三个自然哲学家之一——或许可与牛顿或爱因斯坦并驾齐驱。他的探索足迹遍及所有业已形成的科学领域：数学、光学、几何学和天文学，其中天文学正是我们接下来即将重点考察的部分。即使在当然是一门科学的占星术领域，开普勒也想做些修正使其更精确。在开普勒所致力的领域，他都作出了革命性的贡献或大幅度的改进。例如，在光学领域，当代有关眼睛工作的原理，就是由开普勒率先提出的：眼睛是一种将倒影聚焦于视网膜的装置。

由于他的基本信念的缘故，开普勒是位难以评价的科学家，而他的信念则以基本自然哲学的形式贯穿于他所追求的不同科学领域的探索中。开普勒既不是亚里士多德学派的人，也不是在他死后将占据统治地位的所谓的自然哲学的机械论学派的成员。开普勒属于自然哲学家的第三个阵营，这个学派的自然哲学家接受并投身于柏拉图主义和新柏拉图主义的观念。而哥白尼对新柏拉图主义只是半信半疑而已，在许多方面仍是一个亚里士多德学派的人，开普勒则是一位忠实的文艺复兴时期的新柏拉图主义自然哲学家。这意味着，开普勒坚信某些我们必须确立的东西。

接下来我们将对开普勒进行具体研究，并将沿着开普勒研究的道路去了解一些关于在科学领域"发现"事物的新方法，同时也将继续探讨哥白尼的一系列原创主张的接受和协商过程。

1. 开普勒的自然哲学——他的天文学中的形而上学

首先，开普勒认为自然的结构是十分简单、优雅而美丽的数学"蓝图"。开普勒认为自然界的蓝图是上帝设计的，并且上帝为了实现这个蓝图而创造了这个世界。[蓝图一词并不是开普勒的用语，他喜欢的用语是"数学关系或数学和谐"（mathematical relations or harmonies）。]

任何蓝图在实现过程中都不可能是绝对完美的，但如果你仔细观察，就会在现实中发现这个蓝图的痕迹。这个思想引导我们进入到下一个观点：开普勒认为人类可以揭示上帝创造的数学蓝图。因为人类拥有与生俱来的极其能干的头脑、智慧和灵魂，因此我们可以获知（蓝图的）数学关系或数学和谐。柏拉图主义始终对人类具有探索神圣的数学蓝图的奥秘的能力保持乐观态度。最后，当简洁美妙的数学关系在实验探索的过程中呈现出来时，你就会知道你已经发现了真理的一部分，蓝图的一部分。在自然界中发现的这种简单数学关系是自行生效的。你希望你的研究能发现什么呢——混乱，困惑？——如果那样，你还没有得到真理。**当研究数据呈现简单的规律性时，这些规律性就是像上帝的蓝图中所规定的那样的真正的自然律。**

开普勒不仅是一位自然哲学家，同时也是一位专业的天文学家，这意味着，与哥白尼相比，他将对诸如解释运动和变化的原因以及物质的性质这类问题作出更为严肃认真的考察。像亚里士多德一样，他是一位"真正"的自然哲学家，而不是一个像哥白尼那样的有思想局限性的专业的天文学家。像许多优秀的自然哲学家一样，开普勒对解释事物运动和变化的原因感兴趣。但再次强调一点，他并不是一个亚里士多德学派的人，因为他并没有告诉我们物体进行的是向内的已经安排好的自然运动。同时，开普勒也不是即将形成的机械论学派的一员，因为他并没有告诉我们原子和微观粒子的碰撞和相互作用。开普勒告诉我们的是别的极具新柏拉图式特色的东西。开普勒告诉我们的是各种力或能量（forces or powers）在这个世界上（在自然中）的存在，这些力或能量在本质上并不是物质的，它们是非物质的，如果你愿意，也可以说它们是精神的。

这些力或能量会引起特定现象的发生或特定运动的产生。这些力或能量在行动时遵循用简单的数学概念来表达的规律，这些规律支配着这些力的行为。在开普勒看来，光就是这样一种非物质的力，光本身并不是物质。光来源于太阳和恒星，它为世界提供生机，但是它并不是物质的而是精神的存在。光可以瞬间传播，没有任何物质可以像光一样有如此快的传播速度。光遵循的是数学定律。开普勒第一个得出这一定律：从光源发出的光的强度，同光到光源的距离的平方成反比。例如，光源的某一点在1个单位的距离内发出1个单位的照度（illumination），你会在离源点2个单位的距离处得到1/4个单位的照度；在离源点3个单位的距离处得到1/9的照度。这个定律只是光的一种和谐关系，此外光还有许多别的和谐关系，如光的入射角等于反射角，等等。开普勒未能完全得出折射定律，但他作了尝试。

所以开普勒的世界图景是一种新柏拉图式的关于现实的层级观念。最顶层是上帝，最底层是"无理性物质"（brute matter）。在这两者之间的是中间值事物。人类的灵魂处于这一蓝图的较高阶层并且能够理解这一神圣的蓝图。人类的灵魂具有自由意志（free-will），具有智能（intelligence），因而人类灵魂是高层级的精神存在物。等而下之的是能量和力，尽管它们也是精神的、非物质的，但是它们不像人类灵魂那样拥有自由意志。光拥有精神力量，但没有自由意志。光遵循一定的定律，这种定律即上帝的优美的数学命令。

　　除了光之外还有另外一些非物质的力。比如应用于航海的指南针的磁力(在16世纪是一个非常热门的话题);很多实用的和航海用的书籍都谈到了磁力,其中最有名的是吉尔伯特(William Gilbert)1600年出版的《论磁体》(*On the Magnet*)一书,这本书对开普勒影响很大。磁力显然是一种对物质起作用但本身并不是物质的力。尽管开普勒不能得出其中的定律(因为这很难办),但是他仍认为肯定存在某种定律。并且,还有另外一种同光一样来自太阳的非物质的力存在,这就是行星运动的力,下面我们将要详细讨论行星运动的力。我们显然要探求这种特殊的力的规律,但不是从经验主义者和机械论者的观点出发来探求。沿着第谷打破水晶天球的探索道路,开普勒作为一位哥白尼学说的信徒,亟须找到一个行星运动的动因,用开普勒的话说,推动行星运动的力是一种由太阳发出的,并且可用数学描述的、特殊的非物质的力。

　　我们不应该嘲笑开普勒或他的形而上学。我们知道,有意思的科学是在各种自然哲学和形而上学背景下被研究的,开普勒在天文学和光学等学科发展史上的关键转折点上,作出了举足轻重的贡献,但是他的自然哲学在他去世后很快被17世纪的重要思想家们视为是愚昧的和错误的,因为他们几乎全是机械论者。

　　我们在辉格科学史中也能看到类似的现象,辉格科学史假定机械论哲学是从事科学研究的唯一合适的或正确的形而上学背景,是唯一进步的形而上学。但这忽视了一点:在不同的时期和不同的地域,重要的科学是在截然不同的形而上学假设下被研究的。开普勒本人就是一个好例子,在这里他是亚里士多德学派的一员,很快成了机械论者,他是一个极端的新柏拉图主义者,还是一个作出重大科学发现的重要人物(这个重要的科学发现我们会在下面详细讲述)。

2. 开普勒在天文学上的革命性探索

　　了解开普勒研究生涯的一个办法是，牢记某个科学史家在许多年前所写的一篇文章的标题："哥白尼的忧虑和开普勒的革命"（The Copernican Disturbance and the Keplerian Revolution）。考虑一下哥白尼的体系，也就是哥白尼本人创立的体系，因为你必须记住，在这个故事中，开普勒称自己是一个哥白尼学说的信徒，尽管他的理论与哥白尼的理论迥然不同。牛顿和其他很多人也都会做同样的事情——对理论进行变革和重新诠释的同时会称自己是"哥白尼学说的信徒"。至于哥白尼的"哥白尼学说"，你可能会争论说哥白尼学说从整体来看是革命的（尽管我不能十分肯定），但是可以肯定的是，构成他的理论的所有"部分"都是传统的。例如匀速圆周运动、本轮和均轮；哥白尼体系的中心未必真的就是太阳，太阳只是地球运行轨道的中心；自古希腊人以来，人们并不关心行星在空间的物理轨道，这已经成为一种典型的态度。在某种意义上人们都确信行星运行的轨道是圆形的，即使在哥白尼学说中他们也如此认为，因为他是用不多的本轮来作出解释的。没有人真的关注行星在天空运动的那些小圈圈，天文学家所做的就是在可用数据的基础上作出尽可能精确的预测。

　　如果你考察开普勒，你会发现他的关注点与众不同，这些关注点是非常现代的（竟然与当代人的关注点一致）。首先，太阳是哥白尼体系的物理的和动力的中心。从某种意义上说，这一论断到目前为止仍然成立。当代人已经不再使用开普勒关于这一问题的理论，而是接受了牛顿或爱因斯坦关于这一问题的更普遍而真实的理论说明。开普勒关心行星运动的动力来源，因为他并不乐意说"它们是在做自然而然的运动"。开普勒有一个全新的方法来解决行星运动的物理原因问题。他还关注行星在宇宙中的运行轨道的形状，并且不喜欢圆形轨道的想法。

开普勒需要一只"上帝之眼"(God's eye-view)来观察这些运行轨道并且期望看到的轨迹是简单而优雅的。当然,他发现行星的运行轨道不可能是圆形的,但他也发现这些轨道不必是圆形的各种组合图形,因为这些轨道可以是美好而漂亮的椭圆。较之整个希腊和中世纪的天文学传统,包括哥白尼和第谷在内,开普勒体系中的一部分是极其新奇的。所以,开普勒也许是一个哥白尼的追随者,他也许可以将他的理论称为"哥白尼学说",但是人们开始意识到,开普勒正试图完成天文学上的一场理论革命,在这场革命中哥白尼有一点迟疑、犹豫和困惑。

开普勒甚至发明了一门新科学(一个新的研究领域),其中囊括了所有他自己关心的话题。现代人依然拥有这门科学,事实上这门科学经牛顿之手成了物理学的核心内容:物理学的其他内容都尝试以这一核心内容为模型来塑造自身。这门科学就是天体力学,研究行星运动的物理原因的数学定律。推动行星沿着椭圆轨道绕太阳旋转的力究竟遵循着怎样的数学定律? 在开普勒之前没有人做过这种研究,在某种意义上,可以这样概括开普勒在天体力学方面的研究工作:

"我,开普勒,将坚持哥白尼学说的首创精神。我将提供地球和行星如何能够运动的物理学解释,我的物理学解释也将产生许多天文学的细节性内容。"

换言之,天文学和自然哲学将成为同样的东西,二者具有同构性。托勒玫和亚里士多德从来不曾把天文学和自然哲学放在一起,因为在物理学解释和天文学研究之间总是存在着分歧,在天文学研究中,大多数必要的理论"工具"在物理学上是令人难以置信的。这就是开普勒为何如此重要的原因。但值得注意的是,他的自然哲学,他的方法的关键,是一种特立独行的和少数派的观点——一种独特的新柏拉图主义。

3. 开普勒的规划及其早期工作：《宇宙的神秘》(*The Mysterium Cosmographicum*,1597 年)

开普勒的大多数目标都体现在他最早期的工作中。本章稍后我们将讨论开普勒关于行星运行的一项更重要的工作,这项工作设法幸存下来并被牛顿重新诠释,从而成为现代科学的一部分。开普勒的某些早期工作(从我们的角度来看)似乎是怪诞的,但从他的角度看,却是与他努力从事的一切工作(包括他后期的工作)相一致的,并且处于核心地位。事实上,这些早期工作在他看来远比他后来所做的一切更加意义深远,更加重要。

开普勒的《宇宙的神秘》一书概括了这项早期工作(书名的意思是宇宙的神秘,他实际上应该称这本书为"我如何解释宇宙的神秘",因为这正是他所声称的——他认为他已经发现了蓝图的重要组成部分和最深层的结构性要素)。开普勒写作该书时只有二十几岁,是奥地利哈布斯堡帝国的某个省的一个小镇上的一名数学教师。由于他是一位新教徒而被赶出了学校。被学校开除后他仍然住在哈布斯堡帝国,但他去了布拉格,并获得了一份第谷提供的工作,这点证明了上级机构还是比地方政府机构有着更大的容忍度。在《宇宙的神秘》一书中,开普勒以哥白尼学说的忠诚信奉者这般16世纪的极端少数派面目出现。16世纪后期,信奉哥白尼学说的人屈指可数。

开普勒在《宇宙的神秘》一书中的观点可表述如下:按哥白尼的说法,哥白尼学说之所以值得信赖的令人信服的原因是:宇宙之和谐结构的存在。但是第谷也认为宇宙是和谐的,并宣称就某些标准而言他有一个更好的理论。**作为一个哥白尼学说的信徒,开普勒看得很清楚,面对这种情况他不得不做的就是找到更多的和谐来超越第谷的和谐！** 因为倘若第谷已经窃取了你最初拥有的所有的和谐,那你最好是在哥白尼体系中找到更多的和谐,并且希冀这些和谐是第谷体系所不具备的。因为这场战斗要靠和谐的多少来解决。

但是,它不仅仅是一个真正关于"更多和谐"的问题,因为某些和谐比其他的和谐更深刻和更意义深远。某些和谐决定着整体的和谐,如果能够找到这些真正深刻的和谐,那你就能真正有所成就。因为开普勒关注的是以下这种涉及深刻的、结构上的和谐的问题:

你有三个体系:如果第谷或者托勒玫是正确的,则存在7个围绕地球运动的星球,即月亮、太阳和五大行星。那么上帝的蓝图中必然包含了某种基本原理,因为有7个物体在围绕地球运动。但如果哥白尼是正确的,则存在6个围绕太阳运动的星球。(为什么地球有月亮这样一颗卫星,哥白尼学说有点难以解释,但不管怎么说,还有水星、金星、地球、火星、木星和土星这六大行星绕太阳运动。)有待开普勒发现的上帝蓝图就是要解释如下问题:(a) 为什么存在6颗并且只存在6颗行星,并且(b) 若想发现上帝的蓝图,那么就得算出这6颗星球与太阳的相对距离,我们知道**哥白尼学说估算出了这个距离而托勒玫理论却无法做到**。这就是开普勒为之努力的起点和目的。

为了理解开普勒的《宇宙的神秘》,我们需要掌握两个几何学概念:在一个给定平面图形上的内切圆概念和外接圆的概念(图13.1)。当你在一个常规平面图形中画一个内切圆时,这个圆与给定图形每条边线相交并且与每条边线只相交于中点。在给定图形内只能画出唯一的一个内切圆。同理,外接圆必须与给定图形的每一个角相交,并且它与给定图形只相交于图形的每个顶角。你可以用"正"多面体(正多面体即每个面都是由相同的平面图形组成的对称立体图形)这种三维立体图形来玩这个游戏(图13.2)。"完美多面体"(perfect solids)即:(1) 四面体(金字塔形,由4个等边三角形构成);(2) 立方体(由6个正方形构成);(3) 八面体(由8个等边三角形构成);(4) 十二面体(由12个正五边形

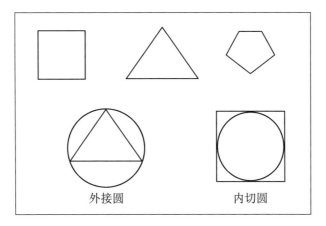

图13.1

构成）；（5）二十面体（由20个等边三角形构成）。在三维空间里仅存在这5种对称的正多面体。欧几里得（Euclid）证明了仅存在5种对称的正多面体，之后的每个数学家和柏拉图主义者也知道这一点。关于这一事实存在某种神秘而诱人的道理——为什么只存在5种正多面体呢？开普勒当时并不了解这是为什么，但他对存在5种而且只存在5种正多面体这一事实印象深刻。

　　开普勒开始认真考虑这样的想法：这些正多面体外部只能有唯一外接球体，内部也只能有唯一内切球体，就像我们在常规平面图形上只能画唯一内切圆和唯一外接圆一样。但是，等一等，只存在5种正多面体，这意味着如果我们设置一个球体，然后在该球体内放置一个正多面体，使该球体外接于该正多面体，而后在这个正多面体内内切一个球体，并在该球体内再次放置一个正多面体，最后将这5个立体图形和6个球体互相嵌套在一个模型内。**5个立体图形通过层层相互间的内切和外接可以决定6个球体的数量和大小。**并且，存在6颗行星且只存在5个完美多面体。

　　按照这种想法，开普勒试图匹配这样的6个球体和5个完美多面体，年复一年，开普勒做了大量复杂的立体几何研究，寻找每一个正多

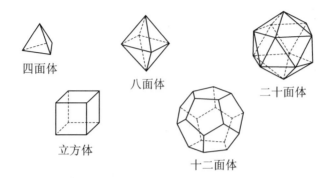

四面体

八面体

二十面体

立方体

十二面体

图 13.2 在二维平面内可以构建无数正多边形,但是在三维空间内只能构建定额的正多面体。这些"完美多面体"所有的面都是完全相同的,它们是:(1)四面体(金字塔形),由 4 个等边三角形构成;(2)立方体;(3)八面体(由 8 个等边三角形构成);(4)十二面体(由 12 个正五边形构成)和(5)二十面体(由 20 个等边三角形构成)。这些"完美多面体"被称为"毕达哥拉斯多面体"或者"柏拉图多面体"。这些完美的对称体中任何一个都可以内切于特定球体内部,内切后它们的每一个顶角(也称拐角)都与这一特定球体表面相交。同理,这些"完美多面体"也均可外接于一个特定球体,外接时与特定球体相交于每一面的中点位置。这一关于三维空间的内在性质的奇妙事实是(正如欧几里得所证明的):正多面体只有这 5 种形式。除此之外,无论以任何形状作面,都无法构建除这 5 种形式之外的正多面体。其他的组成方式也无法共同构建出正多面体

面体摆放的正确位置,以使得内切球体和外接球体都能模拟行星与太阳的相对距离,而行星与太阳的相对距离是依据哥白尼学说确定的(这部分内容是第 8 章提到的天体和谐论中的一个论据)。答案找到了,开普勒的模型与数据的匹配率精确到了 95%,就是说,观察数据与模型所预测的相对轨道大小只有 5% 的误差(图 13.3)。

现在搞清楚了,开普勒认为他找到了为何上帝仅创造了 5 个完美多面体的原因;这就是因为上帝只想创造 6 颗行星,并且上帝想通过拉开这几颗行星的轨道的距离来展现他所设计的蓝图,其原理就是他利用外接和内切球体(也就是行星运行的轨道)的技术将 5 个完美多面体

开普勒模型的详图，描绘了火星、地球、金星和水星球体

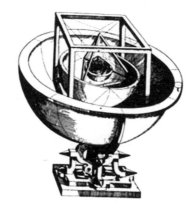

开普勒的宇宙模型：最外面的球体是土星球体

图 13.3　开普勒在《宇宙的神秘》一书中的说明

嵌套在一个模型中。

　　切莫以为开普勒认为这些球体或正多面体真实地存在于太空中，它们仅仅是存在于上帝心中的概念性的蓝图罢了；但没有什么可以阻止人类在如图 13.3 所示的三维模型中揭示上帝的蓝图。这个模型类似于当上帝决心创造 6 颗且只创造 6 颗行星并将它们置于与太阳的特定距离上时所使用的蓝图。图中的这些物体并不存在于太空中，这 6 颗行星和它们大大小小的轨道仅仅是某种蓝图而已——类似于这样的玩意儿是上帝想出来的……而现在开普勒发现了这个蓝图！当你的研究

得到了简单而完美的结果时,你就会发现事实的真相,那就是上帝的蓝图。5%的误差已经够好了,毕竟在行星的数量上准确度达到了100%。开普勒模型有关行星与太阳之间距离的计算结果有95%的准确度,这证明了确实存在神秘的上帝蓝图,上帝显然就是一个哥白尼学说的信奉者!(当然,直到有人发现了另外一颗行星时为止,但那是180年之后的事了,180年已经是一个不错的纪录了。)

开普勒模型长期没有得到尊重,但这仅仅是因为自然哲学发生了变革,科学中占统治地位的形而上学发生了变革。在开普勒的自然哲学中,在他所从事的诸如光学和天文学等领域的科学工作的形而上学框架中,这似乎是某种绚烂夺目的重大研究成果——宇宙的神秘蓝图,一种深层的和谐,一种更为复杂的蓝图,甚至超越了哥白尼的研究,第谷也无法与之比拟,所以第谷是错的。

在开普勒看来,他的理论仅存在一个问题,即只有95%的准确度。第谷得到了相当准确的数据,最好来看看这与最好的可用数据相比怎么样,因为开普勒也坚持严格的经验标准,就像第谷一样。开普勒不仅仅是一个新柏拉图主义自然哲学家,显然他还是一个新教徒,仅仅把这套理论构想出来还不够,他必须用最好的数据,通过艰苦的工作来证明他所构想的理论是正确的。他并不打算停留于思想的遨游,而是试图发现,更好的数据是推翻了还是证实了他的思想。开普勒失去了教师的工作,却使他在1600年获得了第谷给他的一份助理工作。

我不想按照这样的安排来追溯关于开普勒日后工作的故事。但你可能会感到不可思议的是:开普勒其实从未放弃自己的理论。第谷的数据丝毫没有推翻他的理论,第谷的数据也没有使他的模型获得比5%的误差更好的结果……但它仍然是相当精确的。开普勒坚信自己的理论并为之奋斗终身。

开普勒的注意力转移到了以下这些问题上来:行星运行轨道的形

状,造成这些轨道形状的原因,以及行星在这些轨道上的运动。他对这些问题的研究工作后来又被牛顿重新进行研究,并且成为这种科学典范(scientific canon)的核心内容。我们接下来将讨论这些内容。

即使我们已不再相信开普勒所说的蓝图是真实存在的,我们仍可以把开普勒宣告上帝蓝图的理论看作一项科学发现的案例。所以我们在这里有了一个关于科学有时候如何运作的典型案例:一项发现的提出,在短时期内被一些人接受,但是最后被裁定为根本不存在。

(这表明,如果我们想要在科学史方面取得进展,我们就需要思考究竟什么是真正的科学发现:当务之急就是弄清楚科学史和科学社会学的有识之士如今是如何对科学发现的过程进行分析的,见表13.1:简言之,该表说明了发现主张是理论渗透的新主张;这些主张涉及一个对现有理论的重要改变,现有理论牵涉某些新的证据或有变化的证据。因此,有多少对既有的隐藏事实的揭示,就有多少专家性建构。首先,某人提出某种形式的发现主张,对这个主张的接受或否定取决于同行协商的过程,在这个过程中一般会出现拒绝、接受或者是经过修改后接受等结局,哪种结局取决于专家共同体的讨论。过后,一个原来被接受的或修正的主张还会被进一步地改进,甚至被否决。开普勒在《宇宙的神秘》这部著作中提出了一个举世瞩目的新理论,但它在当时未得到广泛接受,并且这个理论也没能存活多长时间。但是开普勒在这部著作中所运用的自然哲学,或者形而上学背景,却使他提出的其他著名理论得以立足,并被后人改进。)

值得注意的是,开普勒作为一位天文学家、自然哲学家,他的一些研究仍然是这种科学典范的一部分,他的某些研究也许更值得他为之骄傲,因为对他而言这些研究更具有基础性,并出自同样的形而上学背景,正是这种形而上学背景使他获得了更为著名的、经久不衰的研究成果。然而对我们而言,开普勒的这些研究成果已经过时了,对于特定时

表 13.1　一种科学发现的路径,用于本章却源于全书

本科学发现模型奠基于继库恩的早期工作之后于 1970 年至 2000 年间展开的科学史研究和科学社会学研究。

A. 关于科学发现的朴素的、常识性的观点 = 发现一个过去未曾看见或未被注意到的某种先存的纯粹自然事实。

B. 但是我们已知:[1]事实或理论主张是理论渗透的,并且[2]这个理论是可以被专家协商所改变和修改的复杂结构。

C. 因此,科学发现 = 与某种"证据"和实践相联系的现有理论中的变化,并且这种变化被专业共同体所接受。因此发现在一定意义上是一种"建构",而不是对先存实体的揭示。

D. 因此,对这个过程更加详细的分解是:

　D1　最初的发现主张 = 最初的主张者基于特定的"证据"和实践提出的现有理论中的变化。

　D2　专家共同体对主张的协商,这个过程也是这个或其他最初的主张者或后来的协商者是否值得信任的认定过程。

　D3　提出最初的主张之后的审议结果

　　D3.1　立即驳回,或者公开如此,或者以不加理睬的方式。

　　D3.2　立即接受最初的主张者(们)的主张(并判定其值得信任)。

　　D3.3　长期协商后才得出结论;最初的主张需要修改,遵循协商程序判定某些参与者值得信任。

期、特定形而上学框架内的特定的人而言,开普勒的研究是极其激动人心的,但是我们对此并不能完全信服。开普勒的所有科学成果都来自同样的形而上学背景以及一丝不苟的工作,包括有些在我们看来颇为荒谬的理论,例如宇宙的蓝图,以及那些已经被我们写进教科书的理论,比如行星运动三定律。

4. 通往行星运动定律:建构还是发现

接下来将要考察开普勒的后期研究工作,这些工作出自同样的自然哲学和形而上学背景,但具有更重要的留存价值,那就是开普勒的行星运动定律。但注意,行星运动定律与《宇宙的神秘》出自同样的思维

方式。作为留存下来的发现主张，行星运动定律在后来的理论尤其是牛顿的理论框架内经过了重新协商和修正，我们将在本书后面的章节中进行研究。

1600年，开普勒被迫离开教职，设法在布拉格谋得一份做第谷助手的工作。由于开普勒是一个重要的天文学家，他是第谷的几个主要的助手之一，也有更低级别的雇员在为第谷工作。开普勒被安排做有关火星轨道的工作，他的任务就是试图根据第谷体系详细地算出火星的轨道。这显然不是开普勒感兴趣的事。他感兴趣的是哥白尼体系中的火星轨道。第谷在开普勒做助手工作的第二年就去世了，这对开普勒来说是悲喜交加，在与第谷家人力争后，开普勒获得了第谷数据的使用权，这些数据被看作第谷家族的私人财产。开普勒需要这些数据来继续他关于6个球体和5个正多面体的模型的研究（这项研究耗尽了他毕生的时间）以及继续他对火星轨道的研究。

除水星轨道外，火星的轨道是最离奇的，其周期是最不规则的（水星具有最离奇的轨道，但它很难观察，因为水星离太阳太近，因而受到很强的引力干扰）。

经过8年多的工作，开普勒提出了哥白尼体系中支配行星运动的头两个基本规则或者定律，并于1609年出版了《新天文学或者天体物理学》（*New Astronomy, or Celestial Physics*）一书。这些发现主张具有真正的革命性，但是80年后，当牛顿使用并以自己的物理学和天文学体系为基础重新解释这些主张之后，它们才得到人们的重视。

下面我们来探讨这些定律实际上是如何被提出的。按照本章所使用的有关发现的改进了的观点，我们对这些定律的"发现"（discovery）或"建构"（construction）的分析，与一般的科学创新（scientific innovation）观念密切相关。

所谓的行星运动的第一定律（图13.4）是：每颗行星都是在一个椭

圆轨道上运行。椭圆是以两点界定的曲线,这两点称作焦点,曲线(X)上的每个点到这两个焦点的距离之和是一个常数。开普勒指出每颗行星的轨道都是椭圆——并且太阳位于椭圆的一个焦点上。

行星运动第二定律(图13.4和13.5):假设一颗行星沿着它的椭圆轨道运行并且太阳与该行星有一条连线。这条定律陈述的是,在任意两段相等的时间里,这条连线总是扫过相等的面积。这一定律有效地支配着行星的运行和速度。以相当定性的方式说,行星距离太阳越近,运行的速度越快;行星离太阳越远,运行的速度越慢。

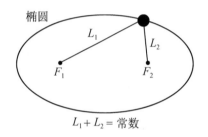

图 13.4 行星运动定律,1609 年

① 轨道是椭圆——太阳位于椭圆的一个焦点上。

② 太阳与行星的连线在相等的时间内扫过相等的面积。

太阳的牵引力 = 1/距离

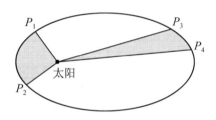

图 13.5 相等面积定律

面积相等,则时间相等,因此行星的运动:

P_2 到 P_1 较快

P_3 到 P_4 较慢

开普勒第一定律支配着行星运行轨道的形状及太阳的位置,第二定律支配着行星在椭圆轨道运行的每一个时刻的速度,换言之,行星运行的速度时刻在改变。

根据这两大定律,我们可以知晓行星在天空中的运行轨道的形状和沿轨道运行的速度。这两大定律是从上帝之眼出发,而不像托勒玫或者哥白尼的理论模型那样,仅仅依赖于从地球上的观察角度看到的许多行星运行的周期。根据开普勒的新柏拉图主义自然哲学,开普勒定律所描述的行星轨道及其运动是在真实空间里的真实表述，这种表述简洁而优美，因而是正确的。

这两大定律确实新奇古怪。对于像我们这样的学过牛顿物理学的人来说，这些定律还不算太古怪，因为它们是牛顿理论的基础。但是这些定律是在牛顿出生之前提出来的，这些定律产生时尚没有牛顿物理学的背景，并且古代的和中世纪的观念在天文学中还占据一席之地，甚至在哥白尼和第谷的思想中还留有残迹。

在1609年，这些定律看起来如此奇特——为什么是椭圆？——为什么太阳位于椭圆的一个焦点上？——这些问题看起来很神秘。面积定律甚至更加奇特和违背常理——这是如何发生的？行星怎么会遵循如此古怪的运行规则呢？

这就是开普勒的哥白尼主义观点。这一观点与哥白尼自己的哥白尼主义观点并没有多少相似之处，事实上它与可回溯到托勒玫和柏拉图学派的理论天文学传统中的任何观点都不相同。开普勒理论与众不同的原因在于，在开普勒的理论中，那些本轮或均轮及其组合都消失了，代之以轨道形状在物理上真实的表征以及轨道运动的动力学。这也解释了开普勒为他的著作所起的富有挑战性的题目：“新”天文学实际上就是“天体物理学”或天界中的自然哲学的一种形式，因为这种天文学提供了一个有关行星运动的物理的、因果性的解释，而非简单的功利性的有用的模型！这与牛顿的哥白尼主义观点也没有太多关系，虽然某些辉格科学史家总是认为开普勒的研究与牛顿的研究仅差一步之遥。

而现在又面临一个重大的问题。开普勒是如何得出这些定律的？请注意我回避了“发现”这个词。自然律并不是任何简单意义上的“发现”，自然律是“被建构的”（constructed）和“被强加的”（imposed），就像我们已经探讨过的理论那样。

正如表13.1所示：一个作出某个发现的主张意味着对某个现有理论所作的理论渗透的改变或修正，这个主张关系到支持这一主张的新证据或经过重新解释的经验证据。某个科学家提出某个新主张，都要经历提交专业共同体讨论、协商和评估的过程，可能会导致不同的结果：接受、拒绝，最普遍的结果是某种程度的修改。发现并不是发现一个先前已经存在的，但是隐藏在自然中尚未被发现的纯粹事实，而是发现一个包括专业共同体在内的所有人都能接受的特定的理论的新变化，并且这个新的理论变革需要特定的证据。

我们没有那么多时间去详细追溯这些建构路径，但我们可以考察一下关于研究工作如何开展的相关启示。

当然，我们可以讲述一个朴素的归纳法优越论者的方法故事，这个故事基于古老的科学方法传说和对事实的迷信。开普勒的第一定律至少可以书写成这样一个"方法故事"：开普勒说，我打算用硬纸板和大头针找出火星的轨道。他在硬纸板的某个特定位置画上太阳，在所有设定的观测点处标注角坐标并插上大头针。他这么干了8年，然后说："啊！我可以穿过这些点画一条曲线……这条曲线是鸡蛋形的，不，是个椭圆。"——一个基于归纳的发现——"事实"的归纳。

事实上他并不是这样做的，原则上来说也不可能这样做。测量行星在天空中的角度并不能得出太阳与行星的相对距离，要想得出相对距离，必须靠猜想去建立一个轨道，推测它的运行速度，如此等等。

有一个关于开普勒如何发现第一定律的暗示是：开普勒先发现第二定律，后发现第一定律，并且，第二定律（首先被发现的）并不是被发现的，它是在形而上学认同和目的的基础上被推论出来的。开普勒从作为条件（一种来自自然哲学的智力建构）的第二定律（首先被发现的）出发，碰巧得到了第一定律（后被发现的）。因此，第二定律是他的形而上学的产物，而第一定律也不过是这种形而上学的推论而已。

为了更真切地看待这个问题，让我们回到1597年，回到《宇宙的神秘》和前文曾表述过的一个观点，即开普勒不仅仅对深层次的和谐感兴趣，作为一个新柏拉图主义自然哲学家，他也对造成自然的运动和现象的精神上的非物质的原因很感兴趣。1597年，开普勒相信行星的动力来自太阳，因为他确信或者猜想过以下观点：

1）在哥白尼体系中，太阳的功效绝不仅止于位居宇宙的中心和照亮整个宇宙系统。一定有什么东西在推动行星运动，而太阳很有可能与此有关，这就是为什么太阳位于宇宙的"中心"的原因。

2）一些"事实"看起来支持这些猜想。(a) 开普勒发现行星的轨道面与太阳相交。这意味着行星轨道是受太阳控制的。(b) 行星距离太阳越近，运动速度越快，距离太阳越远，运动速度越慢。(这一结论来自哥白尼的天体和谐论——你可以得出行星与太阳的相对距离，并且可以得出行星绕太阳旋转的周期，距离太阳越远的行星，它的旋转周期就越长，它绕太阳旋转的速度就越慢。)

如果你是开普勒并且将这些事实与你自己的形而上学放在一起，那么你就会得出一个推测性的观点——太阳会产生一种力，这种力就是使行星运动的力。(也就是说，你提出了一个发现主张：在开普勒的自然哲学中，现有理论观念的理论渗透的变化或修正，是与相关证据或事实相关联的。)这种来自太阳的力会随距离的变远而减弱，正是这种力决定了行星的运动及速度，所以行星距离太阳越远，运动的速度就越慢(图13.6)。综上所述，开普勒猜想这种从太阳发出的力并不来自太阳的整个球面，而只可能来自行星运动的轨道面附近，这些轨道面差不多是碟形的，并且远离太阳赤道(图13.7)。他在1597年产生这样的想法，是因为综合了他在那个时期得出的形而上学假设和事实。这个想法就其本质来说非常奇特，但你可以看出，它非常符合开普勒的思维方式。

$$力 \propto 速度 \propto \frac{1}{与太阳的距离}$$

图13.6 离太阳越近,太阳对行星的推动力越大,行星运动的速度就越快

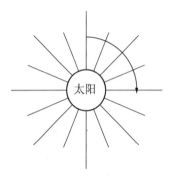

图13.7 开普勒的行星运行动力——从太阳的赤道区域发射出的非物质的力线。太阳绕自身轴心转动(开普勒预测)时,力线也转动,从而推动行星运动。行星运动力线的强度随行星与太阳的相对距离的增大而减弱,所以行星运动速率与太阳的相对距离成反比

接下来我们继续考察1601年以后开普勒对火星轨道的研究。他试图找出火星轨道的形状。为此他必须对行星如何运行进行猜想,才能继续研究轨道形状的理论。根据行星的动力随行星与太阳距离的增大而减弱的定律,开普勒猜想火星的动力来自太阳。

但是这样就存在一个问题:在数学上描述火星的动力(和速度)与太阳的相对距离成反比这一定律是很难的。因此开普勒提出了一个数学上更简单、更有效的近似值。你猜对了,经过实用性简化的力学定律就是面积定律。开普勒使用这个面积定律是为了实用的计算目的,如果你没有微积分的知识而又乐意投入大量时间去计算和将研究对象拆解为许多微小的部分,那么这一面积定律只是勉强在数学上是可行的。但从严格的数学角度看,第一定律的近似值并不是一个绝对值得接受的近似值——然而他仍旧采用了这个定律。面积定律所使用的简化在数学上并不合适,开普勒对这一点心知肚明,但正如我们现在要说的,开普勒是一位物理学家而不只是一位数学家。

因此开普勒第二定律就是一个思辨——是关于行星动力的第一定

律在数学上的简化,它本身是与其他渗透着理论的"事实"有关的受形而上学制约的建构。开普勒并没有"发现"任何自然界中的纯粹事实。他不得不作出概念选择,这些概念取决于他的形而上学,取决于他早些时候由形而上学塑造的有关太阳的"事实",并基于他的研究方向和目标。这就是第二定律何以为思想建构并得以应用的原因。

现在,有了第二定律和第谷的数据(二者都是必不可少的),你就可以得到第一定律。开普勒的研究并不顺利,犯过不少错误,某些错误所幸已经被消除了。辉格史十分关注这个故事,但是我们的分析应该始于开普勒如何得出和为什么得出第二定律,第二定律并不是一个关于自然界中的纯粹事实的发现,而是他的形而上学以及他的形而上学渗透的事实和研究目标的一种表述。第一定律因而同样也是一个建构、一个人工产物,而非自然界中的纯粹事实的发现。图13.8扼要表述了这一研究和建构的漫长道路。

在《新天文学》一书中,开普勒极其详尽地陈述了他是如何发现这些定律的。他同时对这些定律进行了阐释,清晰地表达了他关于行星运行动力的观点。这就是他的新"天体物理学"(celestial physics),或者我们可以说,"天体力学"(celestial mechanics)其实是:这两个拥有完美的数学形式的革命性定律,以及用天体力(即行星运行动力)理论对之所作的阐述。

开普勒在《新天文学》中是如何阐述这些定律的? 他利用了某些较为形而上学化的物理学理论,起点是他早期关于太阳作为行星运行动力的思想:太阳光芒四射,在行星的轨道面上发出绕太阳中部的赤道旋转的推动行星运行的动力。这种力是以非物质的线或力线的形式出现的,就像光线一样,但仅限于在行星的轨道面上出现。

因此我们得出了这种类似于光线的行星运动力线(the planet moving rays),这种力线是非物质的,引起或传送着一种力。这些力线是如

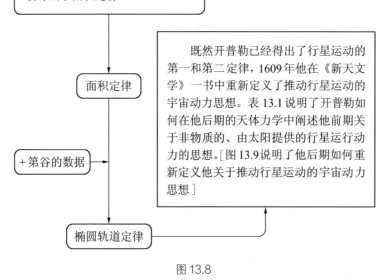

图 13.8

何使行星运动的呢？让我们假设太阳绕自身轴心旋转，这些从太阳赤道发射出来的非物质的线、非物质的辐条，就会像风扇或螺旋桨一样随着太阳一起旋转。如果一颗行星处于太阳旋转的旋涡内，这些力线就会穿过这颗行星并使其运动。因此，太阳创造了风车效应，辐条旋转通过。行星越靠近太阳，每分钟穿过行星的辐条就越多，因而行星的运动就越快（图 13.9）。

1611 年，伽利略用望远镜观测到太阳黑子并且得出太阳绕自身轴心旋转的结论后，开普勒感到十分高兴，这"证实"了开普勒的理论"预测"：太阳必定在绕自身轴心旋转！

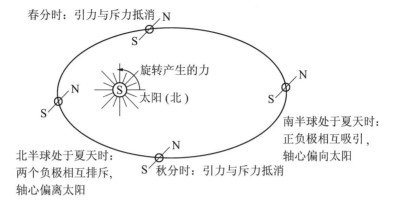

图 13.9　开普勒后期关于宇宙动力思想的详尽说明

① 太阳"旋转"造成的力∝1/d"推动"行星转动

② 太阳有一个磁北极（太阳的磁南极处于它的中心）
　地球和其他所有行星均是磁体（吉尔伯特，1600）
　具有南北两个磁极
　正极与轨道面形成一个角度

　　但是所有这些物理理论都没有给出行星的轨道是一个椭圆的结论，而仅仅解释了是什么在推动行星旋转。究竟是什么决定了行星时而接近太阳时而远离太阳的椭圆轨道呢？

　　显然，如果你是开普勒，你还需要另外一种力，这种力会推动或者拉扯行星靠近或者远离太阳。一种力推动行星绕太阳旋转，另一种力则使行星靠近或者远离太阳。因此存在两种力，一种是太阳发出的推动行星运动的力，这种力导致行星绕太阳旋转；另一种是推拉行星的力。（牛顿后来将只需要一种力，即万有引力，这说明开普勒之所以需要两种力，是因为当时在他的体系中还没有牛顿学说中的惯性概念。）

　　开普勒又是从何处得到关于第二种力的观念的呢？1600年，英国女王伊丽莎白一世（Elizabeth Ⅰ）的侍医吉尔伯特曾出版过一部名为《论磁体》的书，他在书中首次提出，地球是一个以南北两极作为磁极的巨大的磁体。吉尔伯特也是一位带有一点新柏拉图主义思想的科学家,他认为磁力是一种特殊的有价值的非物质的力。他猜测所有的行星都可能是磁体,而这可能就解释了它们的运动。

看到地球是一个磁体和磁力是一种非物质的力的观点,开普勒感到很高兴。他出于自己的目的而对这个理论进行了详尽阐述。他阐述说,太阳也同样是一个磁体,但是一个奇怪的特殊的磁体,磁南极藏在太阳内部很深的位置,而磁北极则散布在太阳的全部表面。因此,太阳实际上只有一个磁北极。(如果你需要,理论可以使你说出一些滑稽的事。)地球是一个具有一个磁南极和一个磁北极的大磁体,磁南极和磁北极分别靠近地理上的南极和北极(从这个意义上讲,实际上所有的行星都是有磁性的)。

这就是说,地球的磁轴永远倾斜于它的轨道面,就像它的旋转轴永远与它的轨道面成23度的倾斜角一样。这就意味着(图13.9),我们可以理解地球时而靠近、时而远离太阳的运动:当地球的北半球处于夏天时,地球的轴线向太阳倾斜,所以磁北极比磁南极更靠近太阳,这时太阳表面遍布的磁北极会产生一种同性相斥的反应,因此地球就会在它绕轨道运行时慢慢远离太阳。但是当地球的北半球处于冬天时,磁南极更靠近太阳,这就会产生一种异性相吸的反应,从而拉扯地球在它持续绕轨道运行时靠近太阳。

这就是开普勒的天体力学,看起来很奇特很特别,与牛顿力学有一定区别。开普勒的研究充满了发现主张,其中许多主张不久就消失了,但也有少数主张(如行星运动定律)留存下来,并在牛顿理论中被重新诠释。

5. 开普勒理论的接受过程:消解与灵活的解释

任何一位伟大的人物都会被询问的问题是:他的研究工作是如何被人接受的? 科学研究的工作是否重要,是否真的具有某种意义,取决于后人如何运用这个研究或者对这个研究的态度如何。我们已经看到哥白尼的主张在他的朋友和反对者手中所经历的奇特生涯。对开普勒工作本身的各种不同的接受和解释是一个极好的实例,这个实例表明了实际的科学研究行为是怎样与某个简单的或辉格式的观点所期望的结果相矛盾的,同时也表明了后来的专家对开普勒的各种发现主张及其整个自然哲学的协商。

比如一个像伽利略这样的人物,伽利略是与开普勒同时代的人并且是为数不多的确信哥白尼学说的人之一。他肯定过开普勒的研究并且将它运用于自己的研究中了吗? 完全没有。他在很大程度上忽略了开普勒。这种态度可能是由于伽利略耻于开普勒极端新柏拉图主义者的身份,耻于与这种贩卖和谐的人为友。此外,他看起来也并不理解,或者不想去理解开普勒的关于非圆周运动的天文学。

专业天文学家是怎样看待开普勒的? 这些对开普勒苛求的专业天文学家避而不谈他的成果的真实意义,就像他们早先对哥白尼的做法一样。他们这些人中的大多数都不是信奉哥白尼学说的人并且在自然哲学上也不承认新柏拉图主义。因此开普勒的主要理论主张经历了一个极其严苛的解释和协商的过程。如果有什么观点打动了他们的话,那就是有关椭圆轨道的观点,因为这是第一次有人猜想出行星在宇宙中运行的真实轨道。因此,并且毫不奇怪的是,专家们继续使用均轮和本轮来模拟并预测行星的运动,但是他们也对原来的模型进行了调整,以使运行的轨道是椭圆形的,这就是开普勒有关天体物理学的新观念所受到的最好待遇!

最后我们看看自然哲学家对开普勒理论的反应,他们也被开普勒的物理学理论打动了吗? 这是当然的,不久后的17世纪50年代,很多自然哲学家开始成为机械论者,而所有的机械论者都是接受哥白尼体系的,所以他们对开普勒的态度就十分显而易见了。他们会说:"非常好！是什么推动行星运动？一定就像开普勒说的那样是一些物理的原因,但是糊涂的老开普勒是一个新柏拉图主义者,他还相信荒谬的非物质的原因和非物质的力,我们都知道所有的现象都是由于物质的质点或原子相互撞击所致的机械冲击而产生的。所以可以确信,一些物理机制或其他因素推动着行星绕太阳运动,但那一定是运动物质的一种或另一种力学机制。"至于"新天文学"所涉及的数学,按惯例也留给了专业天文学家,参见前文所述内容。

所以开普勒的理论在天文学和自然哲学方面的伟大前景被割裂得支离破碎,没有人完整地理解过它。唯有一个人在一定程度上还原了开普勒的理论,那便是 17 世纪末期的牛顿,但牛顿不是以开普勒的方式,而是以他自己独特的,与开普勒不同的方式还原开普勒理论的。在那个时代,每个人都在哥白尼学说的意义上接受真理,而开普勒的新柏拉图主义已经过时。对阶梯式的线性进步的辉格史我已经谈了很多了。

最后,我们须注意到,上文提及的三位主要的哥白尼学说的信徒——哥白尼、开普勒、牛顿——相互之间存有分歧,更不用说第谷了,第谷机智地吸收并修正了哥白尼的种种观点。我不禁开始疑惑"哥白尼学说"这一术语的真正含义。我们将在第 26 章继续讨论这一话题。现在,我们要转而介绍另外一位伟大的 17 世纪早期的哥白尼学说的信徒、对开普勒并不怎么热情的盟友了,他就是伽利略。

第13章思考题

1. 开普勒的《宇宙的神秘》(1596 年)是哥白尼天文学的进一步发展吗,或者仅仅是新柏拉图数学神秘主义的某种推演？

2. 为什么开普勒将他的主要著作称为《新天文学或天体力学》(1609 年),这部著述的新意何在？

3. 开普勒是通过对观察事实的概括来发现行星运动的前两个定律的吗？先验承诺（形而上学或自然哲学）在开普勒的科学研究纲领中起到何种作用？

4. 一般而论，博学的科学史家是如何分析科学发现的过程的？

阅读文献

T. S. Kuhn, *The Copernican Revolution*, 209—219［Kepler］；185—200［background］.

P. Dear, *Revolutionizing the Sciences*, 74—79.

J. Goodfield & S. Toulmin, *The Fabric of the Heavens*, 198—209.

R. Westfall, *The Construction of Modern Science*, 3—13.

◈ 第14章

伽利略和望远镜：证实理论的
事实是仪器发现的吗？

1. 导言：人类的位置，伽利略运用望远镜的主要发现

在本章以及前面两个关于开普勒和第谷的章节，我们都在试图解决两个问题。在这三个案例中，我们将考察哥白尼学说的争论中第谷、开普勒和伽利略这三位科学家的研究；在每个案例中，我们都把这三个人的工作的某个方面剥离出来加以考察，以展示科学的某个普遍的社会/政治方面。在探讨第谷时，我们考察的是理论主张的专业协商；在谈到开普勒时，我们考察的是科学发现的本质，这种科学发现是一种处于形而上学背景和先验性研究之网中的智力建构；本章我们将考察伽利略和望远镜。（后文将提到更多的有关伽利略和教会的故事。）我们将着眼于科学仪器使用的政治和理论渗透。

1609年，伽利略尚未以哥白尼学说的信徒的身份出现于公众面前，尽管他确实是哥白尼学说的信徒。他曾得到消息说，某种我们现在认为是望远镜的东西已经在低地国家荷兰使用了很多年，显然它是在那里诞生的。望远镜当时主要被用来当玩具玩或者用作某种秘密的军事技术，在战斗前和战场中，望远镜显然是一个有用的军事辅助工具。透镜和眼镜在望远镜发明之前的中世纪就已经发明，并且中世纪的自然哲学家对透镜和眼镜都进行过论述，但是望远镜尚未被论述。伽利略

起初没有得到望远镜，他不得不自己做一个，由于并不了解望远镜的工作原理，他通过反复试验才成功。伽利略成为继英国的哈里奥特（Thomas Harriot，未公布其发现）之后第二个将望远镜应用于天文观测的人。

伽利略最初的发现发表在两个出版物上：《星际使者》（*The Messenger of the Stars*，1610年）和《关于太阳黑子的书信》（*Letters on Sunspots*，1613年）。在他的晚年著作《关于两大世界体系的对话》（*Dialogues Concerning the Two Chief World Systems*，1632年）中，他总结并更加充分地利用了他的观测结果来支持哥白尼学说。也正是这本书给他惹来了麻烦。这本著作中提到的两大世界体系一般认为是亚里士多德体系和哥白尼体系（在真正的辉格式观念中，假装第谷体系是不重要的）。伽利略介绍并运用了他的望远镜观测结果，试图证实这些观测结果实际上否定了亚里士多德体系并证明了哥白尼体系是正确的。伽利略以后的许多评论者都接受了伽利略的策略，毫不犹豫地接受了他的主张：他的观测证明了哥白尼学说并推翻了亚里士多德体系（第谷的主张被忽略了）。

我们首先考察伽利略的观测结果（按他的方式），然后以一个伽利略同时代的怀疑论者可能会采取的方式来考察这些观测结果。接下来我们将谈到关于望远镜的功能及伽利略如何使用望远镜等一系列问题。通过这样做，我们将明白，科学仪器仅仅是对那些来自自然界中的事实进行捕捉和阐明这一观念是靠不住的；同样，仪器仅仅使得那些独自存在的事实变得更易获取这一观念也是靠不住的。（图14.4描述了这一关于仪器的常识性的和朴素的理论。）我们将明白，我们需要一个科学史与科学社会学的更加新颖的关于科学仪器在科学工作中扮演何种角色的观点。伽利略的故事为我们展示的就是这样一个新颖的观点。本章的结尾，我将简要评论伽利略在说服受过教育的大众接受如下结论时所获得的不该获得的成功:的确,伽利略用他的证据沉重地打击了亚里士多德体系,同时有力地支持了哥白尼体系。

伽利略的主要"发现"分为5个范畴,我将把这5个范畴分成三大类型进行分析。前两个范畴我称之为定量结果(quantitative results);第三和第四个范畴我称之为定性结果(qualitative results);第五个结果,即木星的4颗卫星的发现,也是一种定性结果。我将分别对这三大类发现进行评论。

首先,金星的位相(图14.1):按照哥白尼本人的理解,在哥白尼体系中,地球上的观测者应该看到金星的位相与月球的位相十分相似,因为金星绕着太阳运行,而地球在一个较远的轨道上运行。有时候,正如从地球上看到的那样,金星面向地球的一侧会被太阳完全照亮,地球上的观测者会看到金星状如圆盘。当太阳、地球和金星处于其他平面内时,地球上的观测者只能看到金星的一部分:根据不同的位置,可能观测到金星的一小片形状,一半形状或者是一个新月形状。因为哥白尼已经得出了行星间的相对距离,所以实际上你可以用几何学预测出你应该看到的是什么(当然这也是宇宙和谐论的一部分)。

但是对哥白尼来说遗憾的是,人们看不到金星的位相,或者至少用肉眼是看不到的。(这是哥白尼体系的一个"错误的"预测!)金星的位相直到1609年才被伽利略观测到,这不仅令伽利略激动万分,也令任何一个了解此事重要性的人兴奋不已。事实上,伽利略在他关于这个问题的著作中赞扬了哥白尼,说哥白尼忽视了威胁其理论的观测结果。伽利略阐述说,哥白尼遵循的是"理由"而不是感觉,他接着说,望远镜给出了一个出人意料的更好的"感觉",这种"感觉"揭示了哥白尼学说是正确的这一事实。很难将这些绅士们称作波普尔主义者,因为哥白尼之所以受到赞扬,是因为他的"理性",是因为当他的观测结果并不支持理论预测时,他没有急于抛弃理论! 你也许有兴趣了解哥白尼对于

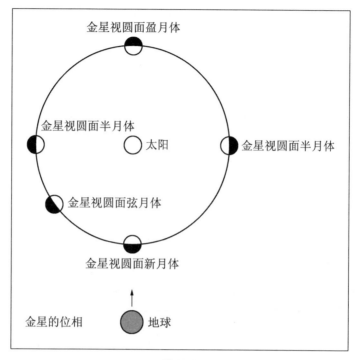

图 14.1

在他那个时代预测的没有观测结果支持的金星位相作何评说。当然,我认为卡尔·波普尔爵士不会为哥白尼的言论所动,因为哥白尼是如此辩解的:金星是透明的。这就是我所说的调整理论以拯救理论。

接下来讨论关于金星和火星视圆面形状的显著变化问题。哥白尼体系的另一个有趣的方面是,由于它给出了行星轨道的相对大小,所以哥白尼体系能够预测地球-金星之间的最大距离与最小距离的比值以及地球-火星之间的最大距离与最小距离的比值。首先考察地球-金星的距离:遵循哥白尼学说,金星在距离地球最远时看起来是它距离地球最近时的6倍。这个1:6的比率(表14.1)是哥白尼学说的确定的结果或预测。我们都知道在观测某事物时,当它向你靠近6倍的距离,它的长度和宽度看起来都会增大6倍,因此它的视表面面积增加了36倍。

换句话说,它是哥白尼学说的一个预测,即金星在它距地球最近时,看起来比它距地球最远时大36倍。因此我们对金星距离地球远近而发生视圆面大小改变的比率有了一个预测:36:1。

表14.1 金星/火星视圆面尺寸观测变化

	最大/最小距离	视圆面尺寸大小	观测到的视圆面尺寸比率
金星	1:6	1:36	1:1
火星	1:8	1:64	1:4

同样的理论也可以应用于火星,因为火星的近地点甚至更靠近地球,其远地点更远离地球。这个比率大约是8:1,因此就火星的视圆面尺寸来说,距离地球远近而呈现的视大小比率大约是60:1。当火星比较靠近地球时,它看上去比它远离地球时要大60倍。

这些确实是十分大胆的预测,并且像哥白尼学说的其他许多十分大胆的预测一样,根据肉眼观测结果显然是完全错误的。因为肉眼观测结果显示的比率大约是:火星离地球远近而呈现的视大小比率为4:1,金星离地球远近而呈现的视大小比率为1:1。因此,前面的数据是哥白尼学说的预测,后面的数据则是诸如第谷这样的人通过肉眼观测得出的。但是,伽利略用他的望远镜观测后声称,他看到的金星尺寸明显增加,比率大约是40:1;同时,火星尺寸增加更大,比率大约是60:1。相对于哥白尼从前遇到的问题,这些数据已经"足够好"。请记住,"足够好"的数据也总是存在问题的。望远镜"证实"了哥白尼学说的预测。就伽利略而言,望远镜所观测到的事实确立了哥白尼学说的正确性。(回忆一下第10章,关于波普尔的方法论的那一章。在这里我们有一个案例,是关于伽利略这位专家的,他声称他的观测结果的差距"足够小",因而可以证实哥白尼的预测——但这个差距本身并不足以说明问题!)

让我们现在转向"定性证据"的考察,这种定性证据既没有有力地支持哥白尼的预测,也没有动摇亚里士多德的原则。这里有两个主要的结论:第一,月亮表面类似地球,它似乎并不是一个完美的天体,它看起来有着高山、峡谷和海洋。这是伽利略观测月亮后的报告。他从这个事实中得到的结论是,亚里士多德关于"天体"和"地球"的区分是错误的。月亮像地球一样,地球也像月亮一样。如果你是一个哥白尼学说的信徒,你会觉得这个结论好极了,因为你认为地球是在宇宙中不停旋转的,它是一个天体。这就是反对亚里士多德的有力证据。

定性证据的第二个结论涉及太阳黑子:太阳表面存在一种斑点,它们是在太阳表面自然发生的巨大的磁能风暴,会影响地球上的无线电接收和通信。伽利略通过对太阳黑子的观测极其巧妙而正确地总结了它们的位置:它们不存在于宇宙中,而是位于太阳的表面,并且太阳带着黑子一起转动。(开普勒也预测到太阳的自转,这是他的天体力学的基本组成部分,参见第13章,所以他对这些发现感到很高兴。)伽利略当然不能戴着防护眼镜观测太阳,他最终双目失明。作为一名17世纪30年代的老人,伽利略在受到审判时已经半盲,后来完全失明。但是太阳黑子的观测表明,太阳——这个太阳系中最完美而高贵的天体,也会腐坏、衰败并存在缺陷。这个观测结果还不是决定性的证据,但亚里士多德学派得悉这一事实也不会多么高兴。

最后,我们来讨论伽利略最著名的观测——木星有4颗卫星。这是个有趣的故事,这倒不仅仅是由于伽利略拍卖卫星命名权。那时伽利略亟须变动工作,他想离开帕多瓦大学去为个人资助者工作,抱着这个目的,他把这些卫星的命名权送给了欧洲的王子和君主,他们爱用谁的名字命名都可以,只要这个人能给他一份工作就行。最后是托斯卡纳大公,一位年仅十二三岁的佛罗伦萨的美第奇王子给予了伽利略高薪厚职。所以木星的这些卫星就被以美第奇家族的姓氏命名。

那么,木星的4颗卫星在哥白尼学说的辩论中具有何种意义呢?这的确是个问题,并且我无法切中要害:也许伽利略在这一问题上的论述尤为薄弱。伽利略说的是:在哥白尼体系中,地球的卫星绕着地球旋转,地球绕着太阳旋转。因此地球的卫星进行的是一个复合型运动,它在绕着地球旋转的同时还要绕着太阳旋转。这也许使你感到困惑,但你不应该困惑,因为木星也有卫星。后来辉格科学史家将此理解为:木星的4颗卫星是哥白尼体系的一个模型。伽利略也持同论。我认为伽利略只是在寻找一个办法来利用这些卫星的发现所具有的巨大的价值。他一直在设法让这些卫星有点意义,但是这些卫星在关于何种理论是正确的理论的哥白尼学说的辩论中并没有发挥太大的作用。

2. 证明哥白尼是正确的? 对<u>结果</u>[即来自仪器的<u>证据</u>]进行诠释

伽利略展示了如此多的"事实",能够说服我们吗? 这些事实是自然秩序的直截了当的事实吗? 或者说它们是观察对象的有争议的解释吗? 这些事实的报告是否包含策略意图和浮夸成分? 这些报告能否作为事实的"投标"而被接受? 比如说,一个第谷主义者也能在这些发现中找到依据,尤其是定量的依据,重要的第谷主义者都精通此道。有些第谷主义者是重要的耶稣会天文学家,他们对伽利略的理论主张和说理方式非常不满。正如我们所知,纯属巧合的是,第谷体系在几何学上等同于哥白尼体系,第谷将哥白尼学说中的所有和谐理念引入了自己的理论。因此第谷体系也能预测金星的位相,而且纯属巧合的是,它预测金星视大小的最大值与最小值的比率是36∶1,而火星视大小的最大值与最小值的比率是60∶1。它作出了与哥白尼学说相同的预测,这些预测是定量的,所以第谷体系被伽利略的观测结果成功地证实了,尽管我们永远不会通过阅读他的作品而猜到这一点。所以,伽利略的发现并不像伽利略想象的那样是一种独具匠心的独创。

现在来谈谈月亮表面和太阳黑子,它们使亚里士多德学派颇为尴尬,尤其是对那些认为天上不会发生任何改变的人来说更是如此。但第谷在1572年已经观测到了一颗超新星,这可是天上发生的一次变化。而且第谷用宇宙流体取代了完美而坚硬的水晶天球。在1577年,第谷观测到一颗彗星划过天空,那里应该有天球存在,因此一个第谷主义者可以轻而易举地说:"地球和天体之间并非界限分明,因此我们可以接受伽利略的研究结果。"这对于第谷来说不是十分有利的证据,但月亮表面并不对第谷构成什么威胁。木星的卫星对哥白尼学说的重要性也许被夸大了,因为它们在哥白尼体系中的运转情况同它们在第谷体系中的运转情况是一样的,也就是说,它们在围绕地球旋转的同时,还围绕别的东西旋转。所以其中蕴含的意义并不像伽利略或某些你会遇到的辉格式作家所认为的那么重要。最后,太阳自转的结论对第谷来说也几乎不是什么问题,毕竟,他认为除了地球以外所有的行星都在环绕太阳运行。

因此,我们真正讨论的是对证据的解释,这些证据是以我们在第2章中作过广泛讨论的"报告"的形式出现的:我们如何选取、如何解释那些证据,并将这些证据用于我们的论证呢? 伽利略选择了对第谷有用的证据,并且通过击败被当作唯一竞争者的亚里士多德来假装这些证据实质上证实了哥白尼学说。但是,正如我们所见,第谷主义者能够接受伽利略的所有证据,不论是定性的还是定量的,这些证据经过解释后都可以支持第谷主义者自己的理论。

3. 结果[即来自仪器的证据]的选择

在伽利略的论证策略中还涉及一些别的东西。我将之称为"证据的选择",显然对证据的选择与解释之间是互相影响的。但是证据的选择同样存在,因为迄今为止所讨论的现象并非起因于望远镜的使用的唯一现象。它们是作为对伽利略最有利的证据而被他选中的,其实还存在其他可被选择和解释的证据。

让我们通过审查伽利略的一个示意图(图 14.2)来考察这个问题,这是他对所观测到的事物所画的草图。注意月亮上的阴暗区域和明亮区域之间的粗糙边缘,这个粗糙边缘据说可以证明月亮表面是凹凸不平的,它有山谷、山脉和火山口。但是观察其外部轮廓,月亮是一个球形,就像伽利略所描述的那样。

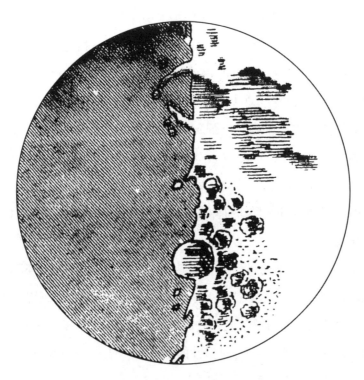

图 14.2 月球山系和月面环壁平原,引自伽利略的《星际使者》
(Venice, 1610, cf. p. 150)

让我们回到事件本身。1604 年,开普勒出版了一部关于光学的重要著作,在这部著作中他阐述道,月亮上的阴暗区域和明亮区域之间的界线看起来有一点起伏，以肉眼来观察，月亮的边缘部分不像是圆形的。开普勒那时已经说过月亮的边缘看起来很粗糙，但伽利略选择对此视而不见，正如他对开普勒说过的许多观点所持的态度一样。

为什么伽利略没有理睬开普勒所说的关于月亮的边缘看起来很粗糙的观点？有一个很重要的原因是，这里存在极其重要的利害攸关的选择问题。伽利略当时已经发表了他的草图和描述，并且对之坚信不疑，未作任何修改。如果他进行修改，那么他就得依据肉眼观测结果来修正他的观点，但他不想根据肉眼观测结果来更正他的观测结果，因为他想坚持这一观点：望远镜是最重要的、最权威的仪器。肉眼不能纠正望远镜的错误，而望远镜可以纠正肉眼的错误。因此即使望远镜的观测结果本来可以被有效地修正，伽利略也拒绝这样做。

但是，就算有这么一个关于选择的伽利略式原则，我们也应该审视一张月亮的照片（图14.3）。这张图片中的月亮表面与伽利略草图是同一区域。我认为图片中位于明/暗区域分界线上的火山口也就是伽利略在他的草图中所展示的那个巨大的火山口。正如一位当代专家所说："［伽利略草图的］特点没有一个能与我们现在所知的［当代的］月亮表面的标识相吻合。"事实上，伽利略所描绘的火山口是如此之大，如果它真的存在的话，我们用肉眼就可以观测到，但是，当然了，它并没有那么大，而且肉眼也看不到。这再一次印证了

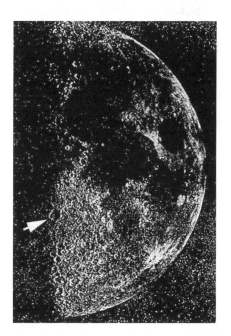

图14.3　对月亮（1/4部分）进行一周的观察

肉眼不能纠正望远镜的错误,但是望远镜也不是完全可靠的。不能确定望远镜观测的可信度使情况变得更糟。

4.仪器[及其观测结果]的可靠性:"物化的"(embodied)理论的作用

用肉眼观测恒星,你看到的是一种很小的闪烁的斑点——你通常看不到清晰的光点——但如果用30倍的伽利略望远镜观测同一颗恒星,你就会看到一个光点。行星被放大了,太阳被放大了,月亮也被放大了。地球上的物体也被放大了,因为我们用望远镜观测它们之后还能走过去触摸这些物体。但是,恒星却变小了。伽利略知道这一事实,他试图对这个现象进行解释:当你用肉眼观测时,会有一种光照射到你的眼球表面并且在眼睛内部呈现出图像,但是通过望远镜观测时,出于某些原因,光不能照射到你的眼球上,不能在眼睛内部呈现出图像,因此你看到的恒星图像只是一个光点。伽利略就这样对望远镜观测的这种情况作了解释。但是光的干涉问题至今仍未很好地解决,它是人类知觉生理学和心理学的一个难题。

从上述内容我们认识到一个关于实验科学历史的重要观点:仪器的使用最终取决于你从理论上怎样解释它的构造、它的结果以及它的运行的可靠性,并且上述三个方面都取决于仪器的理论。使用仪器离不开对它的工作原理的掌握。彗星的出现过去被看作一个难题和一个反常事件,而伽利略对此作了解释。许多人被他的理论说服并且"承认"了他的理论。但是在原则上,望远镜的工作原理仍然有一些值得质疑的地方,而伽利略则自以为望远镜的使用的方方面面都是完全可以理解的和可靠的。

所以存在两个问题:一是证据的选择与解释(描述)问题,二是仪器的理论问题。伽利略在某种程度上运用的是一种即使在今天都非常普

遍的关于仪器如何运作的观念。一种朴素的仪器理论认为（图14.4），
自然是先在性的，自然将事实传达给我们，而后我们使用仪器对这些事
实进行分类、甄别和阐释，最后用事实检验理论。你可以将事实与预测
进行比较，如果二者相符，理论为正确的，如果相悖，则理论为错误的。
由此看来，仪器在阐释或甄别事实方面是不带理论偏见的工具。这是
一种理解仪器的通行的观念。其实伽利略想说的是："不用担心仪器是
如何工作的；它比我的视力好多了；它是可以信赖的（这意味着信赖我
选择信赖的，忽略我选择忽略的问题）。"这就是伽利略关于仪器的朴素
理论。在第六篇中我们会回到一个更复杂的仪器理论。

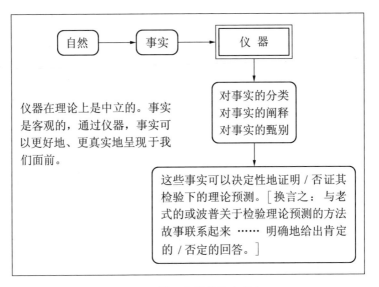

图14.4　关于仪器的朴素观点

　　现在，在考察完证据的解释和选择后，我们将审视一个更重要的问
题：对于一个旁观者而言，伽利略的证据究竟意味着什么？如果你是这
场辩论的参与者，这种证据又意味着什么？1610—1611年，伽利略分别
主持了两场有关望远镜的聚会，他将自己的支持者和部分反对者都邀
请到一位贵族的家中参加聚会。在贵族家中伽利略架起了望远镜并邀

请每一位与会者亲自通过望远镜观测这些发现。这是伽利略支持哥白尼学说的整个计划的一部分。在其中的一次聚会上,据我们所知(是伽利略的一个朋友说的),与会者除了伽利略没有任何人能够看到木星的卫星。我并不是说木星的卫星根本不存在,或者伽利略根本就没有看到这些卫星。我想说的是,当你用望远镜观测的并不是地球上存在的物体(因为对于它们,你有各种各样的日常生活中的线索可以佐证你所观测的为何物)时,当你用望远镜观测的是那些陌生的、罕见的物体时,你其实很难看见它们,或者很容易把你看到的东西跟别的东西混淆起来,或者你看到的东西是别人不会苟同的。

有几位亚里士多德学派的教授参加了聚会,他们表示决不会用望远镜去观测,这样做似乎很愚蠢。但他们的立场有一定道理,因为事情显然没有朝着伽利略既定的方向发展,既然伽利略并不能真正解释望远镜的工作原理,你何不采取这样一种态度呢:什么时候伽利略能告诉我望远镜的工作原理了,我才会用望远镜去观察。就好像,如果某个人走进门来并表示他将给你提供一种永动机,这样你无需任何能量输入就能够获得无限的产出,对此,你甚至都不用看一眼他的机器,就可以用物理学的理论知识把他打发掉。

当你用望远镜观测并且观测的事物不存在于地球上而是从未有人见过的东西时,会发生很多奇怪的现象。比如说,开普勒曾看到方形的行星。有些人认为月亮处在管子的内部;因为当你第一次使用望远镜的时候,对图像的心理定位,而非几何光学成像,往往会使月亮看起来像是装在了一根管子里的物体。如果你用望远镜观测一座遥远的山,会观测到山被放大;但你不会有那种山移动到你附近的感觉;也就是说,你感觉到山仍然在远方。但是,如果你观测诸如月亮这样的事物并且它也被放大,你就会有一种不寻常的感觉,好像月亮因为一些奇怪的原因而移动了大约1米左右,超出了望远镜的界限。我们无法具备一种用始终如一的或现实的方式来定位图像的心理模式。

　　所以人们通过望远镜会看到一些奇怪的东西。有些问题至今没有解决。我们使用望远镜并且试图避免各种各样的错误信息，但是这些错误信息的出现仍然没有完全被心理学家和生理学家所解决。

　　某些关于望远镜的问题在后来得到了解决。例如，通过望远镜观察一个物体时，经常会发现物体周围存在些许彩色的边缘。开普勒报告说：他的方形的行星是彩色的——其实它们只是一些色散边缘。为了处理这个问题，1704年牛顿第一次提出色散理论（the theory of chromatic dispersion）。所以，在牛顿之后你可以用望远镜观测了，如果你用望远镜看到彩色边缘，你还可以对之进行计算：有多少彩色边缘是由色散导致的，有多少彩色边缘是物体本身所固有的。换句话说，我们需要理论来厘清通过仪器所得到的观察物。仪器不是从树上掉下来的，因为它们是作为理论的物化而被制造并且被使用的。仪器只有在当我们了解了它们的运行原理并对这些原理取得一致意见时，才能被可靠地使用。

　　总之，为了可靠地使用一个仪器，使用者需要<u>校准</u>这个仪器，并且所有的专家都要同意这一校准；使用者还需要<u>改正错误，避免漏洞和消除由于仪器的使用而产生的"人为因素"</u>，并且这一切（包括以后还会发现的问题）还要得到所有专家的认同。所有这些做法都取决于是否拥有关于仪器的研制及其使用等问题的合适且公认的理论。

5. 望远镜的发展：17世纪的光学理论

　　关于望远镜的理论在1609年处于什么状况呢——实际上还没有出现任何关于望远镜的理论。1611年，开普勒出版了一部关于望远镜的著作，但是他的著作受制于他当时不知道光的折射定律，所以只是一个复杂的近似值。1637年，笛卡儿出版了一部关于反射和望远镜的著作,他知道光的折射定律,但是不知道色散理论,要可靠地使用望远镜还必须了解其他许多关于望远镜的理论。所以望远镜的使用在早期并无有效的理论支撑。关于望远镜的理论是随着望远镜的发明而发展的。或许可以这样说,望远镜有一个发展过程,因为它不是从天而降然后就发挥作用的。光的理论、光学理论、生理学和心理学理论的发展影响了人们如何看待望远镜、如何使用望远镜。

6. 对科学史及科学哲学的学习者而言,应该了解有关仪器的复杂理论

图14.5—图14.7部分地解释了望远镜的发展过程。关于伽利略和他的望远镜的情况是,就像任何理论或仪器一样,自然界会对人类及其

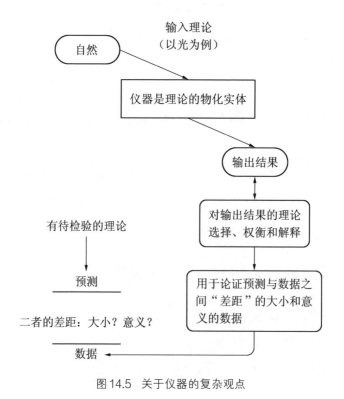

图14.5 关于仪器的复杂观点

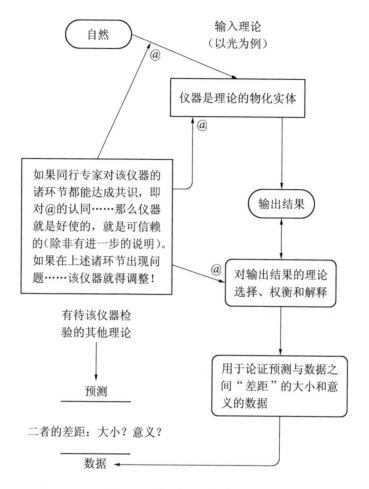

图14.6　关于仪器的复杂观点

仪器施加感觉压力。但是,仪器是一个"物化的"理论,正如汽车发动机是物化的物理学原理、热力学、材料结构和其他理论一样。你不能在没有完全认同那些理论的情况下制造仪器。一个仪器就是一个物化的理论——是变成了器件的理论(图14.5)。关于仪器也存在一个先在性问题:自然是怎样被输入到我们的仪器中的?——这常常也得靠某个理论来说明。在本案例中,光进入了我们的仪器。什么是光?它怎样弯曲?宇宙中的光与地球上的光有不同吗?如此等等。所以在仪器的输

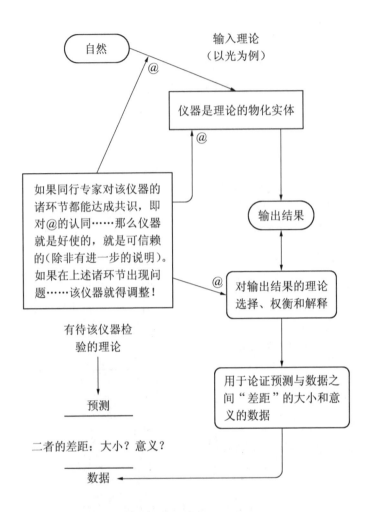

如何缩小**预测与数据之间的差距**
改变或修订：
＊有待检验的理论
＊预测（修订其他假设和近似值）
＊数据（重新对输出结果进行选择、解释和权衡）
＊仪器（即位于"@"位置的理论）

图14.7 关于仪器的复杂观点

入终端你需要某个理论。仪器也能给出知觉输出——出自仪器的资
讯——但是这些知觉输出必须被解释和选择——这些输出仍然需要解

释和选择,正如我们在伽利略的案例中已经看到的那样,所以你需要更多的理论。你需要理论来解释和选择某个硬件或仪器的知觉输出。所以,在你使用这个仪器去检验某些别的理论之前,你需要与这个检验仪器相关的所有其他理论,如图14.6所示。这就是科学为何如此复杂和艰难的原因,但是当一切都稳定下来并且所有人都意见一致时,某个仪器这时就是一个仪器,关于这个仪器的理论说它会做什么它就会做什么,除非有进一步的说明!

最后,当你已经解释并选择了某个仪器的知觉输出时,你就得到了"数据"。但是我们以前曾经经历过这种情况,我们以前也经历过这种数据预测情况,因为即使当你已经得到数据(现在你已经理解了数据究竟是什么——数据是某个仪器的挑选出来的知觉输出,这个仪器是某种物化的理论)之时,这些数据也仍然必须与你想检验的理论所作的预测相匹配(准备检验的理论不是仪器如何工作的理论),这在图中一目了然,并且预测与数据之间总是存在差距。在差距上发生的是:专家们的更多的解释、判断和微观政治(图14.7)。(回忆一下第10章以及我们对于实验结果的协商的分析。)

7. 伽利略关于望远镜的主张对于不同受众的不同影响

伽利略的著作尤其是他的早期著作究竟产生了什么影响? 为了回答这个问题,再一次,我们必须成为一名优秀的社会历史学家并且去区分不同的受众。首先,第谷的专家支持者知道伽利略的证据并未否定第谷理论,并且其实在很大程度上支持了第谷理论。第谷的某些专家支持者(比如天主教的耶稣会天文学家)后来会对伽利略极其愤慨。但是如果你考察的不是专业天文学家,而是受过教育的公众,那么伽利略的这些著作是非常有说服力的。一般受过教育的人不会像开普勒那样与伽利略进行书信联系,因为他们不会考虑到证据的解释和选择。一般受过教育的人会被深深打动,而这说明了,好的科学采用的是极其聪明的论据,伽利略把对他的研究的极其聪明的解释和论证进行了整合。

伽利略说服了许多信众,这给他带来了什么好处吗？从短期来看好处十分有限,因为这使他过度自信,以至于他认为自己能够完成扶植哥白尼学说的重任。我们将看到他因为在这个问题上推进得过快过猛而陷入了与天主教会的麻烦之中。但是,我认为(尽管这有点儿难以证明),伽利略这些1610年和1613年的作品的最重大的影响是对整个欧洲的受过教育的年轻人产生的影响。那些十几岁或二十几岁的男孩在将来的岁月里将成为一名自然哲学家,并且参与这场大规模的自然哲学辩论:哪种自然哲学体系是正确的？在将来所谓的机械论哲学的先驱者中,有一大批人,例如我们会在第19章和第20章中谈到的笛卡儿和伽桑狄(Pierre Gassendi),在当时都极其年轻并且深受伽利略理论的影响。当我们谈到17世纪三四十年代的机械论哲学时会发现,这个哲学派别中的每一个人都是哥白尼学说的信徒。从某种意义上说,这场为哥白尼学说而打响的战斗在多年以后已经在幕后悄然获胜了,因为当时几乎每个新自然哲学家都信奉哥白尼学说,游戏已经结束。技术性论证尚有辩驳空间,但是自然哲学的共识已经接纳了哥白尼学说。

如此说来伽利略利用望远镜进行研究是件非常重要的大事——它使许多非专业人士信服,尤其是那些年轻的即将成为重要思想家的非专业人士。但它没在1613年赢得一场战斗,即使有的话那它也只是使伽利略个人后来在事业上陷入麻烦。这有一点讽刺和不幸,尽管从长远来看伽利略取得了胜利,但是在短期内,就个人而言,他陷入了许多麻烦之中。无论如何,伽利略以一种按照当时的标准来看可能不太合理的方式取得了最终的胜利。值得注意的是,他的证据逃过了有可能反对他的有意识的同代人的可能的批评和可能的质疑,并且确实只有很少的同代人反对他。不要认为他"证明了哥白尼学说是正确的",因为这不是他所做的。他说服了很多人,这在后来产生了重要影响。伽利略的论据是选择性的、解释的、辩论的、模棱两可的,这些论据本应受到比它们受到的抨击更有效的抨击。

* * *

因此,在第四篇收尾的时候,我们可以说我们已经知道,科学知识和科学变革(发现的出现或整个理论的改变)是争论、协商和说服的结果,这些争论、协商、说服是在极可能分离的但相互作用的活动中持续发生的。甚至仪器及其使用和意义都包含于那些争论中,而不是与它们相隔绝的,所以科学知识和科学变革不是使用仪器和更加精确地揭露自然的好汉们的结果。我们在第五篇中将解读库恩的工作,库恩的工作正是基于或有助于我们在本书中到目前为止所讨论过的许多观念。我们需要了解库恩的科学变革的模式,并且看看我们是否可以对之加以改进(在某种程度上我们其实已经做到了这点,但是还未将这些要点阐释明确……这就是接下来的工作)。

第14章思考题

1. 伽利略基于望远镜的研究能否说服人们将哥白尼学说视为真理? 提示:望远镜是否简单地和直截了当地揭示了"自然界的事实"? 伽利略所报告的事实是否只能支持哥白尼体系? 这些事实能否支持第谷体系?

2. 布罗诺夫斯基(Jacob Bronowski),一个著名的英国辉格史学家,曾经写道:伽利略的望远镜观测"……向每个一睹为快的人……揭示了托勒玫天文学是不灵的",并且,"哥白尼的强有力的推测是正确的,现在已经公开,无须遮掩"。按照第14章的讨论,布罗诺夫斯基对望远镜的作用的陈述有哪些主要的问题?

3. 理论和协商是如何进入科学观察和实验仪器的使用过程的？能否联系科学方法的正统神话和波普尔的科学方法故事来回答这个问题？现在这些故事还能起作用吗？

阅读文献

P. Dear, *Revolutionizing the Sciences*, 65—73.

J. Bronowski, *The Ascent of Man*, 123—127.

P. Feyerabend, *Against Method* (revised ed), 82—88, 89—105.

A. Koestler, *The Sleepwalkers*, 363—374.

尝试重新理解
科学是如何运作的

◈ 第 15 章

库恩、科学本质与科学革命

1. 导言：**库恩其人；三个假定；基本范式；历史图谱**

我们已经考察了对科学方法的两种阐释——波普尔对科学方法的解释（第 10 章）和过去的归纳法优越论者对科学方法的解释（第 9 章）。我们已经看到，这两种观念并没有对我们所知的科学史提供更多启示。由于社会、政治等方面的原因，科学的变革、争论及其实际研究都远比那些故事所讲述的要复杂得多。我们的这个结论是对 50 年来科学史与科学哲学研究状况的某种刻意的修正。在这一点上在我们的领域的工作深受库恩《科学革命的结构》（1962 年第 1 版；1970 年第 2 版；1996 年第 3 版）一书的影响。本书的第五篇将从历史解释转向库恩关于科学变革的理论。

库恩对科学变革本质的研究影响了很多领域的思考——不仅包括科学哲学史，还包括一般的历史学、社会学、政治学、人类学甚至艺术史。尽管在今天一个受过教育的人可以不知道波普尔，但他不能不知道库恩。波普尔走在错误的方向上，虽然今天即使库恩的追随者对库恩的实际思想也并无多少共识，但库恩走在正确的方向上。其实，本书已经介绍了一些库恩的思想，尽管你可能没察觉到。本章和下一章将详尽地描述他的观点。对库恩思想的评介将为以非神话的方式思考科学变革、科学动力学提供一个有益的出发点。

库恩于1922年出生,他是从物理学家转行的科学史家,后来又成为科学哲学家、科学社会学家。他意识到了理论渗透的困难以及它给传统的方法论所带来的问题。他认识到波普尔的方法论并未真正抓住科学变革的动因。作为一位科学史家,库恩也意识到本书已经提及的那些历史案例的复杂性和丰富性。

库恩的计划是要提出一个关于自然科学如何进行研究和发展的普遍理论。但是,与大多数关于科学如何进行研究的普遍理论不同的是,库恩的理论并不相信存在某种能够给出答案的科学方法。库恩并不是在创立有关科学或方法的哲学,因为他在设法考察科学变革的动因:任何一门确定的科学是如何随着时间的推移而变革的。

要想理解库恩的打算(无论你接受与否),很重要的一点是要认识到,库恩相信他自己已经辨识或描绘了每门具体科学所经历的一般模式(科学发展的动因或科学的生长过程)。换句话说,我们可以拥有一个关于科学的普遍理论的原因就在于:每门科学都具有与其他科学类似或相同的生命周期。库恩试图阐明的就是这种一般模式。这种一般模式不是作为方法的一般模式,而是作为科学家中的社会、政治行为的一般模式,正是科学家的这些行为促成了不同科学的发展和变革具有类似的生长周期或模式。

库恩的观点具有许多前提,记住这些前提是极其重要的。如果你试图向某人讲解库恩却不把这些前提记在心里的话,你就会弄错库恩的意思。

第一个前提是世上本没有普适性的科学*。你不能说"科学开始于

---

* 原文在此处的"Science",首字母为大写,原文是这样的:The first premise is that there is no such thing as Science (capital S).根据上下文及参照相关学(转下页)

希腊人"或"现代科学开始于17世纪"这类话。如果这么说的话,这说明你还没有掌握正确的历史。库恩感兴趣的是**诸多科学的独特历史**(the histories of the sciences)。他对将科学看作某种公共关系及舆论的发明的那种普适性的科学不感兴趣。换言之,这种普适性的科学也是方法故事的一种发明。普适性的科学并不存在,只存在具体的多样化的科学。第二个前提(前文已经提及)是,库恩并不相信只存在**一种**科学方法,他并不相信科学研究要依靠科学方法。库恩的理论部分地阐释了科学是如何并不依赖于任何普遍的方法而进行研究的。库恩提出的第三个前提是关于我们在每门具体科学的发展历程中所看到的那种有关发展及变革的一般模式。

让我们详细地讨论第三个前提。库恩的研究从被某个他认为极其重要的历史事实所打动开始,这个历史事实是:在你考察的任何一门科学中你会发现,其历史是在两种本质上不同的阶段或时期间交替的或似乎在交替的(图15.1)。库恩称这种交替的其中一种时期为"常规"时期(normal period),其特征是极其稳定并且认同基本的理论。在"常规时期",基本理论被广泛使用,而不会被质疑或破坏。根据库恩的观点,天文学和其他科学的发展过程中存在这种"常规时期"。但是还有其他的时期,他称之为"革命"时期或"科学革命"时期。在科学革命时期,基本理论已经失去了共识,取而代之的是辩论、冲突、争执——基本理论

(接上页)术思想,此处的"科学"是指传统的科学史和科学哲学研究所构建的某种普适性的科学观,这种科学观未必符合具体科学分支如物理学、生物学等。本书作者所倡导的科学观认为,科学是具体的,各门科学都有独特的发展模式或生命周期,并不存在统一的研究纲领。不过,作者在这个问题上是有矛盾的,他一方面反对传统的普适性科学观,另一方面又在谈论另一种普适性的科学观,如后文对库恩思想的重建等。我们的理解是,作者的本意是用一种包容多样化的科学观来取代传统的科学观。——译者

处于质疑之中。根据库恩的观点,这种科学革命时期以一种新理论在革命性的冲突中出现并获得认同而告终(与先前所接受的理论相比,在科学革命中胜出的理论是一种完全不同的新理论),接着一个新的常规的有共识的科学研究时期便产生了。当然,直至下一场科学革命为止。

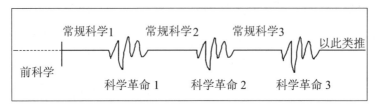

图 15.1

显然,我以上所描述的只是库恩思想的皮毛。我们应该深入到这些时期或阶段的内部。我将要描绘库恩所讨论的模式。在图 15.2 中,我们绘制了常规时期和革命时期在天文学、物理学、生物学、化学等具体科学中相互交替发生的模式。以天文学为例,库恩或许会这样描述:在古代之前,没有技术性的、理论的、规范的天文学,可能有一些东西看起来像是天文学的只言片语,但这时的天文学既无理论,也无技术。库恩称这种时期为某个指定科学的前科学时期,在这一时期,该科学尚未产生一个可行的公认理论。在天文学中,前科学时期终结于希腊人,但你也可以说它终结于托勒玫的工作。(我在这里作了简化——你可能想将其终结于柏拉图学派。)在托勒玫之后(一个很长的时间段内),天文学有了一个毋庸置疑的公认的基本理论,只需要对它进行应用和发展即可。但是在本书中,我们已经研究了一个动荡的、意见分歧的时期,也就是通常所说的**天文学革命**,库恩称之为第一次天文学革命。在这个混乱、冲突的时期之中,浮现出了(泛泛地讲)一种研究天文学的新方式,这种研究方式可以归因于哥白尼(实际上更应该归因于牛顿,只是我们还没讲到),这种新的天文学在本质上就是哥白尼/牛顿天文学。

这种新的天文学从17世纪一直应用至19世纪,因为其理论未受到质疑并且是实用的,直到新的问题、困难、混乱和争论出现,从中产生了另一次革命。这场新的革命也许在天文学中所占份额不多,它主要发生在天体力学和宇宙学领域。这场革命导致了爱因斯坦广义相对论的诞生,相对论为研究宇宙学、天体力学提供了完全不同的新理论。

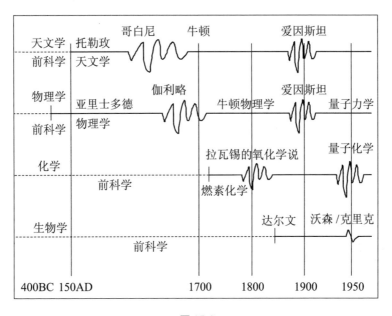

图 15.2

再以化学为例,按照库恩的观点,化学的前科学阶段非常漫长,从整个希腊时期到整个中世纪,甚至一直持续到17世纪。第一代具有非常严格的技术和理论支撑的化学(依照库恩的观点)在1720年左右才出现,也就是所谓的18世纪的燃素化学。这种化学基于这样一种观念,认为某物燃烧是由于燃烧物中有种物质叫作燃素(phlogiston)。库恩认为,燃素化学是第一次常规时期,但好景不长,燃素化学很快就遭到了挑战并被推翻,于是产生了新的革命,以氧的概念为基础的新理论取代了旧化学。这次革命转而导致了在化学领域中与原子理论有关的以及在20世纪与量子力学、量子化学有关的进一步的革命。

物理学是研究运动及其原因的科学。根据库恩的观点,最初的物理科学是亚里士多德物理学,亚里士多德物理学在很长一段时期都是支配着这一领域的常规科学。物理学的前科学随着亚里士多德的出现而终结于大约公元前4世纪,亚里士多德物理学持续了很长一段时期,直到16、17世纪的**科学革命**发生时为止,当时亚里士多德物理学受到了挑战并被推翻,最终被一种全新的物理学所取代,也就是众所周知的伽利略和牛顿的经典物理学。牛顿物理学在极高的统治地位上延续了200多年,直至20世纪初遭到爱因斯坦物理学和量子力学的双重打击而被取代。

这就是库恩所期望的科学史图景,也就是库恩研究的基础事实以及看待基本历史的方式。随之而来的是对库恩思想的说明和理解问题。

2. 各门科学学科的"常规研究"时期:范式;科学常规时期的解题——"调适"和"扩展"

显然对库恩的理解需要解决两个问题:第一,我们需要知道他所说的科学的"常规"时期到底指的是什么。举例来说,在天文学的第一个"常规时期"中,到底是什么在托勒玫范式下发生并从托勒玫一直持续到哥白尼/牛顿?在这些常规时期,科学的社会及制度上的机制和动力又是什么?第二,什么是"科学革命"?科学革命为什么会发生?它们和在它们之前出现的常规科学是如何联系的?它们和似乎总在其后出现的常规时期又是如何联系的?库恩对这些问题的回答以及图15.2就是库恩的理论。库恩提出和回答问题的方式非常不同于辉格式或方法论的方式,在方法论看来,科学的故事就是某种方法的故事。

我们现在便开始讨论"常规"时期。一般而论,究竟什么是科学的

"常规"时期？在"常规科学"时期，某一领域的科学家们究竟在做些什么？你不用这么做——你不用到处去收集事实并从中概括出理论：你不是一个归纳法优越论者，另外一件你不用做的事是：拼命设法证伪某个你持有的理论。按照库恩的观点，科学家们并没有以波普尔所说的方式行事（至少在科学的常规时期并不如此，其实波普尔也不相信他们会在科学革命时期如此行事）。作为一名科学的常规时期的科学家，你是在一个包罗万象的理论框架内开展研究工作，这一理论框架在那个特定的时刻是你的科学所独有的。假如你不认同这个占支配地位的理论框架，你就不算是这个共同体的专业成员，你也就得不到该共同体成员的接纳，你的工作也不会成为这一特定科学在该阶段的一部分。

　　这个包罗万象的理论框架使你的工作在特定的时段成为可能。这个理论框架渗透进你的实验、观察、描述；它控制着你要阐释的问题；它也控制着你是否接受对这些问题的解答。科学家因此会难以割舍他们的理论框架。库恩给这个在特定常规时期规范科学家工作（现在已经渗透到了文化领域）的包罗万象的理论框架起了个名字："**范式**"（paradigm）。于是才有了托勒玫的范式，亚里士多德的范式和牛顿的物理学范式。**范式是一个在特定的时刻或时期规范科学工作的统摄性理论框架**。但是，正如我们将要看到的，范式并不仅仅是一个"理论"，即便我们在上文通过讨论图15.1、图15.2初次介绍库恩的观念时曾经将它称为理论。通过称其为"统摄性的理论框架"，我们和库恩表明的是，范式并不仅仅包括某一学科在某一时段的明确的概念和理论，它还包括这一学科的成员在该范式下进行培训和辩论的惯例、标准、模式。所以事实上范式是<u>一种小圈子专业文化</u>（a small expert culture），而绝不仅仅是一个能在教科书或黑板上写下的理论。

　　在一个范式中都包含哪些内容？主要有三项：

　　（1）某一时期某一科学的基本定律和概念。比如，在牛顿物理学中,基本定律和概念包括在万有引力定律和运动三定律之中。在托勒玫天文学中,基本概念和定律则与只使用匀速圆周运动的组合来形成行星运动模型相关。库恩指出这还不够,因为哲学家谈论科学时经常仅仅谈论这些基本定律和概念。他们未觉察到范式中还有其他元素,也就错过了关于科学如何运作的实质内容。

（2）使这些概念和定律与具体情况相结合的各种实验过程和仪器操作程序。这为何重要呢？因为只有把利害攸关的问题与具体的实验器械结合起来,才能够界定并从事某一科学问题的研究。在前一章中已经提及,伽利略努力使望远镜成为研究哥白尼学说的工具并且最终获得了超乎预想的成功。关于此点,库恩有一个非常重要的见解,那就是科学仪器并非中立的。科学仪器是理论的具体化或物化。科学仪器是理论渗透的,就像我们在第14章中学到的那样。或者也可以说科学仪器是范式渗透的,如果你愿意这么说的话。

（3）任何范式都暗藏了一系列深层的文化假设,这些假设影响了范式的形成。这一系列的深层文化假设被称为范式的形而上学（paradigm's metaphysics,就我们在第11章介绍过的意义而言）。当然,在本书所研究的时段,正如我们已经看到的,各门科学（如天文学）的形而上学都渗透着从业者的自然哲学观念。

因此,每一个范式都取决于它的基本定律或概念、取决于范式渗透的实验过程和仪器操作程序以及使范式得以形成的形而上学背景。另外,科学革命就是范式的改变。库恩从不谈论理论的变化,只谈论范式的变化。他认为科学革命就是范式中的基本定律和概念的改变,是仪器及实验的改变,或者对实验作不同的理解。而且,通常新范式的形而上学背景也不同于旧范式的形而上学背景。牛顿和亚里士多德物理学就有着不同的形而上学背景。

现在我们来讨论对领会常规科学最为紧要的一系列要点。我们将要讨论的问题就是科学家在范式中所做的是什么，进入某种范式就像被套住了一样，直至下一次科学革命带来新的范式。实际上，库恩已认识到这个问题，他认为科学家乐于被某种范式套住，因为这样他们才知道应该做些什么，需要使用什么工具。如果他们没有被"套住"，他们就会陷入困惑，不知道何去何从。你在某个范式中所做的就是提出并解决问题。你的范式就是你的血液和命脉，因为它帮助你界定问题，给你提供解决问题的工具以及评判你在解决问题时是否做得很好的标准。这听起来好像有点封闭、狭窄、烦冗，但是根据库恩的观点，范式有很重要的事情要做。存在两大类问题："调适问题"（problem of fit）和"扩展问题"（problem of extension）。这两个词语其实并非库恩所用的，而是我本人的术语，它们可以用来说明库恩所说的很多内容。

"调适"问题：它可以是托勒玫天文学在某个时期的调适问题，或者牛顿物理学在另一个时期的调适问题。你一旦拥有一个范式，就会努力利用这个范式进行预测和解释。问题是与预测相符的是什么？解释的是什么？预测是关于"数据"的预测，解释是关于"数据"的解释。当库恩说科学家努力作出"使范式与自然相符"的预测时，他用了一个不太恰当的词。现在没有人会让任何范式与自然相符了，因为人们是让预测与数据相符合。当然，数据是理论渗透的，是经过理论选择和解释的。事实上，正是范式催生出渗透理论的数据（图15.3）。（也可以回顾讲述波普尔的第10章的图10.6，以及第14章的图14.5、14.6、14.7，在这些图中我们考察了关于仪器如何被应用于科学的理论。）

在第三篇第10章有关波普尔方法的讨论中，我们曾谈及预测和数据之间差距的协商问题，力图缩小预测与数据之间的差距就是一个调适问题。托勒玫天文学研究的全是调适问题：设计新的行星模型，与以前的模型相比，新的模型能够更好地与可得数据相符合。你在某个范式**之内**所做的工作如果能缩小给定问题的差距，你在这个范式之内所

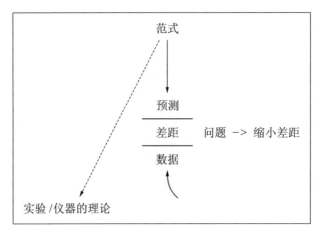

图 15.3　调适问题

做的这件工作就是"成功的"。所以,你也许会对范式进行些许调整,对预测进行些许调整。或者,你也许会对数据的生产本身进行些许调整:以不同的方式选择数据,以不同的方式解释数据,对理论略作修改——做任何事情都是为了弥合差距。照库恩的说法,调适问题就是"使范式与自然相符"的问题;然而照我的说法更准确的是,调适问题是缩小范式预测与数据之间差距的问题,这些数据是相关的经过选择性解释的理论渗透的数据。这两种说法的区别也即库恩对其模型的观点与后库恩主义者(post-Kuhnian)对库恩模型的观点之间的区别,后者正是本书最终要表达的观点。库恩依然认为自然似乎是直截了当地作用于观察者的,这种观点是我们探讨科学史时最反感的观点,对此前文已经有所讨论。

扩展问题可以按如下方式说明:扩展问题就是试图扩展范式,使范式对新的现象领域作出解释和预测。这里的术语"现象"指经过选择和解释的相关数据。(再一次申明,后库恩主义者的观点与库恩本人的观点有所不同。库恩倾向于认为扩展范式是为了覆盖"自然"的新领域;我们则认为范式所能覆盖的只能是可得数据的新领域,而且这些数据

的产生既需要自然界的输入,也需要理论和理论渗透的实验设施。)图
15.4 中的这个范式所解释或预测的数据涉及三个现象领域,见图 15.4
左侧。此范式中的科学家们都在力争不断地缩小(现有)[*]预测与数据
之间的差距。也许有人会说,我们没有考察过其他的现象,我们能否用
我们的范式去解释其他领域的现象? 在这种情况下,科学家们就要尝
试扩展他们的范式,如此一来该范式就可以作出相关的数据预测或解
释,这些数据产生于图 15.4 右侧的两个现象领域。当然,范式每扩展一
次,你就会在新"征服"的现象领域中遇到新的"调适"问题。因此理想
的范式能够覆盖相关数据和现象的每个领域,而且使得数据与预测之
间的差距愈来愈小。从这个角度看,曾经最成功的范式大概就是牛顿
物理学了,它在解释越来越多的现象领域且在一个日益精确的基础上
进行解释的过程中变得越来越有影响。这是库恩关于极其成功的范式
的最好的案例。

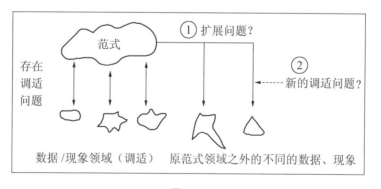

图 15.4

---

[*] 括号及"现有"为译者所加,以区别于下面将要提到的有关其他现象领域的预
测和数据。——译者

3. 没有唯一的、普遍适用的科学方法——就像匠人各有各的工具和问题一样

值得注意的是,对常规科学的界定能够推出如下几点。首先,再次申明根本没有科学方法;例如,并没有一个普遍的方法既适用于托勒玫天文学,又适用于牛顿物理学。从事托勒玫天文学研究就需要去学习托勒玫天文学的研究方式。只有掌握了托勒玫的研究方式,践行这种研究方式,然后才会有(托勒玫)天文学的"方法"。牛顿物理学的"方法"则是完全不同的,因为我们必须首先学习牛顿物理学,然后才能去从事相关研究。量子力学的方法又完全不同,因为我们必须学习量子力学6年或10年之后才能从事量子力学的研究——这是库恩的观点。如果回过头来再看一下图15.2,我们就能看出库恩所说的是,每门科学在图15.2里的常规时期都标志着一个时期,在这个时期,科学有一个范式、一个完整的研究文化,任何一个范式——围绕图中的轴线或上或下,或前或后地曲折前进——都是不同的,因此根本就不存在一个用来从事科学研究(也就是说,在科学发展史上的每个时刻对所有的科学进行实践)的普遍而简单的方法。世上根本没有普遍的方法,只有处在不同历史时期的各门不同科学的范式。实际上,此前我们在第9章第6部分及表9.1已经提及库恩对唯一的科学方法观念的批判。现在回想起来,你应该注意到,我们是在这里解释库恩的常规科学模型的全部细节前阐述那些观点的。

其次,我喜欢用一个类比来解释常规科学到底是什么。处于常规时期的科学家对于他的范式就像受过专门训练的手工艺人对于他的工具箱和技能一样。因此,从这个角度看,一名科学家就像是一位熟练电工或是熟练木匠,他只解决他的工具箱和技能所能解决的问题。他只接受和理解他的工具和技能范围内的问题。不到万不得已,他不会对

他的工具箱和技能做根本性的改变。他尽力坚守着经过了考验的工具和技艺，因为它们才是能够界定、解决问题的合适方式。而且假使电工偶尔未取得成功（比如管线漏电或电线短路），这也并不意味着电工会把他的电工包扔掉，他绝不会这么做，他会认为这只是一个当时未能用正确的方法来处理的问题，用同样的工具迟早能把这个问题解决掉。问题几乎总是与工具箱无关。你可以把这个类比套用到范式上：问题几乎总是与范式无关；你永远不会愿意抛弃自己的范式，因为你的生死均取决于范式。

现在的问题就在于：如果以上所述都是真的，为什么还会有革命？为什么在任何特定的科学领域内，某个常规科学研究的范式会变成另外一个完全不同的常规科学的范式？这些从事常规科学研究的科学家听起来如此乏味枯燥，他们情愿受制于自己的范式，从事挑剔的琐碎的解题活动。究竟为什么会出现革命和范式的改变？库恩的回答是，正是使用特定范式的过程最终导致了范式的毁坏。

阅读文献

B. Barnes, "Thomas Kuhn", in Q. Skinner (ed.), *The Return of Grand Theory in the Human Sciences* (1985), 83—100.

◇ 第16章

库恩论科学革命

1. 具体学科中的革命进程：问题和反常；对反常的反应；新旧范式争论的实质

本章将讨论库恩理论的第二个部分——最重要的也是最有争议的部分——我们如何看待库恩称之为科学革命的现象。正是在科学革命这个问题上，库恩引发了轩然大波，招致了哲学家、认识论学者、方法论学者和其他相信理性和进步的人士对他的异议。这是因为，正如我们将要看到的，库恩的理论削弱了科学中关于进步和直截了当的理性选择的简单观念。在我们继续之前，首先回顾一下上一章的内容（图16.1）。这是库恩所说的一种典型科学的生命周期（life-cycle of a typical science）：它不是普适性的科学，而是一门具体学科。每一门具体学科都来自前科学，这个起点是18世纪还是公元前4世纪，那要看它是哪门学科（化学的前科学阶段一直持续到18世纪，而天文学的前科学早在公元前4世纪就开始了）。如果科学家开始了常规研究工作，那就是说第一个范式已经出现，科学家对旧范式进行革命性的颠覆并建立第二个范式，后来也许是第二次革命，建立主导常规时期的第三个范式。

接下来我们将介绍库恩的观点，当我陈述我自己的观点时，你会注意到这两种观点的不同。库恩理论的目的是表明科学革命产生于常规

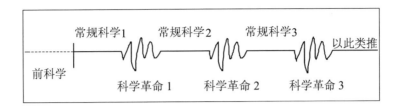

图 16.1

科学。常规科学必定催生科学革命。你无法预言科学革命的到来,但你知道常规科学的真正本质就在于产生破坏先前常规体制的革命。按照库恩的观点,在科学革命发生和完成的过程中,存在一个模式,几个阶段或者(换句话说)时刻,这个阶段可以细分为4步或者5步。他能或正确或错误地看出这些步骤,这些步骤总是呈现在他称之为科学革命的每个事件中。所以我们在非常仔细地研究科学革命的开始和结束或解决。我将简要讨论这些时刻或阶段,然后对它们进行更加全面的讨论。

按照库恩的观点,范式里总会有尚未解决的问题。这种情况总是存在的,并且是必要的,因为如果没有问题要解决,范式也就没有用处了。记住,问题通常是"调适"的形式——从任何一端来缩小范式与有关数据之间的差距——或者"扩展"问题——扩展该范式,使它能够解释新领域的数据,对这些新数据进行某种程度的"调适",这种调适是要改进的进一步的问题。科学家就是靠研究和解决问题来获得信誉的。

库恩已然宣称,在当时流行的范式内工作的常规科学家偶尔会遇到一个或一系列不能解决的奇怪问题。这些科学家不能弥合范式的预测与数据之间的差距,或者不能以他们所希望的方式和预期能够采取的方式把范式扩展到新领域的数据。这样一些因为不能被解决因而困扰着科学家的问题,就是库恩所说的"反常"(anomaly),也就是范式中根本无法解决的问题。

按照库恩的观点，反常的存在会困扰科学共同体中的某些成员(起初可能只有一个人)，他们会被身边尚未被降服的反常所困扰。在这种情况下，这些人，可能只有一个人，将会感到对范式缺乏信心。库恩称这是一种危机(crisis)，他认为，在危机情境下，对那些受困扰的人来说，典型的做法是采取一种大胆的冒险方法：反常是如此麻烦，以致他们愿意改变范式来解决那些反常问题。解决反常问题的代价是改变范式，这就催生了新范式的萌芽。

按照库恩的观点，旧范式的危机将带来一场争论，争论的性质非常令人关注，它不能简单地用逻辑、方法或事实来解决。这场争论事关范式的选择，是选择萌芽状态的范式还是全新的范式，但最终，库恩宣称这些争论总要有个结果(但这个结果并非靠某些事实的决定、方法的评估或者共同的理性标准的实施来获得)。如果争论的结论导致了共同体的主要成员接受了初生的新范式，那么**科学革命**就发生了。如果新范式没被接受，那么也许你可以说这是一场流产的革命，在科学的发展过程中不会把它作为一场革命记录下来。"占主导地位"并不意味着"投票表决"，而有点类似于"关于议会领导人的会议决定是如何解决的？"最终是投票解决的，但所有的行动都是提前开始的。"占主导地位"意味着许多最具影响力的人最终在某个特定的方向上前进。如果出现了一个新范式，发生了一场革命，那么工作就会在新范式内继续进行。少数拒绝接受新范式的掉队者将被认为不再是那门科学的从业者，因为他们没有随那门科学一起改变，然后每个人都各忙各的，直到下一次反常出现，循环往复。

2. 科学革命通常模式的更多细节

让我们更详细地考察科学革命的具体步骤，因为这些步骤非常令人关注并含有非常丰富的思想，但某种程度上也是很有问题的。常规科学的实质是解决问题,并且正如我前面说过的,总会有尚待解决的问题。如果第一次解题没有成功,并不意味着这个问题就是反常问题。共同体中的科学家有大量工作要做,如果一个问题被证明有点困难,他们总是选择丢下它,暂时置之不理,去做其他的事。有时解题失败会导致联合攻关——解题的风险提高了,解决问题的人会得到许多回报——精神方面的,职业方面的,物质方面的——因此值得人们花时间花力气努力成为解此难题的第一人。所以,有些有点儿难度的问题反而会吸引人的注意并得到解决。注意,这些棘手的问题并未使人们抛弃工具箱,也没有被用来"证伪"起支配作用的范式。反常是在这种情况下发生的:范式所遇到的难题被看作决定性的而且此范式已经无力解决(甚至付出了很大努力依然无果)。在此需要补充的是,库恩并没有花时间追问为什么共同体的不同成员对不同问题的重要程度的判断是不同的。我认为是背景(context)发挥了作用;其中包括制度的、社会的甚至广泛的政治意识形态背景,这些背景使得某些人认为某个问题确实重要而其他人则认为该问题不值一提——回想一下哥白尼以及他的起初非常个性化的观点:行星运动的均衡点是不可接受的。换句话说,对于不同的问题而言,我们该如何选择或权衡呢?

　　库恩举了一个本应是反常问题但却并非反常问题的例子,即用牛顿的万有引力理论解释月亮运动的问题。1687年,牛顿出版了《自然哲学的数学原理》(*Philosophiae Naturalis Principia Mathematica*)一书,他的物理学体系及引力概念解决了许多问题,建立了一个范式。这个范式中有大量工作可做并且极其成功,但也遇到了一些难题。难题之一就是月亮运动的复杂方面,与当时的观察数据相比,牛顿理论只能达到50%的准确度(在天体力学中这不是一个好的结果)。牛顿和他的追随者知道这一点,这也给他的后继者留下了难题。遗憾的是,彻底改变这种状况(也就是解决这个难题)竟然花了50多年,因为直到18世纪40

年代一个叫克莱罗(Alexis Claude de Clairault)的法国数学家才弄清楚，只要对牛顿的新数学作一点小的改进，就能够缩小预测与数据之间的差距。克莱罗因解决这一问题而得到了许多赞扬，但是这个问题还不能称为"反常"问题，因为这个问题还没有危及牛顿范式。

我认为，真正的反常只有旁观者才能看得出。库恩并没有真正解释为什么反常导致危机。让我们深入探讨一下库恩所说的反常。当少数人为一个或一系列反常苦恼时，将会有一个人或少数人愿意把一个大的"赌注"押在只有改变范式才能解决反常这一边。在特定学科工作的人们通常不希望改变范式来解决问题。库恩会说科学史上的伟大人物(从辉格史观来回顾这些人物，他们都是英雄)，诸如哥白尼、牛顿、爱因斯坦、达尔文等，不是用归纳法来发现新事物的人，也不是用波普尔式的试错法来证伪旧理论的人。这些人是赌徒，是"扑克牌"玩家，他们是不知出于何种原因觉察出一个或者一系列反常并把他们的赌注押在非主流的范式上去解决问题的人，而且他们押对了。如果他们输了，他们将被当作科学史上的笑柄。辉格史上的英雄不是卓越地洞察真理的富有理性的伟人，也不是更好地运用科学方法的人。他们是些不按常规出牌却获胜了的玩家。这种看待伟大科学家的方式可能招致那些平庸的哲学家或科学方法专家(或老式的科学史家)的反感，因为这种看法认为科学家的游戏及其行为实际上是非同寻常的。

因此，假定我们(或少部分人)已经进入了危机阶段，有人在备选范式(alternative paradigm)上押了大赌注，宣称对付"反常"的唯一方式是使用和设计一种新范式，那么接下来会发生什么？这正是共同体开始发生争论的时候。共同体的协商或争执将决定这场科学革命的结果。按库恩的观点，这场争论在某种理想的模式中可能永无休止地进行下去。

面对新旧范式的争论可能是这样的：你遇到了一个反常，某个改革者宣称这一反常非常重要以至于需要变更范式。改革者们首先强调新范式解决了他们的重要反常——那是说服人们跟随新范式的理由。但显而易见，如果你不是改革者而属于有可能仍然成功的旧范式的捍卫者，你会有几种不同的说辞：你会说，"哪有反常？"（库恩实际上并没有选择这样做，但我认为库恩随后的工作已经使我们认识到反常是旁观者眼中的反常。）另一种退一步的态度是，认为可能存在反常，也可能不存在反常，但改革者还没有解决这个反常。第三种态度可能是：承认有反常，也承认新范式解决了这个反常，但我们仍然认为保留旧范式更好，旧范式已经取得了相当的成功，仍然有很大的进一步发展的潜力。另一个可能性即我们看到的 16 世纪的天文学共同体对哥白尼的最初反应——对旧范式受到挑战的部分进行了新的补充和新的解释——同时接受哥白尼对均衡点的抛弃。当然，新范式的鼓吹者可以回应说，他们的新范式是比较幼小，还有待发展才能解决许多问题，但是如果我们坚持这个新范式，它将比旧范式更富于成果。对这些说法，旧范式的捍卫者会说：与现有范式已经取得的坚实的成就相比，那只是一个许诺，一个希望而已。此时无休止的争论到头了，因为新范式的鼓吹者可能反驳道：你的旧范式的固有成就已经随着这一可怕的反常的出现而告终了，只有我们和新范式才能解决这个反常问题。

你会发现在科学争论中这类辩论不在少数，库恩已经抓住了许多历史上争论的特点。（当然，在 1962 年之前，人们尚没有运用范式语言，而今天的科学家却运用库恩语言或波普尔语言进行科学辩论，但是 1962 年之前的人们仍然进行着这种结构的辩论。）

3. 理解"不可通约性"（incommensurability）

使库恩犯难的极具特色的和重要的并且迄今没有得到认可的关于科学辩论的事是，库恩所说的反常不能证伪旧范式。转化成波普尔的语言就是:你不能证伪一个理论。一个未被解决的问题不能证伪一个理论。另一方面,新范式在这一协商阶段也不能被证实;不能用任何直截了当的方式证明新范式更优越,因此归纳法优越论者和波普尔主义者都无济于事,因为旧范式不能被证伪而新范式不能被确立为真理。那么在科学革命中将会发生什么?

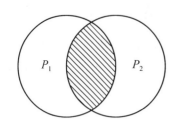

图 16.2 P_1 和 P_2 分别代表新旧范式,部分重叠意味着二者享有共同的事实和问题,但也有各自不同的事实和问题

根本上说,科学争论之所以难以决断并且没有什么简单的解决办法,是因为两个范式渗透了两套不同的事实和问题(图 16.2)。根据归纳法优越论和波普尔的观点,当一个理论取代了另一个理论时,会存在两种问题的直接比较,即旧理论先前解决的问题与新理论解决的问题之间的比较,而新理论解决得更好。依据库恩的观点,新旧理论及其解题之间不存在绝对严格的对比,因为新旧理论只有某些问题或事实是共享的。

在这里你必须小心,因为当库恩进行写作时,他经常犯错误或者出笔误(或者也许有更深层的原因)。他说过一些荒唐的话。库恩写道,有时两个范式会产生两个完全不同的事实或问题的世界(图 16.3)。他所描述的这种情况在历史上是难以想象的,或许是非人力所能及的。我想,他的意思是前面那种情况,即两个相互竞争的范式之间没有完全的重叠。

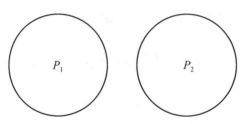

图 16.3 库恩并没有说范式 1 与范式 2 是绝对无关的

　　之所以不可能有两套完全不同的事实,是因为那些提出新范式的人出自同一个共同体和传统。哥白尼不是天外来客——他一直遵循希腊天文学的惯例工作。他的天文学观点将会与其他人的不同但不会完全两样。不会有完全彻底的重合,因为如果有的话波普尔和归纳法优越论者就会是正确的了。情况只需要与图16.2所示相类似即可:部分重叠的范式1和范式2,重叠部分的所有事实和问题都相同。只要还有些许事实或问题没有最终解决,两个范式就没有定论。

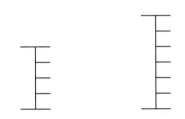

　　库恩用一个词来表示这种情况,这个词叫做范式的"不可通约性",意思是不存在唯一的公认的检测方法来判定哪个范式更好。可通约与不可通约都是数学术语,其意义如下:在图16.4中我们有两条直线,如果我问哪一条更长,我们可能发生辩论/争论。但是,如果我们都同意右边那条更长,那就不会有争论。在这个简单的例子中不发生争论是可能的,因为<u>我们有一个适用于两者的通用单位或标准</u>。我们同意用这一计量单位测量这两条线段的方法,所以我们同意测量的结果。

图16.4　可通约的:在此例中存在一个共同的度量标准,也就是存在共同的度量单位,这个度量单位可以应用于这两条线段:右边的线段肯定比左边的线段长!不可通约的:事实、问题及其答案只有部分重合,而且,没有唯一的公认的外在标准来评价两个范式。对于这个或那个范式而论,存在各种并未取得共识的"评价"两个范式的**内在**标准

　　库恩说的是,新旧范式没有唯一的公认的评估标准,因此是不可通约的。在有关哥白尼的章节所使用的语言中,库恩的意思是说,在危机或者争论的时期,<u>没有唯一的、独特的、可直接应用的公认标准来很容易地判定哪个范式会胜出</u>:这并不意味着两个范式一点也不能比较;并不意味着人们得通过不合理地抛硬币的办法来看哪一个更好;这意味

着没有唯一的公认的评估标准。当哥白尼援用托勒玫和亚里士多德曾经使用过的同样的标准时,我们看到过这一点,但他对他认同的标准作出了不同的评价和权衡。另外,哥白尼希望增加一个亚里士多德和托勒玫都不曾有过的额外标准,而且期望对这个标准另眼相待。哥白尼实际上说的是:"用新方法来评价我的范式。"而其他人,即亚里士多德学派的人和托勒玫体系的信徒实际上说的是:"我们并不一定要用你的标准来评价这两个范式,我们会用我们自己的方法来评价我们的范式和你的范式。"不存在双方都能直接应用并取得一个简洁的一致意见的唯一的、独特的、支配性的标准。他们可以谈论、争辩以及如后库恩学派的人所说的那样进行"协商"。但是,不存在简单的方法,不论是归纳法还是波普尔的方法,也不存在能解决争论的简单的、唯一的标准。

在库恩的著作中,不可通约性是一个重要的概念。要是库恩把这个概念表述得更清楚一些就好了,因为他使这一概念听上去像是一个范式来自火星,另一个范式来自金星,这两个范式没有任何共同之处。这是不可能的。不可通约性极其重要,因为它意味着没有唯一的方法、简单的法则或标准能裁决有关新旧范式孰是孰非的争论,这是库恩最丰富、最重要的结果。不可通约性使得人们不再寻求一种科学方法,而是问:"当人们争论时他们在干什么? 他们如何结束争论?"答案只能是对他们的行为进行社会的、心理的研究后的结果,而不是假设他们运用了一个方法,这个方法能给出衡量两个相竞争范式的唯一的、公认的评估标准。

你可能仍会被这样一个结论所困扰,即两个相互竞争的范式渗透着或形成了两种有些不同的"事实"和"问题",所以我要给出一些例子。我们来看托勒玫和哥白尼。现在考虑两个命题:"火星是行星"和"金星是行星"。这两个命题在托勒玫和哥白尼理论中都是事实。但是,在托勒玫理论中,"太阳升起与落下"也是事实,但在哥白尼理论中这不是事实,因为有其他的事实取代了托勒玫观点中的事实。同样,"问题"也类似。"构造一个火星运行的模型"在托勒玫和哥白尼体系中都是个问题。这是同样的问题,是它们共有的问题。"构造一个太阳绕地球运行的模型"就不是一个在哥白尼理论中能解决的问题,因为它不存在。另一个问题:"构造一个地球运行的模型。"这不是托勒玫理论的问题而属于哥白尼理论的问题。从中我们理解了库恩的不可通约性是什么意思。如果他们对事实或问题以及事实的筛选标准或解题标准没有完全取得共识,那么他们如何靠比较事实和解题来判定哪一个范式更好呢?

4. 促进争论的解决——协商隐喻以及把赌注押在结果上

那么,如何对科学争论作出裁决呢? 在此我们不得不略微超出库恩的思想,因为我不能确定他完全回答了这个问题。库恩对解决科学争论问题游移不定,这进而成为其他科学史家的研究课题。第一件事是,科学争论不能通过诉诸科学方法来解决。由于不存在公认的评估标准,我们不相信关于理性方法和决策制定的神奇故事。这类故事的另一面是,评价新旧范式也并不是要诉诸非理性或扔硬币的办法,这正是库恩被哲学家所诟病之处(抱怨库恩认为科学不遵循任何特定的方法)。

在人类生活中有许多作出决定的地方没有使用科学方法,而且既没有扔骰子也没有抛硬币。例如,在法庭上,在劳资关系仲裁中,在政党的会议室里,在制定政策的机构中。在一般政治活动中以及人类制度上都是如此。

如果一群人正在一个机构或者法庭等处工作,他们可能会协商,但他们知道从长远看他们必须作出决定,因为如果不作出决定就没法工作了。我认为库恩的意思是,科学家不得不作出决定,否则科学工作就要在这个特殊的问题上停步不前。科学家总是在协商,总是在辩论,总是在辩论中坚持不同的立场。如果我是一个刚刚发明了新范式的年轻造反者,我的处境可就极其危险,我不得不非常努力地为新范式的接受而奋斗,否则我的职业地位将不保。如果我是一名有地位的专业人员情况又会怎样呢? 我有长期投资的设备,有研究生;有在旧范式之内建立在专业技能之上的声誉。除非能够证明新范式确实非常好,以至于我愿意改换课题,否则我不会改变立场。科学家也有利害权衡,在争论中也有立场。每个人都试图去说服和施加压力,也可能作出让步。这就是政治(这种政治常见于人类的决策情境之中)。有些人比其他人有更大的影响力;有些人比别人有更多的追随者;有些人比别人更有说服力。

我认为库恩所说的是,较之其他决策,科学的决策并无特殊之处。如果你想对科学决策进行研究,其情形类似于走进一个政党的行政部门的会场,或公司的董事会会议室,或坐满裁决案子的法官的房间,并且观察群体在游戏时的行为。科学的决策过程与其他任何严肃的人类制度或组织环境中的决策过程并无两样,科学决策不存在神奇的诀窍。

既然没有唯一的、可转换的科学方法,在科学中就不存在独特的、唯一的理性,这种理性在其他人类建制之中也是不可能的和不存在的。(此处假定这些建制中的成员都受过良好的训练,可以信赖,当然也没有腐败,因为如果这样的话,在包括科学在内的欺骗和腐败堕落当然会时有发生的任何人类建制里,所有的努力都将化为乌有。)

所以,仅就我们到目前为止的研究而论,哥白尼革命是如何展开的? 迄今为止我们研究过的那些人——哥白尼、第谷、开普勒、伽利略——没有一个人拿出了将会解决问题的“方法”。科学家们仍然在探索,而且将一直探索下去。关于科学革命是如何进行的,我们继续需要社会学和历史学的解释。库恩的观点不同于亚里士多德以来的哲学家的观点。库恩可能没有给出有关范式、科学争论和不可通约性的确切的说明,但是至少开辟了一条对科学革命进行经验主义的历史-社会学研究的途径。

5. 进步及其问题

下面让我们看看库恩提出的、已经给哲学家造成很大困扰的相关问题,即与方法问题密切相关的进步问题。如果有一个方法,你显然就能推进科学进步。我们在第9章中看到,对方法的传统说明也包括一种关于线性的渐进的进步的故事——但我们不会再接受这样一个故事了。类似地,波普尔的通过证伪来革命的理论也试图致力于挽回那种在科学研究中强大的线性进步观。现在按照库恩的观点,科学在常规阶段是有进步的,其意在于,如果科学家改进了预测与数据之间的契合度,扩展了范式的作用范围,那么范式就进步了;但这种进步的结局如何呢?这种进步并不是通向自然的忠实摹写,因为你所做的一切就是缩小预测与数据之间的差距,或者替换为新数据。你不能认为常规科学在朝着实在前进,但常规科学在它给自己提出的问题上确实有所进步。这些问题的解决在真实的世界里可能是非常实用和有效的。

那么科学革命又如何呢?是不是新范式中的进步就发生在旧范式止步不前的地方,因而进步是持续的?波普尔试图提出一个其进步能贯通新旧范式的科学革命理论。回想波普尔的观点,在革命中获胜的新理论,即第二个理论,必定比第一个理论要好,而第二次革命后的第三个理论,又比前两个都好。但库恩则不以为然,他认为一旦相互竞争的范式之间存在不可通约性,那么在范式之间的革命性转换就很难说是简单的连续性进步。因为当新范式被接受并开始产生进步时,何以说明新范式获得的进步就始于旧范式所遗留的思想平台呢?记住,某些事实变了,问题变了,标准变了。这正是图16.2所表述的内容:正如库恩所示,在向新范式转换的初始阶段,会有旧范式下的某些事实、标准、解题方案遗留下来(尽管随着时间的推移,这些事实、解题方案和标准中的一部分或全部会以稍微不同的方式被重建,成为新范式所指导的研究结果)。旧范式的这些起初的也许再也无法弥补的损失构成了向新范式转换的代价,而新范式最初所特有的优势很可能就是解决给人们带来巨大困扰的反常,并开辟新的研究领域。不管怎么说,在科学革命中,基本定律、概念和形而上学背景也会有巨大的变化。因此,在新旧范式之间似乎存在一条裂缝,你无法完全弥合这条裂痕,因而你不能说经过革命阶段的进步是一种清晰的线性意义上的进步。

从第10章关于波普尔方法,尤其是该章图10.2的讨论中应该可以回想起来,波普尔曾宣称,在一场革命之后,新理论能够并将会解释已被证伪的旧理论的所有内容,包括使旧理论被证伪的实验结果——在革命中不会有什么"损失",尽管波普尔承认前后理论会发生重大变化。库恩认为,革命是不会如此平坦、天衣无缝和进步性的,科学家不得不判断沿袭旧范式和转投新范式的代价和收益,库恩的观点表明,库恩的模型更接近于科学家活生生的现实(虽然库恩的模型也有困难,正如我们在下文以及后面的第26章中将看到的)。

科学进步与不可比性之间的矛盾正是库恩所纠结的,并为此感到不安。我并不觉得不安,因为我认为进步是事后的建构(retrospective construct)。人们往往在社会和文化的回溯中追忆并定义"进步"。是胜利者追忆和主张进步。毕竟,这就如同历史如何以辉格史的标准来呈现。当然,历史是胜利者书写的,他们急于表明新范式"必然"战胜旧范式,因为新范式更好(他们说这正是新范式"获胜"的原因),而不能说,因为新范式战胜了旧范式,所以新范式比旧范式更好。

由胜利者书写的辉格史总是站在当代的立场回顾过去,会忽略许多东西,例如旧范式还有许多生命力,旧范式还能继续解决它自己的问题。辉格史忽视了这一事实,即在一场革命中有许多人支持正统观点并且那些捍卫旧观念的人提出了有力的论据。辉格史对此充耳不闻。这些正是库恩式科学史的教训,这些教训不幸地的确反映在进步问题上。很难解释到底什么是一场革命中的"真正的"进步。

但更为深层的难题是,是否真的存在什么革命? 这种类型的科学革命确实发生过吗? 关于这种现象库恩的回答是对的吗? 我们将在第26章中进一步反思这一问题。也许库恩夸大了科学事业中的科学革命这种现象的存在——但是也许,同样被夸大的还有他关于不可通约性以及"常规"科学('garden variety' science)中关于简单进步的问题的观点——我们拭目以待!

最后,在库恩看来,什么是科学? 科学,例如你研究过的天文学,是一连串社会建构的框架,或者范式,一批专家在一段时间内在其中从事研究以解决问题,某种范式总是暂时的。范式内会周期性地发生危机,导致对两个相互竞争但互不通约的范式的争论,最终导致争论的解决和结束,争论的结束可能意味着范式的某种根本性改变——一场革命。每门科学的历史都不是累积真正事实的平稳发展过程;每门科学的历史都不是旧理论明显地被证伪并被明显更好的理论所取代的故事。每门科学的历史都是非常复杂的,就像政治事务和社会事务一样。你在本书中得到的信息是,从当前的科学史和科学社会学的立场看,我们是在一个后库恩"范式"下工作,这一观点与库恩著作不同,但受到了库恩以及响应其理论的后续研究的很大影响。因此,本章的结论源自库恩和波普尔之间的比较以及关注后库恩主义科学社会学对库恩本人思想的超越。

6. 库恩与波普尔:不是谁对谁错,而是谁更有助于改进对科学史和科学社会学的理解?

(1)波普尔试图保留一个敏感而清晰的进步标准,这个进步跨越了理论的革命性变化的分界线。如上所述,库恩对范式变革的解释质疑了那种简单、明确的评价"进步"的标准。不可通约(仅部分可通约)的范式、判断的必要性、协商和选择等所有概念都意味着,不同的标准适用于不同的玩家,即使一个新范式(如哥白尼的范式)获胜了,也仍然不存在明确支持新范式为"好"的可通用于各范式的评价标准。然而,胜利者拥有从"进步"角度书写科学史的特权,并且他们随后继承了旧的研究领域,致力于填补获胜的新范式的弱点和缺陷。大体上,库恩的说明似乎更接近于历史案例研究所真正揭示的内容。

(2)按照库恩的观点,科学家,至少是常规时期的科学家,是在他们的工具箱或范式的范围内工作;范式提供了工具、问题和解题标准;因此在日常研究中范式不会受到攻击和摧毁。波普尔关于"好的"和"恰当的"科学行为的图景需要持续的和坚定的努力去"推翻"当前理论,并准备接受不利于它的证据。然而这种图景可以描述革命危机时期的某些行为——当某种范式的拥护者力图攻击相竞争范式的基础时——这种图景似乎不符合库恩所描述的那种拥有高技能的、有些固守旧范式的科学家的更为现实的图景。不管怎么说,库恩所设想的常规科学过于死板,常规时期的科学家过于保守。

(3)波普尔似乎认为,科学理论的取舍并不是很有争议的,这种取舍适应于他的那种易于形成共识的敏感模式*。例如,对诚实的科学家而言,证伪一个理论预言的检验具有清楚的、公认的结果,会导致"已证

---

*指波普尔提出的证伪主义科学发展模式:只要遇到反例,科学理论即被证伪。按照这种理解,科学革命是时有发生的,就像敏感的捕鼠器一样,只要出现一个反例,就得用新理论取代旧理论,也就发生了科学革命。显然,波普尔对科学革命的这种理解夸大了单个反例的作用,也就是夸大了单个反例对新旧理论取舍的决定性意义。其实,科学革命并不像一有单个反例就抛弃旧理论那么敏感。任何有价值的科学理论对于单个反例都具有足够的忍耐性或免疫力。——译者

伪"理论很快被摒弃。库恩更接近于认为,科学决策是一个复杂而易变的共识形成的过程,涉及持有不同观点的人,这些观点基于对当前状况的不同评价,最好的前进道路,以及他们自己对专业声誉及技能的最合适的投入。这在库恩对革命性科学中的取舍的描述中尤其清楚。与波普尔类似,他关于常规科学的观点在社会学上可能有点过于简单,难题的解决十分迅速,其接受相对容易。然而库恩关于常规科学的看法可能是错误的,而且正如我们将会在下一节的第(1)点中看到的,在相对例行的决策中也许存在重要的协商和判断的动摇。

（4）正如我们强调的,波普尔坚定地站在一个辉煌的传统之上,该传统认为科学是以某种独特的、可转换的方法为基础的。要理解科学方法就要理解科学的本质,理解科学发展的模式,理解科学实践的社会和伦理需求。库恩的立场与之完全不同。他认为不存在唯一的、有效的、可转换的方法,这种方法是科学如何进行研究的本质。实际上库恩认为不存在科学本质,他宁愿根据历史记录中显而易见的实际研究领域和分支领域来工作。在这个意义上库恩反映了这样一种研究趋向,这种趋向在1962年之前的科学史家中已有所呈现,自库恩时代以来借库恩本人研究之力获得了极大的发展。现在的科学史和科学社会学的研究以及科学史、科学哲学和科学社会学（HPS）的研究,总的来说明显与库恩的立场相同,方法不是科学研究的关键,但必须把它作为主要的"封面故事"（cover story）和科学的合法化进行研究。

7. 库恩与后库恩主义科学社会学家

也许库恩对科学史的理解比波普尔更准确,但这并不意味着库恩的观点是不可动摇、不可更改的。事实上,现在很少有人原封不动地接受库恩的观点,尽管科学史和科学社会学上的许多修正了库恩观点的思想受到了库恩本人研究的影响,并且致力于对他的思想进行改进。

本书中的很多材料实际上反映了科学史和科学社会学上的这种"后库恩主义"研究,因而我们不得不直面库恩(还有波普尔),我们能够作出一些可以阐明库恩初衷的后库恩主义改进,并进一步提出越来越不重要的诸如波普尔的方法中心论的解释(method-centric accounts)。

后库恩主义科学史家和科学社会学家同库恩本人的一个关键区别是,前者怀疑库恩对科学史上常规阶段和革命阶段的鲜明的区分的基础。库恩的常规科学家非常保守,他们的范式从不改变并从未受到质疑,而是作为解决问题的基础。然而,在科学革命中,范式的巨大改变是可想而知的,而库恩在他更加狂热的时候还认为两个相互竞争的群体就好像生活在完全不同的科学世界一样,请记住,两个相互竞争的范式被认为毫无共同之处。现代的科学史、科学哲学和科学社会学,尤其是科学史和科学社会学领域的研究者倾向于怀疑这一图景,使它不要那么黑白分明。由此产生的图景是,在这种图景中,总是会有对研究成果的协商和社会建构,即使在库恩所说的常规研究中以及科学革命中(如果这些革命果然发生了),也存在着文化或传统**内部**的转变,而不是来自不同思想世界的两支军队之间的战斗。我们可以从几个我们已经研究过的科学活动的相关维度来说明对库恩思想的这种修正。

(1)与库恩的观点相比,可以对某个范式之中的常规科学略微放宽一点限制,库恩认为,范式工具箱就像一件束身衣,它从不受不断发展的常规工作的影响,直到并且除非发生一次危机和革命。

一种更加现实的受到众多案例研究支持的观点是,范式总是受制于发生在"常规研究"内部并作为"常规研究"基本组成部分的局部重新协商和改良。按照以往提及的有关范式的某些方面的概念,如果一个问题的解决只能靠范式的某些转换,无论这种转换是多么细微,那我们就可以说,问题的解决可能需要所用范式中的双向改变。这种双向改变会影响到下一轮研究,在下一轮研究中,进一步的改变可能被看作解题过程的一部分。

从这个角度看,范式不仅仅是一个工具箱,而是一个能够被解决问题的工匠所改变的工具箱!这些略微改变范式的努力必定会被相关共同体所接受。这种小规模的协商和微调总是与哪怕很小的改变范式的要求相关联。**我们可以把一个重要的已经协商到位的改变称为"发现"**。这同我们在第13章中讨论开普勒时所提及的科学发现模型一模一样。这种关于发现的概念出自后库恩主义的科学史和科学社会学。因此,与库恩相反,重要的"发现"能通过修改范式而不是推翻范式而得到。这种类型的"发现"是一种建设性的主张,经过专业协商之后会作为问题的解决方案被认可。这意味着常规科学的传统能够随着时间的流逝呈现出相当大的改变。

(2)如果常规科学也包括发现[以共同认可的方式改进范式的建设性主张],并且不像库恩所想的那样枯燥和死板,那么相应地,科学革命也许也不像库恩所想的那样剧烈和狂暴。也许一场革命仅仅是对某个范式所作的相对较大一些的修改,其主要创新者的工作通过对不好的旧理论进行革命性变革的"雄辩"(rhetoric)而得到认可。

不论是研究常规科学还是研究科学革命,建设性主张和力争使这些主张被协商认可都是至关重要的。库恩所理解的常规科学太死板了,太缺乏严肃的、群体协商的改进(或发现),而他的科学革命又太狂暴,太剧烈,没有考虑到这一事实,即同样的争论正发生在一个共同体的内部,而不是两个共同体之间,并且大多数争论也许都是某种革命的说辞和研究纲领的呈现,这种说辞和研究纲领是为了把研究领域的中心从老一辈人手中转到富有冒险精神的年轻从业者手中。(我们将在第26章中重新讨论这些关于科学发现和科学革命的观点,到时我们准备回顾天文学和自然哲学中的变更,这些变更我们将在本书末尾加以研究。)

第15章、第16章思考题

必须始终牢记的是,库恩的理论并不是一种普适性的科学理论,它是一个模型,库恩认为这个模型可以应用到每个成熟的科学学科中。对于库恩而言,存在着许多科学,但"科学"一词只是某种空洞的或浮夸的抽象概念。他谈论的是各种科学的不同历史(the histories of the sciences),而不是普适性的科学史(The History of Science)。所以一个范式总是某一常规研究的特殊类型在某个具体学科领域、某个确定时刻的范式,而不是普适性科学的范式;革命发生在某个具体的科学领域之内,而不是发生在普适性科学之中。(回想一下我在本书中所说的库恩有关科学发展过程的图表。)

1."常规科学"是以"范式"为基础的。那么范式究竟是由什么构成的呢? 为什么库恩把以既定的范式为基础的常规科学比拟为难题的解决? 按照库恩的观点,为什么对科学家的训练必须是相当教条式的和权威式的? 常规科学的所有方面是如何堪比科学方法的标准故事以及波普尔的方法故事的?

2.库恩所说的"反常""危机""革命"和"新范式"究竟意味着什么? 库恩所说的相互竞争的范式具有不可通约性以及它们的拥护者"生活在不同的世界里"究竟意味着什么? 能否用库恩有关范式不可通约性的论断来看待哥白尼天文学理论和亚里士多德/托勒玫天文学理论之间的不同?

3.鉴于库恩关于任何具体科学领域中的科学变化的结构:前科学→常规科学→危机→革命→新的常规科学→新的危机,以此类推,我们能否谈论"科学进步"的神话?

4.按照库恩的说法,科学是否曾经包含着与我们今天所说的信念体系完全不同的信念体系? 讨论一下作为常规科学的一个例子的亚里士多德物理学,它的信念是不是非科学的?

阅读文献

B. Barnes, "Thomas Kuhn", in Q. Skinner (ed.), *The Return of Grand Theory in the Human Sciences* (1985), 83—100.

思想冒险：
社会、政治与科学变革

◇ 第17章

伽利略与天主教会（一）

1. 第六篇以及关于伽利略事件的辉格式观点

从这一章开始我们进入了本书的第六篇。现在是时候从这样一种角度来考察科学史了,这个角度就是更多地考虑更加宽泛的制度因素和社会背景等社会力量,因为科学正是在这些更宏大的历史和社会背景中产生的。

我们已经研究了事实、观察、仪器设备和理论选择的标准,它们都是"社会的"和"政治的",建立在小的专业团体和自然哲学家的亚文化的狭小基础之上。所有的协商和互动总是发生在更宏大的制度和社会背景中。本篇(第17章到第22章)的主题将引领我们去考察更加宏大的制度背景和社会背景。

首先,我们将在本章和下一章中考察伽利略与天主教会的不幸冲突这一经典的但却被严重误解的事件,以及该事件背后的宏大的社会背景。这将把我们引入这一事件的核心,因为我们将讨论这场科学革命中的"自然哲学"的冲突。这一事件意义重大,因为它与社会背景和社会塑形有关。对自然、自然哲学的大的系统的解释在社会的和制度的意义上是非常敏感的。这些解释不得不与宗教、教育机构、政治气候保持恰当的关系,所以它们是社会和文化的"避雷针"。当我们考察自然哲学在科学革命中发生的变化时,实际上就是在直接考察更加宏大的社会力量是如何影响科学的发展的。

因此,我们需要在第19章和第20章中分析机械论自然哲学之所以产生和被接受的多重原因。机械论自然哲学的产生和被接受与否定亚里士多德哲学的努力关联不大,关联较大的是摧毁激进的新挑战者新柏拉图主义的努力,特别是在其巫术的表现形式上摧毁它的努力。我们将学会小心地避免辉格式的结论:机械论自然哲学之所以取胜是因为它是"正确的"。

最后,在第21章和第22章中,我们将讨论牛顿和他的自然哲学。在这里,你必须小心谨慎些,以避免两种陷阱:(1)牛顿是"对的",他是第一个"真正看到"自然的人;(2)牛顿代表了科学革命的"终结",代表了终极真理,这种终极真理早就自然而然地存在于万事万物之中。

因此,转到我们的第一个话题上,即受到极大误解的伽利略与天主教会的不幸冲突事件:1632年10月,伽利略从他位于佛罗伦萨的家中被传讯到罗马,接受罗马天主教会的宗教法庭审判。当时他已经69岁,年迈多疾,而且双目即将失明。伽利略是欧洲最著名的天文学家和自然哲学家。1609年他用望远镜进行天文观测,并且正如我们所知道的那样,这使得包括他自己在内的很多人确信,他的工作动摇了中世纪亚里士多德的世界观并证实了哥白尼的世界观。1632年他出版了那部著名的十分有趣的巨著《关于两大世界体系的对话》,该书论证了新的(诞生于90年前)哥白尼学说是正确的。

伽利略之所以被传讯到罗马,是由于他在书中所讲授的知识违背了天主教教义。16年前,也就是1616年,天主教会就已经裁定把哥白尼学说作为真理讲授的人将被判异端罪。伽利略现在是异端罪嫌疑人,他受到了审判并被判有罪(罪名是伽利略可能有罪但以观后效),伽利略被迫发誓放弃他的信仰并纠正自己的错误。

1633年6月22日,他来到宗教法庭,双膝跪地,声明放弃自己的哥白尼信仰:

> 我,伽利略,现年70岁,被裁判所传讯,亲临法庭受审,跪在诸位最令人尊敬的红衣主教和检察官大人面前发誓,对于神圣天主教和使徒教会所坚持、布道和教导的一切,我过去、现在、将来(在上帝的帮助下)都深信不疑。宗教法庭曾依法命令我必须完全放弃错误的观点,这种观点认为太阳处于宇宙的中心,静止不动,而地球不处于宇宙的中心,正在运行;还明令禁止我以任何口头的或者书面的方式坚持、维护或讲授上述错误的学说,并且告知我上述学说与《圣经》(Holy Scripture)相抵触。但是,在宗教法庭向我宣布这些禁令之后,我却撰写并印制了一本书,在这本书中阐述了这种已然受到谴责的新学说,并提出了为它辩护的论据。我势必被强烈地怀疑为异端……我发誓弃绝,诅咒并憎恶上述错误和异端邪说,以及其他一切违背神圣教会的错误和教派。

大多数人是这样理解这一事件的:伽利略是对的,因为他采用了科学方法并"用正确的方法"使用了望远镜(我们在第14章分析了关于望远镜的使用的实际情况);天主教会不在乎真理,只想维护自己的自私自利的、怀有偏见的和迷信的观点。事实上,自那时起,大多数人看待这一历史事件时,都进一步得出这样的结论,即科学必定反宗教(两者势不两立),因为宗教是基于神话、谎言和迷信,科学则基于运用科学方法而得到的客观知识。人们并进一步推断,科学家必须从其他一切社会建制中获得自由、独立和自主;这些社会建制即国家,天主教会,其他教会或机构,它们都不是由科学家所控制以及为科学家而运行的。

我们来深入研究一下伽利略事件,因为这个事件并不像它看起来那样黑白分明。在我们开始之前，先看一下表17.1，表17.1讨论了初学者在研究16世纪和17世纪的欧洲基督教（罗马天主教会和众多反对它的新教教会以及相互关系）时常常会犯的错误。

表17.1　16世纪和17世纪的教会：初学者在理解"教会"（church）一词在这一时期的使用时会产生的某些问题

● Roman Catholic Church，即罗马天主教会（如果你乐意，可以在你的写作中称之为"The Church"，其中首字母C为大写）。

● 众多的新教（宗教改革之后）教会，有很多的分会和派别。

● 如果你写的是"the Church"，你的意思必须是指罗马天主教会；如果你写的是churches，你一定要搞清楚你指的是哪一个教会，特别是当你把天主教会和某些或全部新教教会包括在一起的时候。如果你在讨论新教徒，例如开普勒、第谷或我们将研究的后来的英国自然哲学家，不能笼统地说他们属于"the church"或"the Church"，而要说明具体是哪一个（新教）教会，比如，路德会教友（Lutheran），加尔文教徒（Calvinist），英国圣公会教徒（Anglican）等等，或者只说他们是新教徒。

● 许多人用"the Church"来指几乎每个人都是基督徒并且属于这个或那个教会。请不要这样做，它混淆了广为接受的（相互竞争的各种各样的）基督教和罗马天主教会。比如"那时，the Church控制了一切"，这句话在天主教国家是不对的，在新教国家无疑也是不对的。每个辖区（除了教皇国）都有各自不同的世俗的（"国家"）机器。在西方历史上的一个基本事实是，地方世俗"政府"和地方教会之间的区别（和紧张关系）。例如，主要的教会不执法，而将有罪者交由世俗政权来惩办。

还有一些人在研究伽利略事件时，用"the Church"来指在某科学家所在的地方居统治地位的教会，但如果该科学家是在新教地区（Protestant setting），就会让人产生误解。比如，第谷不属于"The Church"（天主教会），而是一位路德会教友，他去的路德教会是位于他的祖国丹麦，而不是位于信仰天主教的布拉格。

---

2. 1616年的裁决

1616年，天主教会以官方立场正式反对哥白尼。1616年的裁决是由宗教法庭（Congregation of the Holy Office）宣判的，宗教法庭是天主教会的执政内阁和最高法院。他们宣称太阳静止地位于宇宙的中心和地球在运行的观点是"哲学错误"(false in philosophy)*，这意味着在科学上这样说也是错误的。这项裁决并不那么重要，但它为教会想说的另一件事奠定了基础。因为相信太阳是宇宙的中心以及地球围绕太阳旋转这样的观点不仅是"哲学错误"而且是宗教上的异端。我们不会因自然哲学上的错误而惹上麻烦，但天主教会真正介意的是异端邪说。

何谓异端呢？异端具有专门的法定含义。所谓异端就是触犯了天主教会的重要教义的信仰，这种教义对人们的信仰和道德至关重要，是基督徒为了得到救赎所必须持有的观点的核心。但除此之外，被触犯或被否定的教义必须来自《圣经》的教诲，必须得到历代所有天主教会专家们的认同。[这些"专家"并不包括被天主教会视为异端的路德(Luther)和加尔文等新教领袖，而是指圣托马斯·阿奎那(Saint Thomas Aquinas)、圣奥古斯丁(Saint Augustine)、时任教皇保罗五世(Paul Ⅴ)以及他的各种各样的神学家和红衣主教，等等。"专家的意见"说到底就是一个社会建构。]

天主教会官方宣称，《圣经》中正确无疑地表述了太阳是运动的而地球是静止的，人们能否得到救赎取决于他们对这一观点的信仰。

他们特别强调《圣经》中的某些章节。比如，下文引自英王詹姆士(James)一世钦定的圣公会版《圣经》英译本，而不是拉丁文《圣经》："日头出来，日头落下，急归所出之地。"(《传道书》第1章第5节)

引文似乎清晰地表明太阳在升起和落下(并且太阳是男性**)。这就是它表述的意思，所以我们也许没必要逐字逐句地阅读所有内容，你

---

* 当时的"哲学"主要是自然哲学(natural philosophy)，其内容不仅包括世界观和宇宙论等，而且还包括数学、天文学等各门具体科学内容，因此"哲学错误"也意味着科学上的谬误。——译者

** 引文原文为：The sun also riseth and the sun goeth down and hasteth to his place where he arose.其中指代太阳的代词用的是"he"(指雄性动物)。——译者

只要阅读必须逐字逐句阅读的那部分内容就够了。例如,太阳不是男性,那只是一种表达方式,但太阳"出来"和"落下"就不是一种表达方式了,那是事实!

《约书亚记》第10章第12—13节记载的是约书亚(Joshua)在神的帮助下对希伯来人的敌人取得的奇迹般的胜利。"当耶和华将亚摩利人交付以色列人的日子,约书亚就祷告耶和华,在以色列人眼前说:'日头啊,你要停在基遍;月亮啊,你要止在亚雅仑谷。'于是日头停留,月亮止住,直等国民向敌人报仇。"

现在,让我们扮演一下神学家的角色。显而易见这是奇迹发生的报告。太阳神奇地停止运行而使得白日延长,为的是以色列人有更充裕的时间击败亚摩利人。那么,如果太阳停滞不动是一个奇迹的话,太阳在运动(升起和落下)的神学是"普通的自然规律"也就十分合乎逻辑了。另外还有很多段落可以用这种无懈可击的逻辑来进行剖析,根深蒂固的亚里士多德自然哲学概念网格支持这种逻辑,受过教育的人都被大学(既包括天主教的大学也包括新教的大学)灌输过这种概念网格。

1616年的这个裁决意味着什么呢? 它可能被人引入歧途。首先,它意味着一个天主教徒不能公开把哥白尼学说作为科学真理来讲授,否则就是在犯异端罪。

但是,你可以把它作为一种假说、一种有益的预测性的猜想(predictive fiction)来讲授。当然,这正是发生在托勒玫理论的很多技术细节上的情况,托勒玫理论长期以来都被认为仅仅是一种虚构,因为托勒玫理论太复杂了。

然而,还需要考虑到别的因素。 如果你是一个天主教徒并且凭良知真诚地相信哥白尼学说是正确的,你可能还是会相信哥白尼学说是正确的,但是你不能把你的信仰讲给别人听,因为那样做就是异端,但你个人可以信奉哥白尼学说。原因是，教皇没有给这条裁决以最高级别的批准。教皇可以对他们的裁决作出不同强度等级的批准。最高级别的裁决被称为（教皇作出的）权威性裁决（Ex Cathedra）。如果作出这样的裁决，你甚至在内心深处都不能认为哥白尼学说是正确的。

新教的宣传和19世纪的反宗教宣传宣扬说，教皇在1616年声称自己是永远正确的并说任何人都绝对不可以相信哥白尼学说，我们不要被这种宣传所欺骗。这里存在细微的差别：〔教皇的本意是〕你可以把哥白尼学说作为一种假说来信仰，抑或你凭良知私下相信哥白尼学说具有科学真理性。

在1633年的审讯中，伽利略声称，他只是将哥白尼学说作为一个假说来讲授的，所以他是无辜的。但是，你读了《关于两大世界体系的对话》之后不可能认为伽利略只是把哥白尼学说当作一种假说来讲授。他是把哥白尼学说作为真理来讲授的，这对任何一位读者来说都是显而易见的。确实，在读完了550页赞同哥白尼学说的内容之后，你想起了一段文字，在这一段其中一个人物说："但是，毕竟上帝可以按照自己乐意的任何方式创造宇宙，我们根本不知道他采取了哪一种方式，不是吗？"人们认为这种否定性主张暗示，伽利略只是把哥白尼学说当作假说来信仰的。（这是教皇在1623年同伽利略讨论伽利略是否有可能写一本关于哥白尼学说的书时向伽利略所作的建议。）但是没有一位神学家为伽利略的辩词所动。《对话》这本书想要表明的是：哥白尼学说是真理。

3. 自然哲学与宗教的对立，17世纪真正的问题之所在

17世纪的问题不是科学与宗教的对立，或者伽利略试图颠覆天主教会。问题是，更多的伽利略，虔诚的天主教徒，试图弄明白天主教会所讲授的官方真理是不是他所认为的真理。他不希望天主教会讲授他

确信为错误的东西——那是托勒玫的东西。

为了能更好地理解伽利略及其支持者、反对者和天主教会当时的心态，我们首先必须明白，伽利略和他的反对者有许多共识。他们一致认为《圣经》中确实包含真理，包括哥白尼、伽利略和教皇等人在内的基督徒都对此深信不疑。

其次，他们中的大多数人都相信自然哲学（或科学）也能发现真理，因而他们信奉双重真理：科学的真理和《圣经》的真理。问题是在两者的边界线上会发生什么。如果《圣经》的真理与科学的真理相抵触会发生什么？

这就是他们争论的根本所在，这并不是宗教反科学或科学反宗教的问题，而是如何恰当处理《圣经》的真理与科学的真理两者关系的问题。双方都想妥善处理两者的关系，但他们各自的观点不同。他们和我们不一样。他们的论证方式不同于我们当代人的论证方式，因为在他们看来不同的问题，在我们看来未必如此不同。（这是一个不要持辉格式观点的好例子！）

（表17.2概括了我们即将讨论的这场辩论的真实内容。）

当时每个人感兴趣的问题（他们辩论的条款）同我们当代人感兴趣的问题是截然不同的。他们会从这样的问题开始……

《圣经》包含什么真理或哪类真理？ 有些基督徒（无论过去还是现在）会坚称《圣经》只讲授信仰和道德方面的真理，也就是日常的基本信条和道德原则，换句话说，我们所需要知道的就是如何才能获得救赎。任何一个虔诚的基督徒都会对此表示赞同，但那是否就意味着《圣经》也包含了真实的历史事实呢？亚当和夏娃是真实的吗？你会发现很多开明的基督徒都认为这只是一个美丽的寓言。《圣经》是否讲述过真实的历史？它含有多少真实性？

超出道德层面的话，我们就进入了这样一种境地：可能存在也确实

表17.2　《圣经》诠释之争的条款

《圣经》含有真理吗?

[1]《圣经》只讨论信仰及拯救事宜

[2] 人类历史:《旧约全书》(Old Testament);基督的生平,等等

[3] 宇宙学,自然哲学和天体演化学(宇宙如何应运而生)

如果《圣经》含有真理,怎样解读呢?

[1] 字面理解(假设《圣经》含有这种真理,但我们会让玩家来决定)

- 关于某一主题的所有章节
- 关于某一主题的部分章节(哪些章节,为什么)

[2] 非字面理解(通过哪种方式——隐喻式;寓言式;神启式,等等)

- 关于某一主题的所有章节
- 关于某一主题的部分章节(哪些章节,为什么)

谁来作出决定

[1] 天主教会立场:教皇及其专家,教会会议决议的历史档案,晚古时期和中世纪的教父们。

[2] 新教立场:全体教士——诠释、讲授和践行在各个地方和各个时期都各不相同。在信奉加尔文教的日内瓦,一个平信徒若试图自行诠释《圣经》,将受到当局处罚!在英格兰,由英格兰教会中的哪个人来决定,或人们是否能决定脱离教会并自行决定,可能会成为引发一场内战的部分原因。

下面这一命题在现在看来是多么可笑:

"现在每个信徒都或多或少地同意《圣经》的字面诠释",这句话是错误的和引起误解的,因为它没有考虑到上面谈到的复杂背景。这不值一提,有待进一步研究。

存在合乎情理的广泛分歧。在 17 世纪(事实上甚至可以追溯到基督教的萌芽时期),在以下观点上存在着合乎情理的分歧:**《圣经》讲授了多少自然真理?** 你会发现天主教会的教父们、古代的神学家们曾说:"《圣经》的本意并不是讲授自然哲学。"《圣经》不是一部自然哲学教科书,当它谈到自然时,是用隐喻性的或寓言式的方式来表达意思。另一方面,有许多人倾向于相信《圣经》所展现的关于自然的事实是真实的事实,因为《圣经》记载了这些事实。显然,这正是他们会产生问题的地方。

但是,并不是好像每个基督徒都相信《圣经》讲授的是科学而只有伽利略说"不"。情况比这要复杂和微妙得多。

伽利略甚至愿意承认《圣经》包含有关于科学的某些小信息,但你必须知道如何解释这些信息。伽利略甚至用了《约书亚记》中的段落并作了某种极其别出心裁的解释,然后宣称这就是证明哥白尼学说的证据。

下一个问题是,**如果《圣经》包含真理,我们怎么解读呢?** 一本书或一篇文献中的真理并非不言自明的,就像事实不会从树上掉下来一样,必须对它们进行"解读"。当时有两种截然不同的观点。一种从《圣经》中解读出真理的方式是,通过个人逐字逐句的阅读从字面上进行解读。任何一个品行端正的人都有资格解读《圣经》并从中获得真理。这是新教解读《圣经》的基本方式,尽管他们并非总是这样做。

另一种关于文本分析的观点(这更大程度上是天主教的风格,这种风格比抠字眼复杂得多)是,《圣经》中含有真理,但读者必须在专家意见的指导下才知道如何解读真理。而且,我们都知道对于天主教徒来说谁是专家——他们是天主教的《圣经》诠释者、神学家和制定教规的教皇。有时专家们说解读一个特殊的文本多少要运用字面解读的方式,如关于约书亚的那段文本。但是,对其他文本,他们可能会说得用隐喻的方式来阅读。例如,对那段引自《传道书》的文本,他们不会主张太阳是男性的,因为太阳是一个物理对象,既非男性的也非女性的,这种解读就是隐喻方式阅读,但是关于太阳运动的那部分文字则可以按字面意思阅读。

最后我们来看看在1616年的裁决中都发生了什么。在裁决中天主教会声称,《圣经》讲授了天文学,需要按照字面意思来解读这些段落,而不能像读诗歌或寓言一样地去理解。

不同意这种解读并不是反宗教的,而是关于《圣经》的阐释的不同观点。正统的基督徒认为《圣经》并不是科学论著;《圣经》并不是古代受神灵启示的作家所著的现代物理学教材——那不是上帝的本意。

另一种委婉的观点是:《圣经》中可能有一点科学知识,但是需要费些工夫才能明白,因为字面意思不是其真实含义,比如,在某些特例中,其意思可能正好同字面意思相反。

这些就是问题之所在。伽利略持一种观点,而对他来说,不幸的是,天主教会则持另一种观点。这不是好汉与坏蛋的对抗,也不是主张科学和反对宗教的问题,而是"真理在哪里?""你如何从文本中获得真理?"等等。上述这些才是问题的根本所在。

4. 伽利略的早期生涯

伽利略,1564年出生在比萨的一个社会地位不上不下的家庭。他的父亲是一位出色的宫廷乐师,身份并不怎么高贵。乐师职业不如医生和律师体面。为得到更高的社会地位,父亲想让伽利略学医。伽利略去了比萨大学上学,他讨厌医学而喜欢数学,但他喜欢的不是开普勒所说的那种兜售荒诞的新柏拉图主义和谐的数学,而是工程师或建筑师们在建筑理论、测量、制图中运用的应用数学,即那种解决问题的数学。

伽利略在比萨大学获得一个数学教师职位,这期间他致力于我们后人都有所耳闻的一些极其疯狂的研究,即他的有关物体运动的数学理论,也就是我们所说的"经典物理学"或"经典力学",他显然把这些研究作为反对亚里士多德学说的突破口。他想用一种数学理论来取代亚里士多德关于物体和运动的日常用语式的、定性的理论。1591年他在著名的帕多瓦大学谋得了一份更好的职位。帕多瓦靠近威尼斯并受其控制,威尼斯是意大利当时最强大的城邦,也是地中海东海岸贸易帝国的中心。

伽利略在帕多瓦大学教了18年或19年书。帕多瓦大学的独特之处在于没有神学院,没有专业的神学家,只有哲学家、逻辑学家、医生、法学家。这是一个探索变革亚里士多德思想的温床。伽利略在一定程度上被看作自然哲学的激进派是与帕多瓦大学的这种制度有关的。

伽利略在威尼斯附近度过了很长时间,交了许多威尼斯朋友。威尼斯是意大利的一个大城邦而且非常反对教皇的政治权利。威尼斯的统治者、精英和富商以不是正统的天主教徒(当然不是那种极力维护天主教信仰的西班牙式的天主教徒)而闻名,因为他们的政权在一定程度上依赖于对抗教皇的政治主张。威尼斯不适合宗教裁判及其迫害,它具有宗教自由和思想自由的氛围。但这些情况后来对伽利略起了不利的作用,因为他被贴上了威尼斯式的、自由的天主教思想家的标签。另一方面,威尼斯以及类似的地方,拥有一批接受伽利略望远镜观测报告的拥护者。他们是一群有教养的、思想开明的自由的天主教徒,相信伽利略的著作《星际使者》是正确的(参见第14章)。

大约自1609年以来,伽利略使用望远镜进行了多年研究,试图让自己和他的拥护者相信亚里士多德是错的而哥白尼是对的。这正是我们在第14章中考察望远镜时在该章末尾留下的情况。下面我们将根据伽利略开展的活动和说服工作来详细地考察一下他在1609年之后做了什么。起初他的活动似乎还是有成效的,但接下来渐渐导致哥白尼学说与天主教会在1616年发生了冲突。再一次,一旦我们考虑到当时的思想和社会背景,我们就会发现这样的结局并不像大多数人所理解的那样是科学反对宗教的例子。

5. 伽利略思想的各类早期接受者(1609—1616年)

1616年天主教会裁定,把哥白尼学说作为真理来公开讲授是异端行为。我们有必要考察一下伽利略的望远镜观测和著作的影响。

正如我们在本书中已经了解的,当你进行科学史研究时,必须十分谨慎地识别某些特定思想或著作的不同的接受者,并不存在所谓的一般性的接受者。

[a] 有教养的、思想开明的天主教徒。比如，威尼斯的有教养的资本家、贵族，或信奉天主教的法国的有教养的贵族、律师、当权者。再比如，遍布欧洲的各个耶稣会学院的学生们，那些学生（甚至十几岁的青少年学生）在伽利略的著作刚刚问世之时就意识到了伟大的天主教天文学家伽利略的伟大发现。有教养的、思想开明的天主教观点对伽利略的工作持这样的看法：看见一位天主教天文学家在知识上有所作为真是太棒了。将近100年来，天主教徒普遍被新教徒"打压"，因为他们古板、保守并深陷中世纪思想不能自拔。在这里，作为更加开明的天主教徒中的一员，你认为伽利略是非常伟大的。但这并不自然而然地意味着你变成了一个哥白尼学说的信徒。有些人并不信服，但认为哥白尼学说是一个颇为有趣的假说并且仍是一个悬而未决的问题。伽利略的著作吸引了一个非常重要的年轻群体，他们刚在一种以"进步"为重的天主教环境下完成学业。因此，从长远看，这是伽利略的一个优势，但从短期看，这是他的一个劣势，因为其他的更加保守的天主教徒并不喜欢开明的天主教徒对这些发现的认可。

[b] 第二大群体（人数并不多，但就权力和影响力来说非常重要）是天主教会中的那些科学观点的制定者们，主要以耶稣会会士为代表，尤其是那些能力非凡的数学家和天文学家们。创立于16世纪的耶稣会的宗旨是对抗新教推动宗教改革，到此刻为止他们做得非常出色。他们曾经并仍然是无可挑剔的训练有素的知识分子和天主教会的喉舌（这里使用"喉舌"这个词没有丝毫轻视之意，因为每个机构都离不开他们）。耶稣会以思想开明和了解知识、神学和科学的进展为己任。这种做法的深层思想是避免天主教会因为在这些领域的落伍而尴尬。

耶稣会对伽利略工作的看法是：极其有趣但过于纠结于细节。当然，伽利略的发现与第谷体系是一致的。事实上，许多重要的耶稣会天文学家已经倾向于第谷体系。耶稣会对当时形势的想法是，从长远来看问题一定会被解决，但这并**不意味着**他们希望在短期内用一场口舌之战来解决这个问题。

[c] 天主教会中的高级官员。天主教会是一个十分庞大的官僚机器，作为欧洲最大的官僚机构已经有 800 多年的历史。我们可以考察一下这样的人中最重要的一位，即伽利略的朋友（伽利略在天主教会的高层有很多朋友）红衣主教贝拉尔明（Robert Bellarmine）。贝拉尔明是一位神学专家和政治家，他一生都在调解天主教会内部的争论，如多明我会和耶稣会的争论，本笃会和方济各会之间的纠纷，他这么做就是为了确保庞大的官僚机构（天主教会）能有效运作、团结一心来共同抵制新教。

所以，贝拉尔明是教皇处理神学纠纷的首席顾问[他曾出版一部三卷本的巨著《当代对异教的争论》（*Disputations Against the Heretics of our Time*, 1586—1593 年）]。作为神学专家，他告诫伽利略要谨慎点，不要为了使他的理论被人接受而走得太快，并且必须确保他能证明他的假说。因为假如伽利略能够证明他的假说，贝拉尔明说教会将不得不对《圣经》诠释作出调整。（最有可能的是，当贝拉尔明这样说的时候，他压根没有想到伽利略能够证明哥白尼学说是正确的。毕竟，长期以来的天文学观点是，它没有也不能提供物理学上的真理。我们在前面几章中曾联系托勒玫、哥白尼、第谷和开普勒对此进行过讨论。哥白尼学说的激进的信奉者的怪异之处就在于，他们认为他们的天文学理论在物理学上是正确的，因此需要一种全新的自然哲学来替代亚里士多德哲学。因此实际上贝拉尔明在含蓄地警告伽利略不要断言哥白尼学说是正确的！）

[d] 教皇保罗五世，他并非伽利略的好朋友，因为他不像贝拉尔明和某些其他的红衣主教那样同知识界和数学家们打交道，教皇保罗五

世是一个非常典型的反宗教改革者。他之所以被选为教皇不是因为他是神学权威,而是因为他的管理技巧,他是位强有力的领导者,能确保天主教会被有效地垂直管理。他是一位严格的独裁主义者,要求团结一心和纪律严明,以打击异端的新教徒们。他对知识分子这边的伽利略和亚里士多德学派之间的争论并不感兴趣,他不希望天主教徒们彼此争吵。

[e] 最后我想可以包括亚里士多德学派的大学教授和某些基层天主教神职人员,特别是某些多明我会修道士,这是一个奇怪的组合。他们是一群不喜欢伽利略著作的读者。请不要认为亚里士多德学派的教授们和多明我会修道士们是团结一致的,因为他们并不是这样的。但在1610年代,我们发现某些证据证明这些人在反对伽利略时对其著述的反应具有相似性,我们还发现这些人在反对伽利略时作出保守反应的某些伎俩。

假如你花费了毕生的精力在大学讲授亚里士多德学说,你未必乐意看到某人冒出来并宣称使用某种怪异的仪器进行了观测并"证明了"你一辈子所做的都是错的。我并不是说所有亚里士多德学派的教授都是如此,我是说他们中的"某一些人"是如此。

多明我会的一部分修道士(并非全部)似乎看伽利略很不顺眼,并非常反感教会纪律并不严肃的威尼斯和欧洲其他部分地区将伽利略作为天主教开明倾向的榜样。多明我会的这些反感并没有对伽利略造成任何实质性麻烦,因为这些多明我会修道士中的某些人因此受到了上司(伽利略的朋友或熟人)的责备。

6. 风暴骤起:伽利略在1611—1616年间的角色

1611—1616年正是伽利略声名鹊起的时候,他在意大利的上层社会十分活跃,不论是著书立说还是在私人交往上。他希望通过他的写作来启发教育大众,通过对天主教会高层的游说来使得领导层同意他的理论是正确的,以及天主教会应该接受哥白尼学说。

然而对伽利略的怀疑和某种形式的攻击也在酝酿之中。在这一时期,存在着一小撮反对伽利略的多明我会修道士的不安情绪,伽利略与耶稣会之间的关系也在冷淡。这种"冷淡"或许并非是对伽利略个人的,而是一般宗教政策的转变,这些政策的转变关系到迟早会在德国和低地国家爆发的大规模的宗教战争,也就是1618年开始的30年战争。可以这么说,耶稣会会士们被要求团结起来,所以他们对伽利略便较少搭理了。

不过,伽利略不厌其烦地游说导致了对其著作的强烈反应,这对这种局面的形成也起了推波助澜的作用。伽利略极其刚愎自用,也非常善辩,这样的性格有时会导致对别人的侮辱或伤害。

他在辩论时经常逾越正常交往与政治立场的界限,这引起强烈的反对,由此导致了1616年的裁决。

下一章,我们将考察伽利略如何使自己在1616年因哥白尼学说而获罪,他如何在1632年的著作中进行重新编排并为哥白尼学说的正确性进行辩护,以及对他接踵而来的审判及其意义和后果。

阅读文献

J. R. Ravetz, "The Copernican Revolution", in R. Olby *et al.* (eds.), *The Companion to the History of Modern Science*, 209—212.

J. Langford, *Galileo, Science and the Church*, 58—78.

A. Koestler, *The Sleepwalkers*, 432—439, 444—455, 464—466, 477—479.

◇ 第18章

伽利略与天主教会（二）

1. 历史情境中的辉格式得失："致大公夫人克里斯蒂娜的信"

伽利略在1611—1616年间犯下许多错误，其中最重要的例证之一就在他那著名的致托斯卡纳大公夫人克里斯蒂娜（Grand Duchess Christina）的信（1615年）中。尽管这封信当时并未公开披露，却在重要的社交圈子里广为流传。这封信以及他的稍早时期的观点，也寄给了他的其他朋友。（伽利略实际上是在为托斯卡纳大公效力。）当伽利略的一位朋友告诉他，在大公夫人的晚宴上有些反对哥白尼和伽利略的议论和观点已经传开，这些议论和观点认为支持哥白尼学说即为异端，伽利略于是写了这封信给大公夫人。换句话说，伽利略在他的赞助人及雇主眼中的地位正在被动摇。

信中的主题是有关哥白尼学说的神学问题，所以他给大公夫人写了封信，把他们的错误看法告诉了她。此信很容易在辉格式意义上被误读。譬如，我上大学时老师就是这样给我们讲解的：致大公夫人的信是关于科学应该如何独立于宗教和科学如何优于宗教的完胜书。

伽利略在信中首先提到了几个从神学立场来说已被认可的观点。《圣经》是为普通大众所著的，它不是一部科学教科书。正如我们在前一章中已经看到的，这是完全合情合理的看法。他接下来所说的也完全正确，即天主教会只能处理与信仰和道德有关的异教问题，而不能处理自然哲学问题。这是教会的教义，因而伽利略在法律上又是对的。伽利略再接着说，《圣经》中包含真理，自然哲学中也包含真理，这两种真理彼此并不冲突。我们在前文中已经对此有所了解，因为这也是当时的普遍观点。伽利略接着话锋一转：如果自然哲学能"通过观察和论证"来证明某事是对的，那么，《圣经》就应该被重新诠释以与科学真理相符。这话与红衣主教贝拉尔明不久之后将说给他听的话很像。（见第五篇中的第17章。）

现在，让我们对照多年前我上大学时被灌输的关于这封信的辉格式诠释来评价一下这封信。

首先，这不是一封反宗教或反天主教会的信。在伽利略看来，这封信是试图挽救天主教会，以免其犯错。伽利略希望罗马教会接受他的理论是自然哲学真理。他也承认《圣经》的确含有某些真理！

其次，尽管他的观点在法律上讲是对的，但从政治上讲伽利略的表现则不够老练，原因在于，伽利略以神学家自居，在有关神学的争论中不时地引用神学的权威典籍。专业的天主教神学家们并不喜欢自称神学家的外行（如天文学教授）来告诉他们在神学上什么是对的。因为在欧洲有无数这样的"外行"，他们叫作新教徒，每个新教徒都要求拥有自行解释《圣经》的权利。什么样的门外汉会跑过来假称自己是一个神学家？显然除了隐藏身份的新教徒（crypto-Protestant）外，没人会这么做。事实上，对天主教平信徒来说，任何触犯下面这条规定的行为都是严重违法的：16世纪后期著名的特伦托反改教大公会议（Counter Reformation Council of Trent）已经明确规定，天主教平信徒不能擅自诠释《圣经》内容（只有新教徒才这么做！）。

伽利略引用神学典籍时，很多观点引自圣奥古斯丁的教义。引用奥古斯丁教义是无可厚非的,毕竟他是天主教会最重要的一位古代神父。但是,奥古斯丁是伽利略引用的唯一一位神学泰斗,而最受新教徒改革者们所推崇的天主教神学家正是奥古斯丁,因为他们可以用奥古斯丁的许多观点作为自己的论据。所以,伽利略不是神学家;奥古斯丁是伽利略参考的唯一一位神学家;他触犯了特伦托大公会议的规定。难怪在专业的天主教神学家们看来,伽利略的观点略显偏激、外行和失之偏颇。

最后,伽利略致大公夫人的信中还有一段有关哥白尼学说证明的声明,尽管他语焉不详。但是看起来他好像在说两件事情,这两件事都显得有些冒失。一件是,他已经证明或能够证明哥白尼的理论是正确的。他还向天主教神学家们抛出问题作为挑战,说神学家们如果想与他争论哥白尼学说,就必须证明他是错的。这是一个极其错误的声明,因为从神学家的角度看,他们无须为了告诉外行们有关神学上的专业观点而去向非神学人士证明任何事情。

2. 回到1616年的裁决

所以,伽利略有朋友,有追随者,有敌人,他通过他用望远镜得出的发现、他的个人魅力和能言善辩鼓动和游说他的观点。因为这些,天主教会根据所有这些激辩和游说等情形仓促地作出了一个不可挽回的决断。贝拉尔明和教皇似乎也有些紧张不安了,他们并不太紧张伽利略是一个危险分子,但他们感到在整个意大利的天主教徒中存在太多的争论,而且伽利略还在鼓动罗马天主教会的高层。因此,他们决定让神学家们一起就是否接受哥白尼学说这一问题作个一劳永逸的决断。

政治热度已经被伽利略和他的反对者挑得如此高涨,以至于天主教会的高层人士似乎也认为伽利略惹起了太大的麻烦。贝拉尔明和教皇把他们的神学家召集到一起,这些神学家纷纷表示,哥白尼学说在哲学上是错的,在宗教上是异端邪说。如果当初伽利略没有用他的望远镜观测结果来为哥白尼学说进行游说,或者没有写那封引来强烈反应的致大公夫人的信,或许1616年的行政裁定就不会在那个时候发生。耶稣会的态度还会像平常一样,让自然哲学家们私下解决问题。他们愿意接受讨论,愿意接受证据,但是要让自然哲学把哥白尼学说当作真理来接受还要花很长的时间。他们不是伪君子;那是天主教会的运作之道。然而,伽利略不想等得太久:他想成为那个让天主教会正式接受哥白尼学说的人。

1616年裁决的一个或两个更深层的核心问题是:神学家们裁定宇宙学和自然哲学是信仰和道德问题,这一做法可能是错误的。[在20世纪后期教皇保罗二世(John Paul Ⅱ)成立了一个委员会重新调查伽利略事件,委员会裁定并且教皇也确认:伽利略终究是对的,当时的神学家们错了——但是,可能这是一种对历史进行肤浅解读的辉格式结论,对此本书已有所论!]不管怎样,伽利略时代的天主教神学家们可能真以为宇宙学是信仰和道德问题。他们可能会出于政治的、理智的和文化的原因而毫不犹豫地这样做。他们关心的就是守法意识、政治责任以及文化价值。我们能责怪他们吗?

对伽利略来说,1616年他并未因任何事情受到正式指责,裁决针对的是哥白尼学说和关于哥白尼学说的著作。因而伽利略仔细掂量后决定先保持一段时间的沉默。他匿名出版著作或在某些著述上附加上某学生的名字。1623年伽利略的老朋友红衣主教巴尔贝里尼(Maffeo Barberini)被选为教皇乌尔班八世(Urban Ⅷ),伽利略认为时来运转了。伽利略几次谒见新任教皇后,认为自己现在可以写一部为哥白尼学说辩护的专著了。在一次会谈中,据说教皇建议伽利略采用一种能为自己开脱的用词,比如,我们在第17章第2节中的引文"……毕竟上帝可以按照自己乐意的任何方式创造宇宙,我们根本不知道他采取了哪一种方式,不是吗?"在9年后出版的《关于两大世界体系的对话》一书的末尾,伽利略借支持亚里士多德的人物之口说出了这句话。该书中的三个人物都同意这种观点,这似乎向读者表明,该书没有确立什么哥白尼学说的物理学真理。此即伽利略的"免责条款"(escape clause),但它并未奏效——任何通读全书的聪明读者都能看出,这本书是将哥白尼学说作为真理来讲授的。

3.《关于两大世界体系的对话》

伽利略的《关于两大世界体系的对话》可能是有史以来最伟大的自然哲学论辩。它没有提出一种新的自然哲学,但它是一部有趣的、诙谐的、讽刺尖刻的和奇妙的著作。它攻击了并在事实上摧毁了亚里士多德天文学和自然哲学体系,但问题是,1633年有多少人完全相信亚里士多德天文学体系。(别忘了,比如,第谷对地心说的自然哲学和天文学所作的修正已经表明,亚里士多德所谓的坚硬的水晶天球并不存在,相反,天空是由某种流动的"以太"构成的。)

当时的许多人已经转向第谷体系。但问题是《对话》没有严肃而正式地谈到第谷体系,或者没有将第谷体系作为第三个方案提出来(该书的标题不是《关于三大世界体系的对话》)。这本书是以三个人物交谈的形式安排内容的:萨尔维亚蒂(Salviati),伽利略式的哲学家;萨格雷多(Sagredo),威尼斯贵族(在《对话》的开头他的立场是开明和客观的,并不偏袒哪个体系而反对另一个体系,在《对话》的末尾他站到了哥白尼体系那边。据悉,他大概是以某个思想自由的威尼斯贵族为原型);第三位便是辛普利西奥(Simplicio),亚里士多德哲学的追随者。这里有一点含糊和语带双关,因为在公元6世纪或7世纪,曾经有一个名叫辛普利休斯(Simplicius)的亚里士多德思想的伟大评论者。但在《对话》中,伽利略刻画的辛普利西奥是一个古板而且极其缺乏想象力的亚里士多德哲学的追随者,有些人认为这个人物并非以早期哲学家的名字来命名,而是在给教皇难堪,尤其是在书的末尾,辛普利西奥发表了一通蹩脚的言论,这些言论正是教皇在1623年与伽利略私下交谈时对他说过的话,其大意是说,上帝可以以任何一种他愿意采取的方式设计宇宙,我们无法确知他采取的是哪一种方式。

《关于两大世界体系的对话》为哥白尼学说提供了三大依据:第一个依据(我们不会过多讨论)与望远镜和伽利略用望远镜得出的发现有关,他在书中以一种有说服力的、直截了当的、偏向哥白尼学说的方式对这一依据进行了详细说明,非他早期的关于望远镜的著述所能比拟。基于我们在第14章中的分析,我们知道如何对待这条依据。其他两个依据之一是对伽利略的数理物理学主要概念的策略性调整。伽利略在《对话》中没有对他新创的数理物理学的数学细节作过多的论述;相反,他等着在另一本他将在1638年写的书中再作论述,那会儿他正被软禁在家中。正如我们在第10章讨论波普尔的方法论时已经看到的,伽利略采用新力学是一种防御性策略。

第三个依据令人惊奇,因为这个依据可能是他的理论最重要的证据,在15年前或更早的信件、言论和出版物中,伽利略已经含蓄地提到过这一依据。

4. 防御性策略:伽利略的新力学

在《对话》中,伽利略以有节制的防御性策略使用了一些数理物理学概念。他没用他的新物理学去证明哥白尼学说,而是用这些概念去削弱反对哥白尼学说的论据的影响力。让我们看一下其中的两个概念。第一个我们在论述波普尔方法论时已经提及。这里有一个证明地球没有自转的实验:设想地球自西向东旋转,这意味着在物体下落的几秒钟时间里,这个房间将向东移几百米。这意味着,如果我扔下一个物体,它下面的一切东西都在向东移,那么,该物体就会落在当它落下时正好在它下方的任何东西上面。但是,当然,物体都是笔直地落下来的,并没有漂移到西面,因此地球是静止的。再来看另一个例子。我们在正北方朝着地平线上的一个目标发射一枚炮弹,炮弹至少能射出几百米远。所有东西都排列成行,目标被击中。这证明了地球没有转动,因为当炮弹飞行时如果地球在向东旋转,炮弹就不会击中预定目标,而会击中一个偏西几百米的目标。

正如我们在讲波普尔方法的那一章中所述,伽利略新物理学中有一些核心概念,他打算用这些概念来推翻这些实验结论。这些核心概念之一是惯性或惯性运动。(这个词并非伽利略首创,但是在伽利略使用这一术语之后不久就流传开来。)通常情况下,在伽利略物理学或牛顿物理学(即经典物理学,爱因斯坦之前的物理学)中,惯性运动是指,物体在没有受到外力作用的时候,总保持初始运动状态并永远持续下去的运动。这是一个矛盾的和违背常识的命题:在理想状态下,某些运动可以无动因地一直持续下去。1687年的牛顿和此后的所有经典物理学都是这样解释惯性的:在没有外力作用的情况下,一个在一条直线上匀速运动的物体将以该速度在该直线上持续运动下去;如果这个物体不出什么意外的话,它会永远持续运动到无限时间和无限距离。是什么导致它这样的? 没有什么东西,没有什么动因。它只是处于一种惯性运动状态。牛顿惯性运动是一种直线运动。

伽利略的惯性概念与牛顿的惯性概念不同,所以从后来牛顿的观点来看伽利略是完全错误的。正如从爱因斯坦观点来看牛顿的惯性概念是错误的一样。伽利略对惯性的解释是这样的:在没有任何干扰物或干扰力的情况下,以匀速围绕一个中心(重物会朝着这个中心落下)做圆周运动的物体,将永远保持匀速圆周运动。换句话说,伽利略的惯性运动是匀速圆周运动! 可以想象,他所说的地球是一个具有完美球形且光滑的（无摩擦力的）地球，他所设想的滚珠也是完全光滑的、完全无摩擦力的、球形的。尽管滚珠有重量且会落下，但在界面上没有摩擦力。（伽利略认为，地球上的所有物体都有重量，但我们这些信仰牛顿学说的人知道，物体没有重量，只有质量。）如果我们将滚珠轻轻一推（如果没有任何障碍或阻碍，没有阻力或摩擦力），它将以初始速度一直匀速运动下去。这就是伽利略的惯性概念。

伽利略创立了惯性概念，但不是通过发现而是通过建构创立的，因为这个概念不是世界上可被发现的"东西"。正如所有的理论概念一样，它也是一个智力建构。伽利略是如何得到惯性概念的呢？伽利略如此分析，当你投下一个重物时，它会加速落下。当你向上抛一个重物时，它会先减速到零再开始加速向下落。加速下降——减速上升。设想一个理想的、没有空气阻力或摩擦力的斜面，表面完全平整光滑。如果松手放开滚珠，它会沿着斜面加速向下滑落。如果推一下滚珠，它就会迎着斜面往上滚动并在继续前进时减速。

如果斜面坡度不那么大，情况又如何呢：滚珠将缓慢地减速，然后以较为平缓的加速度滚下来。如果斜面几乎根本没有坡度，加速下滑将是非常平缓的，减速（上爬时）也将是非常平缓的。如果斜面坡度达到有可能达到的最小坡度——即零度"平面"，情况又怎样呢？如果我推滚珠一下，它会加速运动吗？不会。它会减速运动吗？不会。因为没有摩擦力，所以如果轻轻地撞一下滚珠，它将只是滚动下去，没有任何原因会使它加速或减慢。因此，其速度将保持不变，且如果没有什么东西来阻止它的话，它将一直运动下去——惯性运动。但是，究竟何为平面呢？一个"零度"斜面是完美无缺的地球表面的一个微小部分。惯性运动是一个圆周运动！它永远在做圆周运动，即沿着球形地球的理想的、无摩擦力的表面运动。在伽利略的理论中有许多数学抽象。从亚里士多德的观点来看，这个理论是荒谬的，因为我们不能通过数学抽象去证明实在。从牛顿的观点看，伽利略的这个惯性理论也是完全错误的。

伽利略的圆周惯性运动是如何去除落体和炮弹实验中的力的呢（这在第10章论述波普尔方法时有过简单讨论）？设想不是某个物体在做惯性运动，而是一个物体系统在做惯性运动，这个系统也许是一艘海洋上的船舶，或一列轨道上的火车。在这样一个"惯性系统"里，如果往系统外望去（即：在一列火车上向窗外看），你不能辨别是你在运动呢还是外部环境在向后运动。伽利略断言，你无法从惯性系统内部来判断该系统是否在运动。（你可以判断谁在火车内运动，因为你们全都在火车里面，但如果这列火车紧靠在另一列火车旁边，你就无法在低速的情况下确定哪列火车是静止的或运动的。）

根据伽利略的观点，地球是匀速旋转的，地球以及地球上的一切东西都在一个惯性系统里，因而如果你从地球上仰望天空，我们无法判断是天空在围绕地球转动还是地球在绕轴自转（顺便说一下，在牛顿的观点看来，这是错误的）。这就是伽利略的论证。回过头来看落体实验，我们都看到物体垂直落到了地面，但对这个实验的两种解释却都成立：（1）没有什么在运动（地球处于静止状态），重物垂直落下；或者（2）地球上的一切都在做惯性运动——地面、我们这些观察者以及落体都在做惯性运动，因为它们都是地球惯性系统的一部分。同样的道理也适用于炮弹实验：在炮弹发射到空中的同时，包括这枚炮弹在内的一切东西都在向东运动。伽利略没有证明地球在旋转，而是证明了地球有可能在旋转以及地球能够旋转，并且，你会观察到球不管怎样都会垂直落下！

这是一个非常好的对证伪理论的检验进行抨击的反波普尔式策略的例子。正如我们在第10章中看到的那样，伽利略称亚里士多德有关地球不动的检验并不是判决性检验，因为这个检验可以用惯性理论以不同的方式来解释。从牛顿的观点来看,伽利略的惯性运动物理学完全是错误的:炮弹会偏离,正如落体也会偏离一样,因为地球在旋转并且不是一个惯性系统。但是,伽利略没有一个理论是解释偏离的。牛顿采取了相反的观点,并且说正因为地球在旋转所以存在偏离。从后来的牛顿观点来看,伽利略的策略十分巧妙,但仅仅是防御性的并且是完全错误的。

5. 进攻性策略:潮汐理论——再一次证实了哥白尼学说

伽利略对地球自转的最终证明是基于以下论据展开的。是否有一种现象(能被所有人认同的)只能用地球在旋转来解释,而不能用其他原因来解释? 伽利略说这种现象是存在的,那就是潮汐现象。

伽利略从一个实验室用的潮汐模型入手。伽利略设想一个长方形浅平见底的水盆——“就像”水在海洋盆地里。伽利略思考的问题是:“如果我有节奏地把这个水盆往前推和往后拉会怎样?”如果节奏合适的话,你便会看到一个振荡的水墙来回移动,这就是一个潮汐模型。这是水在交替地进行加速和减速运动。但是,按照伽利略这种新的潮汐理论,大海和大洋的这种交替进行的加速和减速运动是如何在地球上发生的呢?

在图18.1中,我们往下看到地球绕日旋转的轨道和地球自转轴的北极。我们给地球运动速度分别标识为:绕太阳旋转的速度为Vo,每日绕轴自转速度为Vd。现在考虑正午时地球表面上的某个点。在正午时宇宙中的这个点的速度是多少呢? 是$Vo+Vd$。那么在午夜时当该点已随自转的地球一起运动之后情况又怎样呢? 此时该点的速度是多少呢? 是$Vo-Vd$。所以,该点的最大速度是在正午时,而最小速度是在午夜时。伽利略认为,地球上的每个点每天都经历着速度从最大值$Vo+Vd$到最小值$Vo-Vd$的变化。如果地球上每个点的速度每隔24小时就从最

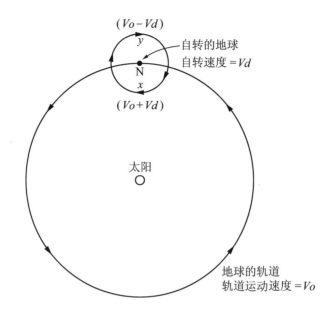

图 18.1　伽利略并不成功的潮汐理论

地球上点 x 在正午时的速度为: $Vo+Vd$ (每天的最大值)

地球上点 y 在午夜时的速度为: $Vo-Vd$ (每天的最小值)

因此,地球上的任一点在 24 小时内,速度从最大值($Vo+Vd$)降至

最小值($Vo-Vd$),再由最小值升至最大值——如此交替地加速和减速。

大值减到最小值,这就意味着,地球上的每个点在交替地进行加速和减速运动,然后再加速,继而再减速,依此类推。伽利略的结论是,在遵循这种交替发生的加速和减速运动的海洋里,就可能产生潮汐!

根据后来的牛顿物理学,伽利略的潮汐理论是错的,而且在那些不能接受伽利略的潮汐理论的朋友们眼里这也是错的。原因之一是当时还有其他的潮汐理论。例如,按照开普勒的理论,"月亮影响了海洋并造成潮汐现象"。伽利略不同意开普勒的观点,提出这样的疑问,潮汐怎么可能由于遥远的某种"神秘的"作用而发生呢?另外一个反对伽利略潮汐理论的人是康帕内拉(Tommaso Campanella),他既是新柏拉图主义自然哲学家,也是多明我会修道士,他问道,为什么人类、树木和房屋,没有像潮汐那样每天加速和减速呢。伽利略的潮汐运动也完全与他的惯性运动理论相矛盾。因而,他的潮汐理论并没有说服太多人。根据当时的评价,伽利略的宏论以失败而告终(需要记住的是,在科学史上我们感兴趣的不是追求事实和评价的辉格史,而是发生在历史上的同代人之间的真实的争论和评判的过程)。

6. 面对审判

伽利略出版了他的著作并因此而受审。我们可以争论为什么这种事情会发生,但我要提醒你,天主教会里有人一心要抓伽利略。另一方面,伽利略在天主教会中也有朋友,他们认为审判伽利略是荒谬可笑的。这些人设法上下打点,以尽量减轻对伽利略的判决。教皇也的确不喜欢伽利略的书,尤其是书中通过"辛普利西奥"之口提到了他们在1623年的交谈中谈及的"免责条款"。但教皇对该书的气愤并不足以解释启动伽利略受审的庞大机制和行动。不过,这解释了为什么教皇没有在官僚机构的车轮开始转动时向伽利略伸出援手以停止审判。

另一个相关的事实是:如果在1616年天主教会裁定哥白尼学说为异端是正确的,那么在1633年判伽利略犯异端罪也就是正确的。但是,伽利略被追究的并不是这个问题,他被人诬陷,受到略微不同的指控,这使得诉讼变得不明不白。

1616年,当宗教法庭的禁令发布后,伽利略的朋友红衣主教贝拉尔明让伽利略到他的住处谈话。据伽利略讲(可能确实是这么回事),贝拉尔明说禁令针对的不是伽利略个人,而是被视为真理的哥白尼学说。伽利略得到了一份带有上述意思的证明,因为在1616年确实有人认为伽利略是异端,因为他持有哥白尼观点。在他1633年的审判中,有人伪造了一份文书,签发日期为伽利略与贝拉尔明的会晤之日。依据对水印和纸张的特性的研究,我们现在知道,该文件确实于1616年签发,并在1632年之前(有可能是在1616年)被插在梵蒂冈的档案中。这份存疑的文件认为,在1616年与贝拉尔明的交谈过程中,伽利略拒绝承认这一禁令,因此,鉴于他关于哥白尼学说的观点,他被命令丝毫不得提到哥白尼学说。现在,反对伽利略的论据变成了这样:他在1616年受到私下警告,即某种禁令,要求他决不许谈论哥白尼学说,但他在1632年出版了他的书,并且此书显然支持哥白尼学说,所以,伽利略是有罪的。因此,伽利略1633年受审是被人陷害的。

7. 审判伽利略的影响和后果:长远的和短期的

首先,对伽利略的审判阻碍了意大利的天文学和宇宙哲学的思索。但是,自然哲学反而在整个17世纪的意大利在某种程度上凭借文艺复兴力量持续下来,并部分地得到了伽利略的学生和弟子们的推进。他们用气泵和气压计做力学实验,进行数学研究,但他们并没有对天文学进行太多的研究,也没有争论哥白尼学说是否为真理的问题。

对伽利略的诉讼没有阻止欧洲其他地区的天文学研究。新教徒们往往觉得这是一个痛斥天主教的好机会,因而伽利略事件甚至有助于新教天文学家在自己的文化背景中更好地从事天文学研究。

至于其他天主教国家,法国有很多哥白尼学说的追随者,因法国没有有效的宗教裁判所,所以他们并不担心被起诉。笛卡儿当时即将出版第一部系统论述机械论自然哲学的著作,该书力挺哥白尼体系。笛卡儿是居住在信仰新教的荷兰的一名法国天主教徒,1633年,他决定不发表他的宇宙体系,因为伽利略已经被判刑了,但这并不是因为他害怕宗教影响,而是因为他害怕他发表的观点会因伽利略的审判而得不到最广泛的传播。他等待了10年,然后出版了一部更倾向于哥白尼学说的机械论自然哲学著作——《哲学原理》(*Principles of Philosophy*,1644年)。因此,除了在意大利,伽利略事件并未真正阻止天文学讨论和公开辩论。

8. 伽利略事件不是我们所理解的科学与宗教的对抗,而是一种科学与宗教共同体同另一种科学与宗教共同体的对抗;第谷理论依然是一种可能方案

伽利略事件意味着什么? 对于这一事件中具有不同信仰的观察者而言,有几点是真实可信的。

首先,伽利略提出一些零碎的论点来反对当时已经确立的世界观(亚里士多德思想的某种改进,加上一些托勒玫或第谷的思想)。从亚里士多德或后来的牛顿或笛卡儿体系的意义上说,伽利略不是一个自然哲学家。伽利略有他的望远镜,有他的潮汐理论和运动理论——也就是他的数理物理学。他能说服人们相信他的这些理论,但不能提供一种起完全替代作用的自然哲学,而只能提出一些零碎的富有挑战性的主张。这是伽利略的立场和策略的一个瑕疵。

另一方面,毫无疑问的是,伽利略的审判是受人陷害的,有些人决意要对付他,并且总的来说,天主教会对他的审判是不合时宜的,欠考虑的,并不是绝对必要的,如果考虑当时的政治气候的话。

然而,我们也必须考虑到,在1633年对于一个受过教育的人来说,产生这种想法是完全合理的:第谷体系很有可能最终被证明是正确的并且经过修正的亚里士多德体系也可能与第谷体系相一致。因而,可以把伽利略看作哥白尼学说的激进倡导者,他没有一个起完全替代作用的自然哲学体系,他绝不是显然正确无误的。人们完全有理由相信情况就是这样。那些不为伽利略所动摇的专家们并非愚昧无知。

伽利略的审判实质上是政治价值判断,对这一判断的权衡与此类似:伽利略没有一个起完全替代作用的自然哲学体系,你会追随他进入一种也许没有宗教的或政治的不良影响的新的观点吗? 或者,你是否

会坚持旧的观点,这一旧的观点饱受非议却并未被推翻,而且似乎还能有助于巩固天主教这边的政治和制度的秩序。这些就是价值判断问题。撇开伽利略遭到的陷害,采取后者的立场也似乎完全合理。没有什么理由是基于某些想象中的科学方法,或者"纯粹的事实",这些事实在1633年似乎偏爱某种或其他的立场,而这正是我们在伽利略事件中试图抓住的基本点。

9. 悲剧的定义和神话的破灭

最后我们搞清楚了,问题并非"科学与宗教的对抗",而是两个"科学/宗教"共同体之间的较量。论战双方的策略都不怎么高明并且都犯了错误——自那时以来就存在极大的历史误解和辉格式合理化(Whiggish rationalisation)。常见的关于伽利略的故事都是神话:科学没有反对宗教,宗教也没有反对科学。天主教会有自然哲学和天文学;伽利略信仰宗教,他是虔诚的天主教徒,甚至相信神学辩论。双方都承认神学和自然哲学之间相互联系的必要性。(我们现代人在这个问题上并不赞成任何一方。)伽利略事件也不是真理对抗谎言或真理对抗迷信的问题。它其实是发生在两种似是而非的理论之间的战斗,这两种理论都诉诸神学。哥白尼学说仍处下风;伽利略犯了严重的政治错误;并且可悲的是,他也被陷害了。

伽利略独自公开捍卫哥白尼学说的实在性,呼吁人们转而相信一个新的理论,对《圣经》作新的解读。他的证据还不够有力,还不是十分有利于哥白尼学说(第14章)。伽利略在吸引公众关注时没有认真对待第谷体系,这就触犯了特伦托大公会议的重要规定。最糟糕的是,伽利略似乎挑起了天主教徒们对一个最好交给专家处理的问题的公开反对。毕竟,第谷学说,加上经过修正的亚里士多德自然哲学,很可能就是关于这个世界的正确的理论。为什么还要冒险去追随伽利略呢?

所以,事实上天主教会作出了决策,这个决策是关于我们今天所说的科学政策的。转向哥白尼学说的时机并不成熟;时机也许会到来或也许不会到来;但是就目前来说,伽利略以他的方式公开地高谈阔论则没什么道理可言。天主教会能为它的信徒们制定一个科学政策吗?为什么不能呢?在现代社会所有的国家都在这样做。在当时,科学(自然哲学)与神学相关,反之亦然。现在科学是与经济和发展相关。今天没人会说,只有科学家应该决定研究的目的和应用以及科学调查的步伐和经费。也没人会说,只有科学家才能评价其工作的社会、伦理和政治影响。同样,在伽利略时代,没人认为只有自然哲学家才能对神学或公共秩序或天主教会政策作出评判(事实上大多数受过教育的人士都会认为,自然哲学家在这些事上没有发言权)。

自主的科学的观念(第1章)是一种使得我们误解科学本质的意识形态建构。某种程度上讲,这一观念源自伽利略事件。在后来的17世纪哥白尼学说取得胜利的时候,对这一变革的社会性说辞之一就是:这是“进步”,这种“进步”是因为“科学方法”的使用,由“无偏见的自主的”科学家所取得的。(这听起来是不是同第1章中的思想相类似呢?)这种“科学”的说辞已有300年了,但仅此而已,这种说辞并没有向我们呈现真实的历史,包括科学从何而来的真实历史。

伽利略事件衍生的另一个相关的神话是,天主教会总是处处与科学作对。在后来的17世纪,科学革命的中心转向北方,来到信仰新教的英格兰和荷兰(还有信仰天主教的法国!)。北欧的新教徒们很快将伽利略事件用来反对天主教。天主教会的无知和独裁打压了那位高尚的为真理而辩护的、可怜的、诚实的、客观的伽利略。许多人仍然相信这些,但是这种看法对于伽利略,对于天主教会和天主教知识分子从中世纪起就在从事的自然哲学和科学的复杂而又认真的研究方式来说,都过于简单了。耶稣会会士在科学和科学教育(包括耶稣会会士16世纪和17世纪在中国的布道)方面的成绩本身就表明,这一通常的看法是多么误导人。

伽利略事件的悲剧就在于,双方都是以不成熟的和不恰当的方式推行各自的方案。天主教会最后仓促而激烈地作出反应,并违背了教会自己的规则。伽利略违背了天主教会关于推进变革的期望;他妄言自己能涉足神学;在没有一个确定性证据的时候,他却声称拥有这样的证据,而他当时确实拥有的证据和观点并没有赢得大多数天主教会同侪的支持(虽然其中很多人被他说服了且还有更多人被他打动,但他对第谷理论的回避却是他斗争策略中的一大缺陷)。这一切都发生在欧洲历史上最紧张并且处于转折关头的时期之一,即1618—1648年的30年战争时期。这些不同社会力量的冲突导致了悲剧的发生,这场悲剧的受害者不仅仅是伽利略个人,还有天主教代代相传的名誉。这个事件也诱发了有关科学本质、科学自主性和经由科学方法来作出科学发现的幻想,直到最近的两三代人才抛弃了这些幻想,而这正是本书致力于向科学史和科学哲学的初学者传播的知识。

第17章、第18章思考题

1. 伽利略在给大公夫人克里斯蒂娜的信中是如何论证科学与《圣经》之间的关系的?

2. 伽利略在给大公夫人克里斯蒂娜的信中进行有关神学的辩论是明智的吗?通常以为这封"信"达到了它的目的,但他的论证对于尚不相信哥白尼学说的正确性的人来说可信度如何呢?

3. 天主教会希望审核科学理论并且如果有必要的话对科学理论的内容进行审查是合法的,这有什么意义吗?

4. 伽利略事件通常被看作理性与教条的对抗,你能根据不同的具有自然哲学和神学信仰的个人和群体来重述这个故事吗?

阅读文献

J. R. Ravetz, "The Copernican Revolution", in R. Olby *et al.* (eds.), *The Companion to the History of Modern Science*, 209—212.

J. Langford, *Galileo, Science and the Church*, 58—78.

A. Koestler, *The Sleepwalkers*, 432—439, 444—455, 464—466, 477—479.

◇ 第19章

17世纪的自然哲学之争（一）：机械论哲学的确立

1. 截至1620年：剧变何在？科学革命中的自然哲学问题

在前面两章（在这两章中我们探讨了与伽利略相关的话题并开始了本书的第六篇）我们的讨论进入了研究科学及科学变革的社会环境的新领域。伽利略事件很好地表明了科学变革的宏大社会历史背景。现在，我们来到了科学革命的关键点，因为我们将讨论自然哲学在科学革命中的冲突问题。这个问题很重要，因为它与社会背景和社会塑形相关。这些对自然界作出系统阐释的自然哲学，在社会及制度方面十分敏感。它们需要与宗教、教育机构、政治气候保持适当的联系，因而它们是社会和文化的"避雷针"。所以，考察自然哲学在科学革命中的变化，实际上就是考察众多社会力量如何影响科学。

探讨机械论哲学前，我们先回顾一下自然哲学领域的一些一般特征。在第5章中我们了解到，就西方文明而言，希腊人发明了天文学、解剖学、数学和其他具体科学，而这些学科又归属于某种更深广的事业——一种更广泛的"游戏"（game），且对希腊人来说是最主要的"游戏"。这就是所谓的自然哲学，它对定义物理实在本质的4个基本问题提供了一个系统的、统一的解答：(1) 什么是物质（matter）？(2) 物质是如何构成宇宙的？(3) 变化和运动是如何发生的？(4) 如何知道这一切？

（这一问题的答案便是某种科学方法。）

我们知道，在中世纪及我们一直在研究的时期，亚里士多德自然哲学已经成为在欧洲占主导地位的自然哲学体系。亚里士多德自然哲学反对所有那些我们所关注的哲学变革及创新。事实上，科学革命并不标志着作为某种思想论战及文化内涵领域的自然哲学的终结，而是意味着某种变革，在这种变革中自然哲学体系将占主导地位。换句话说，亚里士多德哲学被取代了，但并不是被"非"自然哲学体系所取代，而是被笛卡儿等人的机械论自然哲学所取代，不久这种机械论自然哲学又被牛顿的机械论自然哲学所超越。然而，你可能会问，"如果完全没有自然哲学这门学科，我们将会怎样呢"？因为我们确实放弃了自然哲学——19世纪早期，欧洲传统的自然哲学最终消亡并退出历史舞台的原因很简单，即自然科学变得数量庞大、种类繁多，且已被进一步划分成各种学科，这使得无人能高居科学之巅。你可能会说："我有一个答案——某种能解释和控制所有自然科学的自然哲学体系。"然而，方法的观念却存留了下来。可以这么说，方法的观念是自然哲学最后消逝的幽灵，是将一些真正的、可行的自然哲学统一体运用到所有科学上的最后希望。关于这一问题，可以回顾我们在第15章和第16章中对库恩关于方法和科学问题的论述。

现在，我们举个例子来说明具体科学如何在自然哲学的庇护下运行，天文学与自然哲学有着怎样的联系，尤其是与当时占据主导地位的亚里士多德自然哲学体系有何种关系。如我们所知，天文学作为技术性学科，其数学理论能对行星运动作出预测。但是，如果你就天文学提出如下问题：行星是由什么构成的？什么力量使得行星运动？天体的基本布局是怎么样的？那么你所问的这些问题就涉及宇宙学问题、物质问题、因果性问题。天文学（比如，托勒玫天文学）是在亚里士多德自然哲学的指导下发生的，并且亚里士多德自然哲学为托勒玫天文学中

的物质、宇宙结构和因果性等深层问题提供了答案。因此说托勒玫天
文学是在亚里士多德自然哲学体系的庇护下运行，但是正如我们所见，
可以进一步说，即使天文学拥有自然哲学特有的体系框架，也还会有很
多技术性和数学性的问题无法解决。

如果要用某一新的天文学理论——哥白尼学说，去取代托勒玫的
旧理论，就必然会提出一些自然哲学性质的问题。哥白尼学说提出了
这样一些问题：比如，"既然地球也是一颗行星，那么其他行星是由什么
构成的呢？""地球作为一颗行星，是由什么构成的呢？"这些是有关物质
的问题。比如，"行星为什么绕太阳运动？"这是有关因果性的问题。再
比如，有几颗行星？它们在宇宙中的次序是什么？为什么会有这种次
序？这些是有关宇宙学的问题。所以，如果要在技术的基础上提出某
种新的天文学，就必须同时提出一些自然哲学问题。

到目前为止，我们所读到的章节还没有集中从体系和方法的视域
来审视自然哲学，都是沿着历代天文学革新者们的探索考察他们对自
然哲学的关注点。哥白尼几乎没有回答他的新理论所提出的那些自然
哲学问题，他并没有提出一个全新的自然哲学体系来取代亚里士多德
体系，以为支撑他的新天文学提供某些纲领性的答案。这是一个严肃
的问题，因为正如我们所认为的，哥白尼并不愿意将他的天文学仅仅视
作一个假说、一个有用的计算模型。相反，他主张他的天文学是完全真
实的且是完全正确的。开普勒倒是提出了一个可供替代的自然哲学体
系。他说："自然哲学必须符合新柏拉图主义思想，因为新柏拉图主义
思想具有精神性力量，数的和谐，使行星绕行的'太阳动力'，以及控制
宇宙运行的基本法则。"因此，开普勒体系是可供替代的具有新柏拉图
主义思想特点的自然哲学体系。伽利略不大热衷于那种建于自然哲学
之上的体系，而是忙于那些零碎的"把戏"——望远镜、惯性定律和潮汐
理论，因为他没有提出一种能够替代亚里士多德体系的自然哲学体系。

就第谷而言，他也认为他的天文学是客观的、真实的，但他的体系仅修正（"改进"）了亚里士多德自然哲学体系，以便回答他在自己的宇宙中所遇到的有关物质、结构和因果性的问题。

接下来我们将看到的是，机械论哲学超越了哥白尼天文学。机械论不仅有科学理论，而且有与之相适应的自然哲学观，机械论自然哲学为哥白尼学说成功取代旧理论提供了工具。正如我最后将要说的那样，哥白尼学说只是科学革命的端倪，而机械论哲学则为科学革命提供了思想体系。机械论哲学取得成功不是因为哥白尼学说被世人当作客观真理来接受，相反，哥白尼学说被世人当作客观真理来接受是因为机械论哲学以自身的力量彻底取代亚里士多德体系而获得认可。因此，我也可以试着这样说，哥白尼革命也是一场自然哲学的革命。

我们已经看到，第谷改进了托勒玫天文学，也对亚里士多德自然哲学进行了局部调整，如流体的天空、天体的某些生灭、和谐等，但第谷体系并不是亚里士多德自然哲学的重大变革，因为第谷仍试图保留传统的亚里士多德自然哲学体系中宽泛的解释力，并致力于将自己的天文学适应于亚里士多德自然哲学的改进版。这又意味着，如果你想从事天文学研究，那么你的天文学的基本主张必定受制于你所选择的特定体系或某种自然哲学体系。你的自然哲学是你天文学工作的"形而上学背景"。托勒玫的案例非常明显地说明，亚里士多德自然哲学是令托勒玫天文学有意义的形而上学背景。那使哥白尼天文学有意义的形而上学背景又是什么呢？现在看来，还没有这样一个背景，除非很牵强地说（牵强得有点让人无法接受），它是开普勒版本的新柏拉图主义自然哲学。

天文学争论难免成为一场自然哲学体系的斗争，其原因在于，像其他具体科学一样，天文学受制于某种包罗万象的自然观念。正如我们所说过的，自然哲学的意义就在于支配具体科学并按重要性对具体科学进行排序。如果你要进行光学研究,那么你就必须选择某种自然哲学,同样,研究解剖学或生理学等其他学科,也得选择某种自然哲学。这些具体科学只是在某个自然哲学体系内才有意义,当然在当时占统治地位的体系是亚里士多德自然哲学。

2. 17世纪30年代的精英:比克曼、笛卡儿、伽桑狄、霍布斯、梅森

在17世纪20年代、30年代和40年代,这么一段相对较短的时期内,机械论哲学作为自然哲学的一个新体系或新类型被提出且被人们接受。少数思想家创建了这一新哲学,表19.1列出了其中5位,从中可以看出他们的年龄都差不多,17世纪10年代、20年代正是他们的成熟之年。他们所创立的新型自然哲学在自然哲学的斗争中很快胜出,以至于到了1660年或1670年几乎所有受过教育的人都认为机械论哲学大体上是正确的。而且几乎所有受过教育的人都认为哥白尼学说也是完全正确的。我将在本章的结尾再次讨论这个问题。

表19.1　17世纪20年代的精英——机械论哲学创始人

笛卡儿	1596—1650	法国天主教徒
霍布斯(Hobbes)	1588—1676	英国新教徒
伽桑狄	1592—1655	法国天主教神父
神父梅森(Mersenne)	1588—1648	法国天主教修道士
比克曼(Beeckman)	1588—1636	荷兰新教徒

然而,直到大约1700年,大学里仍在教授亚里士多德哲学,但那时的亚里士多德哲学仅是大学中的一门基础教育课程:它并非关于自然界的千真万确的真理,因为此时机械论被看作自然哲学。在18世纪早

期,机械论在大学中得以传授,后来日益受到牛顿自然哲学的挑战。在第21章和第22章中我们将看到,牛顿研究自然哲学的方法并非完全是机械论的,以及为什么是这样。

3. 1650年:机械论世界观或机械论哲学的确立

机械论自然哲学在当代西方世界已经众所周知。在17世纪,有50年或60年的时间,机械论哲学都是占统治地位的自然哲学体系(大约从1650年至1700年),接着牛顿学说开始流行。但即使是1700年之后直到现在,机械论哲学仍然在影响我们所认为的常识(这很有趣,因为我们的常识显然并非无可非议,在某种程度上只不过是17世纪机械论哲学的残余物而已)。

例如,所有受过教育的西方人都认为,宇宙是无限的。但有一点我们没有反思过,或许现在我们在某种程度上并没有完全理解爱因斯坦或当代天体物理学认为宇宙无限的观点。在西方坚持传授宇宙无限的思想的第一批人就是17世纪的机械论哲学家们。

图19.1显示了笛卡儿的由许多涡旋组成的无限宇宙理论:每个涡旋的中心有一颗恒星,涡旋围绕着行星在这个星系中机械地旋转。值得注意的是,笛卡儿于1644年表述的基本思想中,太阳、地球和我们的行星系仅是无数此类涡旋系统中的某个涡旋。哥白尼、开普勒或伽利略都没有考虑到这样一种无限宇宙的实在论的哥白尼学说。

再来看另外一个例子,在20世纪,当被问及科学的定义时,我们往往会说,"科学是运用数学和实验来研究自然界"。这种回答非常模糊,但这正是我们所说的。(这种说法无助于我们进一步研究科学史,但这正是我们所说的。)它最早是由17世纪的机械论哲学家提出的。因此,就这些观点而言,我们只是机械论哲学家的继承人或后裔。我们没有继承亚里士多德哲学,它教授我们宇宙是有限的且实验是无益于科学

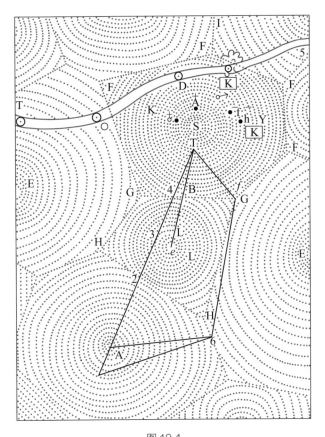

图 19.1

笛卡儿关于完美物质的太阳涡旋的无限哥白尼宇宙(1633, 1634)

● 每个涡旋的中心都有一颗恒星。

● 每颗恒星有一个在其涡旋中被推动的行星轨道系统。

● 笛卡儿的图画中那条从左到右的蛇形线表示彗星的轨迹。

的,它给出的理由是,实验把物体置于人工的或强制的环境之中,破坏了物体的自然行为。(回想一下我们在前文已经了解的:亚里士多德自然哲学只研究物体的自然行为,因而实验不能揭示自然的奥秘。)所以,我们没有继承亚里士多德哲学,我们继承的是机械论哲学。

我们所继承的并流传至今的机械论哲学的另一核心思想是:一般来说,自然的利用与开发对每个人都有好处,但实际上受益的当然是某些特定的"群体"。但是,这并不是亚里士多德的思想,因为亚里士多德自然哲学是对自然的某种沉思,你不可以利用或开发自然。这种观念是机械论哲学的特点。现在,机械论哲学的观点为:宇宙是无限的,科学是数学加实验,自然是可开发利用的。这些观点都是机械论哲学的要素,大体上讲,很多人仍然相信这些观点。当然,仅相信这些观点还算不上一位现代科学家。我总不能跑到物理课堂上讲,"大家好!宇宙是无限的——请用数学方法做实验并开发利用自然"。显然这不是在讲授物理,而是在诉说现代常识,没有讲授任何专业细节。17世纪那些前卫、新颖和富有挑战性的新知识,以及处于争论优势地位的自然的"宏大"系统,现在仅仅是受教育者的常识。

我想描述一下机械论哲学的特征,下一章再探讨机械论哲学为什么会被创建,为什么它很快就被大家接受了。在此我先留个伏笔。当时自然哲学体系的冲突不仅发生在这两个体系(亚里士多德哲学和机械论哲学)之间,因为还存在第三位挑战者——新柏拉图主义,尤其是那种牵扯到社会、政治、宗教改革的神秘色彩及思想的新柏拉图主义。事实证明,机械论哲学家并不热衷于改革,特别是那种自下而上的改革,以及由机械论者不喜欢的人所发动的改革。机械论哲学团结起来以确保击溃第三位挑战者。这么做的主要原因并不是为了推翻亚里士多德哲学。机械论哲学家一致认为,亚里士多德哲学已经落伍并且是错误的。因此真正的问题是,我们是否该向新柏拉图主义和巫术投降,并忍受其带来的严重的社会和政治后果?所以,我认为,在为何要选择机械论哲学的问题上,政治、社会和宗教层面因素的考量远远大于科学层面的考量。说到底,我认为:**机械论哲学并非因其是正确的而被接受,而是因其被接受了才被看作是正确的,**而且人们接受它是出于政治的、宗教的和社会的原因。这就是机械论如此迅速地大获全胜的原因。

现在让我们看看机械论哲学的几个重要方面。按照机械论哲学,物理世界中的一切事物都可以归结为三类事物中的一类：或者是上帝，或者是人的心灵或灵魂（非物质），或者是由一个至两个或两个以上的原子构成的其他事物。一些机械论哲学家不喜欢说"原子"（atom，因为这是一个希腊术语，用来形容最小的、不可分割的物质），因为古希腊原子论者被认为是无神论者（由于他们认为神是由原子构成的）。因此，如果你想成为17世纪信奉基督教的原子论者或机械论哲学家，有时你就不能用"原子"这一术语，而要用"微粒"（corpuscle）——形容微小事物的拉丁语。

这些小微粒像什么呢（毕竟，每一客观事物都是一个原子或原子的集合）？它们是由物质分离出来的。它们几乎没什么属性或特征，至多只有三四种。这些微粒的属性基本上都是可量化的，虽然量化常常很难做到：原子有大小和形状；原子是可移动的并且是不可分割的（这意味着，当原子相互碰撞时，它们来回运动并且不会进一步分解）。因此，值得关注的是，原子间的碰撞法则是根据原子运动规则而来的，它可以使我们搞清楚自然是怎样运作的！诸如此类的原子碰撞法则有助于形成新的力学分支——物体运动及碰撞的数学学科，这种学科既涉及宏观又涉及微观。

通常，原子具有大小、形状、移动性和不可分割性的特征。世界上每一物质实体都是由一个原子或许多原子的集合构成，这些原子都只有大小、形状、移动性和不可分割性。这种说法非常"轻率"，因为我们相信世上的物质还有许多属性和特征不在此列。颜色是不是原子的特征呢？原子没有颜色，所以没有物体会有颜色。还有味道、气味、声音呢？原子没有味道、气味、声音，所以大型物体及肉眼可见的物体也就没有味道、声音、气味、颜色。如何解释热或冷、湿或干呢？原子没有这些特性。原子只有大小、形状、移动或静止，以及不可分割的属性。

因此，肉眼可见的物体实际上没有热、冷、潮湿、干燥等属性。但我们倾向于说世界上存在这些东西,倾向于说粉笔是白色的,你说世界上不存在"白色"是什么意思,白色就在那儿——它是一支白色的粉笔。你走进一家餐馆,然后点了糖醋肉——它最好又酸又甜。如果所有这些属性没有任何意义,那我们谈论它们又有什么意义呢? 所有这些属性都不是原子所具有的属性,并且根据机械论哲学家的观点,所有这些其他的属性和特征都不值一提,因为它们是原子所没有的属性或特征。现在根据这些人(笛卡儿、霍布斯等)的观点,这些其他属性存在于而且只存在于一个地方,即**人类意识**(human minds)之中。(也可能存在于动物的意识之中,如果动物有意识的话——这是笛卡儿的一个争论点,他认为动物没有意识,动物只是机器,所以,如果狗表现出了疼痛,这并不是真的痛,只是上帝设定的狗对可产生疼痛的刺激的反应,好像狗也有意识并能感受到疼痛一样。这可能是利用狗和其他动物进行实验的一个说辞。)(表19.2)

表 19.2

根据严格的机械论哲学,原子的属性如下:

第一属性(属于原子自身)	第二属性(源自人类意识)
大小	味道
形状	气味
质量	颜色
运动	热/冷
不可分割	湿/干
	声音

现代科学后来增加的物理属性

力(牛顿)

场(19世纪)

能量(19世纪)

熵(19世纪)

空间/时间 物质/能量(爱因斯坦)

亚原子及其属性(20世纪物理学)

　　这些属性和特征是如何出现在人类意识之中的呢？这取决于人的神经系统、感觉器官和大脑如何接受某种原子及原子运动。轻质原子从粉笔中弹出来,进入人的眼球,刺激人的神经,使人的意识或心灵产生白色的主观知觉。我划亮火柴,然后让燃烧的火柴靠近我的手指:"哎哟！热,痛啊。"但是根据机械论哲学观点,我的手指并非真的痛,因为我的手指中并没有火焰中的热。真正的原因是,火焰里的原子运动触碰到人的神经,最后使得心灵或意识产生了主观上的热和疼痛的感觉。并不存在"热"这样的事物。原子没有热——当原子快速移动并触碰人的神经时,人就有了热的知觉,但原子没有"热"。一切事物都可以由原子的大小、形状、排列或运动来解释,并且一切其他事物都可以归结到对事件的主观印象。这种解释明显意味着,如果意识是纯精神的或非物质的,而身体却完全是物质的,那么要理解身心之间的相互联系就成了一个棘手的问题。(这个问题是笛卡儿倡导的机械论哲学的核心,也是试图为机械论哲学辩护的哲学基石。)

　　值得注意的是,如果机械论哲学是正确的,那么跟它竞争的自然哲学——亚里士多德哲学,就不过是一种主观的幻象(subjective fantasy)。根据机械论者的观点,亚里士多德哲学中的语言和术语只不过是一个严重的错误,因为重、轻、湿、干等物理特征无非是我们的主观经验对自然的投射。自然本身不存在这些物理特性。后来,现实世界中的这些客观属性被洛克(John Locke)称为"第一属性"(primary qualities),而主观属性则被他称为"第二属性"(secondary properties)。17世纪以来,科学增加了第一属性的清单,例如,牛顿将质量和万有引力看作第一属性。19世纪又将能量、电场和磁场列入第一属性。20世纪科学将各种亚原子的属性,比如"粲数"(charm)和"自旋"(spin)列为第一属性。所以,万有引力、质量、能量这些属性的确存在,我们已经丰富了17世纪机械论者有关第一属性的原始列表,但基本思想并没有改变,即存在真实存在物的"真正"属性,除此之外就是人类意识对这些属性或性质的主观知觉!因此机械论者认为亚里士多德自然哲学家并不懂得实在的本性:原子的大小、形状、移动性和不可分割性。

在我们继续之前,先看一下表19.3,这张表概述了机械论自然哲学的主要原则。有些原则我们已经提到了,有些原则还有待于稍后在本章中讨论。

表19.3 机械论自然哲学的7个特征

---

[1]无限宇宙由无数以恒星为中心的行星系构成。

[2]自然哲学旨在替上帝支配和控制自然[对欧洲人,或至少是对"正统的"欧洲人而言是如此]。

[3]无限宇宙由被称为原子的亚微粒子组成的物体所构成,原子结构简单且具有一些可量化的属性——大小、形状、质量和可移动性。

[4]宇宙是由万能的造物主——上帝用原子创造的一架巨大的机器。

[5]原子的运动和碰撞遵循基本的数学法则,这些法则是由被称为力学或数理物理学(新的重要科学)的科学的新数学领域发现的。

[6]系统的实验是从宇宙机器获得事实以及检验其理论的主要(但不是唯一的)方式。

[7]需要新的社会组织和机构来促进这类自然知识的生产。

---

4. 基于"机器"隐喻的建构

所有的自然哲学都是人类的建构,这些建构通常基于某种主导性观念——主导性的隐喻或意向。自然哲学的主导意向或隐喻的选择告诉人们那些建构自然哲学的人所具有的价值观和目的,并且告诉人们是哪些人接受并相信自然哲学。而机械论哲学的主导思想或隐喻就是机器:蒸汽机以前的机器尚无内置动力源(我们现在所讨论的是17世纪的机器)。在像蒸汽机这类机器发明之前的日子里,所谓的机器只是杠杆、滑轮或其组合装置一类的东西。机器基本上是材料零件的几何组装,因此,当你通过轮子、水、人或动物在机器一端施加力时,各个零部件的运动和组合在另一端输出某种形式的有用的能量。机器就是通过运动完成输出的零部件的组合,但它们总是需要一个外力的输入。

那么,根据机械论者的观点,自然就是一台机器。它只不过是零件的某种组合及其运动。因此自然可以通过数学的方式加以研究(事实上自然必须通过数学的方式加以研究)。人们必须通过数学的方式描述那些零件及其运动,因此,我们正在探索一种新的数理物理学来描述原子的运动和行为。之前我们也作过这种探索,但毕竟没有达到如此程度。这种机械论观点还意味着,自然需要通过实验的方式来加以研究。用这种拆解自然的分析方法,考察事物是由什么构成的,是如何组装的,是否还有更好的重组方式。对自然本身来说,进行实验研究并没有什么害处。(记住,与此不同的是,亚里士多德认为做实验就破坏了自然并且会妨碍人们认识自然。)最大的问题是,谁制造了自然这台机器,因为在17世纪没有人看到过哪台机器是由这台机器自己或另一台机器制造或设计的,自然这台机器有一个非凡的设计师或工程师。

最后,请注意表19.3所列出的几乎所有有关机械论哲学的内容均来自基于这种自然哲学的机器隐喻:第一,"自然即机器",意味着人们必须用数学方法来研究和解释自然。第二,自然即机器意味着人们可以对它进行拆解并对它进行实验。第三,为了人类的物质利益,人们可以拆解自然,毕竟自然只不过是一台机器,上帝把它摆放在那儿并且给予我们心智去理解它;理解自然的唯一方式就是将它拆解。正如笛卡儿在《方法论》(*Discourse on Method*,1637年)一书中所说的那样,遵循机械论哲学将使我们成为大自然的主人和拥有者(该观点不同于希腊或中世纪自然哲学家们的观点)。顺便说一下,机械论的自然观意味着人类的工艺和技术都与科学相互关联,因为在微观层面上,三者都是上帝对自然的某种创造物,在宏观层面上,三者都是人类精通的某种事物。人类可以从技术和工艺中学到科学,而科学无疑将改进人类的工艺和技术。(回想一下我们在第5章中所学到的,亚里士多德认为技术和科学之间没有任何联系,因为技术是人工产物,非自然产物,而自然科学则是自然产物。)

还需要两个观点来定义机械论自然哲学……

5. 机械论者认为机械论哲学是最正统的基督教自然哲学

第一个观点是一种神学观点。根据这些机械论者(回顾可知伽桑狄是一名天主教神父,梅森是一位修道士,笛卡儿实际上是天主教徒,而霍布斯和比克曼都是新教徒)的观点,机械论哲学是你可以期望的最具基督教精神的和神学上最正统的自然哲学。亚里士多德和新柏拉图主义者都搞错了。只有机械论哲学才是可接受的表现基督教精神的自然哲学。为什么?因为机械论让上帝成了一切,而自然这台死气沉沉的机器实际上什么都不能做,此即为犹太教和基督教共有的"有关创世的教义":全能的造物主创造了宇宙,宇宙中的一切事物都取决于万能的造物主——上帝。根据机械论者的观点,你没法更好地表达这一教义,除了这样说:万能的造物主上帝制造了一台毫无生气的机器,这台毫无生气的机器完全取决于上帝,因为**机器本身什么也不能做**。因此,依据机械论者的观点,这种机械论就是最好的基督教自然哲学。大家都反对这一点,但这却是机械论哲学家们的观点。

6. 所有的机械论哲学家都是实在论哥白尼学说的信徒——哥白尼革命获得完胜!

第二个观点涉及机械论哲学与哥白尼学说之间的关系。所有的机械论哲学家都是哥白尼学说的信徒。亚里士多德学派的人都不是哥白尼学说的信徒。有很多新柏拉图主义者立场不定,其中一些人是哥白尼学说的信徒,但并非所有柏拉图主义者都支持哥白尼学说。就这样在机械论哲学和哥白尼学说之间有一种密切关系。有一种方法有助于思考这个问题。机械论者都相信惯性运动；笛卡儿制定了直线惯性运动法则。试想原子在真空中做惯性运动，直到它们碰到某一东西，按理说（依据严谨的数学理论方法）如果不是由于碰到了东西，原子将会一直运动，永不停止。所以，从原子的惯性运动可得出宇宙是无限的这一结论。此外，在这无限的宇宙中有很多恒星，而太阳因其处于宇宙的中心就有所特别吗？无限的宇宙是没有中心的。该说些什么呢？宇宙有许多恒星，除了我们这儿的行星和太阳绕着地球运动之外，行星可能绕其他恒星运动吗？这就不好说了。我们应该这样说，太阳是一颗恒星——宇宙有无数的恒星，但在太阳系中行星绕太阳运动，其他星系的行星围绕其他恒星运动。这种说法才是该说的，只有这种说法才有意义。因此机械论哲学家们都信奉一种奇特的哥白尼学说——**无限宇宙观的哥白尼学说**，我们知道笛卡儿就提出过这种大胆的主张。但这不是那种主张有限宇宙的哥白尼学说。开普勒和伽利略也认为宇宙是有限的。笛卡儿、开普勒和伽利略等全都是"中世纪/希腊哥白尼学说的信徒"。机械论哲学是一种主张无限宇宙观的哥白尼学说。

正如前面所说，我相信哥白尼学说只是机械论哲学的端倪。成为一名机械论哲学家有很多原因（下一章将会讲到）。喜欢哥白尼学说并不是成为机械论哲学家的唯一理由（还有社会、政治和宗教方面的原因）。因此，大多数情况下，机械论哲学家选择成为机械论哲学家，同时也就选择了哥白尼学说，而不是在选择了哥白尼学说之后再为之创立机械论哲学。机械论哲学确实有很多吸引人的地方，不仅仅在于它为哥白尼学说提供了庇护。

可以这样说，哥白尼革命就这样悄然地而不是砰然巨响地结束了。虽然牛顿做了很多重要工作，但哥白尼革命并不是因牛顿学说而结束的，而是在牛顿学说出现之前就已经结束了。当牛顿还是个小孩子的时候,哥白尼革命就已经随着机械论哲学的胜利而结束了。

考虑一下某个像笛卡儿这样的人走向机械论和哥白尼学说的典型路径,因为他年轻的时候(不合情理地)接受了伽利略关于哥白尼学说的普遍真理的说教。笛卡儿的真正斗争和使命是成为一名机械论哲学家,并且为更大的社会的、政治的和宗教的原因发展机械论哲学,这种机械论哲学是同哥白尼学说相伴而生的,所以笛卡儿所完成的自然哲学体系是一个包含哥白尼学说的无限宇宙观的机械论哲学。接下来的问题就是,为什么人们提出并接受机械论呢? 这才是**真正的**问题,也是我们在下一章中要谈的问题。

第19章思考题

1. 机械论自然哲学家的核心理论信念和目的是什么?

2. 比较机械论哲学、亚里士多德自然哲学和对自然哲学的巫术探究在目的、价值观、思想工具以及对世界的作用等方面的异同。

阅读文献

T. S. Kuhn, *The Copernican Revolution*, 237—242.

B. Easlea, *Witch-Hunting, Magic and the New Philosophy*, 89—108, 111—120, 129—140.

P. Dear, *Revolutionizing the Sciences*, 52—64, 80—100.

J. A. Schuster, "The Scientific Revolution", in R. Olby *et al.* (eds.), *The Companion to the History of Modern Science*, 224—238.

A. Debus, *Man and Nature in the Renaissance*, 19—33, 116—126.

C. Merchant, *The Death of Nature: Women, Ecology and the Scientific Revolution*, 105—126, 194—215.

J. Henry, *The Scientific Revolution*, Chapters 4, 5.

◇ 第20章

17世纪的自然哲学之争（二）：
巫术型新柏拉图主义的覆灭
与机械论和培根主义的联盟

1. 被忽略的新柏拉图主义：1500—1650年

我们必须讨论人们建构和接受机械论哲学的原因。这和17世纪（特别是17世纪早期）各种自然哲学之间的冲突有关。根据我们的理解，它与试图推翻亚里士多德哲学关系不大，但却关系到试图摧毁一个激进的新挑战者——新柏拉图主义，特别是新柏拉图主义中备受吹捧的"巫术"（magic）形式。说清楚这件事并非易事，这也是当代许多历史学研究的课题。问题的答案显然并不是辉格式的——机械论哲学之所以成功是因为它是正确的，而是，机械论哲学是成功的，所以人们认为它是正确的，但这是如何发生的呢？

1500—1650年，特别是在这一时期的最后50年，见证了相信各种新柏拉图主义自然哲学的潮流的兴起，它常常（但不总是）伴随着巫术的暗示或旨趣。值得注意的是，机械论哲学在17世纪20年代初创之时，恰逢巫术型新柏拉图主义自然哲学的兴起和广泛传播。人们创立机械论哲学的原因，在很大程度上就是为了抵抗这些新柏拉图主义哲学。

什么是新柏拉图主义自然哲学？在一定程度上，新柏拉图主义自然哲学可以追溯到它的祖先柏拉图——古希腊哲学家，亚里士多德的老师；也可以追溯到公元300年或者400年的新柏拉图主义追随者，他们中的一些人曾经是基督徒，比如圣奥古斯丁，另一些人仍然是异教徒。和柏拉图原著所述内容相比，古代的新柏拉图主义曾经呈现大量宗教的、精神性的和神秘的特征。

2. 新柏拉图主义的四个基本原则

新柏拉图主义有哪些主要特征？在这里，让我们回想并扩展一下我们在第13章中所了解的有关新柏拉图主义自然哲学的内容，在那一章中我们考察了开普勒的新柏拉图主义观点，以及这种观点如何影响了他在天文学和天体力学上的发现。

[1]首先，回到柏拉图本人，他认为必须恪守一条关于实在的数学特征的准则，即相信表象（表面的观察）的背后有一个通向自然的数学蓝图。哥白尼是一名温和的新柏拉图主义者，开普勒是一名坚定的新柏拉图主义者。（因此他们强调宇宙和谐就是真理的明证。）描绘蓝图的那种数学是一种特殊的数学。理解这一点的最好方式是以建筑师和音乐家看待数学的方式来看待数学，因为它是一个有关审美、高雅和简洁性的问题。一段旋律或一座建筑物之所以是和谐的或优美的，其根本原因就在于它们是按照数学的方式精美地建构起来的。哥白尼和开普勒就是在数学关系中寻找对称和高雅。

机械论哲学家致力于对实在进行数学描述，他们相信原子及其运动是可以度量的。但是，打个比方，机械论哲学家感兴趣的数学是一种单调的描述性数学，类似于工程师或者会计师所使用的数学。相反，新柏拉图主义者的数学则是为美而建构的。只有在我们的经验考察中发现了某种优美的数学时，我们才知道我们拥有了真理。

与机械论的数学观相比，新柏拉图主义的数学观有其独特之处。对于一些新柏拉图主义者来说，数学不仅仅是物理世界中的和谐与对称,它还有神秘的数学元素及维度,在这种神秘维度中,人们可以利用数学中某些深奥的或神秘的方式去获得超自然的、宗教的和精神性的知识。

新柏拉图主义者应用数学的基本方法借自中世纪一个被称为犹太教神秘哲学的犹太教传统思想,这种基本方法即以数学的方式解读《圣经》中的字母和单词,目的是得到不同的陈述,并且改变单词和真正的意思。这一观念被某些激进的新柏拉图主义者[如布鲁诺(Giordano Bruno)]采纳,并且在16世纪被基督教化。就新柏拉图主义者而言,操控《圣经》中的词句仅是新柏拉图主义数学观之冰山一角。那些更为激进的新柏拉图主义者不仅像开普勒那样在寻找行星运动中的和谐,而且还在寻找一种超自然知识的神秘的数学的启示。

[2]下一步我们必须研究新柏拉图主义关于实在的基本观点,即新柏拉图主义关于物质及其构成的观念(图20.1)。新柏拉图主义通常使用两个基本概念——物质和精神。物质是肮脏的、卑贱的和腐化的,而精神是令人愉快的、美好的和强大的。精神按其等级被分为许多类型,但总的来说,新柏拉图主义有关实在的观点是物质/精神二元论。在现存的事物类型中,实在是一个基于物质和精神之间的平衡的等级系统。所以,一些事物是低等的,物质因素多精神因素少;而另一些事物是高贵美好的,因为它们的精神因素多而物质因素少。实在是一个等级系统,处于顶部的是上帝(上帝是最好的精神实体),处于底部的是无理性的物质,因为无理性的物质实际上是堕落的和无价值的。以这种新柏拉图主义的观点看,机械论哲学家竟然用这种缺少精神的无理性的物质构造出了整个自然是多么不可理喻。这就导致了新柏拉图主义者对机械论哲学的极度不满。

宇宙中的天体就是这种等级结构如何运作的典范:仰望天空,你会看到不同种类的天体,根据精神性,某些天体优于其他的天体。显然,

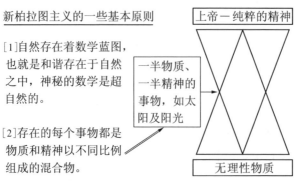

图20.1

天空之中太阳是最好的天体,太阳虽然是物质的,却具有很高的精神性,因为它发光(光是一种精神力量)发热(热是一种精神力量),很明显,太阳也是地球上的生命存在的原因。像行星一样,太阳或许有它自己的灵魂或智慧,这解释了它何以成为如此完美的精神事物。

就"完美"而言,和太阳相比,行星稍逊一筹,因为它们只发光,但是它们也有灵魂。在地球上,我们发现许多物体缺乏精神,或只含有少许精神,但在地球上也有某些事物含有相当数量的精神因素,比如黄金和白银。天然磁石是一种天然存在的磁铁混合物,它具有精神,因为磁力是非物质的力。所以,每样东西是根据它们有多少"完美性",即它们所拥有的精神的数量,来决定它们在等级系统中所占据的位置。很明显,精神存在高低程度。太阳好像是有智慧的,因为它好像有一种天性或者灵魂,而小块的天然磁石似乎没有灵魂或思想,但是它们有相当多的精神,因为它们发出某种确凿无疑的精神力量。光、感觉、知觉、智慧——不同的事物有不同的精神能力。顺便提一下,虽然我们已经知道大约1620年之前,少数哥白尼学说的信奉者或多或少碰巧也是新柏拉图主义者,但大多数新柏拉图主义者都认为地球是宇宙的中心。这一等级式的安排基于现存的自然事物类型所含精神–物质的比例,人们把这一安排叫作"伟大的存在之链"(Great Chain of Being),见图20.2。

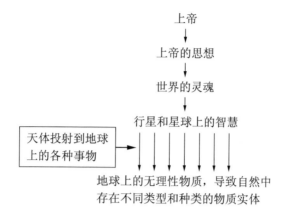

图20.2　新柏拉图主义影响下的"存在之链"

　　显然,地球上有不同种类的事物:有金、银、天然磁石、岩石、泥、各种各样的动物,等等。为什么? 地球上之所以存在所有这些精神性程度不同的各种各样的事物,是因为它们从恒星和行星那里获得了不同程度的精神性。

　　[3] 因此,从根本上说,在这些新柏拉图主义的思想核心中,对事物的理解有一种占星术式的观点。恒星和行星投射出不同类型的精神力量或投射物。地球上的肮脏物质就是被这些投射物以不同的方式浸泽、升华的,就这样,投射物构成了肮脏物质。因此,地球上各种不同类型的事物都有不同的星相起源,这些起源可以解释不同类型的事物在等级体系中所处的位置和它们所拥有的精神本性。由于地球上的事物可追溯到相同的星相起源,因此我们就可以得到具有相同精神类型的各种事物之间的亲缘关系。

　　[4] 最后,在人体内部存在着另一种关系体系,因为人体的每一个部分和每一个方面都与自然和天空中的事物相关联。人体就是**大宇宙**的**小宇宙**。人体各部分之间的关系折射着宏观宇宙中的各种关系。所以,例如在人体中就有同火星这种"红色行星"相联系的器官,即心脏和血液,它们都是红色的,且它们也代表着勇敢和刚毅(图20.3)。

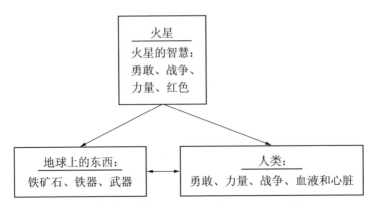

图 20.3 占星术的影响的例子及大宇宙/小宇宙的密切关系的例子

这可能听起来是幼稚的和愚蠢的,但对于新柏拉图主义者来说,这一理论极其复杂,并且揭示了自然之中的网格或密码,揭示了自然的本质,而不是自然表面所呈现的样子。自然就是地球之物和星际之物间的一种精神关系体系。例如,众所周知,火星恰好和战争、勇敢、刚毅有关,因为火星投射出同一种精神,这种精神把受火星浸渍的物体变为火星的或战争类型的事物。例如,战争中所使用的铁器和铁矿石是红色的,并且铁器是最坚硬的金属。铁器具有火星的刚毅,铁器与火星相关或源于火星这颗红色的行星,可以说是火星的产物。正如人的心脏和血液与人的勇敢和刚毅相关联一样,火星和铁器也是相关联的,因为它们都是火星及其精神所投射的"产物"。

新柏拉图主义的基本信念如此之多(我们已经来到了关键问题的边缘),到17世纪初,各种各样的神秘思想及宗教–政治改革思想都与新柏拉图主义有关联。新柏拉图主义的高潮到来了,但这也导致了它的瓦解,此时机械论应运而生,并致力于挑战新柏拉图主义。因此,我们已经嗅到了机械论与新柏拉图主义对垒的硝烟。

3. 新柏拉图主义中的自然巫术（Natural Magick）和恶魔巫术（Demonic Magic）

对于一些新柏拉图主义者来说，巫术即使不是其思想的全部，也是其思想中最重要的部分，巫术这种网格或框架便于使用且可实际应用。当时确实有许多人都信奉新柏拉图主义，因为新柏拉图主义的有关物质和精神、星相因果和小宇宙-大宇宙的基本网格能导致有用的结果。换句话说，在这里我们将展开对巫术及名为"巫术型新柏拉图主义"（magical neo-Platonism）的巫术部分的讨论。

自然及大小宇宙中有关精神关系的知识的实际应用被称为**自然巫术**，它的目的是控制和支配自然。**自然巫术是关于世界上隐藏着的精神力量及其关系的知识，运用这些知识可以利用和控制自然**。知道这些自然巫术的存在是一回事，运用这些知识以获得实用的结果则是另一回事。这种理念认为，自然巫术不是一种自私的、卑鄙的追求，而是一种道德律令——我们应该追求那种能够改善地球上每个人的物质条件的自然巫术。例如，信奉巫术型新柏拉图主义的医生和化学家帕拉塞尔苏斯（Paracelsus），对有实用优势的新柏拉图主义的应用非常感兴趣，他实际上说，"看，人们得了贫血病（血液虚弱），其起因是受火星的影响还不够多"，所以，运用新柏拉图主义和神秘的自然密码，帕拉塞尔苏斯得出结论：要用含有铁化合物的药物治疗贫血病。出于某些我们不会了解的占星术方面的原因，他还用汞化合物治疗梅毒，并且也取得了成功。他是一个相当成功的占星术医生。这就是自然巫术。（图20.4）

人类的位置何在呢？在新柏拉图主义中，每个人在世界中都有一个特殊的位置，这种思想对于新柏拉图主义自然哲学，特别是它的自然巫术的成功和普及是非常重要的。新柏拉图主义有一种使人类高贵的

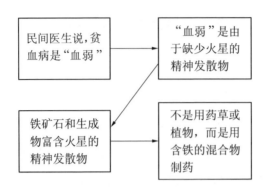

图 20.4　帕拉塞尔苏斯(1493—1541)如何治疗贫血病——自然巫术在医学中的运用,他运用了占星术、点金术、民间知识,以及新柏拉图主义的基本概念

观点,但这一观点也使人类面临挑战。人类在地球上占有一个特殊的位置——他们有一个由物质构成的、可腐化的肉身,但人类在地球上又拥有最高等级的灵魂,因为人类有能力洞察整个自然的神秘模型。为什么?因为上帝已经把洞悉该模型的潜能设定在人类的灵魂之中。对于有教化的人来说,只要付出适当的努力并拥有适当的道德态度,就应该有可能获得关于自然的几乎神圣的知识。

　　所以人类是特殊的,因为他们能够,或正行进在洞悉自然的征程中。但这需要人类掌握物质性自然的知识以及操控知识的能力。不仅如此,人类还面临着这样的挑战:提升自身的灵魂,并从追寻自然知识提升到追寻超自然的知识。所以,人类不仅面临着洞悉全部自然的挑战,而且还面临着洞悉那些更高深的神秘事物的挑战。神秘的启示和关于自然的启示导致对自然的控制,并且可能导致超自然的知识。

　　此外更为重要的是,根据我们已经了解到的,因为人体是一个小宇宙,所以与其他存在物相比,人体是特殊的和独一无二的。如果我们正确地理解人体,那么我们就会发现,在人体中包含着与存在于更大的宇宙之中的关联极其类似的关联。所以人类拥有这样的关系模型,它将作为某种密码的人体与更大的宇宙模型联系起来。帕拉塞尔苏斯说,了解了世界，也就了解了人体，反之亦然，因为人体和宇宙，是同一事物的两个版本或同一事物的两种名称。如我们所见，所有有关世界的解释都是占星术式的——我们可以通过在人体和物质性自然方面进行经验研究来获得同样的知识（如果我们知道怎样以正确的方式认识人体和物质性自然的话），但条件是我们应该是品行端正的人（因为堕落的人不能获得这种知识）。

上述所有内容使自然巫术听起来像是一个不仅有用而且还合乎道德的正义事业。但问题是：还存在第二种更高形式的巫术——恶魔巫术。**恶魔巫术意味着，试图与较高级的个人智慧相联系，并且弦外之音通常是，这样做是出于邪恶的原因。**对于早期的现代人而言，恶魔巫术的典型案例即邪恶巫术理论（别忘了，中世纪欧洲猎杀女巫狂潮的巅峰时期就是1550—1650年）。在中世纪的欧洲，人们认为女巫会为了邪恶的目的而直接和魔鬼联系并与之结盟。有教养的男性新柏拉图主义者常常被指责为恶魔巫术，但是他们几乎从未因为这种巫术而受审。所以，我们可以把恶魔巫术看作一种寻找一条直达支配性的宇宙智慧和精神的捷径的尝试，这种支配性的宇宙智慧和精神即行星的智慧，或更糟的是，即恶魔及其帮凶。也许这条捷径是用来试图和上帝本人取得联系的（尽管虔诚的祈祷者不在此列）。

恶魔巫术变成了一种修辞学上的扯皮。如果你是一名亚里士多德主义者，你最好的策略之一就是控诉**所有**运用恶魔巫术的新柏拉图主义者，当然新柏拉图主义者会反驳说："恶魔巫术或许存在，但不关我们的事，我们只利用合情理的、令人尊贵的、有启发作用的**自然**巫术。"恶魔巫术是新柏拉图主义者和亚里士多德主义者彼此给对方贴的狡诈而危险的标签。另外一个修辞学上的扯皮案例是这样的：据新教徒所说，天主教的圣餐仪式就是恶魔巫术，因为天主教的神父以巫师自居，他们祈求耶稣基督融入面包和葡萄酒之中。很多新教徒说，圣餐中没有或不可能有这种巫术,圣餐只是基督及其信徒之间互动的象征性重演。

然而值得注意的是,并非所有新柏拉图主义者都对巫术感兴趣。哥白尼就对巫术不感兴趣。比起哥白尼来说,开普勒更加是一个新柏拉图主义者,但是他对巫术也不感兴趣。开普勒研究占星术,但他并不研究占星术的巫术。他仅仅想了解自然的伟大力量,但并不想控制或者操纵它们。

在我看来,巫术是出于控制和操纵这些自然力量的实用目的而设法利用自然知识。开普勒和哥白尼从来都不是巫师。但帕拉塞尔苏斯、布鲁诺和其他许多新柏拉图主义者都是巫师,并且他们坚信巫术。巫术是一种令人激动的关于人类的物质、进步和对自然的控制的期望。

但请稍等一下,这听起来是不是有点耳熟?巫术非常像机械论者想要去做的事情,正如我们在前一章了解到的:机械论哲学家也想控制和操纵自然,并且推进人类的物质和道德进步。别忘了,亚里士多德学派认为,人类的实践活动不是自然哲学,也不可能成为自然哲学的一部分,因为人类的实践控制破坏了自然事物的自然进程。因此,机械论者和新柏拉图主义者之间的争论不在于人类是否应该努力征服自然,而在于哪种理论是正确的以及如何征服自然。新柏拉图主义和机械论在操控自然的终极目标上并无区别。亚里士多德学派并不参与如何充分运用自然哲学去控制自然和改善人类生活的争论。

4. 炼金术:"自然巫术"的一个范例

另一个自然巫术的例子是炼金术。炼金术认为,地球上生长着各种各样的金属,它们在刚开始生长时都是贱金属(the base metals,如铜和锡),但是如果金属在地球上不被干扰地保持足够长的时间,它们就会全部变成贵金属(the noble metals,如金和银)。新柏拉图主义者认为,他们拥有来自采矿知识及矿工们的说法和信念的经验证据,但明显的是,我们要想成为一名矿工来挖出金子或空等土地里慢慢长出金子,那都是有些困难的。炼金术士想要做的事情就是在实验室里加速这一进程。炼金术是自然巫术的一个门类,其目的不是从无到有地创造金子,而是加速金和银生长的自然过程。如何才能加速这一过程呢?那就是融入这一基本进程,并且学会如何干预以加速这一进程,这就是巫术的范畴了。正如上文所说,炼金术不是神秘巫术也不是恶魔巫术,而是自然巫术。

有趣的是,对于炼金术士来说,他自己个人教化的心理进路既是他作为一名炼金术士成功的原因,也是结果。大多数炼金术士不是为了钱才参与其中,而是为了道德的改善和精神的教化。根据这种理论(在17世纪这是一种好的新柏拉图主义),只有精神纯净的人才能在炼金术上获得成功。如果你没有正确的态度,你不可能获得深藏在自然之中的力量和因果关系的知识。肮脏的、卑鄙的、自私的人不可能融入这一基本进程。只有正直的人才能获得这种知识,接下来他会成功,而成功将会证明他是正直的。

这种观念听起来有点像新教徒的观念,新教徒认为,人们被救赎或被诅咒都是命中注定的,在现实世界中,你的成功或者失败就是判定你是不是上帝的选民的一种标志。人们不知道自己是否在上帝的选民之列,也不知道如何才能使自己获得救赎。**但是**,如果你在商业上或者其他世俗职业上获得了成功,那么这就是一个你从开始就得到救赎的**迹象**!如果你在现实世界里获得了成功,那么这也是一个你从开始就得到救赎的迹象。炼金术士是按照这同一套说法做的——我不是说所有的炼金术士都是新教徒,但炼金术士确实具有成为新教徒的动力和亲和力。炼金术士与新教徒好像有相同的自制力和自我实现的精神动力。

5. 对于许多人而言,巫术型新柏拉图主义比亚里士多德哲学更好

理解新柏拉图主义的这些信条非常重要,特别是那些与寻求对自然的巫术控制相关的以及使之合理化的信条,因为它们给许多人留下了非常深刻的印象。对于大多数人来说,新柏拉图主义是令人兴奋的,使人高尚的,它是一个挑战,看起来是非常令人振奋的和有价值的。与新柏拉图主义相比,亚里士多德哲学能提供什么呢?没有对自然的控制,没有真正的智慧,没有精神的完善,没有什么实际用处。所以,在16世纪,新柏拉图主义吸引了很多重视操作、实践和技术的人。如果你是个实干家,那么新柏拉图主义会帮你弄清楚控制自然的意图。如果你对数学感兴趣,那么你可能也是一名新柏拉图主义者。如果你出于某种原因反对经院哲学,那么你也许是一名新柏拉图主义者。如果你重视个人的经验和教化,并且已经与新教主旨相接触,那么你可能成为一名新柏拉图主义者(虽然也有天主教的新柏拉图主义者)。

现在,考虑这个问题:如果这些自然价值的控制已经出现在新兴的新柏拉图主义和亚里士多德哲学的对抗之中,那么为什么还会出现机械论者,为什么有少数人发明了机械论哲学,然后又有很多有教养的人接受这种哲学呢?原因在于,对于某些知识分子来说,巫术型新柏拉图主义也表达并促进了危险的政治、社会和宗教的思想及纲领。

6. 一些术士在行动——乌托邦、宗教和社会改革

在16世纪晚期和17世纪早期,那些成为一名新柏拉图主义者的全部动机都处在一个更令人兴奋或更危险的发展之中。在这一时期,我们发现了新柏拉图主义者的出现,他们不仅仅是致力于巫术的新柏拉图主义者,**而且还是支持社会和政治改革方案的新柏拉图主义者**。他

们称,"如果我们全都成为巫术型新柏拉图主义者,那么我们就能够解决宗教问题,重新统一欧洲,使每个人都快乐并且停止新教徒和天主教徒之间的宗教战争。"所以历史上涌现了许多从新柏拉图主义的观点出发的乌托邦式的社会的/政治的/宗教的改革方案。

致力于这类改革的一个团体即玫瑰十字会会员(Rosicrucian)。这些会员包括激进的路德会教友、炼金术士和巫术型新柏拉图主义者,他们提议(基于巫术型新柏拉图主义)建立一个新教的欧洲联合体以对抗天主教。这种观点不可能被笛卡儿和梅森所参加的耶稣会所接受,英国圣公会教徒霍布斯或者加尔文教徒比克曼也不可能对这种计划感到高兴。

新柏拉图主义者提出这种宗教改革的背景是,1590—1620年,欧洲正处于一个宗教紧张和政治紧张的时期。这种紧张并不是因为每个人都在作战,因为法国、低地国家和德国刚刚停止了战斗,而是因为每个人都知道战争将再次开始,并且再次开战后战争才会结束(事实上,正如始于1618年的30年战争一样)。当时相当于"冷战"时期,一个经历了六七十年的改革和反改革,以及冲突、内战、巫术、政治迫害之后的间歇时期,与此同时每个人都在等待着下一场更为激烈的战事重新开始。这个紧张的间歇时期正好是伽利略的时代,并且也恰恰是他为什么陷入困境的原因。正是在这样一个时期,布鲁诺和其他一些人以改革的面貌出现。

布鲁诺想要什么? 其实,布鲁诺认为,宇宙是无限的并且是有生机的,哥白尼是一个非常出色的人,因为他指出地球是运动的,因为不仅地球在运动,而且每个事物都在运动,并且有无限数量的太阳和太阳系。(值得注意的是,哥白尼或者开普勒从来没有说过宇宙是无限的,更没有说过地球是"有生机的"。这里布鲁诺做了一个大胆的推断。)布鲁诺认为只有上帝才能创造一个无限的宇宙,他嘲笑经院哲学的和希腊人的宇宙——有限的宇宙。为什么一个伟大而全能的上帝会创造希腊的和中世纪的有限的宇宙？其余的时间上帝干了什么？不值得上帝去创造一个有限的宇宙。布鲁诺接下来把上帝等同于无限的宇宙，上帝不是宇宙之外的创造者，他内在于宇宙，或者如果说得再直接些，上帝就是宇宙，其中包含无限空间和精神多样性。

在这一点上，布鲁诺不再是一名基督徒，因为犹太教和基督教所共有的上帝肯定和上帝想创造的自然不同。并且由这一点可以得出非常危险的思想：在布鲁诺的体系中，巫术和宗教变得密不可分了，不仅仅是两个交叉的领域。为什么？巫术是自然的知识，上帝等同于自然，所以，巫术的知识和宗教变成了同一事物。布鲁诺对这个观点有清醒的认识，他经常向所有欧洲皇室成员提出这一观点以解决他们的问题。实际上他说："让我们停止所有的宗教战争吧；如果不可能让所有人都变成基督徒……那就变成布鲁诺主义者吧。"他还因信仰犹太教神秘哲学而臭名昭著。所以，布鲁诺最终不再是基督徒了。另一件事发生在布鲁诺身上，1600年他在火刑柱上被罗马宗教法庭活活烧死。有些人认为，布鲁诺被烧死和30年之后的伽利略事件之间可能有一些联系。布鲁诺和他的学说是贝拉尔明和罗马教皇的心病：或许伽利略是另一位危险的自由思想家，如果不加制止的话，他或许会走上同样的道路，这取决于教廷的态度。

就帕拉塞尔苏斯来说，他是一个早期人物，但他引发了一场思想运动——帕拉塞尔苏斯主义（Paracelsianism），每当局势紧张和国内动荡之时，帕拉塞尔苏斯主义就会在民众中出现。玫瑰十字会会员都是帕拉塞尔苏斯的追随者。帕拉塞尔苏斯来自德国的矿业中心，16世纪早期那是欧洲的经济中心。他致力于矿业和实用艺术、技术、医学（特别是来自接生婆的民间医学）及其他有用的民间知识。他一生的目的是形成一套改进版的医疗实践，用占星术来理解人体器官的功能以及患病的机理,用炼金术来制药物。我们之前讲过帕拉塞尔苏斯用占星术所说的铁化合物治疗贫血病的医学例子。显然巫术型新柏拉图主义构成了帕拉塞尔苏斯整个思想体系的支柱。

谁对帕拉塞尔苏斯主义感兴趣呢?中下阶层社会成员,不包括大多数农民,但包括很多普通的技工和医学领域的"工匠",药材商、药剂师、兼外科和牙科医生的理发师,也不包括大学所培养的医生和"医学博士"(因为这些专业人士反对帕拉塞尔苏斯的说法,即"我知道怎样搞医学,而不是大学里的那些研究人员")。他提倡另一种医学,这种医学源自激进的社会改革主义者导向的巫术型新柏拉图主义。帕拉塞尔苏斯主义力挺非精英人士拥有某种能够征服自然的,且能够对抗正规大学所培养的精英的自然哲学。所以帕拉塞尔苏斯主义对中下阶层成员来说有着巨大的社会影响力,并且可以帮助他们明晰政治含义。帕拉塞尔苏斯主义不是大学精英进行深入研究所需要的自然哲学,对于处于稍微下层的社会阶级的人们来说,帕拉塞尔苏斯主义是一种真正的自然哲学,但对于处在传统地位的其他自然哲学家来说,帕拉塞尔苏斯主义并没有多大用处。

7. 自然哲学的战略应对:笛卡儿等人试图阻止和重整巫术型新柏拉图主义

机械论哲学团结起来以确保击溃来自宗教上的新挑战和政治上激进的巫术型新柏拉图主义。这么做的主要原因并不是为了推翻亚里士多德哲学。机械论哲学家认为亚里士多德哲学已经落伍并且是错误的。真正的问题是:我们是否要向新柏拉图主义和巫术投降,并忍受其带来的严重的社会、宗教和政治后果?所以**机械论哲学并非因其是正确的而被接受,而是因其被接受了才被看作是正确的**,而且人们之所以接受它,是出于政治的、宗教的、社会的原因而不是严格的科学的原因。

这就是机械论哲学如此迅速地大获全胜的原因。

正如我们已经看到的,这场争论的戏剧性在于,机械论者和他们的重要的反对者(巫术型新柏拉图主义者)拥有若干相同的价值观和目标。机械论者和新柏拉图主义者都认为,我们应该尽力控制和征服自然。而他们争论的是,哪种理论是正确的以及如何征服自然。科学实验能否操控如此微小的原子的运行机制,能否揭示同情或厌恶等精神关系的深层模式? 双方都同意数学对于实在至关重要,但是,是哪种数学呢? 是基于和谐的、音调优美的数学,建筑审美中的数学,还是工程师描述原子运动和碰撞的数学? 但是真正的动力源是在宗教、政治和道德观念或价值观之中。

机械论者究竟想要什么? 他们想要保持宗教和自然哲学之间的正统关系。不管他们是新教徒还是天主教徒,他们想要一种修正了的正统关系(这一正统关系即:上帝是造物主,上帝是超验的,上帝创造了自然,上帝不等于自然)。另外,就宗教方面而言,他们不想要神秘的经验和启示;他们不想要什么犹太教神秘哲学或某个声称得到神启的人,特别是像布鲁诺,或者像非精英自然哲学家,或者像帕拉塞尔苏斯的追随者这样的人。机械论哲学家确实想要数学、实验、经验和控制自然。所以机械论者和新柏拉图主义者在操控自然等问题上具有相同的观念,在这些观念上机械论者是进步的,但机械论者并不想要巫术型新柏拉图主义有关宗教的含义及危害。

换句话说,机械论哲学家在思想上是进步的,但在社会和政治上却是保守的。布鲁诺一直在号召欧洲基于宗教神秘色彩的重新统一,帕拉塞尔苏斯则力挺中下层社会成员拥有自然哲学知识。而典型的法国爱国主义者如笛卡儿,或英国爱国精英如霍布斯,都对打算废除法国和英国的君主政体的方案不感兴趣。他们同样不感兴趣的是,是否允许任一文化程度不高的工匠、兼外科和牙科医生的理发师、药剂师到处声称他们对自然无所不知。这些受过大学教育的人,他们在思想上是激进的,但在社会、宗教和政治上却是保守的,对这些问题,他们的解决方案是另辟蹊径。他们不可能再回到亚里士多德那里,因为亚里士多德笃定只适合对学龄儿童作初级训练,而对真正的自然哲学则无任何用处。

机械论哲学确实有些"新鲜的"东西。如果你再次用我在上一章中使用的方式分析机械论,你将会看到:机械论逐条回答了巫术型新柏拉图主义的问题或难题,或终结了出现这些问题的可能性。无需恶魔巫术,无需神秘的天启,无需神秘的数学,无需天体和谐,只需直截了当的数学。人类是特殊的,但并非在某种新柏拉图主义的意义上是特殊的,而只是因为,人类具有灵魂,其他一切事物则都是机器。我们计划征服事物和自然,但从社会的角度说,其现状是要先了解事物与自然的本质,而不是制定某些激进的改革方案。思想的改革和对自然的征服是第一位的,而不是社会变革、宗教变革、政治变革,除了亚里士多德学派现在也被看作"傻瓜"之外。这就是机械论哲学及其支持者的意识形态观点。

现在我们几乎已经谈完了自然哲学的冲突和机械论哲学的兴起,但兴起于17世纪晚期的机械论哲学的终结版中,还有一个因素有待讨论。

8. 结论:培根主义加强了机械论哲学在17世纪50年代的共识

[1] 培根:自上而下的"温和"改革

培根很像一名机械论者,但是他的探索比机械论哲学家的探索要早大约半代人的时间,大约是在1600—1620年。像其他机械论哲学家一样,培根正试图提出一个可供替代的自然哲学,使其能取代巫术(以及亚里士多德）。他的观点不是机械论者的观点——他的整个自然哲学全然不是机械论者的理念，事实上他的物质理论有点神秘色彩，培根所说的物质在许多方面都是有活力的。但这并不是关键点……

正是培根的理论和价值观使他更像机械论者而不像巫师。首先我们知道他的方法的核心是归纳法，这种方法意味着，我们要很小心地搜集事实、核实事实、归纳总结、实验探索和检验，以便一步一步地推演，谨慎地达到越来越高的概括程度。当然，我们已经从本书的第三篇中了解到我们不应该严肃地对待这一方法，并且我们不应该严肃地把任何方法的叙述都当作真实科学研究的向导——但是，这是关于科学本性的、令人信服的辩护，直到今天依然被运用。（即使人们不知道这种归纳法来自培根！）

无论如何，培根的方法只是推进学术进展的一个方面，因为他也强调这个新方法应该在正运作的科学研究机构中被制度化，并与国家、政府密切相关。

培根认为现存的自然哲学从根本上说全都基于不加深思熟虑的观点，这些观点就他所知包括新柏拉图主义和亚里士多德哲学，而不是基于某种经过审慎的、系统的研究而建立起来的知识，这就是为什么培根要将他的新方法制度化的原因，归纳法不仅仅是一种科学方法，而且还是一种科学的组织化。在他的科学乌托邦，即《新大西岛》（*The New Atlantis*，1620 年）一书中，培根概述了这种观点，同时提出了一种建构于科学研究机构基础之上的理想国家的观点——研究机构的最高领导就是这个国家的统治者，也就是科学的大祭司。培根的整个构想非常接近于某些较为激进的新柏拉图主义术士在 1615—1620 年公开宣扬的更为激进的乌托邦。培根试图兼容新柏拉图主义的理念，使其不致产生危险的后果。

培根是一名新教徒，实际上却拥有清教徒背景，尽管他并不以清教徒的身份参加政治和宗教活动。事实上，他是一名政府高级官员，曾任英国大法官，但是他却把清教徒的情感和道德态度埋藏在内心深处。例如，他想在运用其方法的基础上，把新的自然哲学也建立在一种公开的、勤奋的、诚实的、道德上正直的科学研究基础之上。他对自然哲学现存体系的主要抱怨不在于它们是错的，而在于它们的创立者和追随者在道德上甚至在心理上是失败的。亚里士多德是一个宁愿听自己讲话也不愿考察事实（在这点上有点诽谤）的空谈家。术士们对于他们得到的琐碎的罕有用处的结果小题大做，他们的探索活动是私密性的，没有遵循严格的科学方法。所以培根对同时代的自然哲学家的主要批判并不在于他们持有错误的自然理论，而在于他们在道德和政治上的研究方式不正确，因而其结果注定是失败的。培根是一个开创性的历史学家和社会学家，甚至是科学心理学家，并且他在这些领域都很擅长，远比他在自然哲学和实际科学研究方面要擅长。

在这里我们得到了西方现代科学观念的开端：真正有知识的人是埋头苦干的、遵循方法的、诚实的、谨慎的、坦诚的……你甚至可以说他们的清教思想是心理意义上的而不是神学意义上的。这种人不自夸、不妄加推测、不故作神秘，这种人是坦诚的、客观的、富有公共精神的。这听起来难道不是很好吗？

培根所做的另一件重要事情，即削弱巫术的另一个举措是：他强调自然哲学家应向实用工艺学习，也就是我们所谓的应从技术中获得启迪。这为自然哲学家指明了前进的方向。他认为工匠不是自然哲学家，或者他们不应该是自然哲学家（他认为自然哲学是那些像他自己一样诚实可信的绅士该做的事），但是培根认为我们可以从现存的技艺中获得许多有用的知识，同时好的自然哲学也应该向工艺学习，然后以改进的和有用的自然哲学发现"回报"工艺——自然哲学和实用工艺之间的交流是一个双向过程，或者我们可以说，纯粹的自然科学研究和技术革新之间的交流也是双向的。这种观点非常接近于，或者说等同于10年或15年之后的机械论。

培根认为自古希腊以来唯一取得进展的就是实用工艺领域。自然哲学毫无成效地摸索了若干世纪。16世纪的自然哲学家无非是些炼金术士、巫师、新柏拉图主义者、大学里的亚里士多德学派，他们都干了什么呢？这些自然哲学家全都是自私自利、道德堕落、言之无物的家伙。但工匠却取得了进步，我们必须向他们学习，以先进的、有方法可循的、技术上适用的方式来进行自然哲学研究。

[2] 水到渠成的合作：后来的机械论认同了（温和的）培根主义

如今看来，现代科学的论证方式是培根发明的，因为培根是反巫术的和反亚里士多德哲学的，这听起来非常像机械论者的观点，当这两股力量合拢时，机械论者也利用了培根对现代科学的论证方式。

在1640—1670年，机械论不断传播并获得了胜利，培根有关自然科学的论证纲领和他的知识观念，与机械论一道被固定下来。17世纪中期的机械论不仅包含纯粹的机械论哲学家的工作，而且还包含培根对现代科学的论证，培根的思想一直流传下来，并融入现代主义者对科学和进步的论证——征服自然是正确的，科学和技术将相互作用；社会将不断进步，每个人都将成为快乐的且道德上正直的人——之中。

所以即使培根不是一名真正的机械论者，他对现代科学的论证纲领也已经融入了机械论哲学，有效对抗亚里士多德主义者和江湖术士，其影响流传至今。[今天，在流行的和学术性的作品里，有两种培根形象：一种是辉格式培根（回想第3章中作为一个天才和科学英雄的培根），另一种是反辉格式培根（作为一个坏家伙的培根，他同诸如伽利略和牛顿这样的坏家伙创造了肮脏的、男权主义的、沙文主义的、破坏环境的"现代科学"）。与这两种评价不同，我们应该在培根所处的时代背景中理解培根，并且考察一代人之后的机械论者如何在他们的背景下利用培根的论述。]

[3] 真正的培根属于他自己的时代：呼唤人类终将全面进步

最后，在我看来，培根在他那个时代是一个奠基性的人物。他期望在英国并为英国的发展进行自然哲学改革。他期望他的改革是自上而下的，而不是依靠激进的术士、自然哲学家、帕拉塞尔苏斯主义者、正到处流窜并制造麻烦的宗教狂热分子。他并不期望人们去获得不能自我控制的知识。他对自然哲学的态度和他对宗教的态度是相同的（别忘了他是上议院的大法官），他想要镇压宗教和自然哲学的麻烦制造者，就像一个好的集权化的英国圣公会平息16世纪的宗教骚乱一样，所以自上而下的知识革新将使社会进步并保持社会有序和稳定。他知道知识的革新是必需的，就像英国必须对老天主教会进行改革一样，但是他期望这种改革能够按照他的主张来进行。

一般而言，培根对现代科学的论证有益于全人类——事实上培根的思想影响了他周围的以及与他同道的许多英国精英，这种影响是潜移默化的。英国或英国的精英都从培根的思想中获益。他的观点是保皇主义的、传统的、英帝国主义的——当他谈论方法或者对自然的征服时，他的观点听起来具有普遍性，但是他真正的运作方案却是本土的和国家的，并且是首先服务于精英的。

进步的观念总是有问题的——它通常以一般概念术语陈述，但总是先针对一些人而不是另外一些人。解析培根的论证方式——当培根说每个人会进步时，实际上并不包括天主教会或者作为英国敌人的西班牙天主教徒；他的进步观首先有益于詹姆士一世和他的政府，其次有益于全体英国人民——当然詹姆士国王对此置若罔闻，因而没有什么进步发生，但是培根的论证方式依然存在。像笛卡儿和机械论者一样，培根是一个保守主义者——他在宗教和政治上是保守的，但在自然哲学和观念上是激进的。

具有讽刺意味的是,16世纪40年代和50年代的英国内战期间,清教徒以一种激进的形式采用了培根的论证方式并且用它打败了他们的敌人——英国保皇党人和保守的英国圣公会教徒。

但17世纪中期和晚期的宏大历史画卷是培根主义和主流机械论的融合。

[4] 1650—1700年的机械论共识与确立,牛顿时代的到来

综上所述,到1660年或者1670年,事实上所有受过教育的人都认为机械论哲学以及哥白尼学说是正确的。同时,机械论哲学融合了培根论证方式中可能促使科学进步、物质和道德得以改善的实验方法。然而直到1700年,大学中还一直在教授亚里士多德哲学。1650年之后机械论哲学融合培根主义的思想观念,形成了"实验微粒–机械论"(Experimental Corpuscular-Mechanism)。对于17世纪各种自然哲学(大学中的经院亚里士多德哲学、巫术型新柏拉图主义和新兴的实验微粒–机械论)的争论,表20.1进行了对比。

表20.1 1620—1650年三种相互竞争的自然哲学解析

亚里士多德哲学	巫术的–炼金术的–新柏拉图主义 例如:迪、布鲁诺、弗卢德及玫瑰十字会会员。	实验微粒–机械论 例如,培根、笛卡儿、玻意耳、惠更斯。
	世界的图景,主要的隐喻	
分类及演化的生物学模型:世界作为性质上不同存在类型的等级系统,它追求自然的、不随俗的目标。以有限的、指向终极过程的有机模型看待运动和变化。	作为有机体的世界:或多或少的生命体的等级系统通过精神力量及其对应关系相互联系。神不同程度地渗透到世界的各个方面。	作为机器的世界:世界作为微粒及其时空关系的不同组合(尺寸、形状、硬度和移动性),需要超验的上帝的创造和支持。试图区分物质和精神。

（续表）

知识的本质		
有关必然形式及其变化类型（特别是它们的终极原因）的知识和分类。	有关自然因果之链的神秘智慧：神在自然、数学原型和构建世界和谐中的作用。	将第二性的质还原到第一性的质，这就需要：对现象进行可信的微观的机械模式的实验和/或结构进行数学的机械描述。

知识的目标		
完整的自然知识有益于沉思的智慧并且可为道德和（西方拉丁人的）神学研究做准备。	关于世界结构的洞见及参与其中的目的在于：（1）达到较高层次的精神完善；（2）为了人道主义及道德的目的，获得有效控制自然的力量。	自然规律知识的逐渐增长使人类能有效地控制某些自然过程，以增进人类的物质和精神利益，并引出有关世界结构、上帝创世以及与此有关的机缘巧合的知识。

感觉和理性的作用		
被动的感官观察是了解物体属性和各种类型变化的可以信赖的向导。理性来自感觉经验的归纳、对本质的定义、分类和运用三段论从原因到结果和从特殊到一般的逻辑证明。	只有在特定伦理态度的条件下，作为某种有感而发的感觉才能与真实事物发生关联；导致"直接经验"的易变观念，其范围从实验操控到直觉感应和参与其中。理性是对世界结构和神圣的作用的直觉洞察，强调数学最终导致了神秘的直觉。	对肉体感觉和第二性的质的主观性不信任。主张通过实验、仪器的使用和数学的理想化来拓展和完善人类的感觉。理性应该是（非神秘的）数学的或者"类似"数学的。

所偏好的研究类型		
逻辑的证明和讨论；观察和分类；生理学在我们的时期仍然是一门重要的科学。	炼金术、占星术、自然巫术、（恶魔巫术），数学在三个方面的运用：世俗方面：应用数学的技艺；天文学方面：占星术、世界和谐、音乐；天文学之外的方面：数字神秘主义，犹太教神秘哲学。	几何学和代数学取代了神秘的探索方式；力学成为科学研究的范式；试图为传统科学（光学、天文学、宇宙学、生理学）提供微粒的-机械的形而上学；以机械论为背景，鼓励实验方式的探索，如化学、电学、磁学、热力学。

当我们沉思机械论哲学和培根主义现代思想方式的融合时,我们可以在本书中首次开始看到<u>作为自然哲学领域中的冲突和变化的过程的科学革命的轮廓</u>。(在第26章我们还将进一步总结,图20.5暂且给出了一个关于这一进程的简单的流程图。)但首先,在本篇的最后两章中,我们打算考察一下牛顿那古怪的"后机械论"自然哲学给这一良好的机械论共识所带来的突然拐弯或转向,牛顿的后机械论自然哲学把非物质的力重新引入了自然哲学,并成功地实现了对它们当中最重要的力(即引力)的数学化。

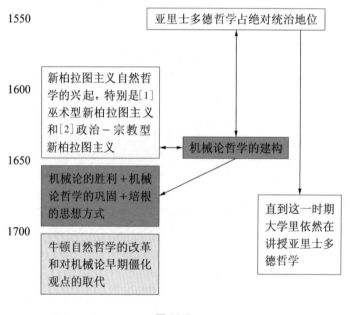

科学革命的轮廓——自然哲学的冲突:从危机(1620—1650年)到机械论的巩固(1650—1680年)到牛顿主义的兴起(1690年以来)

图20.5

第20章思考题

1.机械论哲学显然并非源自真的或更好的事实,那么,影响人们建构和接受机械论哲学的社会、宗教和政治因素都有哪些?

2. 什么是培根主义？它在1650年之后对"实验微粒–机械论"自然哲学的自然哲学共识发挥了什么作用？

阅读文献

T. S. Kuhn, *The Copernican Revolution*, 237—242.

B. Easlea, *Witch-Hunting, Magic and the New Philosophy*, 89—108, 111—120, 129—140.

P. Dear, *Revolutionizing the Sciences*, 52—64, 80—100.

J. A. Schuster, "The Scientific Revolution", in R. Olby *et al.* (eds.), *The Companion to the History of Modern Science*, 224—238.

A. Debus, *Man and Nature in the Renaissance*, 19—33, 116—126.

C. Merchant, *The Death of Nature: Women, Ecology and the Scientific Revolution*, 105—126, 194—215.

J. Henry, *The Scientific Revolution*, Chapters 4, 5.

◇ 第21章

事实和问题如何随自然哲学的改变而改变:牛顿和万有引力定律

1. 牛顿和科学革命认识上的两个误区

讨论牛顿在科学史上的地位时有两个误区。第一个误区是,认为牛顿是"对的"——牛顿是第一个慧眼如镜的人,所以他知道他所看见的是真正存在于自然之中的,而其他的自然哲学家只是在处理人类的"建构"罢了。这种看法是错误的!牛顿的理论是非常成功的;实际上他的理论是成功范式或理论的最佳典范,但这并不意味着牛顿的理论是终极真理(尤其是考虑到20世纪相对论和量子力学的发展)。另一个误区是,固执地认为牛顿揭示了真理,终结了问题。造成这个误区,辉格史观难逃干系,辉格史观认为,在科学革命中,每个人都在试图解决只有伟大的牛顿才能解决的重大问题。

对于上述问题应该从两个方面加以论述。一个方面是:作为一种可以理解的历史进程,科学革命在1687年牛顿出版他的《原理》(全名为《自然哲学的数学原理》)之前已经基本上结束了。我们已经看到这一由哥白尼发起的天文学和自然哲学变革的进程,其高潮即机械论世界观的确立和作为一种常识的哥白尼学说的确立。在牛顿25岁之前,人们已经创立了机械论世界观,并且已经广泛接受了哥白尼学说!牛顿是一位重要的"思想集成者"。牛顿的重要意义在于,他改变了游戏规则,即使这些规则显然刚刚被人们接受。但是,从以他和他的工作为目标的进程的意义上来说(或者,为了达到某种当代人想象之中的终结,他的工作是必需的,从这个意义上说),牛顿不是科学革命的目的或终点。另外一个方面是:在很大程度上,牛顿的问题不是前人的问题——在解决牛顿的问题上,前人没有失败,因为他们与牛顿追问的不是同一个问题。

2. 牛顿的万有引力概念

让我们通过讨论牛顿的万有引力这一重要"发现"或建构来说明这些误区以及如何规避这些误区。在牛顿的《自然哲学的数学原理》这部历史上最著名的且最重要的科学著述中,万有引力概念是统摄全书的核心概念。我将用一个很简单的例子让大家了解万有引力的含义(图21.1)。我们要讨论的不是任何类似于真实宇宙的事物,而是一个由无限空间和两个质点(数学意义上的两个有质量的点)组成的简化了的宇宙。牛顿以数学方式表达的引力概念宣称,在这种情况下,质点 1 和质点 2 将以大小相等、方向相反的力相互作用,作用力的大小可用下面这个表述计算:

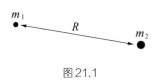

$$F = \frac{m_1 \times m_2}{R^2}$$

图21.1

力的大小与两物体的质量的乘积成正比,与两物体间距离的平方成反比。

很明显,如果两物体相距很远,力将会变弱,但绝不会变为零,即使相距如星系般遥远,也会有一点儿力存在,不管这种力是多么小。

让我们用玻意耳、霍布斯或者笛卡儿这种类型的机械论哲学家的挑剔眼光审视一下万有引力理论。牛顿认为,在真实宇宙中,每个粒子或者微粒都能吸引其他粒子或者微粒,并且被其他粒子或者微粒所吸引。某些位于遥远的恒星中心的原子此刻正对你身体中的每个原子施加某种引力,反之亦然。按照上述公式,牛顿的万有引力意味着,每个物体和其他物体之间都存在相互作用的引力。这种力可以穿越空间,无须经由机械论所说的因果关系或力的载体。人们可以问:"遥远恒星上的原子如何吸引组成我身体的原子?"牛顿的答案是:"它们就是相互吸引!"两者之间没有发生"力学的"机械作用,也不存在如现代物理学家所说的引力场之类的东西。两者间不存在特殊的状态、运作或者机械作用——只有超越距离的引力(attraction at a distance)。如果某人在一颗行星上使用一个核反应堆,这颗行星所等距环绕的恒星恰好在生成一个铀或钚原子,(根据牛顿的观点)这个原子一经生成,就会吸引这个空间内的每个原子,反之亦然。这就是对牛顿观点的解释。所以,引力作用是即时发生的并且是超距的,是可穿越空间的。

3. 对万有引力的批判:17世纪的机械论者和近代物理学

从机械论哲学家的观点来看,牛顿的观点非常奇怪。例如,像笛卡儿或者玻意耳之类的机械论哲学家会说:"什么是机械论? 是什么引起了引力? 怎样解释引力现象?"牛顿的解释是,"按照你的理解来解释","引力的超距作用是存在的"。从爱因斯坦和麦克斯韦(James Clerk Maxwell)之后的21世纪的观点来看,引力的超距作用也是匪夷所思且荒诞不经的。从近代物理学的观点看,任何作用都不可能瞬间发生。没有什么东西能以比光速更快的速度传播,并且我们正在谈论的那颗恒星可能离这里有数十万光年,所以,电磁波发射到我们这里要花上10万年的时间。但牛顿的理论宣称,恒星和地球上的原子瞬时穿越空间相互吸引。根据万有引力定律的数学表达式,所有原子都在引力的作用下瞬间同时自发地相互吸引。

从20世纪和21世纪的观点来看，牛顿的观点是不可接受的，但是，从17世纪的机械论哲学家的观点来看，牛顿的观点也是不可接受的，因为机械论者希望，是微粒或原子由推、拉或挤压所致的运动导致了这些相互作用的发生。对于机械论哲学家来说，所有的作用都是通过微粒的碰撞或挤压才发生的。如果笛卡儿想要解释物体怎样落到地面上，他会这样说：（当然，这是不太可能的）"虽然我们没有感觉到或者看到某种涡旋，但确实有一个非常精细的粒子涡旋在环绕地球旋转，导致离心倾向。引力粒子在这个'局部涡旋'中旋转，这块比周围空气粒子密度大的物质就会受到推压而落下。"（这种环绕地球的局部涡旋也被围绕太阳旋转并携带着所有行星的更大的涡旋携带着旋转——回想第19章的图19.1。）

大体上，从这种机械论者的观点看，粒子在产生引力的涡旋中因其表面所受的碰撞而运动，这种运动导致了重物落地。与机械论观点相比，牛顿的引力不是一种表面现象，因为他的引力不是微粒之间的碰撞，而是穿透到每个物体（每一重物）的核心的现象。对此有一种现代的理解方式：牛顿的万有引力如"X射线"般照射到每个物质并且对每个物质的核心施加作用。为什么会这样呢？因为万有引力是根据物体所含物质的多少来起作用的，而不是根据表面积来起作用的！万有引力是对物质的全部内部质量起作用。

所以牛顿的引力是这样的：

（1）不同于机械论的解释。

（2）瞬时对全宇宙的物质起作用。

（3）穿透到每一物质的核心。

来自人体中的原子的引力此刻正在吸引太阳，反之亦然。人体的万有引力来源于构成人体的原子，人体对太阳的引力与太阳的质量成正比。这种引力概念不同于机械论哲学家的概念，因为，机械论所说的相互作用只能通过粒子的碰撞或挤压才会发生,而不能通过这些"精神力量"发生,这些精神力量如"X射线"般穿过超越距离的空间,辐射物质的各个部分。

4. 牛顿的万有引力物理学:依然是一个成功的范式

以笛卡儿哲学或者17世纪中期机械论的观点看,牛顿的万有引力观点匪夷所思,但是,牛顿在数学上提出的这个引力概念,是只关于科学上最具真理性的东西的概念——如果真理是指当时能够有效地解决问题、作出预测和解释各种不同的现象的话。(这里的"当时"是指从大约1680年到大约1900年,对于一个科学理论的生命周期而言,这是一段相当长的时间。)如果曾经有一个成功的"范式"越来越强大,能够解决问题和困惑,那么这种成功的范式非牛顿物理学莫属。库恩眼中的成功范式的模式与牛顿物理学及其在20世纪瓦解的历史有很大关联。

回想一下,引力概念在1687年之后有多么成功,所谓的牛顿的综合(Newton's Synthesis)的影响力是多么巨大(见图21.2:牛顿的综合)。我们已经知晓了牛顿的万有引力定律,除此之外我们还必须补充说明他的三大运动定律。第一定律是惯性定律:一个匀速直线运动的物体在没有受到外力的作用时,始终保持匀速直线运动状态。第三定律是:作用力与反作用力的大小相等,方向相反。你用枪射击时,你对枪管施加了一个作用力,但是你的肩膀也受到了一个大小相等但方向相反的作用力;或者根据引力定律,两个质点互相施加了大小相等但方向相反的力。第二定律是:力等于质量乘以加速度。这意味着:如果你对物体施加一个力,物体就会加速运动。

如果运用牛顿的万有引力概念和他的三大运动定律,想象一个粒子或行星环绕着另一个稍大些的粒子或行星运动,那么我们就能够推导出开普勒的行星运动定律。开普勒为之艰苦卓绝地奋斗了很多年,

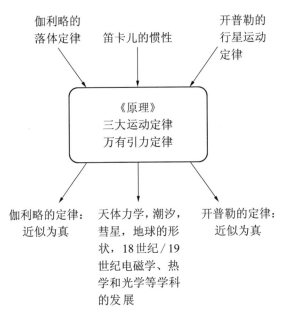

图21.2　牛顿的综合：《原理》(1687)

而其轻易地就被纳入到牛顿物理学之中。但是，开普勒定律被纳入牛顿物理学是有条件的，因为如果你接受牛顿理论，那么你就会发现开普勒定律在总体上是有效的，但是不够精确。开普勒在天体物理学上的研究成果变成了牛顿理论的一个特殊案例。牛顿理论的包容性还不止如此。牛顿可能会问这样一个问题，如果一个如地球一样既大又圆的物体与一个非常靠近地球表面的微小质量的物体相互作用，会发生什么情况呢？通过数学运算你会发现，如果你抛出一个这样的较小物体，它会以一定的比率向比它大得多的物体表面加速运动，这个比率与伽利略在1638年得出的比率完全相同。所以，伽利略关于落体运动的物理学也变成了牛顿的万有引力新物理学的一个特殊案例。**解释哥白尼体系的开普勒的天体定律与解释地球上落体运动的伽利略定律都变成了牛顿物理学的具体应用和推论。**从"牛顿的综合"对伽利略理论和开普勒理论的非常简单的描述中，你能感受到牛顿理论继往开来的力量。牛顿的研究利用了伽利略和开普勒终生奋斗的成果。伽利略没有时间研究天体力学,他正忙于试图弄清地球上的力学。开普勒没有时间研究地球上的力学,因为他正忙于试图解决太阳怎样推动行星运动的问题。

所以,牛顿把伽利略和开普勒的定律作为特殊的案例接受了,它们如今包容在万有引力定律这种较为深层的理论之中。如果你认同他们的定律,并用牛顿的方法对之进行解释,那么你就能够为哥白尼体系构建一个模型:你可以获取全部有效的天文学数据,将它们放到开普勒的定律体系中,然后通过行星环绕太阳运动的引力得出一个牛顿式的解释。这一模型极其有效,除了两个反常现象(月亮运动和水星运动的某些方面)。但总体上说,牛顿的物理学是用天上和地上的数理物理学的统一语言来表述哥白尼学说。现在不要误会我。人们早已接受了哥白尼体系——如果你认为是牛顿的物理学使每个人相信了哥白尼学说,这将是一个历史的错误。当时的人们早已经是哥白尼学说的信奉者——牛顿仅仅宣称,他完成了哥白尼所预见的整个图景,因此他值得高度赞扬。

牛顿理论还能解释其他重要的经典问题。以潮汐为例,牛顿认为自己的理论能够解释潮汐现象这种重大难题,因此也证明了自己的理论的力量。地球和月亮相互吸引;地球和太阳相互吸引;地球上的海水在地球表面时涨时落。假如你不得不使用大量经过简化的近似值,你可以把牛顿的万有引力定律应用到潮汐问题上,这样潮汐的基本现象只不过是月亮、地球和太阳之间的引力相互作用的结果。

《原理》中另外一个引人注目的成就是牛顿对地球形状的预测。牛顿宣称地球不可能是球形的,因为如果引力理论是正确的,那么地球必定呈微扁圆状,赤道的圆周比两极的略长。在18世纪(我认为库恩所说的常规科学在这个时期达到了巅峰),巴黎科学院向南美洲和拉普兰地区分别派出了一支远征队,其任务是测量地球表面的单位长度,令他们满意的是,他们证实了牛顿的想法是正确的。(当然,在20世纪,我们已经知道地球的形状更像鸭梨状,总体来说,南半球较大,但是我们需要其他的理论对这一现象加以解释。)

因此,牛顿的物理学似乎能解释任何事情。例如,地球绕轴运动会出现奇特的摇摆。通常的说法是,地轴在地球绕日运行时保持着相同的方向,但是,我们知道地轴会缓慢地摇摆,大约每25 000年完成一个周期,这也就是导致古人所谓的"分点岁差"(precession of the equinoxes)的原因。古人认为这个现象同恒星天球缓慢地摇摆和振动有关。哥白尼不得不假定是地轴在摇摆;但是,地轴为什么会摇摆呢? 牛顿最终有了答案。牛顿把地球视为正在倾倒的陀螺,对地球进行力学分析,解释了地球在缓慢地绕轴旋转的过程中必然会出现的摇摆现象。

我们大体上概述了牛顿怎样应用他的引力思想和他的运动定律。他的"范式"有一个长远且美好的前景。在18世纪和19世纪,物理学家把牛顿关于超距作用力、运动定律和数学分析模型的理念应用于其他假想的力的研究问题中:电力,磁力,某种化学的排斥力和吸引力。因此,根据库恩的说法,牛顿范式的应用范围扩大到了麦克斯韦或爱因斯坦之前的19世纪物理学,这是公认的事实。牛顿的理论取得了卓越的成就,尽管它是以"万有引力"这个奇怪的概念为基础,且这个概念并不是我们从自然中得出的,而是我们建构的。

5. 三个关键问题

如上概述之后,有三个问题需要我们思考:

(1) 牛顿为什么提出引力概念? 特别是,引力回答了哪种问题?

(2) 为什么牛顿是一名如此怪异的自然哲学家? 在17世纪晚期,牛顿的怪异在于,他没有成为机械论者,因为他把控制粒子及导致现象的诸如引力这样的非机械力理论化了。

（3）既然牛顿运用的与众不同的自然哲学几乎已回到了术士和新柏拉图主义者的层面，那么牛顿是如何从他的世界观出发提出引力概念的呢？

6. 解答问题（1）

6a. 结构上的对比：牛顿的自然哲学，机械论哲学

探讨牛顿的万有引力，我们要做的第一件事就是把牛顿的观点和机械论者的观点作一下对比（图21.3）。在机械论体系中，上帝创造了粒子和原子，并且这些粒子和原子具有极少的几种属性：大小、形状、运动和不可分割性。上帝也为原子的运动和碰撞制定了一些要遵循的自然定律。粒子根据这些定律运动或碰撞，导致了各种现象的发生。

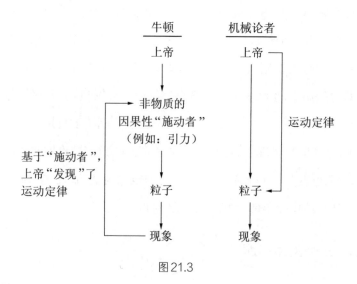

图21.3

按照牛顿的理解，宇宙中存在着各种各样的非物质诱因，即并不存在于粒子的或机械的相互作用之中的因果性"施动者"（causal agents），因为事实上是它们导致了粒子的相互作用。它们本身不是粒子之间的

相互作用的产物。因此,必然存在着某种非物质的因果性"施动者",例如引力、磁力、电力和化学力。上帝不仅创造了粒子,还创造了这些比粒子处于更高级的精神层次的"施动者"。引力作为"施动者",根据完美对称的数学方程式,以似自然律的方式发挥作用。这些"施动者"按照我们可以发现的数学定律发挥作用,导致了粒子运动,这些运动又导致了各种现象的发生。我们所知的最接近于这一观念的理论即开普勒的理论,开普勒的理论是由他的新柏拉图主义自然哲学所塑形的。开普勒和牛顿都不追求新柏拉图主义形而上学中所包含的那种对自然的巫术式的操控,所以开普勒和牛顿事实上极其相似。因此,牛顿的观点是一种概念上的回归,回归到开普勒和其他的新柏拉图主义者。他的自然哲学以一种不同寻常的和富有成效的方式综合了机械论的和新柏拉图主义哲学的理论成分。

6b. 牛顿的引力是一种理论建构,其目的是解决一个难题——这个难题是什么? 它是一个新难题吗?

接下来,我们必须再次记住一个关键点:牛顿的引力不是自然现象,引力是一种概念建构——这是关键点,也是读者阅读本书后理应得出的洞见。爱因斯坦物理学并没有包容牛顿理论中的万有引力。对于爱因斯坦来说,物体没有引力。因为宏观物体改变了自身所在的时空,所以物体沿着最短的时空轨道彼此相互运动。各种物体并不相互吸引。

所以,引力并不是存在于自然之中等待牛顿来发现它的。我想告诉你的是,牛顿是构造作为一种理论概念和数学表达式的万有引力的第一人。考察新概念或新理论的起源的一种方式是:即使问题还没有被完全弄清楚,我们也要构想出一个概念来作为这个问题的答案。那么,什么问题要以牛顿的万有引力概念作为答案呢? 我认为这个问题实际上是:**什么样的非物质的(精神性的)因果性"施动者"能够解释行**

星的运动和地球上的落体运动？ 这就是要以万有引力作为答案的问题。必须是这种类型的问题才能得出牛顿的万有引力概念。这个问题假设了许多相关的背景观念、假设和目标，包括对于因果性"施动者"的信念，以及对于地球物理学和天体物理学能结合为一种理论的信念。

6c. 其他自然哲学家是否像牛顿一样谈论过这一同样的问题？各种自然哲学就好比语言——只认同某些问题、目标和解题程序而避而不谈其他。

让我们考察一下本书已经讨论过的几位重要的自然哲学思想家，并追问他们在同一理论环境下是否要回答同样的问题。换言之，自然哲学是一种谈论并描述自然的语言、网格和概念体系。不同的自然哲学偏好不同类型的问题（和答案）。而且每种自然哲学都有完全不能或不会被追问的问题，因为在此自然哲学体系中，这些问题毫无意义或者意义不大。所以，让我们看看我们之前研究过的一些自然哲学家会怎样处理牛顿的关键问题。

首先是亚里士多德。你能问亚里士多德这样的问题吗："什么样的以数学方式起作用的非物质的因果性'施动者'既可解释行星运动又可解释地球上的落体运动"？不行，因为他会说这是一个荒谬的问题，因为"天空"中的天体是在做圆周运动，而地球上的重物则是按其本性向地球的中心落下。地球上的概念和天空上的概念是完全不同的。另外，亚里士多德的自然哲学不认同对因果关系进行数学化描述的做法，所以，这个问题已超出亚里士多德自然哲学的范畴。一般而言，不同的自然哲学，通常就像不同的理论一样，为不同问题和答案的阐述提供词汇和规则——在既定的自然哲学或理论的范围内，某些问题和答案很容易被阐述，某些问题和答案则完全不可能被阐述。

那么哥白尼呢？根据哥白尼的观点，促使行星运动的原因是什么？（别忘了地球现在是一颗行星。）哥白尼对这个问题没有过多地论述，因为他对地球必须在运动感到不安，因为他不能真正地解释这一现象。现在历史学家认为哥白尼相信天球说，正如亚里士多德和中世纪的人相信天球说一样。现在，地球的天球在哪儿与地球相联系以推动地球旋转运动是一个未解之谜，这就是哥白尼为什么不谈论地球运动的原因。此外，对于哥白尼来说，为什么物体会垂直落到正在运动的、旋转的地球上呢？又一次，哥白尼得到了一个问题，而非答案。对于哥白尼来说，牛顿的问题是一个根本不可能的问题——他还有许多其他工作要处理，还有许多难题要面对。

开普勒呢？我们知道，开普勒是一名哥白尼学说的信奉者并且他的自然哲学有点类似于牛顿后来建构的自然哲学。开普勒认为，自然界中存在很多精神力量，例如太阳发射的具有精神力量的光，这种光遵循着有关传播、强度、反射和折射的完美的数学定律。并且我们还知道，对于开普勒而言，太阳还发射其他与众不同的精神力量来推动行星运动。行星运动的定律就是这种精神力量的作用定律，这类似于牛顿的构想，但是，开普勒的天体力学仍然先于并且不同于牛顿的力学。而且开普勒试图解释地面上的引力（落体运动），但是他没有把地面上的引力问题同行星绕太阳运行的问题联系起来。开普勒把这种低层次的、可使地球各个部分彼此吸引的精神力量称为引力。按照开普勒的理解，这种低层次的精神力量与来自太阳的巨大的行星运行动力极其不同。光、磁力、引力、行星运行动力是完全不同的精神力量，这种精神力量有自身的存在范围及活动规律。开普勒使用了"引力"这个术语，但却赋予了它不同的内涵，且仅将其用于牛顿后来使用这一术语的两个领域中的一个领域（牛顿的引力适合于天上和地上两个领域）。所以，总的来说，开普勒阐述并回答过牛顿的特殊的关键问题吗？显然没有……开普勒有其他的自然哲学目标和理解自然的方式。*

最后,诸如笛卡儿之类的机械论哲学家的情况又如何呢？在机械论者看来,宇宙是无限的,并且每个星系都有一个由微小的粒子组成的独立的涡旋,这个涡旋围绕着它的中心"太阳"运动。这种说法有点像开普勒的观点,但其中没有开普勒所谓的精神力量。推动行星旋转的是一个物质性的涡旋而不是精神力量,它推动行星环绕中心旋转。至于物体落向地球——正如我前面所提到的,地球有一个小的涡旋,地球携带着这个涡旋一起旋转,地面上的重物之所以下落,是因为与涡旋粒子相比,这些重物相对来说没有离心力。有趣的是,由于月亮陷入了地球涡旋之中,所以月亮也围绕地球运动——而地球和月亮所在的涡旋,又在太阳的涡旋中围绕太阳旋转。所以,笛卡儿通过涡旋或粒子技巧地描述了局部引力和行星运动,尽管他是用两种不同的涡旋解释两种不同的现象(行星运动和重力)。我们应该如何评价笛卡儿呢？与牛顿不同,笛卡儿得到的是"机械作用"而不是古怪的非物质的力(他会否认此类东西的存在)。而且,笛卡儿也没有办法把行星的运动和地球上的落体运动这两种运动形式数学化。总之,笛卡儿没有问牛顿的问题。

7. 关于问题(2)和问题(3),将在下一章中研究

总之,你只能在某种后机械论者的研究范畴之内问牛顿的问题,而不能在新柏拉图主义自然哲学的范畴之内问牛顿的问题。并且,假定牛顿的问题对他来说是独一无二的:**同时可以解释行星运动和地球上**

---

* 开普勒深受柏拉图哲学以及柏拉图主义的影响,依然严格地将世界分成了"天界"(月上世界)和"地界"(月下世界),并且认为二者具有不同的性质且服从不同的运动规律。正是这种思想阻碍了开普勒把天体运动的规律与地面运动的规律结合起来。而牛顿之所以发现了万有引力定律并且把天上的运动和地上的运动统一起来,就在于他打破了柏拉图主义及其追随者所运用的划分两个世界的形而上学。——译者

的落体运动的唯一的、独特的精神力量是什么？因而接下来的问题是，为什么牛顿会提出那样的问题？为什么他会提出关于精神力量和"施动者"的假设？这些问题取决于牛顿在自然哲学上的基本信念，这些信念又相应地受到个人生平的、制度的、社会的、宗教的、政治的因素的影响。在下一章中，在我们追溯是何种研究和思考方式导致牛顿得出如此奇特和丰硕的成果之前，我们将研究这些问题。

阅读文献

T. S. Kuhn, *The Copernican Revolution*, 243—265.

B. Easlea, *Witch-Hunting, Magic and the New Philosophy*, 154—164, 168—171, 180—187.

P. Dear, *Revolutionizing the Sciences*, 158—167.

R. Westfall, *The Construction of Modern Science*, 139—159.

◇ 第22章

牛顿的后机械论自然哲学及其通往万有引力定律之路

还留有两个相关问题需要研究:(1)为什么牛顿采用了后机械论自然哲学?(2)在牛顿的职业生涯中,他是如何在这种自然哲学框架内得出万有引力概念的?(我没有问他是如何发现万有引力的,而是问在一定的知识背景下,他是怎样致力于建构引力概念的。)

1. 一些生平

牛顿出生在旧历1642年的圣诞节,在英国,旧历一直沿用到18世纪。1642年是伽利略去世之年,距哥白尼离开这个世界已有99年,所以不难理解我们在这里考察的时间段的意义。牛顿的出身并不高贵,他来自社会历史学家所谓的"自耕农"阶级(拥有大量土地的农民),生于格兰瑟姆林肯郡集镇附近的一个叫作伍尔索普的村庄。你可以到英国参观已经修复过的牛顿的小屋。灰泥墙上有一个线图,据推测,那是牛顿年轻时所画的机械论的数学线图。在花园里有一棵苹果树,据说牛顿在这个花园里被一个落下的苹果砸到了头,并由此"发现了"万有引力。

牛顿有一个令人关注的童年,因为在他出生几个月前他的父亲就去世了;三年之后,牛顿的母亲改嫁并且搬到了附近的村庄,所以牛顿经常见不到她。他是由外祖母抚养长大的,1661年,他被送到剑桥大学三一学院读书。你可以参观他在三一学院就读时的宿舍,他把房间里的百叶窗全部关上,并在上面截了一个洞,这是为了让光进入他的棱镜以完成他的棱镜实验,实验发现光由很多不同的颜色组成,此即光的"真正本质"。

在剑桥大学三一学院里,牛顿并不是一个引人注目的杰出的学生。1665年,在他的大学生涯即将结束之际,瘟疫突然降临剑桥和英国南部(当时瘟疫经常以地方性疾病形式阶段性流行)。大学被迫关闭,牛顿回到伍尔索普进行了一年半的私人研究。在伍尔索普的18个月中,22岁的牛顿创建了微积分;做了光学实验;并在力学和物理学上提出了一些洞见。然而,如果认为他是在这个时期"发现"万有引力的,那你就错了。在这18个月中,牛顿成长为伟大的数学天才和物理学天才,但是根据历史分析,至少在今天看来,还没有证据表明他在那个时期进行了万有引力研究。但是,为了对我们在寻找某个像万有引力这样的关键概念的建构时应该做什么与人们过去曾经做过什么进行对比,有必要尝试根据牛顿的早期生活经历来理解万有引力概念。

2. 一个大胆但有缺陷的解释

大约在40年前,曼纽尔(Frank Manuel),一位非常杰出的才智超群的美国历史学家,以科学史的方式写了一本关于牛顿的书,书名是《牛顿的肖像》(*A Portrait of Isaac Newton*),这本书在当时很流行并且很有影响,被称为"心理传记"。这是一本关于牛顿的弗洛伊德式的传记,试图对牛顿进行精神分析并探寻他的万有引力这一奇妙概念的潜意识起源。这项工作值得关注,因为万有引力是如此奇特,很有必要对之进行解释。

曼纽尔说,万有引力是对牛顿潜意识结构的有意识的复杂表达。牛顿的"潜意识结构"受两件事情影响:牛顿生活在母亲的影响范围内,但对于牛顿来说,母亲实际上并没有在他的身边——回想一下,他的母亲住在附近,牛顿是由亲戚抚养长大的。另一件事情是牛顿出生于圣诞节,而且从他成年后的公开行为中,我们知道他总是对自己是一名科学家和思想家感到满意。牛顿总觉得自己比他的同行、同时代人和同龄人都强——事实上牛顿以轻蔑的且非常粗鲁的方式对待他们,因为他不能忍受同时代的数学家和自然哲学家超过他。对于牛顿的行为,曼纽尔的解读是,牛顿极其自我,他或许感到自己是天赋英才。因为他出生在圣诞节(或许是基督诞生的重现)而且没见过他人间的父亲,所以牛顿在潜意识里认为他是隐喻意义上的上帝之子——一名由上帝特别赋予才能的英才并且注定要揭示上帝的秘密。牛顿得到了某些神启,他认为这些神启就是理解实在的关键所在。而曼纽尔将上帝给予牛顿的最重要的礼物——万有引力,解释为对牛顿奇特的无意识的心理的一种升华了的有意识的表达,它是牛顿与母亲之间的奇特关系——她(几乎)总在那里,但牛顿却无从"触及"——所造成的精神产物。

3. 现代科学史和科学哲学的分析风格:把研究者置于知识的创建与变革的传统中,并把那些传统置于背景之中

曼纽尔看待牛顿万有引力概念的方式是很有意思的,但这并不是当今我们在科学史上的解释风格。曼纽尔做了一个巨大的跨越,从关于牛顿早期经历的理论一下子跳到牛顿成年时期的技术工作上,成年时牛顿是一位其工作已得到社会认可的技艺娴熟的职业科学家。近年来,我们想(以库恩对待科学史的方式)详细探讨诸如牛顿这样的大人物究竟是如何技术性地解决问题的。我们还想详细了解当时牛顿是如何看待、判断、解决这些问题的。影响牛顿思想的因素可能包括生平、制度、社会等广阔背景,不大可能仅仅是以一种弗洛伊德的方式诠释的牛顿幼年或童年的经历。我们已经考察了曼纽尔所强调的对牛顿的发

现的另一种可能性分析。我想朴素的辉格式经验主义者对牛顿的解释你应该已经有所了解:"牛顿是一位有助于完善科学方法的伟大人物,他所使用的方法是从事实概括中发现万有引力。"最后,对于牛顿,我们试图给出另一种解释。

4. 从技术层面和思想背景方面对牛顿的简要解释

让我们看看是否能把更多的生平、制度和社会因素放进这个故事,循序渐进地讲述这个故事,而不是从他的童年跳跃到他成年时期的卓越成就上来。显然我们的解释将是简化的和有选择性的,我们打算对两个问题进行解释:第一,为什么牛顿会成为一名后机械论自然哲学家;第二,他是如何在这种自然哲学框架内得出万有引力概念的。

4a. 对于机械论自然哲学,年轻的牛顿在技术和宗教层面上有一些不同意见

如果让我讲述这个故事,我会从牛顿于17世纪60年代进入剑桥大学时讲起。牛顿是欧洲典型的被灌输以机械论哲学知识的第一代学生。换句话说,牛顿这代大学生一入学就接触了机械论哲学,机械论哲学在那时已经存在。他们不必像笛卡儿、玻意耳、霍布斯等人那样致力于提出或创立机械论哲学(尽管牛顿在剑桥所受的教育内容基本上仍然是经院哲学和亚里士多德哲学)。事实上直到18世纪晚期,这种教育内容才被改变,变成了牛顿学说。但是,牛顿和其他的同代人在大学里接触到了机械论哲学,因为任何一位明智的见多识广的导师或者讲师都熟悉(虽然不一定赞同)诸如伽利略、笛卡儿、霍布斯和玻意耳这样的人的作品和出版物。

在大学里,这些人的思想以非正式的方式传播。所以,牛顿是机械论哲学的接受者,这一点很重要,因为他不是机械论哲学的狂热开拓者,而是一个冷静的和批判的接受者。根据大量可以获得的牛顿的手

稿和笔记(各方面的学者已经分析过这些手稿和笔记),我们可以知道牛顿在大学读书和躲避瘟疫期间所思考的问题是什么。根据文献分析已经开始明晰的是:对于机械论哲学,他在技术和科学层面上已经有了不同的意见;在神学的层面上,他也流露出了不同意见,由此,可以推断出他在政治上也持有不同意见。在17世纪,宗教和自然哲学问题都是政治问题。别忘了,这一时期距克伦威尔(Cromwell)去世和终结了长达20年的英国内战和政教混乱局面的斯图亚特王朝复辟仅仅10年。

我不能(而且我认为不应该)优先考虑牛顿所持有的技术、科学方面的不同意见或优先考虑他所持有的神学、政治、宗教方面的不同意见。我们只要把这些意见视为理所当然并且理解这一点就行了:牛顿从一开始就不是一名机械论哲学的信奉者。

下述内容是牛顿在技术层面上对机械论持有保留意见的一个例证。牛顿发现,在机械论自然哲学中有许多异常现象和矛盾的例子,下面这个例子就是其中之一(图22.1)。有一个镜面和一条直线,这条直线表示入射光线。镜子将光线反射出来,其入射角等于反射角。这就是反射定律,它是当时被人们称为几何光学——对光的行为进行研究,此时光被简化为一系列的几何线条——的一个例子。(希腊人创立了几何光学,如同他们创立了天文学和几何学一样。)几何光学是人们关注的主要领域。笛卡儿这样的人认为,几何光学尚不完备,还不是对此类现象的深层次的物理解释。真正存在的是运动中的粒子,它们彼此碰撞和相互作用。图22.2就是一个典型的机械论解释。光线实际上是一连串的粒子,这些粒子与镜子表面的粒子发生碰撞,之后它们被反弹出来,就像网球撞到网球场的地面一样。

牛顿还是个学生的时候,就发现了关于光的机械论的理论中存在的重大问题,因为镜子表面不也是由粒子组成的吗?因而在这些微粒子的尺度上,镜面不也是"粗糙"的吗?所以在微观尺度上,我们知道镜

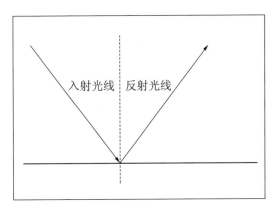

图22.1　几何光学

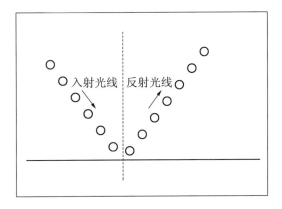

图22.2　机械论的解释

子不是一条数学意义上的直线,但是如果镜子是粗糙的,所谓的光线就不会以一定的角度反射,而将不可预见地向四面八方散射(图22.3)。但从日常经验看,这种情况并没有发生,镜子上的反射是直线性的,不会发生散射,至少这是常识或"事实"。

　　对于这个问题,牛顿宣称他找到了答案(在他学生时期的笔记本中有记载)。光粒子从来没有真正地接触镜子表面的粒子,而是在短程斥力场上发生相互作用!每一个光粒子在一定的距离内发射少许斥力。至于镜子的表面,是物质粒子的集合体。可以想象,镜面的每个粒子在很短的距离内发射少许斥力,根据牛顿的观点,这些粒子将形成一个很

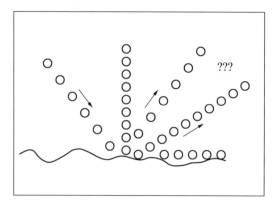

图22.3 牛顿对机械论光学观点的反驳

薄但完全平直的数学平面,真实镜子粒子的物理平面是参差不齐的,粒子产生的斥力在其上形成了数学平面。镜面上的那些微粒所形成的合力创造出了一个不可见的防护墙。所以,牛顿认为,镜面上的粒子集合在一起构成了一个不可见的斥力之盾。

现在你可以明白发生的是什么了(图22.4)。光粒子并没有碰撞到镜子上,而是其斥力场与镜面粒子的斥力场发生了相互作用,即每个光粒子的斥力与镜子实体的斥力平面间相互作用。当然,这种相互作用不是物理的,而是精神上的,这种相互作用的结果是,出现了一条紧密的反射光线,并且入射角等于反射角。

通过给机械论的图景添加一些东西——短程斥力,牛顿重建了用来表达现象的数学简明性。这很有意思,因为在重力问题上,牛顿讲的

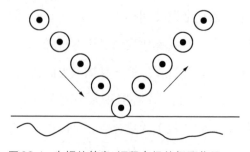

图22.4 牛顿的答案:短程力场的相互作用

是远程吸引力。这体现了牛顿的自然观。自然界中存在着多种力，有些力具有吸引作用，有些力具有排斥作用，并且这些力导致了不同的现象，例如：重力、光、化学反应、电和磁等。牛顿的观点是机械论的，但除了机械论之外还有其他东西，因为他担心机械论哲学的技术性，所以添加了这些非机械论的动因和作用力。

4b. 后机械论思想的理论来源

牛顿从哪里获得了灵感？他的自然哲学、神学和政治背景对他的后机械论思想有何影响？在17世纪60年代，牛顿在剑桥与两个人交往甚密，他们是摩尔（Henry More，1614—1687）和卡德沃思（Ralph Cudworth，1617—1688），两人都是英国和剑桥大学思想传统的代表，历史学家称这种思想传统为剑桥新柏拉图主义。剑桥新柏拉图主义可以追溯到17世纪初，最初是知识分子及宽容的圣公会教徒的神学观点，这种观点在英国逐渐壮大，并且在剑桥大学得到了专门机构的支持。这种神学观点是冷静的、宽容的和理性的；它试图劝阻极端的清教徒、圣公会教徒和天主教徒之间的互相争斗，因为，如果我们彼此是理性的，我们便会理解，世界上存在着所有善良的基督徒都能同意的简单的理性真理。除此之外的一切东西都是不重要的，都是人们争论的内容。所以，如果我们都能同意这样的观点，比如人有一个不朽的灵魂，上帝创造了宇宙，可能存在某些天佑之福，那么这对于世界上的每个理性个体（基督徒）来说就足够了。因为你不能杀死每一个你不赞同的人，这种神学观点促成了17世纪后期声势浩大的宗教宽容运动。

那些剑桥柏拉图主义神学家们支持的是哪种自然哲学呢？17世纪50年代和60年代，诸如摩尔和卡德沃思之类的人都有明确的自然哲学立场。他们不相信并且从来没有相信过亚里士多德哲学。他们也摒弃了巫术、过度的狂热以及自然巫术的不理智形式，因为这些东西似乎再次与宗教的狂热形式和宗派主义联系到了一起。他们看到了坚持以自然巫术追求个人知识与天启之间的关系。他们投入了机械论的怀抱，原因在于机械论是最新的、非巫术的、非亚里士多德哲学的，并且好像与他们的神学观点并行不悖。在许多方面，剑桥柏拉图主义者是典型的会成为机械论者的人。

但是，因为剑桥柏拉图主义者生活在17世纪50年代和60年代的英国（那时的英国经历了内战、革命、处死国王和政府的更替、宗派主义的暴动事件，以及最后1660年斯图亚特王朝的复辟），所以他们也有点不相信纯粹形式的机械论。例如，剑桥新柏拉图主义者熟悉霍布斯的机械论，在其体系中，上帝好像并不存在，所以很多人认为他的机械论是无神论的。因此，诸如摩尔和卡德沃思之类的人称："我们是机械论者，但是我们也认同上帝以其仁慈之心把某些非机械性的、精神的力量放入自然之中，这就使得自然现象不仅由纯粹的机械原因所致，而且也显现了上帝的能力和仁慈。"

在摩尔和卡德沃思看来，有机现象就是用新柏拉图主义补充机械论的一个恰当案例：生命不能用纯粹的机械论来解释，正如笛卡儿所说，许多生物体及其有目的性的生长都不是由物质的运动造成的，种子的生长过程不能归结为原子或粒子的运动。摩尔和卡德沃思以人类的眼睛为例：人类的眼睛是如何从胚胎中生长出来的？在眼睛形成的过程中，必定存在一些起引导作用的生物力量。剑桥新柏拉图主义对生命体的非机械论解释是英国圣公会和英国自然神学的重要传统的发端，通过考察自然中（特别是有机自然中）奇特的设计与复杂精细的事物，我们可以捍卫上帝的存在及其本性。所以，在某种意义上，牛顿的自然哲学图景（第21章的图21.3）非常接近于摩尔和卡德沃思的观点，我们在牛顿的自然哲学中可以找到这些上帝和粒子之间的基本原则和力量。

剑桥新柏拉图主义的神学和哲学问题有其明确的政治意图。在英国,如果你担心天主教徒和清教徒的动乱,并且希望在1660年斯图亚特王朝复辟后社会能够安定,那么你将选择同时反对天主教徒和清教徒观点的哲学观点。因此,你必须远离亚里士多德哲学,远离那些对教义的神秘性和个人性的解读,而且你也必须远离无神论和会导致无神论的极端机械论。剑桥新柏拉图主义的政治哲学观点给牛顿留下了深刻印象,并且成为牛顿在自然哲学上建构自己观点的思想框架和形而上学背景。

4c. 走向万有引力的早期过程

现在,我们将考察牛顿走向万有引力的一些阶段。首先,有必要提到物理学中的一个观点。图22.5a是一个做匀速直线惯性运动的物体。图22.5b是一个环绕圆心做圆周运动的物体。显然,对于精通物理学的年轻的牛顿来说,如果某物体做圆周运动,那是因为该物体被拉向

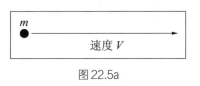

图22.5a

中心。这也是一块被绑在绳上的石头之所以会做圆周运动的原因,它被持续地拉向中心。大多数人关注这样的事实:在每一时刻,石头好像都倾向于偏离中心——离心效应。牛顿认为,石头倾向于因惯性而沿切线偏离,它之所以保持圆周运动,只是因为我们不断地用绳将它向旋转中心拉回。牛顿将其称为向心力或冲量(中心倾向)。向心力很难被概念化,牛顿是17世纪发现向心力的第一人——他甚至能够写出向心加速度的方程式。现在我们将考察牛顿走向万有引力的几个阶段和时期。

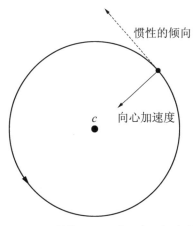

图22.5b　维持圆周运动需向心加速度

我们必须先讨论一则著名的故事:苹果砸到了牛顿的头。当他年老并且是皇家学会会长的时候,每个人都对牛顿顶礼膜拜,牛顿自己讲述了这个发现引力的故事。故事是这样的,在牛顿年轻的时候,他坐在自己的花园里,看到一个苹果落下,这使他想到使苹果落向地球表面的力和使月亮进入地球圆周轨道的力是同一种**力**(这里的力不是一种机械力,而是一种吸引力)。从这一假设中,他宣称他得到了万有引力!

牛顿晚年所述的苹果落地的故事有一点真理的成分,因为在他年轻的时候,大约1666年,他确实产生了一个很好的想法,这个想法为牛顿打开了问题之门:在17世纪60年代晚期,他已经解决了圆周运动问题,由于机械论的涡旋说存在的问题(参见上一章),他萌生了这样的想法,物体的下落归因于吸引力(attractive force)。他进一步指出,既然月亮正围绕地球做圆周运动,那么月亮必然被地球所吸引,所以地球正在对其施加一个吸引力,或许这个吸引月亮围绕地球做圆周运动的力和导致地球上的物体下落的力是相同的。

这不是万有引力,但已经非常接近这个概念了。牛顿已经在着手研究这个理论,而且已经认识到,吸引力必然随距离的增加而减弱,其数值与距离的平方成反比。在17世纪60年代晚期,他试图通过研究一些有关月亮轨道和地球大小的数据来证明自己的想法,但是他没有得到精确的数据,所以,在他看来,结果不能令人满意。当时牛顿还没有意识到,他的标准的地理学书籍对地球直径的估计相当不准确,直到12年后人们才发现这个错误。所以,牛顿认为自己的计算和关于吸引力的理论应该废弃,因为吸引力强度与距离的平方并不成反比:地球表面的引力不是拉拽月亮进入地球轨道的力。

4d. 重新回到引力问题,并且最终建构了万有引力

接下来的10年,牛顿致力于光学、物质理论和炼金术,把物理学和天体力学的研究撇在一边。然后,一些出人意料的事情发生了。在

1679 年,牛顿的批评者胡克(Robert Hooke)迫使他回到了万有引力问题。这两位科学家互相敌视,因为 1672 年他们在有关光学的问题上发生了争论(胡克鲁莽地表示,牛顿关于白光是不同颜色光的混合物的理论并非绝对正确)。胡克以及他在伦敦交际圈中的朋友们,包括克里斯托弗·雷恩爵士(Sir Christopher Wren)以及皇家学会的其他人,一直在探索哥白尼体系中的行星运动,当然,他们全都接受哥白尼体系。(不要忘记牛顿是剑桥的数学教授。)胡克有一个极好的观点,即笛卡儿所谓推动行星环绕运动的涡旋不见得言之成理,因此,拉拽行星进入其轨道的力必然是某种非机械的力。这听起来很像 17 世纪 60 年代时年轻的牛顿的想法。胡克一直(与他的许多朋友一起)坚持认为,拉拽行星进入其轨道的力是来自太阳的吸引力,并且猜测这种力的强度同行星和太阳之间距离的平方成反比。但是他不能用数学的方法详述这一假设,这是一种直觉猜测,或许模仿了光的行为(回想开普勒在光学定律上的研究,光的强度与物体距光源的距离的平方成反比)。

胡克似乎极其渴望得到支持,因为他甚至给牛顿写了封信谈这个问题,牛顿对此也颇有兴趣。在牛顿的一生中,他对天文学仅产生过约 3 次兴趣:分别在 17 世纪 60 年代、1679 年以及 1684 年前后。牛顿把他一生的大部分时间都花在其他事情上了,例如炼金术、神学、数学和光学。胡克的信使牛顿重新回到引力问题,通过修正他在 17 世纪 60 年代后期的思想,牛顿取得了极其重要的突破。

在 1679 年,牛顿证明,如果一个物体遵循开普勒第二定律(面积定律),那么这一物体必定受到一个朝向物体运动的中心的向心冲量的作用。(这个结论并没有详细说明是什么引起了这一冲量——这只是数学上的结论。)牛顿也证明了当物体在椭圆轨道上环绕椭圆的一个焦点运动(开普勒第一定律)时,物体就会受到向心冲量的作用,并且这个向心冲量随着物体远离焦点而逐渐减弱,其数值与物体距焦点的距离的平方成反比。(这又是数学上的结论,并且没有具体说明向心冲量和物体距焦点的距离的平方成反比的原因。)这是牛顿通向万有引力之路的起点。牛顿弄清楚了胡克的理论,但牛顿在接下来的5年里并没有发表他的发现,也没有给在伦敦的胡克一个解释。

长话短说,这一争论在胡克和英国皇家学会之间继续存在。1684年,年轻的天文学家哈雷(Edmund Halley,他后来成了牛顿的门生)卷入了这些争论中,并最终认为牛顿也许能回答这一问题。哈雷去拜访了牛顿,当时牛顿已经重新起用了他原来的运算。在接下来的3年中,牛顿从对胡克有关行星运动的非机械力假设的研究转向了对多个行星运动的更加复杂的案例的研究,并且不仅研究作为一个点的行星,而且还研究作为球体的行星。在1687年出版的《原理》中,牛顿回答了所有问题。在写作《原理》的过程中,万有引力定律清晰地浮出了水面,其原因是,根据力的大小与距离的平方成反比的定律,如果你宣称某一行星(任一行星)既吸引太阳又被太阳吸引,特别是宣称行星上的每个点吸引太阳上的每个点,且同时被太阳上的每个点吸引(牛顿运用数学方法研究过这一问题),那么你实质上已经得出了万有引力定律。所以,万有引力定律就是上述探索的结晶。水落石出,万有引力定律并不是现成的,不是早就存在的,而是一系列研究的结果。

5. 一些历史的启示——怎样解释科学史上的事实

就科学变革和科学发展而言,这段历史有何启示?

(a) 诸如万有引力这样一个深奥的概念,一个深奥理论的一部分,并不是在自然中发现的,因为我们观察不到它,也不能将其从纯粹的事实中推演出来。万有引力是一种理论建构,经历了一个长期的学术研究过程。(回顾一下我们在研究开普勒时所讨论的科学发现。)

(b) 但是,引力的学术研究和问题的解决是以牛顿的自然哲学和形而上学框架为条件的,否则他永远也不会朝着发现引力的方向努力。他的研究受制于他的后机械论自然哲学。

(c)是什么使得牛顿接受了后机械论自然哲学? 答案是:他个人的主要经历;他受到正规教育的地点;最终他所接触的并影响了他的研究人员。所以,诸如万有引力之类的事物不是自然中的事实,而是一个人类的建构,它扎根于建构者或建构团体的自然哲学背景、学术研究、整个个人经历和社会背景。

万有引力完全是一个历史的建构,这种建构扎根于复杂的历史研究模式和历史条件之中:这就是我们应该从这一重要的科学成就中得出的基本教训。我们将阐明这一教训并且表明:对于科学理论有必要进行历史的、社会的和政治的分析,科学理论是复杂的"文化"集成,而不是"自然"的镜像。

6. 有关万有引力的争论:含义、"起因"、地位及其证明

可以参考人们对牛顿的工作及对其研究成果的接纳的某些进一步的历史分析来结束我们对牛顿的研究。

重要的机械论哲学家[例如伟大的惠更斯(Christiaan Huygens)],并不认为,也不可能认为万有引力是真实的,因为万有引力是一种奇怪的、非机械的超距性引力。但是作为一名伟大的物理学家,惠更斯本人不得不承认牛顿的《原理》在数学上是成功的,并且它似乎解决了当时的主要难题。换句话说,当时的科学家钦佩牛顿对物理学难题的解决方法,但并不接受牛顿的整个后机械论自然哲学。

但是,随着时光流逝,到了18世纪,人们对牛顿技术上的成就的接受也使得越来越多的人接受了牛顿的自然哲学。然而,也有些思想家只偏爱牛顿的自然哲学,并不喜欢曾经对牛顿的学术、宗教和政治产生影响的纯粹的机械论。

牛顿曾经坚持认为,"归纳法"这种实验性研究能揭示在自然中起作用的非机械力及其原因的原理,即使这些非机械力及其因果原理的确切本质尚未被揭示出来。当然,他从未真正地用过归纳法。不过,牛顿关于其"方法"的说辞也影响了各路思想家,尤其是当他们考虑到牛顿的高度实验性的光学研究和万有引力定律的成功这一不折不扣的事实时,即使人们对万有引力的非物质的或精神性的精确本质仍持有疑问(牛顿坦承,他已经尝试用若干种不同的自然哲学精确地解释究竟何种非机械实体能够引起已知定律所描述的引力现象)。

最后,所有这些都导向了18世纪中期自然哲学中"牛顿式"研究进路(或者说多种牛顿式研究进路,因为存在大量分歧和争论)的广泛传播。人们认为,在这种"牛顿式"的自然哲学中存在着各种类型的非机械原因——或许是某些力,或许是按照非机械方式活动的与众不同的"以太"(诸如电或磁就是非机械性的无重量的流体)。如果可能的话,我们可以尝试用实验的方法阐明非机械性运动及其相互作用的定律。在18世纪,大量成功的研究都利用了这些自然哲学的线索,例如,18世纪后期电学知识的广泛发展。

第21章、第22章思考题

1. 我们是否应该遵循库恩的思想路线,认为亚里士多德、开普勒、笛卡儿和牛顿并不是在研究同一个问题(事实)? 这样他们给出的答案就难以在"真理度"上加以比较。

2. 引力定律是牛顿发现的还是牛顿建构的? 牛顿是否对许多重要事实进行了简单归纳,抑或重新表述了早已存在的引力观念及其问题? 引力是一个等待着人们去发现的事实,还是牛顿及17世纪特有的思想建构?(若要回答这个问题,就要先回顾一下我们对科学发现的本质的研究,正如我们研究科学发现的本质时要先回顾开普勒的工作一样。)

3. 牛顿是不是机械论哲学家? 如何概括牛顿自成一体的自然哲学?

阅读文献

T. S. Kuhn, *The Copernican Revolution*, 243—265.

B. Easlea, *Witch-Hunting, Magic and the New Philosophy*, 154—164, 168—171, 180—187.

P. Dear, *Revolutionizing the Sciences*, 158—167.

R. Westfall, *The Construction of Modern Science*, 139—159.

理解科学史的关键何在

◆ 第23章

科学史的老生常谈（一）：内史论

1. 第七篇导言：编史学及其重要性

第七篇是本书的结尾，共有5章，所讨论的内容是编史学，即对史学家在研究工作（描述、叙事、解释）中所用的假设和理论进行分析和讨论。任何一种历史讨论都隐含着一些解释性的理论。在编史学中，我们把这些解释性的理论拿出来，对之加以批判性考察，以便能更好地评价它们。因此，科学编史学就是对科学史家所作假设的分析。

在本章和下一章，我们首先对流行于20世纪的科学编史学中的两个主要传统或学派的思想进行讨论。它们就是所谓的内史论或内史论者的科学史以及外史论或外史论者的科学史。16世纪和17世纪时期，天文学和自然哲学共同体是社会的、政治的和制度的亚文化团体，我们将会发现，无论是内史论者还是外史论者，都无法对这一时期的天文学和自然哲学共同体给出令人满意的解释。在第25章中，我们将会具体讨论外史论最重要的版本之一，科学社会学家默顿有关"新教伦理与近代科学的兴起"的研究。在第26章中，我们将认识到，本书贯穿始终的观点已经对内史论者/外史论者之间的论战作出了新的回应。论战双方都没有能够形成这样一种观点：科学的"内部"是一个社交点，是一种亚文化，在其中人们可以开展微观政治及对事实–理论主张的建构、协商和解构。只有认识到了这一点,我们才能在第27章中理解这一"后库恩主义"观点的重要性,并且理解作为科学革命中的社会和思想竞技场的"自然哲学"。最终,我们将得出作为一个整体的科学革命过程的大致图景,即对这一段科学史进行新的叙述和解释。

大家知道,我们已经在本书中讨论了几种编史学观点,例如:[1]波普尔通过他的方法模型告诉我们什么是科学;[2]库恩的观点是一种编史学的观点或模型,这种观点认为,一般来说任何一门科学都要遵从其模型所规定的变化模式。综观之,我们不可能对科学革命问题进行完全中立的描述,相反,我们会得到各种编史学方法的解释和说明——当然,所有这些都已受到了我们个人的编史学概念和实践的影响!

关于科学编史学,学术界有很多争论。在过去的200年中,科学已经变成了一种非常重要的社会建制。无论在什么地方,社会上都存在一种权威性建制,因而从政治角度看,声称这个"建制"是什么、像什么以及是干什么的就变得非常重要。以天主教会为例。我们知道,在中世纪的欧洲,天主教会是最具权威性的建制,因而在自然史和教会组织方面的专家就是欧洲社会中最重要的人。诸如教皇这类人,拥有至高无上的社会权力,可权威地声称什么是基督教,以及应该如何管理它。

无论何时,若一种建制具有权威性,那么决定由谁来说出关于这个建制的事实就变得很重要。例如,在16世纪,教皇和天主教徒受到了来自路德和加尔文这样的新教徒的挑战。它不同于人们对自由意志以及耶稣是否真的存在于圣餐之中的争论,实际上它是一种对宗教权威的斗争。这是一个高度关注宗教信仰的社会。教皇、路德和加尔文所争论的焦点实际上是,谁有权力以真正的基督教的名义说话。在欧洲中世纪和文艺复兴时期,为基督教代言是最有力且最有效的权力形式。

同样,在今天,科学是我们社会中一个非常重要的建制,因此,我们所要做的斗争就是如何能够说,"我知道什么是科学,但是你不知道",

或者"我知道科学的过程,但是你不知道",等等。要定义科学的本质以及理解它的来龙去脉,并不仅仅是一个抽象的学术游戏。说服人们接受你对何谓科学的判断已经成为现代文化中最重要的事情之一。如果你能够使许多人相信你对科学的判断是对的,那么你就能够在我们的文化中拥有特殊的权势和特权。

这种斗争始于18世纪的欧洲启蒙运动时期,那时出现了一种持续不断的思潮,这种思潮基于这样一种乐观判断:牛顿的科学时代已经到来,并且开始发挥解释效力,承诺给人以统治自然的力量。这种思潮把科学,特别是牛顿式的科学,与社会-政治变革及人类进步联系起来。这种新的"启蒙"世界观认为,所有的变革都是以新科学为模型的并且新科学是所有的变革扩大其权力的源泉。持这种观点的人认为,科学是主要的,而宗教是次要的。这种思潮一直持续到19世纪。当时,如果你反对这种科学观,那么这就意味着,你将自己置身于中产阶级自由主义者的政治权利中,以及某种反对改革的境地之中,因为科学被看作"进步的"东西。任何一个具有这种信念的人通常会认为,他们的观点与科学的"合理性""客观性"以及科学的"进步"本质和动力是一脉相承的。

自20世纪后期起,这种关于谁能够为各种具体科学代言的斗争变得越来越是个问题了。持有各种不同观点的人开始为科学、医学、技术或者环境担忧。科学是什么以及科学是干什么的这样的问题变得更加成问题了,因为很多人不相信18世纪和19世纪关于科学的定义。有的人认为,科学已经成了问题,因为它所制造的问题和它解决的问题一样多。人们不再简单地认为科学是好的、客观的、理性的和中立的。在某种程度上,现在的争议是关于科学和技术的本质的争议,还有部分争议是关于进步的意义或可能性的争议。人们都在致力于以科学权威的名义发表观点,并且也在越来越多地争论科学权威的局限性应该是什么。

2. 内史论和外史论概述

从根本上说,科学编史学关注的也是何谓科学和如何理解科学等同样的问题和争论,并且被同样的关注所推动。传统的观点(即内史论和外史论)已不再被科学史家认为是重要的观点了。这些观点已经过时了。但是这些观点仍存在于更广阔的社会中,特别是媒体、公共文化以及政策制定者和政治家的头脑中。这些内史论/外史论的观点仍然在被不加批判地重复与重新利用。

这两种观点有两个共同之处(图23.1a)。它们都假设科学具有某种"内部"——一个技术的、思想的内部。他们认为科学的"内部"仅仅是由思想内容构成的,这些思想内容即与社会和经济因素无关的观念、概念、理论和方法。并且,两种观点都假设,科学总是在某种社会、政治和经济环境中产生,即在某种"外部"中产生。即便是最极端的内史论也无法否认,在任何时间和地点,科学都是在更广阔的环境之中被人们研究的。(请注意,我们在这种关于内史论和外史论的讨论中提到了"科学",尽管我们已经从库恩那里得知,"科学"这个抽象的名词并不与任

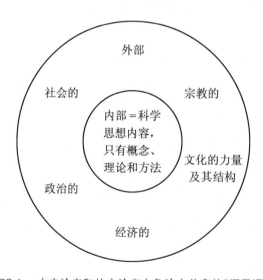

图23.1a 内史论者和外史论者在争论中共享的"深层语法"

何一种具体科学的实际内容相对应。我们将在后面解决这个问题,即在我们了解了如何超越内史论者和外史论者之间的论战的时候。)

不管怎样,内史论和外史论可追溯到共同的假设,即共同的框架或者说共同的分析语法,但此后双方就向着完全不同的方向发展了:内史论者认为,**只有着眼于科学内部的思想内容才能理解科学史**(图 23.1b)。他们认为科学的思想内容是按照它自身的内部逻辑和内部动力发展的。对内史论者来说,研究科学

图 23.1b 内史论者:除非外部因素已成障碍,否则科学与外部无关

的社会、政治和经济内容并不重要或者没有必要,因为这些内容并不能给予我们关于科学内部发展的启示。外史论者(图 23.1c)同意科学是思想成果的集合,但是同时也认为,如果我们**不通过科学扎根于其中的社会、经济和政治力量来不断地解释科学内部的思想内容**,那么我们就无法理解科学史。因此,双方都承认科学有一个思想性的"内部",但在"内部"思想如何获得的问题上,两者持有截然相反的观点。

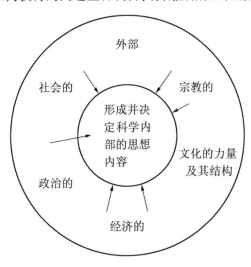

图 23.1c 外史论者的观点

我们认为,由于政治上和意识形态上的原因,这两种观点共存于20世纪的科学史中。20世纪典型的外史论者(有一个除外)就是各种各样的马克思主义者:如斯大林主义者,或中产阶级的西方马克思主义者[如贝尔纳(J. D. Bernal)],以及其他人。另一方面,在20世纪30年代至50年代发展起来的内史论,因为不想向马克思主义的科学史观让步而走到了一起。内史论者内部也存在分歧,但是他们都认为外史论者关于科学史的观点是错的。尽管柯瓦雷(Alexandre Koyré)和贝尔纳的著作没有提及这一当代政治生活中的次要问题,但是这一问题却一直存在。

3. 柯瓦雷:内史论之王(断裂者)

柯瓦雷是最著名的科学内史论者,1964年去世。比柯瓦雷年轻一辈的库恩认为,柯瓦雷是科学编史学上的英雄和楷模。柯瓦雷是一名犹太-俄罗斯流亡者,也是一名反对苏联、反对马克思主义的"白俄罗斯人"。和波普尔一样,他在很早的时候就正确地指出,我们关于事实的知觉和描述有赖于我们的先验概念框架。柯瓦雷还认为,不存在可以用来产生科学的唯一的、可转换的、有效的方法。所以他是首批持有这种观点的人之一,在本书中我们也认同这一观点。他还认为,每一种科学理论都是扎根于一系列使得该理论得以形成的更深层次的假设之中的。这一系列深层背景假设就是该理论的形而上学背景。这种观点是由柯瓦雷等人提出的,它对本书的研究非常重要。我赞同柯瓦雷的上述观点,并且我们在本书中也接触了一些柯瓦雷的思想,但是这并不意味着我认同他的一切思想。

柯瓦雷想要提出一种编史学,用以叙述近代科学在17世纪是如何兴起的。用两句话即可概括柯瓦雷所叙述的故事:近代科学(在这里他指的是哥白尼、开普勒、牛顿的工作)的发展并非以某种方法的发现为基础。近代科学的基础是,所有参与其中的科学家突然采用的一种全新的、不同以往的形而上学背景。那么,这种"形而上学"又是什么呢?它相信自然从根本上说是数学的、可计量的。这种观念具体体现在我所说的科学革命中的柏拉图主义和新柏拉图主义之中。柯瓦雷的研究始终伴随着这样一种观念:近代科学有且仅有一种形而上学,这其实是一种打了折扣的柏拉图主义。柯瓦雷常常写道,我们不能成为辉格主义者,但我觉得,柯瓦雷可能没有意识到,他本人就是一名辉格主义者。柯瓦雷声称,亚里士多德不是无知,而是持有了错误的形而上学。我们不可能用亚里士多德的形而上学来发展近代科学,因为这是一种"错误的"形而上学。哥白尼、伽利略、开普勒、牛顿,他们碰巧找到了"正确的"形而上学且发展了自己的学说。因而,柯瓦雷就好像是一个形而上学的辉格史学家! 我认为很难说一种形而上学优于另一种形而上学。

这是我部分认同柯瓦雷的地方之一(图23.2)。作为柯瓦雷的追随者,库恩显然认为,在每一门科学的历史中,每一个不同的范式都有各自独特的形而上学基础——这些形而上学并非都是自以为"正确"但并不严格的柏拉图主义!

内部:
好的形而上学
↓
科学的发展

图23.2　柯瓦雷的内史论

还请注意,柯瓦雷所说的科学史是一种变革和断裂的历史,不是一种进化和连续的历史。他之所以这样认为,是因为在16世纪和17世纪突然发生了一场革命性的变革,当时,少数科学家开始在这个截然不同的形而上学框架中工作,促成了物理学和天文学新理论的发展。柯瓦雷不想通过社会、政治、经济或宗教等外部因素来解释这种变革,因为他认为这些因素并不重要。显然他认为,所有这样的解释将会支持马克思主义的观点,而这正是他想要完全避免的。

可是,并不是所有的内史论者都赞同柯瓦雷的观点(还有其他的事业可以开创,其他的声望可以获得)。如果能够为内史论确立一种新主张,那为何还要认同柯瓦雷的观点呢?

4. 连续性内史论——科学方法的积累:兰德尔和克龙比

接下来让我们考察内史论的另一种版本,以证明不同版本的内史论是有可能存在的。这种版本的内史论者仍然坚定地反对外史论和马克思主义。这种内史论来源于20世纪中期的几位大师,如美国哥伦比亚大学的哲学史学家兰德尔(John Herman Randall)和在牛津大学工作了40余年的澳大利亚学者克龙比(A. C. Crombie)。克龙比和兰德尔提出了一种内史论,认为科学的关键不是形而上学而是"科学方法"。(这是不是听上去有些耳熟? 是不是也有些可疑——这正是本书当下的看法!)这些学者认为科学的本质就是"方法"。在他们看来,方法这个概念可以追溯到亚里士多德,在中世纪大学的学者那里得到进一步发展,然后经过不断地提炼和讨论,到了17世纪伽利略、牛顿等人那里,科学方法终于大功告成。打个比方,科学方法是一个烘焙了很久的蛋糕。在17世纪的时候,人们为这块蛋糕加了一层酥皮。这层"酥皮"是由实验和数学构成的,而总的来说科学方法这块蛋糕已经被慢慢"烘焙"了2000多年。显然,这种说法表明,科学史是一个缓慢的、连续的发展史,并且这种说法极大地安慰了那些天主教内史论者和那些受到伽利略事件影响的人,他们想要恢复中世纪和天主教会在缓慢的科学发展史中的重要地位。(图23.3)

图23.3 克龙比和兰德尔:连续性内史论以及中世纪的重要性

我们可以用一张图来表示柯瓦雷、库恩、兰德尔、克龙比等人及他们的编史学观点(图23.4)。一条轴表示内史论和外史论这两种基本进

路,另一条轴表示对科学变化进程中的革命和进化的选择。柯瓦雷应
当被放在强调革命的内史论的象限中,兰德尔和克龙比应当被放在强
调进化的内史论的象限中。波普尔和库恩或许应该和柯瓦雷一起,被
放在"革命-内史论"的象限中。波普尔或许算是一个另类的"革命-方
法-内史论者",相对于兰德尔和克龙比,他在不同的方向上使用了科学
方法,并同库恩、柯瓦雷一样相信科学革命。大致来说,库恩也是一名
支持革命的内史论者。但是,我们知道库恩的观点要更加复杂一些。
在我们后面的总结性章节中,我们将会发现,作为对整个结构的一个超
越,库恩的观点是可以被精炼和修正的。

	内史论者	外史论者
革命和断裂	柯瓦雷 库恩 波普尔	贝尔纳 黑森
进化和连续	克龙比 兰德尔	？？？

图23.4

我们可以预见到外史论者将会在何处终结。大体上说,他们是马
克思主义者,所以他们叙述的故事将会是:近代科学是中世纪封建主义
向早期资本主义世界转换的产物。因此,近代科学是一个由16世纪和
17世纪欧洲的社会和经济变革所引发的,发生在一个突然的革命断裂
时期的新近发明。所以,外史论者应当属于强调革命和外史论的象限。
是否存在或者是否可能存在强调进化的外史论者? 这是一个很好的问
题,或许我们最终会形成这种观点,但肯定是以一种慎重的、受内史论

者影响的方式,通过发展上文提到的被修正过及被精炼过的后库恩主义进路而得出的观点。

阅读文献

J. A. Schuster, "The Scientific Revolution", in R. Olby *et al.* (eds.), *The Companion to the History of Modern Science*, 217—224 only.

J. A. Schuster, "Internalist and Externalist Explanations of the Scientific Revolution", in W. Applebaum (ed.), *Encyclopedia of the Scientific Revolution* [Garland, NY, 2001], 334—336.

A. Koyré, "The Significance of the Newtonian Synthesis", in G. Basalla (ed.), *The Rise of Modern Science*.

◇ 第24章

科学史的老生常谈(二):外史论

1. 外史论者的主要观点

回顾以往的讨论,无论是柯瓦雷还是兰德尔或是克龙比,内史论者都认为科学有一个受特权保护的、自治的内部。**除了一种"不利的"境况可能会打断或阻碍科学的发展之外**,科学的思想性内容、理论、观念、方法**都是通过自己的逻辑**发展、改变以及进化的,**不会受到任何社会、政治、经济因素的影响**。但对于什么是"科学的内部",不同的内史论者有着不同的理解。对柯瓦雷来说,科学的内部是恰当的概念背景和恰当的形而上学。只有在这些得以确立之后,科学才能在这个框架中发展。对兰德尔和克龙比来说,"科学的内部"即"科学方法",这种科学方法一旦发展,就会产生科学。所以,尽管内史论者在科学的内部是什么的问题上存在分歧,但是他们都认为科学有一个受到保护的思想性内部。对于20世纪30年代和40年代所谓的"外史论者的科学编史学"的挑战,大多数内史论者都给予了回应并对其感到害怕。外史论有许多版本,但是最主要的且最有挑战性的版本是由马克思主义科学史家,特别是黑森(Boris Hessen)和贝尔纳,在20世纪20年代和30年代提出的。

马克思主义外史论者的基本观点认为,近代西方科学是资本主义的产物。近代科学始于早期商业资本主义经济的出现及其与中世纪封建经济的对抗时期。因此,近代科学是在历史的长河中伴随着资本主义的出现而突然产生的。这意味着外史论相信并传授一种科学的革命观点。科学是在16世纪和17世纪突然出现的。回顾一下内史论者,柯瓦雷认为形而上学背景的突然出现或断裂使科学得以突然地发展。克龙比和兰德尔则认为历史的发展是连续的、平稳的和缓慢的,强调中世纪大学和天主教经院哲学家的作用。外史论者持相反的观点,因为资本主义是一种全新的社会和经济形式;中世纪并无资本主义,资本主义直到早期近代时期才出现,故而科学是近代的,因为它是早期近代资本主义的产物。让我们来仔细考察一种经典的马克思主义外史论观点。

2. 贝尔纳的4卷本著作《历史上的科学》(*Science in History*)——西方马克思主义外史论

贝尔纳是一个非常杰出的科学知识分子团体中的一员。他是一位著名的科学家和马克思主义者,一位20世纪30年代至50年代极其重要的知识分子。他是英国科学家团体的成员,在大萧条时期的经济危机中和反对纳粹德国的战争中转向了马克思主义的政治方向。贝尔纳这位杰出的专业科学家,从马克思主义的视角自学了科学史,并从马克思主义的角度撰写了4卷本的科学史教材——《历史上的科学》。几十年来,该书的平装本一直是讲英语的国度中最畅销的科学史教材。

根据贝尔纳和马克思主义学派其他学者的观点,16世纪和17世纪商业(不是工业)资本主义的出现,跨国贸易、国际银行业务的剧增,以及殖民地资本主义和帝国主义战争的出现,导致这种资本主义在技术和实践方面面临着一系列困难、问题和困惑。一旦商业的贸易经济得到膨胀,那么各种技术和实践的瓶颈及难题也会随之出现:我们现在把这些问题视为应用科学和技术的问题。科学(也就是近代科学)是回答并解决那些由商业资本主义的早期发展而带来的实践和技术问题的尝试的产物。科学作为以一种系统的、协调的方式来解决这些在商业资本主义经济中出现的实践问题的尝试而发展壮大。

贝尔纳等人能够指出很多对 16 世纪和 17 世纪的技术和工艺提出问题的发展领域，如采矿、战争、航海和化学。以采矿为例，我们会遇到如何让采矿规模更大、开采更深、产量更高等问题；如何从矿藏中获取利益；以及所有冶金学方面的问题。或者，考虑如何铸造体积足够大、威力足够强的大炮；或者航海、制图、造船等方面的问题。如果想从海路走向世界，或想操控及发展航运事业和海军舰队，我们就必须解决以下这些领域中的实际问题：战争、防御工事、弹道学和火药，以及枪炮和战舰的改良等实践的或"应用科学"的问题。（当然，参战的资本主义者并不多，但是支持资本主义者的国家却很多。）

贝尔纳认为，在当时显然亚里士多德自然哲学依然存在，这种自然哲学起源于希腊，在中世纪被基督教化，并且在大学中被制度化，无法提出、更不用说解决这些各种各样的应用科学和技术的问题。正如我们所知，希腊和中世纪自然哲学被数学化、实践化或实验化的程度都不高。事实上，亚里士多德自然哲学的最重要的价值和制度动力是对社会精英在道德和宗教方面的教化，而非提出和解决实际问题。

在这一点上，贝尔纳意识到了一个困难。如果你仔细考察就会发现，科学革命的主要发展，例如哥白尼天文学、牛顿物理学、哈维（Harvey）的血液循环、显微镜或望远镜的发展，或者微积分的发展，似乎并不是由解决技术问题的目标所推动的，并且它们对这些实际问题似乎也无能为力。它们是 17 世纪的科学进入实践领域的派生产品，但也只是派生产品而已。这从我们对开普勒、哥白尼和牛顿的研究就可以知道，他们从一开始就没有认真解决过如何制造一门更有威力的大炮或者如何建造一艘永不沉没的战舰等问题。他们研究的是天文学、抽象物理学和自然哲学的问题。这些问题似乎并不关注贝尔纳想要强调的问题。贝尔纳知道这一点，并在他的编史学理论中提出了两条进路来解释这些难题和异常。

贝尔纳的第一条论证进路认为，事情不会在一夜之间突然改变。17世纪的思想家仍旧关心自然哲学和宗教问题。这就解释了为什么他们显然不是工程师或技术人员。还有一点同样重要，贝尔纳发现当时的科学家不注重技术应用是因为另有隐情：对17世纪的科学来说真正至关重要的事是科学方法的发明。当时的科学家对科学方法的创造的兴趣，超过他们对宗教和自然哲学的挥之不去的兴趣，以及他们对技术的刚刚萌发的兴趣。这种来自资本主义的推动力所产生的实际成果即：科学的数学实验方法。并且，值得注意的是，科学方法在16世纪和17世纪并没有产生很多技术成果，而是从18世纪后期开始一直到19世纪和20世纪才产生那些技术成果。由此，贝尔纳解释说，这是由于科学方法所造成的时滞效应。显然，贝尔纳认为，技术是科学通过科学方法而得到的产物！

3. 苏联的外史论：黑森对内史论者的震撼［1931年］

贝尔纳的思想来自黑森，黑森作为一名学者的重要性在于，他首次将科学史的马克思主义方法系统化了［尽管这种方法在马克思（Marx）和恩格斯（Engels）那里尚不明显］。黑森，俄国知识分子和物理学家，早期苏联思想界的主要人物，在20世纪30年代的斯大林"大清洗"中被杀。1931年，苏联首次派出代表团，参加了每4年举行一次的国际科学史会议。这个代表团由著名的苏联哲学家、政治家布哈林（Bukharin）领队，他也在20世纪30年代被杀，黑森是这个代表团中的一员。作为新兴的新的社会主义世界秩序的代表，他们是乘飞机去的，在1931年，飞机是最时髦和最激动人心的交通工具。这些人参加这次大会是为了向那些行将过时的资产阶级理想主义者(即内史论者)传达马克思主义科学史观。黑森提交了科学史学科历史上最负盛名的会议论文——《牛顿〈原理〉的社会和经济根源》(The Social and Economic Roots of Newton's *Principia*)。他的论文对柯瓦雷和他的导师等人造成了困扰,因为尽管黑森的论点运用于牛顿思想时很容易被人们摒弃,但是马克思主义外史论者的基本论题却极有可能是对内史论者真正的挑战。

黑森以牛顿为例来论证他的论题。牛顿一生都是大学教授,他因在数学和物理学理论上登峰造极的成就而闻名,并且对"后机械论者"的新柏拉图主义自然哲学有着浓厚的兴趣。问题在于,如果你能把牛顿变成一个应用技术专家、一个为新兴的资本主义中产阶级服务的人,那么你就可以提出马克思主义外史论者的极其强有力的论据了。黑森考察了我们所提到的关于贝尔纳对早期商业资本主义普遍本质以及它所带来的问题的所有论据。然后黑森专心研究牛顿的《原理》,他之所以这么做是因为,《原理》是物理学和力学的第一个系统的基本理论,牛顿定律在1931年乃至今天依然被工程师、应用物理学家和应用数学家所用。

黑森通过对《原理》做文本解构来进行论证。他的论证是这样的,如果《原理》的内容是关于物理学的,并且如果商业资本主义的很多问题在本质上是应用物理学(弹道学、造船、流体力学、采矿)的问题,那么事实上,牛顿的《原理》就应该是对这些问题作出的回答。在一种非常宽泛的意义上这是正确的,因为这些应用问题的解决确实取决于力学。但是,黑森似乎混淆了牛顿在《原理》一书中的观点及其17世纪读者的观点。(他对《原理》的解读是辉格式的!)牛顿的《原理》显然不是应用物理学的教科书,因为它并不讨论采矿、发射大炮或造船问题。《原理》告诉我们的是普遍的运动定律,是如何用开普勒定律、力学和万有引力解决天体力学和天文学的问题。黑森认为牛顿的《原理》就是解决实际问题的,因为它的内容是关于物理学的。在黑森看来,牛顿的《原理》从广义来说就是并且实际上就是对因商业资本主义的出现所带来的各种问题的终极回答。通过用这种方法解读牛顿的《原理》,黑森试图以此支撑他的更为一般的外史论观点。

如果仅就《原理》本身而言,我们很容易驳倒黑森的论证,因为《原理》的内容似乎并不是关于技术的目的的。但是,这并不是说这些论证不能用来说明16世纪和17世纪的社会和经济变革对科学革命的方向和内容所产生的影响。黑森轻而易举地转换了有关牛顿的论题,但是却不容易转换内史论者所提出的普遍性问题。牛顿的《原理》可能并不以黑森所说的方式发挥作用,但是可以确定的是,如果回到16世纪,我们会看到欧洲实用工艺和技术(如航海、冶金、战争、绘图,当然还有美艺术)所取得的巨大进步。培根和笛卡儿等知识分子已经注意到了科学的应用问题,他们的自然哲学包含科学的实用价值,支持实验、检验、控制自然,以及对来自人类实践领域的信息的利用。这就为实用技术和工艺的变革以及它们地位的提高在精英自然哲学的世界被承认提供了一条途径。这些精辟的观点在过去二三十年中变得重要起来。如果回顾20世纪50年代和60年代内史论者和外史论者之间最初的争论,就会发现黑森的文章受到了贝尔纳等人的支持,并且被确立为外史论者的典范,成为20世纪40年代和50年代思想舞台上实实在在的竞争者。

4. 超越内史论者/外史论者的困境

内史论和外史论这两种观点现在都已过时。所以在这场争论中到底完全支持哪一方已没什么意义。但是,我们必须了解这场争论,因为通过解构与剖析,我们可以从旁观者的角度,从解释科学史的更加广阔的视角来审视这场争论。这场争论直到最近(近三四十年)才开始被人们理解,就好像我们刚刚从内史论和外史论中解放出来一样。走向智慧("智慧"理解为超越对抗的观点)的第一步,就是要认识到内史论者及外史论者的局限性,找到那些使他们卷入这场永无休止的论战的共同的基本假设。让我们简要回顾一下这两种科学史观。

最重要的一个基本假设就是,论战双方都认同存在着某种独一无二的"科学"。这种科学是一个具有特殊本质的统一体,但对其本质的判定是可以讨论的。同样,我们可以对这种"科学"进行解释——尽管内史论者和外史论者所作出的解释并不相同,但是他们都认同解释的对象就是这种"科学"。内史论者认为科学的内部是不言自明的:科学的内容,特别是科学的认知内容是与内部的逻辑一起进化的。外史论者也认同科学具有某种本质,且这种本质是由科学的观念和方法所构成的,但是这种内部的本质却不能自我说明;科学内部的思想内容总是通过外在的或外部的因素来解释的。外史论者和内史论者达成的另一个共识就是,科学具有"内部"。当内史论者和外史论者想到科学的时候,他们想到的都只是科学的思想内容:一系列观念、方法和概念。

上述两个假设,就是内史论者和外史论者的共识。他们可以在这些共识的基础之上,就内部解释还是外部解释争论不休。照我看,我们已经在本书中接触到两种观点,这两种观点已经开始把这种内史论与外史论之间的对抗"拆卸"开来,或者也可以说开始"解构"这种对抗。

第一个观点来自库恩,即关于不存在独一无二的"科学"的观点。这种观点太大且太笼统了,以至于不能将它作为现实的历史实体加以应用。如果我们问:"科学来自哪里?"库恩式的(也是我的)回答是:"我们谈论的是哪一种科学或科学团体呢? 是哪个时期的科学? 指的是科学历史和发展中的哪个阶段"? 可以说,这种"科学"几乎是一个修辞语,因为它满足了那些想要说"科学是方法",或者"资本主义首创了科学",或者"科学是自我进化的"等诸如此类的简单陈述句的人的需要。

我们无法检验这种"科学"的技术性内部,因为它没有单纯的内部。正如库恩所指出的,在任一给定的时间点存在着许多不同的具体科学和研究传统,因而为了对外部的社会或经济因素进行评价,我们必须搞清楚我们谈论的是"哪门科学"？天文学、化学还是几何学？是哪个时期的科学？这种科学和其他科学有什么关系？我们必须认真考虑历史的细节。

另一个观点也源自库恩的思想,在本书中我已经对它进行了更加明确的表述:如果我们想要讨论一门"科学"(例如17世纪的天文学)的"内部",我们是否只要对那些观念和理论,即当时该科学所呈现出来的思想内容进行探讨就可以了呢？同库恩一样,我的回答是否定的。如果我们想要讨论一门科学的内部,我们就必须讨论这门科学的支持者、他们之间的关系以及这门科学的制度性建构。

5. 用库恩超越内史论和外史论的观点解释第谷的科学思想

例如,第谷既不像内史论者描述的那样,也不像外史论者描述的那样,我们把他当作一位睿智的协商者。第谷并不是一台处理那些与除了观念和思想之外的一切相隔离的观念的机器。这样看待第谷是不合理的,但是柯瓦雷和克龙比会这样看待他。在他们看来,第谷这个人好像就是一个只生产观念的空壳,而不是一个凭借自身科学专长存在于真实的社会和制度背景中的"真正的"人。

但是,黑森和贝尔纳所描述的第谷也不值得我们相信。第谷并没有同鲁道夫二世协商西班牙和奥地利天主教帝国的实际问题。第谷既不是只有观念而没有肉身的人,也不是一台解决当时的资本家和统治者实际问题的机器。他是一位与当时的其他职业(或者非职业但却受过教育的)天文学家一起写作、探讨甚至相互排挤的天文学家。第谷学说的间接读者大部分是受过教育的大众,但是他的主要读者是欧洲那些打算同意或反对其理论的20到50位职业天文学家。

在社会系统或称之为天文学的亚文化中,第谷与他的同行们相互影响。这里的社会系统并不是16世纪90年代西欧的整个社会系统,而是一个由天文学领域的专家所组成的社会亚系统、亚文化或共同体,当然它属于更大的社会,但它是一个亚文化(共同体)。我前面所说的"与同行相互影响"或许有些言不及义:就像当时社会的其他亚共同体一样,第谷所在的亚文化并不是民主政治。有些人有权有势,有些人则收入仅敷支出;有些人有靠山,有些人则没有;有些人可以凭借资源口出狂言,有些人则不可以这样。每个人在那样一个专家亚文化结构中都有自己的社会地位及政治地位。或许本书想要强调的是,科学事实和主张是在这样的小共同体的社会和政治结构中并通过这样的结构被接受或拒绝、协商的(图24.1)。

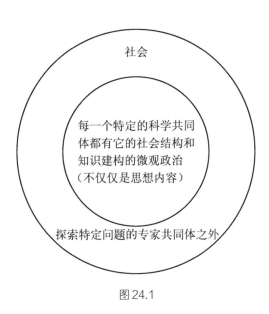

图24.1

在传统的内史论或外史论中可没有这样的分析或论证。在它们的论证中没有将16世纪的天文学共同体当作一个社会的、政治的、制度的亚文化来看待。它们所呈现的是一种只有"思想内容"的"科学"。这就是使内史论者和外史论者的争论分崩离析的原因:相信存在一种独一无二的科学,相信科学的内部只具有思想性的内容。

真正的问题在于,指出**每一门具体科学的"小的"思想和社会–政治领域**的进展,以及它们是如何受"较大的"社会–经济–政治领域影响的。我们不应该陷入内史论和外史论业已形成的争论格局。我们所强调的这种观点正是我们已经谈到过的或暗示过的贯穿全书的观点,但是现在,这种观点理应呈现出新的共鸣,即针对这场事实上存在但却在本质上微不足道的内外史论者的争论的背景的共鸣。内史论和外史论双方都不具有这样的观点:某种科学(不是指那种独一无二的科学——还记得库恩说的吗)的"内部"是微观政治以及事实和理论主张得以建构、协商和解构的某种社会场域(social site)、某种亚文化。

在本书的最后两章中,我们必须明晰这种后库恩主义观点所产生的影响,同时弄清楚"自然哲学"作为科学革命中继续争论的领域的因素。但是在考察"内史论者–外史论者"的过时的争论时,我们首先还需要进行另一项工作。我们必须研究最为复杂的(非马克思主义的)外史论者默顿的编史学观点,或许在内史论者和外史论者的所有争论中,这可能是最具影响力的编史学观点了。

第23章、第24章思考题

1. 描述内史论者的科学史的主要特征(以柯瓦雷为例)。

2. 描述外史论者的科学史的主要特征(以黑森为例)。

3. 尽管内史论者和外史论者相互对立,但它们的科学史所共同具有的特征是什么?

阅读文献

J. A. Schuster, "The Scientific Revolution", in R. Olby *et al.* (eds.), *The Companion to the History of Modern Science*, 217—224 only.

J. A. Schuster, "Internalist and Externalist Explanations of the Scientific Revolution", in W. Applebaum (ed.), *Encyclopedia of the Scientific Revolution* [Garland, NY, 2001], 334—336.

B. Barnes, *Scientific Knowledge and Sociological Theory*, Ch. 5, 99—124, "Internal and External Factors in the History of Science".

B. Hessen, "The Social and Economic Roots of Newton's Principia", reprinted in G. Basalla (ed.), *The Rise of Modern Science*, 31—38.

◇ 第25章

默顿的科学社会学:培根主义,清教与科学,外史论的一种复杂形式

1. 导言:结识默顿——科学社会学的创始人

1938年,默顿在他很有影响的哈佛大学博士论文《17世纪英国的科学、技术和社会》(Science, Technology and Society in Seventeenth Century England,平装本于1970年年底再版)中首次提出了内史论者/外史论者问题。后来他的观点随着相关理论的进一步发展在新案例和修订案例的研究中进一步完善。他致力于将科学当作一种社会制度来研究,并将对科学共同体以及科学制度的研究界定为外史论者的任务:首先,因为他避免触及科学"内部"的技术性和思想性内容;其次,因为他试图寻找他所宣称的科学健康发展所必需的社会规范。

默顿对于近代科学在17世纪的英国兴起的历史态度成了外史论者进行分析的最好例子。他试图确定影响近代科学发展的重要社会条件,尤其是清教(Puritanism)以及清教徒"理念"(ethos)的重要作用,这些社会条件反过来促进了当时的社会价值观,默顿认为这种价值观在当时对于近代科学的创立是必不可少的。

至于科学的"内部",默顿将其确定为一个纯粹的思想领域,这种思想领域是由一种普遍的科学方法的存在所界定的,这种方法来自"理性主义"和"经验主义"经综合平衡而成的"技术规范"。因此,科学的内部

与外部之间的界限,就再次被定义为思想因素和社会因素的界限。

尽管如此,根据最近学者的研究,默顿思想的重要意义远远超出了建立新型外史论的范围。默顿是在更深的层面上界定可以跨越科学的外部"社会"领域和内部"思想"领域之间的界限的交通要道。默顿愿意承认内部和外部因素在科学史上都发挥着作用。他甚至部分地认同马克思主义者的挑战,用论文的一半篇幅论述了对17世纪英国的科学成就的技术和经济刺激问题。

因此,默顿所用的方法是外史论者的,但不是马克思主义者的。他为欧洲科学的兴起提供了一个社会学的解释,这种解释基于某些广泛的社会因素——新教(Protestantism)所提倡的态度、价值观和规范,这些因素对近代科学的社会建制的形成至关重要。在研究过程中,默顿发展了20世纪早期伟大的德国社会学家韦伯(Max Weber)所提出的思想观念。韦伯认为,不同的宗教体系加强特定的社会和思想观点,这些观点反过来塑造并引导社会行为。这正是韦伯平衡马克思主义在新教与资本主义兴起的关系上的问题的尝试。马克思主义看到了后者(资本主义的兴起)对前者(新教)的作用,韦伯并不否认这一点,但他认为资本主义和新教之间的因果关系是相互的:新教通过它所支持的社会价值观也促进了资本主义的发展。与此类似,现在默顿所研究的是科学和资本主义之间的关系。正如我们所看到的,马克思主义外史论者都强调后者(资本主义)对前者(科学)的推动作用。正如韦伯所论证的那样,默顿指出"新教的理念"也塑造并规范了近代科学。

2. 理论背景:美国功能主义社会学

默顿并不仅仅追随韦伯。他受教于伟大的哈佛大学社会学系并受惠于那里的一些理论家。其中一位有必要在这里特别提到,即帕森斯(Talcott Parsons),他是创建美式风格的功能主义社会学的关键人物。

若不了解帕森斯及其功能主义社会学,就无法解读默顿。

对于默顿(还有帕森斯及其追随者)来说,社会是社会建制的整体网络。"社会建制"意味着社会结构的大型网络,并不是指某个具体的机构或某个特定的组织。社会中的社会建制的例子是:科学,经济,医药和健康,军事,警察,各行各业以及教育。各种社会建制依其在大型社会系统中所具有的功能而得到界定。(就像生物有机体的各个器官一样。)当各种社会建制都能正常执行其功能的时候,这种社会系统就可能被视为一个平衡和健康的模式。而社会建制出现功能障碍,或者诸种功能之间出现功能失调时,"社会问题"就出现了,而针对这些社会问题的解决方案则依赖于重建各种社会建制的功能并使其平衡以实现社会良好运行。这种社会学缺乏一种历史及历史进程感,没有意识到各种建制和历史变动中必然充满了困境、紧张或者矛盾。

在功能主义社会学中,每种主要类型的社会建制在社会系统中的功能是由社会规范所决定的,这种社会规范是恰当的行为和活动的指南,这些行为和活动被社会化成某种角色,因为它们为了自己在社会建制中的"角色"而受到训练和教化。这些规范通过人们在其社会建制中的社会角色而内化,使得那些社会建制可以正常运转,在社会中各司其职。社会规范被内化为一个充分社会化的角色的意识、行为,以及自我意象。这样的人会发自内心地坚持社会规范;如果有人破坏这种社会规范,就会出现各种制裁,如被边缘化,得不到认同和提升,等等。

因此,通过将这些观念应用到近代科学案例中进行研究,默顿认为,既然科学是一种社会建制,那么我们就需要确定使科学得以存在并确保其基本属性的社会规范。

3. "科学"是一种帕森斯式的"社会建制"

因此默顿把近代科学当作一种社会建制,并以帕森斯的方式考察在何处存在着这样一种良好的社会环境可以促进适当的科学社会规范的形成和生长，使得科学的建制可以形成。他的答案是，17世纪英国的清教提供了这样的社会环境，并且践行了这种社会规范，这些规范被转让给科学，从而创造了近代科学的社会建制。

根据默顿的观点，新教所倡导的价值观和规范被输入了萌芽时期的科学的社会建制。它们总共由4种社会规范和2种更详细的技术性规范所构成。这些社会规范通常被缩写为CUDOS。

［1］公有性［（Communism），后来美国称其为社群性（communalism）］：知识是开放的、公共的。

［2］普遍性（Universalism）：每个人都可参与科学研究，根据个人天赋为科学事业作贡献。

［3］无私利性（Disinterestedness）：科学并不追求个人私利，科学行为及科学评价要信守公正性和客观性的准则。

［4］有条理的怀疑主义（Organised scepticism）：科学活动总是一种批评性的、有依据的怀疑。

除了上述这些科学社会规范外，默顿还增加了两个技术性规范，用于说明科学的"内部"，默顿认为科学的内部即科学方法。这两个技术性规范分别是：［5］经验主义（empiricism）和［6］理性主义（rationalism，批判式的怀疑而不是教条式的态度），经验主义和理性主义于17世纪首次结合，进而诞生了科学方法。

现在，根据默顿的观点，上述内容就是新教所奉行的、强化的和赞成的价值观和规范，正是在新教徒的社会中，比如早期近代英国，那些已经将这些规范内化的人们能够利用这些规范建成一种新的社会建制，即我们所说的科学。这些规范来自更宽泛的社会（其中的某些组成部分*）。

---

*此处应指早期近代英国所奉行的新教，默顿所强调的正是新教与近代科学的因果性关系。——译者

4. 默顿的历史论点

默顿是这样看待社会和历史的因果关系的：

新教的理念包含着特定的规范/观点，这种规范/观点支持并规训着某些行为和行动。（但是人们可以质疑，这些观点是否仅仅是人们对他们出于其他缘由所做事情的自我辩解，否则这些观点在何处真的规训了人们的行动？）

无论是韦伯还是默顿，新教的理念对他们来说都不是新教的正式教义，而是在这种宗教及其实践活动、社会互动和组织中广为流行与传承的观点和格言。它们是新教追随者的"常识"。

因此默顿不得不分析新教的理念，从那些理念中提取他所谓的对科学至关重要的规范，并且把它们用来构建科学的社会建制。

比如，对于新教而言：

[1] 上帝的超验和全能并不受限于人们对他的目标和方法的评价。我们应设法在自然中寻求上帝的意志，而不是自以为能够按照理性的方式推导出实在的本质。这就需要我们积极地考察上帝已然创造的自然，而不是仅仅坐下来沉思并试图以抽象的方式对这一问题进行推论——我们不可能仅仅通过思考就知道上帝的旨意……我们需要考察"事实"*。因此，在**寻求自然知识**时，我们应该践行**经验主义**和**有条理的怀疑主义**。

[2] 新教徒对自然之书（Book of Nature）和《圣经》之书（Book of the Bible）是一视同仁的。两者都是上帝意志的产物。这再一次意味着，收集《圣经》中的知识或自然的知识取决于一种发现**经验**事实的态度，以

---

* 此处的"事实"指上帝的创造物。它体现着上帝的意图，这就要求科学家们用数理和实践的方法来辨识上帝体现在自然物中的意志。显然，这种"事实"的观念有利于科学中的数理方法和实验方法。——译者

及从事实中得出结论的**有条理的怀疑主义**。这也意味着人类的权威（如教皇或者亚里士多德）"在权威性上"并不值得信赖，而**经验主义**和**批判的理性主义**在评判权威的主张和实际上任何关于事实的主张时都必须被践行。

总之，无论是[1]还是[2]，在收集和检验事实方面，理性的计算方法和经验的探索都是必需的，这恐怕也是反对古代权威、教条式的术士或其他自然哲学家所必需的。

[3] 新教传授世俗职业的价值：一个人即使不是一名侍奉上帝的牧师，他也可以获得救赎。所有的人类行为都是有价值的，只要它们是以创造性的、对社会有益的和神圣的方式进行的。根据默顿的理论，这种理解就可以推导出**公有性**、**无私利性**、**普遍性**以及**实用性**的规范。所有这一切都进一步意味着科学也可被看作一种神圣的职业，一场颂扬上帝的活动。

[4] 最后，为了强调新教所看重的世俗功效，默顿提出了**公正性和客观性**这一经过提升的规范。世俗功效与这一规范之间的联系在此取决于新教的观点，即天主教错误地认为在现实世界多行"善举"可以引导或导致人们获得救赎。新教的观点与之相反，他们认为只有上帝才会知道谁能得救（宿命论），但在现实社会中，那些以神圣的方式从事对社会有益的活动的人，正是那些注定会获得救赎的人。所以，一个在现实社会中生活的人，应该具有公正性和客观性，不能自私地指望多做"善事"来为自己加分，这样做肯定得不到救赎！

因此最后默顿得出这样的结论：在具有新教徒身份的自然科学家身上不难发现这些特征和规范。他声称，有证据表明17世纪英国的"科学家"大多是新教徒，且19世纪德国的科学家也大多兼有新教徒身份。

在我们展开详细评论前，对此我的回答是，我们没有必要对默顿的结论大惊小怪——我将证明，默顿只不过是在研究17世纪的英国自然哲学家的时候，偶然发现了培根主义和英国的新教（各种类型的新教，并不限于清教）之间的联系。既然大多数英国自然哲学家是新教徒，1660年斯图亚特王朝复辟之后尤其如此，并且既然他们几乎全都以培根的思想方式（其中似乎包括了默顿所说的关于社会和技术规范的所有理论）高谈阔论，当然他们似乎也符合默顿后来的社会学理论。在描述17世纪英国的培根主义机械论哲学家时，默顿似乎没有发现我们在第20章已获知的内容之外的任何东西。默顿的特别之处是，他对我们所陈述的事实提出了一个更为宽泛的外史论解释。但是他的解释是否有效？答案很可能是否定的。

5. 这是何种编史学？它对科学史研究的意义何在？

默顿的目的是创造一种研究社会理论和历史基础的外史论者和内史论者都可接受的外史论。正如我们已看到的，默顿将研究把科学共同体和科学建制结合在一起的规范当成外史论的任务。然后，他尝试着界定更广泛的社会条件——17世纪英国清教和清教徒"理念"的突出作用，这种作用反过来又催生了科学价值观并使这些价值观有助于科学的建制化。这就是默顿心目中的外史论的作用。

至于科学的"内部"，默顿用古老的方法神话将之定义为一个思想领域，他认为这种方法来自"理性主义"和"经验主义"经综合平衡而成的"技术规范"。科学方法不是一种旧观念（追溯到亚里士多德），而是一种17世纪的新发明，是17世纪的思想家将他们的新教规范和观点付诸实践的产物！论述了上述观点以后，默顿就可以并且确实把研究科学的内部（即我们在本书中一直在研究的各种各样的发现与理论变革）的任务交给了方法思想史学家和科学哲学家。实际上，他一直主张，一旦科学方法被发明，科学的技术性部分的历史就成了科学方法的应用和利用的历史。(通观全书我们已经知道,无疑自库恩以来,像这样的主张在严肃的科学史和科学哲学中已经不再有市场了。)

默顿以自己的(非马克思主义的)方式重新界定了科学的内部和外部,他暗示内史论和外史论之间的争论可以在以下条件下延续:我们现在知道了科学的起源;我们也重申了科学的内部 = 科学方法;最后并且最重要的是,如今我们有很多新研究要进行,因为我们必须研究科学建制、科学共同体和科学团队以及他们的社会规范等中观区域(middle realm),这个中观区域介于科学内部的思想因素和科学外部的社会因素之间(图25.1)。因此默顿指出,"先前的内史论和外史论都是错误的。社会性也是科学的部分特征[尽管真正的内部只是古老的科学方法——正如哲学家们所说的那样];也就是说,科学的社会建制是由社会规范决定的,而社会规范本身则来自更为广阔的(先前的外部)环境。"

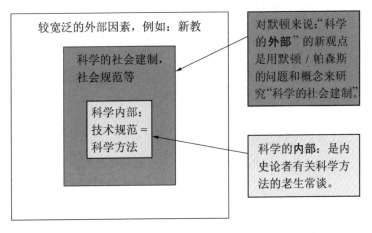

图25.1　默顿的科学社会学模型——一种新的外史论

6. 对默顿科学社会学模型的整体评判

首先,默顿提出了一个非常朴素的科学观,科学等于内部的方法(经验主义+理性主义)加上适当的社会规范,它们塑造了"科学"的建制和社会系统。如果科学方法真的存在并且确实起作用，那么我们在本书中所进行的讨论就是在浪费时间，许多科学史和科学哲学的学者在过去半个世纪所做的研究也是在浪费时间。此外，默顿所说的"科学"理论只具有单一的功能和本质。但是我们已经看到，科学有许多门类，拥有许多混乱且复杂的历史。面对研究和诠释这种复杂性的挑战，显然默顿模型的作用十分有限。

此外，人们可以基于更具解释性的社会学立场考虑一个相反的论据：这些想当然的科学的社会规范并不像演员操控木偶的思维和行为那样起决定作用。相反，社会演员拥有一系列由其支配的规范和**反规范**，他们根据自己的旨趣尝试运用这些规范和反规范去定义和解释自己和他人的行为，这些旨趣是在形成及未形成知识主张的局部的和偶然的活动过程所产生的结果中获得的。有时科学家主张普遍性和社群性，但有时，例如当他们想把尚待完善的科研成果隐藏起来的时候，他们就需要保护科学成果私密性的反规范并且需要保护这些开发中的知识产权。

这种说法来自一个不同的社会学分支——解释性社会学（Interpretative Sociology），一般来说，这种规范和反规范是公共资源组合的一部分，是行为者在特定的文化或建制中规范其日常的论证方式和更为正式的合法行为时所运用的。规范和反规范不会产生行为，它们只是辩护性的（或"解释性的"）资源，行为者运用它们是为了给自己的行为找理由或者证明自己的行为是正当的。

因而回到默顿所说的科学及其所谓的规范：一套单一的规范，提炼于科学公开形象的传统颂词，既不能解释科学家沟通谋略的细节及流变，也不能解释他们的成就和此时被视为理所当然的知识主张的建构的方向及形式。

此外，可以用历史的方式来看待规范，就因为它们是行为者的资源,而不是行为的永恒的社会学的或者形而上学的决定因素。默顿式规范,例如"理性主义"或者"有条理的怀疑主义"都不是出色的科学家所掌握的本质;它们是不断发展的、可重新诠释的、可以多种方式利用的社会范畴,被用作争取主导性社会环境和确立知识主张的工具和武器。例如,在我们所考察的那个时代,将自然哲学和宗教联系在一起是有益的、理性的,但在后来的20世纪,将科学从宗教中分离出来则是有益的、理性(无私利性不也是如此吗?)。

另外,最近兴起的对科学工作的"相关性"和直接"商业效用"的需求与辩解又如何呢——难道这种需求与辩解没有改变"相关的规范"?这些"相关的规范"即无私利性、公有性、"经济收益"、"产权"以及可能是具有"垄断观念"的"私利"。历史上的事情并非像默顿似乎认为的那样简单。

探讨默顿所提出的科学的社会规范(以及这些规范在清教徒理念中的社会历史原因),就是在复杂的被神话了的历史中追寻概念的本质。科学家并不是科学家,因为他们奉行默顿式的规范,而不是追随更加库恩主义或后库恩主义的理念。我们应该认为,(在某一具体学科中的)科学家是指这样的人,他们通过(在某一学科中及其实践和建制的传统中)训练而具有同样的利用与践行一系列可以解释其研究行为的规范和反规范的历史。这些规范与反规范可以随着时间的变迁而改变,并且可以得到重新论证。科学史家的任务就是研究同一科学共同体的知识主张的建构或改变的相关历史过程,当然是以一种后库恩主义的方式,正如本书已经开始做的那样。

7. 对默顿的历史主张的批判

[1]默顿说他想对"科学"的已有解释增加一个新的补充,但是,清教徒的规范是不是从事"科学"研究的动机,或者是不是为自己出于其

他种种原因而从事"科学"研究所找的托词？潜心研究的人不一定需要用清教思想去支持并奉行自然哲学。默顿忘记了，欧洲人是在大学里、在人文主义中、在他们各自的"道德规范"中学习传统的。而且，也许问题在于当时的欧洲还创造并选择了一种新的自然哲学，我们在本书中已经研究过这种新的自然哲学。默顿并没有把哥白尼学说和机械论哲学解释为"新教的"具体而明确的结果，因为他做不到，我们也做不到。

［2］上述观点牵涉一个大问题：这些在新教教义以及在想象中的社会规范之间的关系是否足以解释传统哲学向机械论哲学的转变？答案是否定的，默顿所谈及的原因是静态的，这些原因在17世纪的历史过程中没有发生变化。因此它们无法解释培根哲学和机械论哲学的盛行为何会发生在17世纪30年代到90年代历经三到四代人之久的英国。默顿所描述的就是那段历史，但是这种描述过于宽泛，以至于难以解释任何具体内容。例如，玻意耳之所以在17世纪50年代中后期成为一名机械论者是因为他是一名清教徒吗？一般意义上说，答案是肯定的，但在此前他是一名海耳蒙特（Helmont）式的炼金术士，即某种巫术型新柏拉图主义者，他是炼金术士的时期正是英国内战和克伦威尔统治时期中较为激进的清教占支配地位的阶段——我们很想知道玻意耳为什么转变并且是何时转变的，因为当时许多人都发生了这样的转变。关于这样的转变或者随着时间推移而发生的变化，默顿的模型并不能提供任何解释。默顿的模型是非历史性的，也是令人难以置信的。

［3］不仅默顿的模型具有一般性和非历史性，而且默顿所描述的特征也是所有新教徒、英国人或其他人共有的特征。默顿的模型并不是为英国的清教徒而挑选的，并且也很难确定是为什么清教徒挑选的，因为正如这一时期所有的历史学家所熟知的，清教徒在17世纪被分成了若干政治及神学类型的群体。这就是我们在本章为什么仿效默顿不加区别地使用新教徒和清教徒这两个词的原因。我们必须承认，正如

那个时期的非常优秀的历史学家所知道的那样,新教是相当多变的;英国的清教只是新教的一个分支,并且清教本身起初(16世纪后期)是英国加尔文主义的一种形式,但是在经过一个世纪后,它被分成了无数个小分支,这些小分支都有着不同的神学的和社会的理念,尤其是在17世纪40年代和50年代期间,清教很快在内战中胜出,并且成功地实行了克伦威尔的独裁统治。

[4] 默顿认为他是在解释近代科学的起源,但他并没有弄清楚他所解释的主要是英国的培根主义–机械论自然哲学。他没有弄清楚数理科学和机械论自然哲学在欧洲大陆的发展。他更没有弄清楚的是,如果以长远眼光来看,欧洲天主教对于科学革命的贡献与新教对科学革命的贡献一样多,甚至比新教更多。所以,人们可以再一次追问,在新教思想背景下我们是否在寻找一种可能的因果关系? 或者说,我们是否在了解,某些科学家利用新教的思想方式来解释并证明他们的行为,同时他们的科学研究及其建制是为了更加具体和实际的原因而发展的?

有关17世纪英国"科学"的更好的历史性解释究竟在哪里? 首先,我们应该把清教主义看作一种动态的、不断变化的思想体系,它与其所在的社会系统密切相关,这种社会系统存在于16世纪后期以来的更广阔的英国社会之中。然后我们应该追溯清教主义后来同培根主义和其他自然哲学思潮的结合;关注当时思想变化和冲突的过程;比照更广泛的社会和政治历史——内战,激进分子的躁动,保皇党的作用,社会背景以及各种培根主义的信念。这种历史已经并且正在进行着。值得注意的是,本质主义的社会学解释与运用不同的社会学范畴的历史性解释大不相同,我们主张必须把它们放在动态的历史活动中。

8. 结论:默顿和当代后库恩主义的"科学知识社会学" (SSK)以及注重语境的史学研究

科学内史学家与保守的科学哲学家一样,很欣慰地看到默顿继续给予科学一个纯粹的思想性"内部",这种科学的内部是通过科学方法的开发和利用来定义的。默顿所说的科学内部基于一种独特的、有效的、可转换的科学方法的老式神话,并且这种内部与库恩的科学传统的内部机制并没有关系,因为库恩所说的科学传统全是由那种精心打造的科学"范式"观念所刻画的。科学范式的思想是在20世纪50年代和60年代明朗起来的——这对于本书细心的读者来说肯定是显而易见的。但奇怪的是,库恩的理论在20世纪50年代和60年代并没有被人们理解,因为许多柯瓦雷和库恩的追随者并没有理解老式默顿思想有关科学的"方法的内部"(methodological inside)究竟是什么意思。

另外,在过去的50年中出现了更多的反常,但幸运的是,它们现在对许多科学史家和科学社会学家来说已经不再是问题了。他们日益关注发生在科学共同体、专家团队、实验室和其他机构以及研究场所内部的社会和政治进程。正是在这个社会互动的"中观"区域(这一区域位于科学方法所设定的神秘的科学"内部"领域之上和老式的外史论者所谓的那种整个的宏观社会学领域之下)中,准确地说,即在默顿式社会学的预期领域中,人们开始看到那种操控科学行为规范的小团体的、微观社会中的专家间的互动。在这些专家亚文化中,知识主张作为供未来的研究工作所用的进一步的资源而被创造、协商、利用和重新解释。这样的知识主张在获得了某种类似事实的地位之后,被再次利用或偶尔被废弃,所有这一切都发生在这一领域的小型的社会互动之中。同时,这些专家的研究领域或亚文化,或许微妙地受制于来自更为宽泛的社会环境的各种力量(图25.2)。(上述观点基本上就是后库恩主义对任一科学学科所作的某种描述,对于这种描述,我们在第16章考察库恩时已经提到过,并在该章的第7部分进行了总结。现在,我们已经看到默顿曾声称支持的新帕森斯主义科学社会学独占科学史研究是多么不合时宜。)

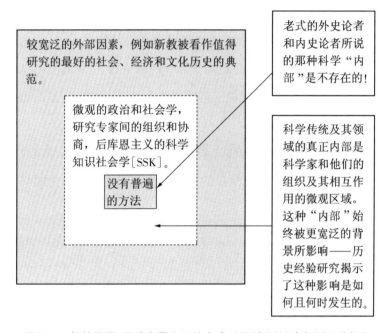

图25.2 超越默顿:用后库恩主义的方式反思科学的"内部"和"外部"

所以,默顿认为是"外部"的一个组成部分的中观区域图25.1结果被证明在某种程度上是"内部";实际上,在知识的创造过程中,任一科学都是认知与社会的结合点,从这个意义上说,任何科学最终都只有"内部"。相反,这也解释了为什么默顿的理论不能再作为一种可行的科学社会学;尽管一些非常聪明的学者认为,默顿想方设法地去调和内外史论者的争论并且获得了富有成效的结论!库恩就是这样的学者之一。库恩自己从未理解作为默顿模型之精髓的方法神话(这当然是由于默顿的模型完全不同于库恩自己的模型);库恩也没有完全弄清自20

世纪70年代以来的后库恩主义科学知识社会学家们致力于超越默顿模型的方法。库恩直到去世都是默顿模型的崇拜者！这表明了超越内史论和外史论，以及从库恩本人的研究中掌握其思想的最佳生长点是多么的艰难。但本书的目的正是要完成这些艰难之事，此即本书最后的两章所要介绍的内容。

默顿主义是内外史论者之争这盘棋中精心策划的一着，它的这种命运说明，现在的挑战并不是追随默顿开辟的道路，也不是寻求库恩的内史论与默顿的社会学之间的某些联系。相反，问题在于，以对历史学家来说恰当的和有效的方式，完善科学知识的认知微观社会学（图25.2中新的"内部"），以及清晰地将之表述为关于宽泛的背景的似乎合理的解释，这种宽泛的背景是由精湛的社会史方法而不是由庸俗的马克思主义（新的"外部"）界定的。

第25章思考题

1. 在西方科学的社会理论基础上，默顿创建了一个非常有影响的非马克思主义外史论形式。默顿的科学社会学模式的基本特征是什么？

2. 默顿以什么方式试图超越内史论和外史论这两种科学编史学之间过时的对立观点？

3. 默顿的理论有什么缺陷？例如，他是否满足于把科学的"内部"理解为"科学方法"（也就是他所说的理性主义与经验主义的规范）？

4. 默顿理论的历史目标是什么？

5. 在本书中，我们改善默顿以及老式内外史论者留给我们的"遗产"的方式，是如何在我们的研究中加以说明的？

阅读文献

J. A. Schuster, "The Scientific Revolution", in R. Olby *et al.* (eds.), *The Companion to the History of Modern Science*, 217—224 only.

B. Barnes, *Scientific Knowledge and Sociological Theory*, Ch. 5, 99—124, "Internal and External Factors in the History of Science".

J. A. Schuster, "Internalist and Externalist Explanations of the Scientific Revolution", in W. Applebaum (ed.), *Encyclopedia of the Scientific Revolution* [Garland, NY, 2001], 334—336.

◇ 第26章

超越内史论和外史论：后库恩主义的科学知识社会学和语境论科学史

1. 议题：如何超越科学史研究中的内史论和外史论

现在我们将设法寻找如何在科学史中走出内史论者和外史论者之争的困境。到目前为止，我们已经隐约地知道要想从这场争论的困境中走出来，就必须使替代假设明确起来。我们将主要致力于重新定义科学的内部，让我们回顾一下在第23章中已经出现过的有关内史论和外史论的解说图（图26.1）。

内史论者认为科学的本质是简单的概念性的、智力的、认知性的——科学史是内部思想的逻辑史，无论植入内部的是什么。科学的

图26.1　传统的外史论和内史论

外部则包括社会、经济、政治体制、宗教、意识形态状况等因素，这些因素在形成科学知识和推动科学进程的过程中并不那么重要。除了一种情况："恶意的"外部因素可能会阻碍和抑制科学的正常发展。

对于外史论者来说，科学的内部和外部之间具有相当的渗透性。科学的确有内部，它由思想层面的、概念层面的、认知层面的内容所组成，但是，从外史论的角度看，包罗万象的社会因素总是塑造或规定着科学内部知识的性质和演化方向。按照经典马克思主义外史论的观点，科学的解释方式源自经济和社会结构的变化。

内史论者和外史论者之间的所有争论仍在继续的原因是，双方都坚持我们今天已经摒弃的科学史学科中的两个假设：存在着一种包罗万象的独一无二的"科学"；科学的"内部"仅由观念、理论或方法所构成。

2. 对于具体科学（而非科学）的内部和外部的新理解

超越内史论者和外史论者的观点绝非易事。首先，我们不要抽象地讲"科学的内部"，而是要说"某一门具体科学的内部"——正如库恩所说，只存在各种具体的科学（而不是某种抽象的"科学"），我们应该研究各种具体科学的历史。第二，外史论者和内史论者都对科学的"内部"是什么作了一个假设，他们认为科学的内部只包含思想性的东西：观念、概念、理论和科学方法。正如我在本书前面的章节中指出的，这不是我们考虑的**科学的"内部"**的方式。我们在科学的内部没有发现什么思想性的东西，如观念、概念或理论。我们发现的是一种社会建制：处于社会关系和建制关系中的人——作为该具体科学的专业实践者的人。

这意味着什么呢？任一具体科学的内部是大型社会中的小型亚社会或亚文化，并且，作为一种亚文化，该科学有着特定的社会性质和社会结构。例如,在这种亚文化中存在着一种关于权力和资源的等级体系:有些人有权力,有些人只有较少的权力;有些人控制资源,有些人的资源被别人控制;在特定的社会结构中,有些人具有某些专长,其他人具有其他专长。

下面就是处于某个历史时期的天文学亚文化中的情况,对这个时期我们在前文已经研究过。诸如伽利略之类的人几乎在数理天文学方面没有什么才能,但开普勒在数理天文学上很有才能;伽利略在这种亚文化中具有特殊的能力,即使用望远镜的能力,它有助于伽利略在天文学的社会组织中发挥某种作用。用这种方法看待科学的"内部",也就消解了对内史论和外史论的争论的传统说辞。

综上所述,如果任一具体科学的内部都是一种亚文化,一种小的社会建制,那么科学的内部会发生什么呢?在科学的内部,相关专家在致力于提出有关各种事实和理论的主张。这些专家都在建构、美化、传播自己的主张;他们经历着各自的主张被接受、拒绝、再次协商或改进的过程。这是一场博弈,你要让当时的人们接受你的大部分事实和理论。我们将这作为"发现"问题来进行研究,并着眼于科学中的发现,例如第13章中开普勒的科学发现。

这意味着,在关于科学的"内部"是什么的问题上,内史论者和外史论者都错了,在关于科学的外部是什么的问题上,内史论者和外史论者也分别错了。如果每门具体科学都是一个小的社会系统,那么就没有理由否定这样一个原则:外部力量可能会影响知识的内容,或者影响发生在科学内部的知识的建构和协商过程的方向。所以,在这一点上,内史论是不合理的,外史论者的观点倒有些真理性。但外史论者的观点事实上过于强势了。外史论者倾向于相信,他们所关注的外部力量直接导致和影响了科学内部的理论和观点。如果事实果真如此,那么科学就不是亚文化了,它将是直接作用于其内容的外部力量的直接产物,就像硬币是造币厂中的铸造和锻压过程的直接产物一样。科学领域从来都不是社会大环境直接作用的产物,否则科学就不会是具有任何实质意义的半自主性亚文化了。相关的问题是:[1]在某一特定时间里,何种外部力量影响了何种具体科学?[2]在任何特定的情况下,在某一学科亚文化的专家成员中发生的提出和废弃知识主张的过程,是如何受到那些特定的外部驱动因素的影响的? 任何一名外史论者都不曾以这样精密的方式思考过问题。

有人可能会问,究竟哪些外部因素是重要的? 答案是,这是一个需要详细研究的问题。例如,在17世纪,影响科学的外部因素主要来自宗教思想、宗教制度和教育,而不是直接来自经济或资产阶级。但是在19世纪,新兴的工业资本主义体系确实影响到了科学和科学家,并且可能是那一时期最重要的外部因素。所以,你看,究竟哪些外部因素是重要的? 这是一个以实际经验为根据的历史研究和判断的问题。例如,机械论哲学可能更加受制于宗教和意识形态方面的关注,而不是新兴中产阶级的技术需求。影响科学理论的外部制约因素依然值得探索,但必须因地制宜。

上述内容意味着——正如我们在前一章讨论超越默顿的问题时所发现的,我们对科学的"内部"和"外部"有了一个全新的理解:科学的内部即社会和政治的微观文化,科学的外部即一切可以在社会大环境中找到的影响科学的内部的因素。内部与外部之间的界限现在是互相渗透的,并且通过经验研究,人们可以弄清楚,在每一特定的情况下,在每一门处于任一特定历史阶段的具体科学中,内部和外部是如何渗透或分离的。

致力于像这样重新定义科学的"内部"和"外部"的专家学者们有一些新名字。"科学知识社会学家"关注的是特定亚文化内的科学知识的社会建构。这种研究大多数是"后库恩主义的",我们在第16章的第7

部分已经讨论过了。另外一个相关的或部分研究相交叉的学者群,受的主要是历史研究训练,他们更多地关注在任何特定情况下的外部决定因素是什么的问题,以及对任何特定情况下的事实的提出和废弃所做的详细研究,这些学者被称为"语境论科学史家"。科学知识社会学家和语境论科学史家全都在这种新框架中从事研究(图26.2)。

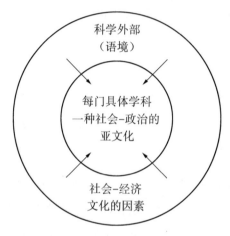

图26.2 新兴的科学知识社会学和语境论科学史的深刻见解

3. 从库恩到后库恩主义的科学知识社会学

我想通过追溯库恩的观点,进而巩固我们对科学的"内部"的全新理解,因为库恩本人刚好持有当代科学知识社会学家或语境论科学史家的基本观点。按照库恩的思想,我们回想起在任何特定科学领域的发展史中,科学实践可被分成两种类型:常规科学和科学革命(图26.3)。常规科学时期,在某一范式下解决疑难问题;然后是科学革命时期,范式瓦解,进而形成不同的范式。

让我们对库恩所谓的常规科学和科学革命进行一番戏剧化处理。在常规科学时期,所有亚文化中的成员都穿着相同范式的同款的束身衣。这件束身衣被称为范式,它为该亚文化中的全体成员提供了概念、

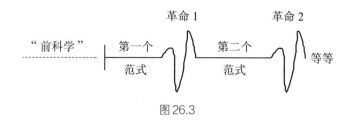

图26.3

工具和标准,实际上还为他们提供了有待解决的问题和解决问题的方法,以及识别解决方案是否被接受的评判标准。当束身衣变得宽松时,有些人可能会把它脱下来,而另外一种束身衣正在兜售,一些人已经穿上了,另一些人正在考虑穿上它。如果足够多的成员都穿上了新的束身衣,那么革命就发生了,该共同体成员就有了一种新的范式(或束身衣)。

现在,上述内容假设的是:在任意一门具体科学中,常规时期的常规研究工作和革命时期的研究工作有很大不同。此外,根据库恩的观点,如果你去考察具体科学的历史,那么你只会发现,在科学革命的动荡时期,外部因素或许有一些影响。库恩不相信外部因素能在科学发展的常规时期起到很大的作用。因此,我们可以这样来理解,库恩大体上是一名被改良的、立场不太坚定的内史论者。如果我们考察库恩的常规科学,我们会认为库恩的常规科学是自我封闭的,并且是按照自身的内部逻辑来演化的:在正常情况下,范式起作用,若遇到危机,在此危机中起作用的两个范式之间彼此竞争,然后我们会得出一些可能影响到科学内部争论的外部因素。库恩曾告诉我们,科学是被科学共同体践行的,这些科学共同体就是亚文化。但是库恩的科学模式和他的这些观点并非并行不悖,因为在具体科学中的每个人都穿着相同的束身衣(即信奉相同的范式)。共同体的范式并不是对任何人都有效的亚文化,每种亚文化都有其自身的微观政治和社会的交互作用——并非所有的科学共同体成员都是相同范式所掌控的木偶。

当然，事实上，在本书的历史案例中，我们已经论述的观点以非常重要的方式强有力地反驳了库恩的观点，现在我们有必要将它们公之于众了。我们现在应该用以下方式来考察"常规"科学中的范式。常规科学的科学家并非总是一成不变地在某个范式之内从事研究及解决问题。我们认为，科学共同体所持有的范式，总是会被轻微地改造及重新协商。为什么？因为，当科学共同体用某一范式重新确立某个事实或理论(某种疑难问题的解决方案)的时候，也对范式本身进行了重新的调整，以方便后来者的研究工作，使之成为其工作的基础，如此就构成了范式与事实或理论之间的反馈效应，这种反馈效应影响了日后人们对范式的理解和应用。某种主张经过协商被范式接纳的同时也对范式进行了修改，这种主张就是人们所谓的发现。(这些就是我们之前在讨论库恩的观点时得出的见解，尤其是在我们考察开普勒的工作时研究了"发现"的本质后得出的结论。)

因此，范式不是静态的，范式是变化的。在重要的"常规"研究中，对于范式内容的协商一直都在进行。正如库恩所说，如果常规科学就是"解疑"，那么与之相对应，我们必须认为，疑难问题及其各个部分与整合规则都处于不断的重新协商之中！科学的目标就是通过作出发现来不断修改范式，也就是说，通过重新整合在此范式内已经得到的科学成果来不断修改范式。这一直是科学共同体成员之间为了各自在共同体中的地位而进行政治斗争、协商和耍手腕的结果。

对库恩的常规科学的这种新理解并非库恩的本意，这种理解属于后库恩主义，因为我们认为常规科学和革命科学不是两个对立的事物，而是互相关联的两个部分。换句话说，人们对科学的概念、理论和规则一直在争论和重新协商，"革命"时期是科学内部可能发生的急剧变革的标签，这张标签是由这场大变革中的获胜者张贴的。库恩所谓的"常规科学"时期是一个改变与重新协商相对来说并不显著的时期。重申一下,上述观点可被称为"后库恩主义"。

下面我们将运用本书已经研究过的材料进行更为详细的探讨。我们将考察有关哥白尼革命的严格的库恩式观点,我们将发现,它与我们已经得出的历史见解并不相符。我们将得出这样的结论:后库恩主义的科学动力观能够更好地与我们已经得出的观点相符合。

4. 库恩以及科学革命问题

4a. 束身衣、解题和"范式的革命性转换"

以下关于哥白尼革命的描述很好地体现了库恩的思想——把范式当作固定不变的束身衣:从前,有一个范式(或束身衣)叫作亚里士多德和托勒玫范式,人们通常用它来解决难题,然而反常出现了,之后发生了危机,一个叫哥白尼的人迈出了解决危机的第一步,他提出了一个不同的范式(束身衣),这个范式叫哥白尼范式。经过短暂的竞争与争论,最后出于某种原因,哥白尼束身衣获得了胜利。但是,这种关于哥白尼革命的库恩式描述的要点在于,你既可以用亚里士多德–托勒玫范式解决难题,也可以用哥白尼范式解决难题——两种范式之间存在着竞争(图26.4)。

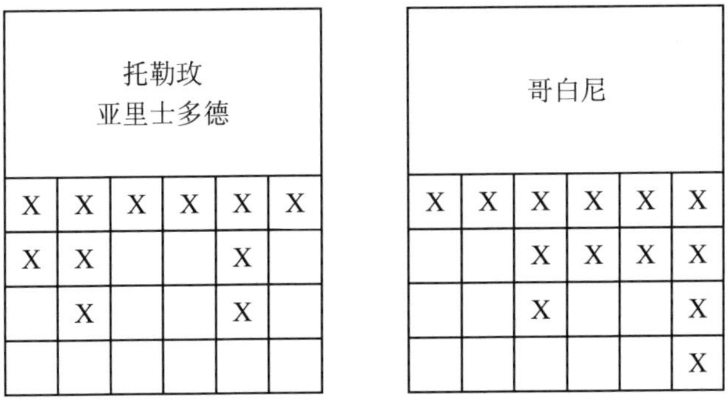

X="已解决的"难题

图26.4 为解决问题而竞争的两个重要范式

值得认真关注的是,根据库恩的观点,在他这一严谨的科学史模式中,哥白尼的追随者践行的是上述束身衣意义上而言的哥白尼范式。哥白尼的两个最重要的追随者是开普勒和伽利略。让我们看看他们是否真的奉行这样一种完全相同的哥白尼范式。

4b. 哥白尼范式中的伽利略和开普勒,或者说支持哥白尼学说、反对亚里士多德/托勒玫的伽利略和开普勒

我们真的以为开普勒和伽利略只是简单地接受了哥白尼在1543年提供的同一范式并用哥白尼学说来解决问题吗?

据我们了解,伽利略甚至没有涉足过数理天文学,他是用望远镜和某些力学中的新概念来证明地球运动的可能性的。伽利略版的哥白尼学说并不像人们想象的那样,仅是哥白尼学说的复制品,它是伽利略自己版本的哥白尼学说。

我们真的以为作为哥白尼的追随者,开普勒和伽利略完全相同,共享着同一范式吗?不!我们已经知道在开普勒的宇宙中没有圆形轨道;他认为行星运行的轨道是椭圆的,其运行的动力来自外力;他寻求的是和谐的天体理论,一种新的天体物理学。开普勒也有自己版本的哥白尼学说。而且哥白尼学说的开普勒版本和伽利略版本并不相同——事实上,这两个不同的版本之间是相互竞争的。

开普勒和伽利略是富有创造精神的践行者和协商者,是哥白尼思想的传承者,但他们都试图用他们自己关于事实和理论的主张来为他们自己谋取最好的利益。所以他们最终形成了不同版本的"哥白尼学说"。在相同的天文学亚文化中,伽利略和开普勒不仅要与非哥白尼学说的信奉者斗争,而且彼此间也要相互斗争(图26.5)!他们并不是简

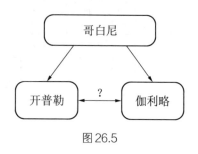

图26.5

单地在哥白尼先于他们设置的范式中解决难题。

4c. 第谷：传统天文学领域中的协商者和争论者

现在让我们进一步解析由哥白尼最终提供的哥白尼范式之束身衣的观念。

回顾第12章，我们已经用这种方式研究过第谷。我们从来不认为第谷仅仅是另一个翻版的亚里士多德—托勒玫。他既不是一位纯粹的托勒玫式的天文学家，也不是一名哥白尼学说的信奉者，但他是一位优秀的专业天文学家，一名聪明的专业协商者，第谷或许会这样说："我们需要基本的亚里士多德体系，但我们也需要某些哥白尼的观点——特别是哥白尼观点中有争议的部分：宇宙和谐理论，因为我认为宇宙和谐正是哥白尼学说的价值之所在。我们必须把这种和谐整合到亚里士多德体系中去。"所以，基于上述分析第谷构造了自己的理论，如图26.6所示。

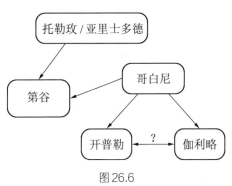

图26.6

注意，第谷的理论不是图26.4中托勒玫和哥白尼的范式之外的"第三种范式"。相反，在关于天文学协商的传统演化领域中，第谷的理论是一套新的发现和理论主张。弄清楚这一点是非常重要的。

4d. 哥白尼是传统天文学领域中的变革者或者（完全）激进的参与者吗？

让我们作进一步的探讨。据我们所知，开普勒之所以能作出天体沿椭圆轨道运行这一革命性的发现，是因为他从第谷那里得到了最基本的数据。因此，第谷在开普勒理论中占据一定地位，因为他为开普勒提供了研究资料；第谷是开普勒工作的立足点。开普勒和第谷是互惠的——开普勒借用第谷资料的同时也推进了第谷的研究。因此，在图示中我们也应在第谷和开普勒之间画上一条线。

此外，值得我们注意的是，在某些重要方面哥白尼仍然是一名托勒玫式的天文学家（在理论上，哥白尼比第谷或开普勒更接近于托勒玫）。因此，正如第谷在某种程度上是一个哥白尼学说的信徒一样，哥白尼在某种程度上是一个托勒玫体系的信徒。根据我们对哥白尼的研究，如果你理解真实的情况，那么哥白尼要想有所作为，就必须事实上至少部分地依靠托勒玫和亚里士多德的专业背景和思想背景。除了对行星重新排序之外，哥白尼所做的每件事情几乎都处于托勒玫和亚里士多德的传统之下。可以把哥白尼视为一位遵循希腊和中世纪传统的人，他提出了相当激进的观点，这些观点没有受到太多人的关注。重要的是，哥白尼对托勒玫天文学进行了借鉴、重新协商、重新界定并且公然叫板。

所以我们可以在第谷和开普勒以及哥白尼和托勒玫之间画出相互关联的必要之线（图26.7）。我们这个小型"共同体"中的参与者彼此之间都有关联。我们发现，并不存在两个"不可通约的"范式，不同共同体的成员并非如库恩所说"生活在不同的世界中"。一切都在激烈的竞争中演化着，亚文化如此，研究传统或具体学科也如此（所有这些都交织在一起）。库恩眼中的科学革命是这样的：突然创造一个完全不同的科学观念和认识的世界并强迫人们接受这样一个世界。但是我们所理解的图景是这样的：变革、竞争、挑战和反挑战随着科学共同体成员对发现、事实、理论的竞争和抗辩而在某一专业亚文化中不断演化。

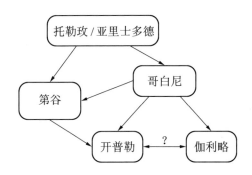

图26.7 天文学共同体经过协商就理论和事实提出论断

5. 结论：亚文化和传统中的协商与竞争

根据图26.7，我们可以提出这样一个问题，即"库恩提出的范式革命发生在哪里？"我认为并不存在范式的替换——只存在某个传统及论域内的协商、修正、变革的历史进程。理解这一进程的要点就是：提出新见，反对新见，进行协商和重新协商，并设法找到让自己的观点长寿的药方。

在科学发展的过程中，把任何个人或时期称作"真正的革命"仅是对某种说辞的注解而已，有时这种注解就是某些科学家在协商中相互指责的工具和策略。"革命"不是和"常规科学"相对抗的"东西"，而是某种社会性的标识，有时这种标识指科学家（或科学评论家）对其发现提出主张和商议的持续过程。

在图26.8中，图26.4的亚里士多德-托勒玫学派和哥白尼学派已不复存在。在我们看来，天文学家一直在亚文化内部争论和协商。另外，从该沿革外的任何一点看待科学发展过程，外部因素对于历史学家来说都是重要的。在天文学案例中，库恩的范式（图26.4）已经演化为我们的理论。这就是我们一直在践行的理论：后库恩主义的科学知识社会学和语境论科学史。

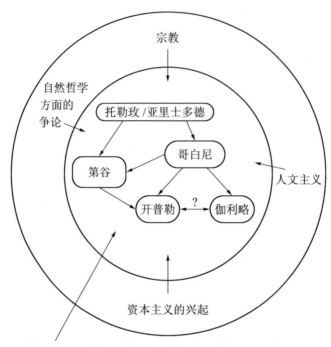

图26.8

现在你可以满怀信心地问：影响天文学亚文化演化及协商过程的外部因素究竟是什么？答案是这样的：在某一个时期，教会和宗教是重要的；或许在另一个时期，人文主义和文艺复兴是重要的。我们可以将科学的外部因素引入经过修正的科学内部使其发挥作用。

实际上，导致天文学争论的最重要的外部因素是与之相关的更为宽泛的自然哲学领域。在我们看来，根据第19、20、21章中的论述，自然哲学领域中没有革命，但却充满了竞争与争论。以大学为根基的亚里士多德哲学最初是受到了新兴的新柏拉图主义的挑战，随着新柏拉图主义在政治和宗教方面变得越来越激进和危险，其他的自然哲学家创立了机械论自然哲学，以此来解决自然哲学的冲突。接着牛顿的自然哲学应运而生。在这一时期自然哲学也是一种传统，一种亚文化或者一门学科。从某种程度上来说，每一个受过教育的人都学习过自然哲学，它比天文学更为重要，更易受到宗教和政治的影响。因此，我们将通过对自然哲学进行内部动力和外部驱动以及演化过程的考察来结束本书，因为自然哲学领域变革的模式深刻影响了我们所谓的"科学革命"。

第26章思考题

1. 第26章是如何通过"天文学革命"这一具体的科学史案例，纠正我们对库恩有关某种具体科学的常规阶段和革命阶段的僵化模式的看法的？

阅读文献

J. A. Schuster, "The Scientific Revolution", in R. Olby *et al.* (eds.), *The Companion to the History of Modern Science*, 224—242.

◆ 第27章

什么是科学革命:本书作者的写作模式

全书到此,理应完整地审视我们所说的"科学革命",进而审视科学革命在发生过程中的结构、传统和领域,以及这些结构、传统和领域因内部争论、彼此间的相互作用、社会环境的塑形力量和推动力量而改变的方式。

1. 自然哲学作为一种在争论中进化的亚文化或传统

本章最重要的部分是理解作为亚文化或研究领域的自然哲学的存在,它如何在科学革命时期发挥作用以及它发生了什么。

自然哲学是:(1) 本身就是一种充满争论的东西;(2) 它本身是由外部因素塑形的;(3) 被不同的思想家用于塑形具体科学,实际上是被用来为具体科学的不同塑形方式而论战。以上三点都需要解释。

自然哲学的目的究竟是什么? 对于中世纪直到18世纪受过教育的人而言,这是最关键的问题。

正如我们所知,自然哲学最初是古希腊人对"宏大图景"(big picture)*的探求:何谓质料? 质料是如何构成的? 为什么会出现变化? 你怎么知道的呢? 恰好亚里士多德自然哲学是西方最为成功的自然哲学,并在中世纪被基督教化和制度化后进入了大学课堂。但是,亚里士多德自然哲学仅仅是诸多自然哲学中的一种。此外还有我们曾经提到过的新柏拉图主义自然哲学、机械论自然哲学和牛顿自然哲学。

一般而论,在我们所考察的16世纪和17世纪,对于欧洲那些受过教育的人而言,自然哲学有两大最重要的功能:

第一,自然哲学的第一个功能是为神学和道德价值观提供基础和依据。换言之,任何一个受过教育的人必须把他们的宗教和神学知识建立在牢固的自然哲学知识的基础之上。

这就是欧洲中世纪围绕亚里士多德争论的内容。你能使亚里士多德自然哲学被足够地基督教化,从而使它能够作为神学的思想准备而理由充分地进入大学课堂吗? 这就是13世纪像圣托马斯·阿奎那这样的人为之而战并且获胜的战斗。

在我们所说的科学革命时期,任何一种坚定的宗教信仰都有其合适的哲学基础:你所拥有的合适的自然哲学必定与宗教相关联。但是,是哪种自然哲学,是哪种宗教,换句话说,是哪种基督教形式——天主教的或新教的某种形式(图27.1)? 如果你生活在信仰新教的

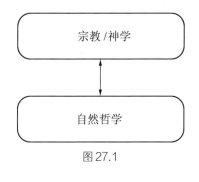

图27.1

* 根据古希腊哲学家的相关文献,当时的自然哲学主要探索世界的本原问题,如泰勒斯认为水是万物的本原,赫拉克利特认为世界是"一团永远燃烧的火",毕达哥拉斯以及柏拉图等人则把世界的本原归结为精神的力量。由于这些问题事关理解人生和历史等重大问题,因而这些自然哲学探索又被称为"世界观",也就是此处所说的"宏大图景"。——译者

地方,你就会被灌输以作为你的新教信仰之基础的自然哲学。如果你生活在信仰天主教的地方,你就会被灌输以作为天主教信仰之基础的自然哲学。每个人都同意这样一种中世纪的假设,即自然哲学是宗教的基础。但问题已经变得令人忧虑和引人非议了,因为人们对宗教并没有共识,而且人们对自然哲学也越来越没有共识了!

从根本上说,在中世纪和我们的时代,从制度上讲亚里士多德自然哲学就是合适的基础。任何想挑战亚里士多德自然哲学的人都不得不面对宗教的含义问题。但正如我们所见,这并没有阻止人们对亚里士多德自然哲学的统治地位发起越来越多的攻击。

如果你想成为一名新柏拉图主义者或者巫术型新柏拉图主义者,你就必须说明你是如何得到一个与你的自然哲学相联系的正当的新教或天主教地位的。如果你想成为一名机械论者,你就必须说明你是如何为这种自然哲学——天主教的机械论(例如,假如你是笛卡儿)或新教的机械论(例如,玻意耳就是一名清教徒,至少起初是)——找到一个合适的宗教联系的。

这就是受过教育的人在研究自然哲学时必须铭记在心的:我所研究的自然哲学是如何与我自己的宗教相关联的?它是否构成了我的宗教的基础?我的宗教是否牢固地扎根于这种自然哲学?你的自然哲学是否危及我的宗教?我是否因其宗教含义而不喜欢你的自然哲学?这就是那时的当务之急。

第二,自然哲学的第二个功能就是引导并规范具体科学:你的自然哲学为任何你可能从事或认可的科学工作提供了形而上学背景。(回想一下我们已经在前文了解到的:理论的形而上学背景,某人的自然哲学作为他所从事的具体科学的形而上学基础所能发挥的作用。)人们希望自然哲学为科学研究提供深层的概念背景并影响具体科学研究(图27.2)。

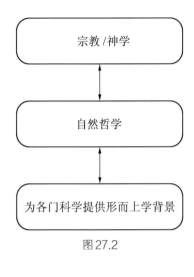

图27.2

我们在天文学中已经见过这样的例子。托勒玫天文学体系与亚里士多德哲学息息相关。哥白尼和开普勒的天文学观点植根于新柏拉图主义,新柏拉图主义为哥白尼和开普勒的天文学提供了强调数学对称和简单性的标准,亚里士多德哲学则不承认或不提供这一标准。就机械论而言,我们已经看到了机械论被当作哥白尼学说的推手和背景,这是它的最终的胜利,并且我们都知道,机械论哲学形成并规范了特定的科学发展方向。我们还看到了牛顿在光学和天体力学方面的研究就是在他自己的后机械论自然哲学观念的范围内和指导下进行的,这种观念承认非物质的有因果关系的力的存在。

2. 自然哲学:制度形态与论争模式

所以,自然哲学具有上下双重功能,它的上层功能是为神学和道德价值观提供基础;它的下层功能是为具体科学提供规范,这就使得自然哲学成为主要的思想**竞技场**。请注意我之所以说成"竞技场",是因为当时存在一个制度上的中心,有人在这个中心处于"主导者地位"。他是谁呢?以大学为根基的亚里士多德学派就处于这种主导者地位。这样就可以给年轻人灌输亚里士多德哲学,但也有人例外:新柏拉图主义在很大程度上是一种王室产物和一种大学之外的中心的产物:比如,大型印刷厂周围的思想家和知识分子中的通俗报刊,这些大型印刷厂是以非大学为根基的学者和思想家云集的地方(图27.3)。

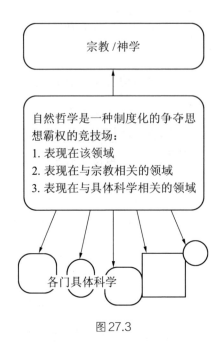

图 27.3

我们已经知道,巫术型新柏拉图主义者(如帕拉塞尔苏斯)的观点开始渗透到各个社会阶层以及部分不被上层人士所接受的社会阶层之中。这个时期文化水平有所提高,帕拉塞尔苏斯主义作为一种激进的、巫术导向的新柏拉图主义开始在受过教育的匠人和半文盲中渗透,这使上层人士惊恐万分。那些社会背景低下的人以前是不会拥有自然哲学的。这意味着几乎每个人都可以运用自然哲学了,并且我们也看到,机械论自然哲学家是如何反对半文盲拥有自然哲学的,以及这是如何成为自然哲学竞技场中的一个方面的。

换言之,正如我们在第 26 章中所讨论的那样,诸如天文学这样的任何一门具体科学,都是一种思想的竞技场,比任何具体的科学领域都重要的自然哲学本身就是这一时期的竞技场:一场在出版、大学、上层社会中的斗争,一场(你或许会说)关于新兴的有文化的大众的斗争。再一次地,某人的自然哲学是[1]由外部因素决定的,并且[2]决定了某人是如何进行科学研究的。

正如我们已经了解到的,长期的趋势是,居支配地位的亚里士多德哲学的衰亡,新柏拉图主义,尤其是巫术型新柏拉图主义的高涨,巫术型新柏拉图主义波及社会的各个阶层,因而增加了风险。新柏拉图主义开始染指17世纪初的宗教与社会改革,像布鲁诺和玫瑰十字会会员就是如此,这激起了更具正统和保守倾向的人的反抗,他们仍然希望科学是不断前进的(他们不想回到亚里士多德哲学);换句话说,这使得机械论哲学应运而生。

图27.4关于这一切的描绘要比纲要性的图27.3详细许多。

这不仅仅是一场思想论战,而且还是一场代表了特定的社会问题和社会地位的群体的论战,所以,除了争论的内容有所不同之外(因为我们已经不再对自然哲学进行争论了),它与当代世界中的知识政治学并无二致。

3. 宗教如何介入自然哲学的争论

在每个重要的自然哲学思想家的意识里,宗教信仰、组织和议程问题都是与自然哲学交织在一起的。也就是说,宗教问题在自然哲学的争论中起着广泛的、变化无常的作用,而且几乎每时每刻都在起作用。合理的宗教与合理的自然哲学之间的关联早在每个受过教育的人上大学时就定下来了。"合理的"意指大学里讲授的宗教形式和亚里士多德版本的自然哲学。

如果你想在日后采纳一种不同的自然哲学,你就会遇到很大的挑战和难题,不论对你自己还是对你同拥护者的交流都是如此。此外,如果你想转向某种具有明显不同的目的和价值观的自然哲学,某种技能要求超过亚里士多德哲学的自然哲学,这也会使得这种转变过程以及对相关者的说服困难重重。当然,所有的新柏拉图主义在许多重要的

```
┌─────────────────────────────────────────────────────────────┐
│ 自然哲学的研究领域、亚文化或传统                                │
│ 自然是一个连贯的统一体，在以下几个方面被系统地研究：            │
│ 1. 物质； 2. 宇宙； 3. 因果性； 4. 方法                         │
│ ·处于支配地位的经院亚里士多德哲学（及其各种观点）              │
│ 各种挑战者：                                                  │
│ ·各种新柏拉图主义，高潮期 1580－1620                          │
│ ·各种机械论，高潮期 1640－1680                                │
│ ·17世纪 90 年代以来的（各种）牛顿主义                          │
└─────────────────────────────────────────────────────────────┘
```

支持，影响 ↑   ↓ 次序，优先性，基本概念

```
┌─────────────────────────────────────────────────────────────┐
│ 狭窄的、专门的、从属的学科："周围环境"                         │
│ 具体科学的详细清单及各学科的优先地位取决于自然哲学的安排        │
│ 与数学密切相关的学科：力学，流体静力学，光学，天文学，音乐      │
│ 理论，地理学等，某些倾向于成为"数理科学"                       │
│ 生物－医学：解剖学，生理学理论，医学理论                        │
│ 特别有争议的学科：占星术，炼金术，自然巫术的其他分支等          │
│ 这一时期的新学科：                                            │
│ 数理科学：天体力学，经典力学                                  │
│ 实验科学：电学，磁学，热学，气体化学                          │
└─────────────────────────────────────────────────────────────┘
```

图27.4 自然哲学——包括从属领域在内的一般结构

方面都不同于亚里士多德哲学，而且，新柏拉图主义越是牵涉政治和宗教事务，风险就越大。正如我们已看到的，机械论哲学也经历了这样一种困难的转化过程。选择一种与特定的宗教关怀相匹配的自然哲学并不是拍拍脑袋就能够想出来的简单问题。这是一个严肃的思想、政治和宗教事件，特别是在宗教紧张时期和战时的欧洲尤其如此。

从所有这些意义上说，宗教就是某种多方面地影响自然哲学家的思想和行为的情境因素或外部因素。

4. 自然知识的价值观和目标：目的和议程的改变

这里有另一个有关外部因素的更加含糊不清的例子：人们对科学和自然哲学的追求、研究和信奉是有理由的、有目的的。某些理由就是人们所持有的社会价值观和信念；人们希望追求的目标。换言之，人们选择自然哲学和具体科学的某种观点是基于人们的目的、价值观和旨趣，而这些目的、价值观和旨趣反过来可能受外部因素的影响或制约。

图27.5大体上勾画了这个过程：有关自然知识变化的目标、价值观和目的可能来自宽广的社会背景中的任何领域。当自然哲学家和具体科学的实践者从社会中获得了这些目标、价值观和目的时，这些目标、价值观和目的就能影响自然哲学家所创造的知识主张的内容和方向，以及人们在更广泛的领域中对它们进行协商的方式。（图27.5也肯定了我们已经研究过的自然哲学和具体科学之间的关系，所以我们可以看到，变化的价值观、目标和目的能够被移植到自然哲学之中，也能够被移植到一种或更多的具体科学之中，这种移植可能间接地从社会大环境经由自然哲学作用于具体科学，也可能直接作用于具体科学。）

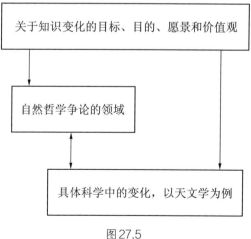

图27.5

我们已经看到,自然哲学在这一时期的一大对垒主要发生在两方之间:一方是在大学中被奉行和讲授的亚里士多德哲学,另一方是巫术型新柏拉图主义和机械论哲学。后两种自然哲学流派所面临的共同问题是,某种自然哲学的目标究竟是什么?新柏拉图主义者和机械论自然哲学家认为,自然哲学的目标、价值观和愿景就是对自然的掌控,也就是对自然的开发和利用。与之不同的是,亚里士多德哲学绝不认同这种价值观和观点。亚里士多德哲学崇尚思辨的价值观、消极的观察、对知识和知识体系的欣赏,但这种知识绝非供应用的知识。这些变化的目标和价值观并不是完全在这些自然哲学的内部滋生出来的,而是被移植而来的。它们来自自然哲学领域之外,从这个意义上说,它们是"外部"推手,但导致这一切发生的究竟是什么——在更大的背景中,这种移植源自何处?其动力何在?图27.6描绘了这个问题:亚里士多德哲学的反对者把知识变化的目标和价值观引入了自然哲学,位于这些知识变化的目标和价值观背后的具体的外部推手究竟是什么?

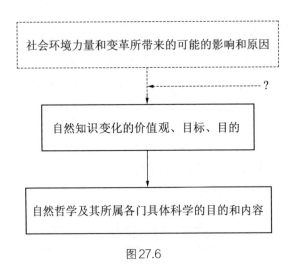

图27.6

5. 究竟是什么决定了机械论哲学和巫术型新柏拉图主义所具有的价值观和目的？

社会价值观和愿景的差别从何而来？我们或许不能完全回答这个问题,但我们可以指明回答这个问题的正确方向。社会价值观和愿景的差别并不是从天上掉下来的,也不是简单地从某种观念体系中长出来的。这些差别必须反映不同的社会地位或社会群体或不同的社会场所,正是在这些地方,愿景和目标被重建和强加于自然哲学。所以这些差别向我们展示了更大的社会和社会经济变革的方向。因此,社会上发生的某些事使得某些人产生了这样一种以前从未产生过的需求,即对某种来自自然哲学和具体科学的实践性、有用性、控制性和开发自然的权力的需求。这种需求不会来自具体科学和自然哲学的内部,只能来自社会大环境。

6. 回到经典的马克思主义外史论：如何把新兴的欧洲商业资本主义、国家的形成和国家之间的竞争考虑在内？

让我们回到资本主义问题上来,因为在本书第24章中,这个问题似乎在我评论马克思主义外史论者的方式中被遗漏了。我认为,在把自然哲学中的某些变化的目标和态度归咎于这些经济和社会变革上,存在着大量基础性的真理。我认为马克思主义外史论者出错的地方是,他们试图直接从经济变革走向技术瓶颈再得出科学的回答(图27.7)。

道路不是这样的,因为我认为,

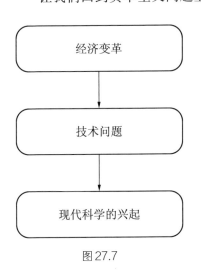

图27.7

伴随着国家的巩固和国家之间的冲突的,促进了自然哲学领域内有关知识的态度或愿景的改变的,是更多商业资本主义的出现和重大社会结构的变迁。

所以,如果你问,支持巫术型新柏拉图主义或机械论对抗亚里士多德哲学的愿景的变化究竟来自何处,我要说,这些改变的态度的最根本的动力就是近代商业资本主义经济的出现。因而这就会驱使生活在那种社会中的受教育者产生这样的看法:他们在大学里学到的东西与他们生活于其中的政治、社会和经济环境的需求并不特别相关,如果自然哲学想要提供某些与之相关的东西,那么这种自然哲学就肯定不同于他们在大学中学到的那种自然哲学。

这就是当时的态度,将人们按气质、政治和宗教的不同进行划分,如帕拉塞尔苏斯、笛卡儿、培根或霍布斯,这些人认为,问题并不是亚里士多德哲学是错的,而是亚里士多德哲学是不相关的,因为它对人们的入世和出世没有什么用处:在商贸兴起和国家形成以及战事不断的早期现代社会,如果自然哲学想有所作为的话,那么它就该引导人们在控制和支配自然上进行实践、利用和运作,这就是当时的社会愿景的根源。这并不等于说,有了这些变化的目标和愿景就可以立马得到更好的枪炮或地图……不是的,它们来自技艺。变化的愿景和目标确实对改变自然哲学起了作用:当时的人们得到了巫术型新柏拉图主义自然哲学和机械论哲学,因为这些自然哲学回应了那些变化的社会态度(图27.8)。

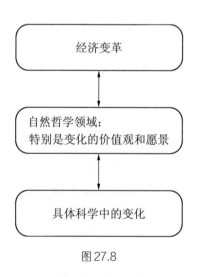

图27.8

7. 概念综合的应用与提炼

最后,与这一时期的经济变革相关联的其他两个要素是:(1)君主制和中央政府的集中和发展;官僚机构权力的扩展;(2)当时的宗教变革和紧张局势,在天主教一方,这意味着组织起来反对新教;在新教一方,则意味着组织起来反对天主教。这就是推动社会态度、目标和愿景发生改变的三个相互关联的重大因素,这些态度、目标和愿景削弱了中世纪亚里士多德哲学的权威地位。亚里士多德哲学已经难以抵挡这三个因素了,尽管它持续了几个世纪。

(图27.9将之以下述方式勾画出来:图的底部基本上还是我们在图27.5中呈现的内容,也就是变化的目标、目的和价值观同自然哲学和具

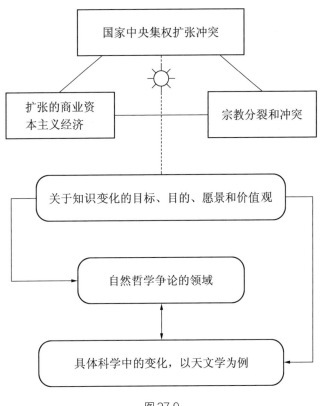

图27.9

体科学之间的关系。图27.9要求我们了解这种错综复杂的关系并将它直接置于图上部的三角形的中心,这个三角形是由三组关键的外部推手构成的:国家的形成和冲突;宗教的差别和冲突;商业资本主义的兴起,欧洲各国之间的贸易和海外贸易。)

8.应用于某个案例:笛卡儿,机械论者和发明家

一个典型的情形是这样的:笛卡儿被培养成一名律师,在这个意义上说,他是中产阶级的一员。他不是一个资本家,也没有从科学中寻求解决问题的技术措施(他不是黑森和贝尔纳所说的那种人)。他是新兴管理阶层的一员,人们认为这个阶层可以管理法国,管理更庞大的陆军、更庞大的海军以及更广泛的商业发展。

笛卡儿(他在这里可以代表成千上万人)想从他的教育中得到什么呢?他不想学到:人类关于自然的知识被限制在沉思的范围内,实验、实践、技术和工艺同科学毫不相干。笛卡儿生活在这样一个世界里:商业、国家的兴起、权力的运用具有全新的意义或者至少具有放大的意义,因而他持有这种想法可不太好。

笛卡儿最后成了这些人中的一员:他们坐下来说,我们必须设计这样一种自然哲学,这种自然哲学不是诉求于底层阶级的巫术型自然哲学(不像帕拉塞尔苏斯学派或玫瑰十字会会员),这种自然哲学在宗教上是合理的(在他的案例中是指天主教),但它认为世界可以被研究、控制、操作、开发和利用。

这就是笛卡儿自然哲学的内容及其价值所在。基于这种自然哲学,笛卡儿认为,每门具体科学如物理学、光学和数学等的研究都应该在这一框架内进行。所以笛卡儿的观点是他那个时代的社会和经济的产物。他的观念和愿景演化成了一种自然哲学,这种自然哲学对于具体科学来说具有重大意义。但笛卡儿本人并不像黑森或贝尔纳所说的

那样是商业资本主义的跟班,企图解决当时的技术难题。他不是受经济力量支配的木偶,机械地奉行资产阶级的指令。但笛卡儿也不是内史论者所想象的那种人物,这种人认为观念是脱离人们的教育、宗教、政治和经济环境的,他们对自己身处自然哲学内部的霸权之"争"视而不见。

9. 科学革命的阶段被看作自然哲学领域及其所属具体科学"环境"的演变过程

最后,我们对本书所考察的科学革命的阶段作一个总结。当时的自然哲学的发展轨迹对于如何理解科学革命具有重要意义。我们在第20章的末尾包括曾出现在该章的图27.10中已经预示了这一对科学革命的过程的诠释,这些阶段如下:

[1] 科学的文艺复兴(The Scientific Renaissance)*,1500—1600年

[2] 批判或危机时期(The Critical or Crisis Period),1590—1660年

[3] 达成相对共识,体系性冲突缓和及新机构确立的时期,1660—1720年,以牛顿的研究为节点。

[1] **科学的文艺复兴**表现在"周围环境"的具体科学领域,也表现在自然哲学、学术目的和实践的领域,自然哲学、学术目的和实践已经描绘了古典文学、历史和语言在欧洲文艺复兴早期阶段的境遇。当时已经确立的关于文本修复、编辑、翻译、评论和印刷出版的人文主义实践,都越来越把注意力集中在古希腊和古罗马的科学、数学和自然哲学

---

* 霍尔(Marie Boas Hall)曾著有《科学的文艺复兴》(*The Scientific Renaissance: 1450—1630*)一书,这说明,与我们一般所说的文艺复兴相比,科学的文艺复兴可能是一个专门概念,但就目前译者所掌握的信息看,有关科学的文艺复兴的出处、内涵、基本构架等,尚待专门研究。——译者

科学革命的轮廓——自然哲学的冲突：从危机（1620—1650年）
到机械论的巩固（1650—1680年）到牛顿主义的兴起（1690年以来）

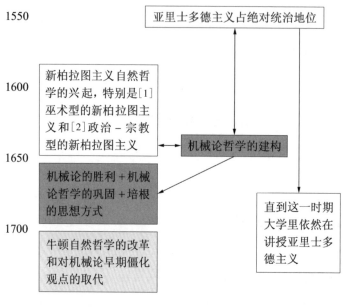

图27.10

遗产。人们认为文艺复兴时期是一个更重要的历史时期，这些发展出现在文艺复兴时期有点晚了，但它们标志着科学革命进一步发展的第一阶段或必要的前提。

在本书中我们已经看到了科学的文艺复兴的证据，[a] 哥白尼之前的天文学的复兴以及哥白尼本人改革天文学的尝试，这种尝试的依据是，他在理解托勒玫天文学这一此时已完全复原的体系时所看到的托勒玫天文学的局限性；[b] 各种向大学中的亚里士多德哲学发起挑战的自然哲学的恢复和普及。我们在新柏拉图主义以及在16世纪迅速发展的各种自然哲学中看到了科学的文艺复兴。

但是，尽管有这些发展，我们仍须牢记关于"科学的文艺复兴"的两个关键点：[1] 在整个16世纪，"正统的"经院亚里士多德哲学被正式确立为对所有严肃关注自然哲学的人士的教育的核心。因此16世纪没有发生自然哲学的危机。[2] 在下一个阶段，一个重大的、前所未有的过程即将发生，它超越了古典时期、中世纪的伊斯兰国家、后来的中世纪的欧洲，甚至超越了 16 世纪欧洲所产生的思想，在当时的欧洲，科学的文艺复兴和自然哲学的发展过程可能还是会以失败告终，正如它们之前的知识复兴所发生的情况一样。

[2] 科学革命的**批判或危机时期**（约 1590—1650 年），其特点是追求自然知识的历史过程中出现的独特事件，无论是在古典时期、中世纪的伊斯兰国家抑或直到那个时候的文艺复兴的欧洲：一方面，处于从属地位的具体科学（subordinate entourage sciences），如光学、力学、天文学以及数学，出现了前所未有的概念转换（conceptual transformation）。开普勒、伽利略、笛卡儿和哈维（在 1628 年发现了血液循环）等人的成就例示了这样一种宽泛的模式，它是居于从属地位的具体科学之间加速转变和相互作用的模式，这些具体科学是约 1590 年之后的两代人的科学。在这一时期，文艺复兴的发展已经达到了顶点，这两代重要科学家在具体科学诸学科领域已经出人意料地取得了突破性进展，因而极大地改变了这些学科的发展方向。

另一方面，在自然哲学上，亚里士多德哲学的消解趋势——来自帕拉塞尔苏斯主义的挑战，巫术型或炼金术型新柏拉图主义的挑战，要求对实践知识进行重新评价的挑战，与数学艺术或经典数学科学相关联的反亚里士多德辩论法的挑战——皆呈现出更大的紧迫性。如我们所知，这就出现了一场发生在各种系统的自然哲学之间的更加显著的通常是你死我活的竞争（有些自然哲学与宗教、社会和思想改革的乌托邦纲领联系在一起），这场竞争的结果导致了机械论哲学的创建和最初的成功传播。

在文艺复兴的发展过程中，对实用知识的重新评价和掌控自然的渴望这两大主题依然得到关注。然而，现在这两个主题似乎更加紧迫并处于一个新的关键期,以自然哲学思想平台上的争论的具体化为标志,因为培根和笛卡儿等人系统地呼吁对自然哲学进行变革,这种变革能从技术和实践技艺中获益,反过来又能回馈它们更强的"掌控自然"的能力。

这种激增和竞争体系之间及其倡导者之间的斗争,导致了各种机械论哲学的出现,机械论哲学是少数致力于解决(按各自的偏好)这一时期的自然哲学冲突的革新者提出来的。

到17世纪中期,亚里士多德哲学的文化统治已经崩塌(尽管它在大多数大学中的至高无上的地位又持续了一代人的时间)。机械论哲学在诸多自然哲学派系中上升为居主导地位的种类。因此在我的头脑中产生了这样一幅"自然哲学的内战"的画面,这场内战伴随着多重思想格局的变革:从亚里士多德哲学转向机械论,机械论避免了新柏拉图主义接管的威胁。

当然,欧洲对什么是正确的宗教没有达成共识,这解释了这场争斗的强烈程度,并且在某种程度上解释了这场争斗最后为何缺乏定论:广泛的机械论共识的内部没有出现一个取得共识的机械论体系,当然,机械论的拥护者既有新教徒,也有天主教徒,他们依然没有和解。

[3]接下来是**达成相对共识,体系性冲突缓和及新机构确立的时期**,这一时期的特点是,体系性冲突(至少公开的冲突,特别是在新的"科学"体制上的冲突)缓和了,主要是松散控制的各种机械论哲学被传播和广泛接受,这些变体与培根的方法论和实验论结合在一起。

自然哲学家发现,他们本身就是在新机构的管辖范围内从事自然哲学研究的,如英国皇家学会或法国科学院,这些机构都鼓励合作研究、实验探究和证据支持,并且不赞成自然哲学体系之间的激烈竞争,而是设法使之得到缓和(尽管这种争斗依然在幕后延续着)。

从前纷争不断的自然哲学文化探索及其思想氛围已经转变,这些转变促进了自然哲学文化自主权的提高,也开启了这种文化自主权解体为各种后继科学的长达一个半世纪的征程。因此"自然哲学的内战"的具有讽刺意味的结局就是,一方面,自然哲学作为一个整体——所有这些游戏和骚乱的全部领域,变得比其他文化形式(如神学)和其他哲学分支更有自主权;另一方面,自然哲学开始进入一个漫长的分化过程:分化成许多外表更加现代的、半自主性的、各式各样的、狭小的专门领域或自然探索学科,这些领域或学科开始类似于我们现代意义上的科学。

至于牛顿,正如我们在第21章和第22章中所看到的,我们误解了早期现代科学的发展节奏,因为我们过于关注被设想为整个过程的终极目标的牛顿天体力学和物理学。实验微粒-机械论哲学,包括所属的具体科学,本来可以在这一时期凭自己的力量获得相当长期的发展,要不是牛顿偶然跑来横加干预,从而影响了其发展的内容和方向的话。我们对科学革命时期的划分,强调并考虑自然哲学的探索,根据三个阶段或时刻来审视科学革命的进程,这一进程偶然地被牛顿不时打断,而不是以他为目标,或在他身上找到某种清晰的结论。

自然哲学在18世纪早期变得越来越牛顿式了,其间还伴随着具体科学(日益倾向于摆脱自然哲学的控制而变成更加现代意义上的独立科学)的迅速发展。18世纪的第二代和第三代科学家的成长标志着科学革命进程的终结,因为现代科学开始成型,寻求一种普适的自然哲学的旧观念开始消退,新科学的更为宽泛的意识形态和文化影响在欧洲启蒙运动的浪潮中得以传播。

如同本书序言所指出的那样,本书所述是对科学革命的更加详尽的解释,是在此处所介绍的简单模式的基础上扩充而成的,这种简单模式现在已有中译本可寻:我的论文《科学革命》已被收入《中国科学与科学革命——李约瑟难题及其相关问题研究论著选》(刘钝、王扬宗编,辽宁教育出版社,2002年,第835—869页)一书。对这些问题感兴趣的读者应该从这部著作入手,如果可能的话,再继续阅读一些我挑选的一小部分英文资料,如以下阅读文献所列。

第27章思考题

1. 作者认为,在关于科学革命的历史解释中有许多问题,这些问题与外史论和内史论这两种过时的研究方法有关。概述这些问题并描述作者对历史学家能改进他们在科学革命问题上的方法持何种看法。

2. 作者所说的"自然哲学"是什么意思? 他是如何以及为什么要把"自然哲学"与"具体科学"区别开来? 为什么作者认为与"科学"概念所作的诠释相比,这些概念有助于我们更好地描述和解释科学革命?(其实这个问题并不难,只要你还记得数理天文学作为具体科学的一个实例是如何从属于更深广的自然哲学的。)

3. 科学革命的进程有哪三个阶段? 每个阶段的基本特征是什么? 怎么才能克服内史论和外史论的科学编史学的局限性,从而考察科学革命的进程呢?

4. 回到第1章我们开始学习本书时所提出的第二个问题。现在你会如何改进你对该问题的答案呢?

阅读文献

J. A. Schuster, "The Scientific Revolution", in R. Olby *et al.* (eds.), *The Companion to the History of Modern Science*, 224—242.

P. Dear, *Revolutionizing the Sciences*, 168—170.

J. Henry, *The Scientific Revolution*, Chapter 8.

J. A. Schuster, "The Organisation of Knowledge — The Grand Programs of Natural Philosophy and the Rise of Disciplinary Differentiation by the End of the 17th Century", which appeared in Italian as Chapter 19 of D. Garber, ed., *L'Età della Rivoluzione Scientifica* [Istituto della Enciclopedia Italiana, *Storia della Scienza* v. 7. This chapter appears on my website under the category "Research" www.descartes-agonistes.com.

◇ 附 录

本书作为教材使用时的几点说明

课程描述

本书通过对欧洲近代科学起源的历史研究,特别是致力于对哥白尼、伽利略、开普勒、笛卡儿和牛顿等人生活和工作的研究,考察了科学史和科学哲学中的基本问题和概念,同时分析了形成新科学的宗教、文化和经济因素。在考察诸如伽利略和天主教会之间冲突的案例中,着重强调了批判性的历史思考和对库恩及其后继者所创建并发展的科学知识社会学的运用。批判性地分析了科学史和科学哲学的基本问题,诸如科学事实的理论渗透的本质问题,科学方法的存在及其作用问题,科学发现的进程问题以及科学革命是否真的存在等问题,并将这些问题应用于史料的案例研究中。

课程目的

第一,本书涉及科学史和科学哲学领域中最重要且最值得广为研究的问题,即1500—1700年欧洲近代科学的兴起、本质和发展动力,可作为科学史和科学哲学专业本科一年级学生的核心读本。

第二,通过详尽的分析性介绍及历史案例研究,本书为历史、哲学和科学知识社会学的研究,提供了超越入门水平所必需的基本概念的知识图谱。

第三，本书介绍并评析了案例的史料研究内容，如科学与宗教的关系、科学进步的动力以及社会环境在科学形成中的作用等问题，以使读者意识到科学的形象、科学的社会关系以及科学的社会理解等当代问题，并激发读者对这些问题的研究兴趣。

第四，本书涉及20世纪有关科学及其本质、方法和伦理哲学的争论，特别是波普尔与库恩之争以及有关后库恩主义的科学史与科学社会学的兴起之争，通过阅读这些内容，读者可以获得相应的问题意识并理解这段文化。

第五，就学科主要概念和研究技能的宽泛基础而言，本书可为科学史和科学哲学专业本科三年级学生的深入研究做准备。

第六，通过详尽的规范、层次分明的内容及相关的研究活动，提升继续深造的研究生的部分核心能力，如参与学术研究的能力；掌握交叉学科环境中的相关学科知识的能力；分析思想、评论思想、创造性解题的能力；独立从事研究及反思研究的能力；定位、评价及利用相关文献的能力；有效的沟通能力。

学习效果

读完本书，读者应掌握如下几点：

·能够描述并分析有关近代科学的本质的争论及近代科学在西方文明中发展壮大的原因。

·评价且有效地交流在科学理论的形成过程中社会、宗教和经济等因素所起的作用。

·描述并评价有关科学方法的存在及效果、科学发现及科学革命等争论，特别是波普尔和库恩有关科学变革的不同理论的争论。

·理解在所谓的科学与宗教的"冲突"问题上的评价视角及分析

理念。

·掌握理解和评价科学史史料的技能。

·更自信于自己简明扼要的沟通能力,以及在读写方面建构有力论证的能力。

如何把本书分解成七篇:在完成本书的某个篇章后,要不断地阅读这些篇章的概要!

第一篇:科学史与"事实"崇拜

按课程计划,我们在本篇开始时要交代两个术语:第一,通过分析历史学家如何建构其事实(而不是找到或发现事实),我们将指出,在科学领域也是一样,事实也是被建构的,而不是被找到的或被发现的;事实在很大程度上形成于并受制于科学家所信奉的理论、目标和信念。在一般历史领域和科学领域,当我们通过事实的建构理解了我们的意思是什么时,我们就可以抛弃关于方法、自主性和进步的古老故事,除了科学的"神话"史,这些故事阻止我们做其他任何事情。第二,我们将会看到,存在一种非常独特的、误入歧途的撰写科学史的方式,这种写作方式依赖的是关于事实、方法、自主性和进步的过时观念。我们将学到,这种误入歧途的历史写作方式被称为辉格史,如果我们要为作为社会制度以及作为文化的社会产物的批判的科学史扫清战场,那么我们就必须摆脱这种辉格史。

第二篇:科学中的冲突和革命:哥白尼对阵亚里士多德

上一篇讨论了知觉的理论渗透和事实的理论渗透,我们初步接触了几个概念,这些概念有助于我们以更好的方式研究科学史。现在我们将进入本书的第二篇,我们在这一篇中将进行某种历史研究,即我们的第一个历史案例研究。我们将探究科学革命中两方的对抗，一方是曾经占统治地位的、已经确立了的世界观，即亚里士多德的宇宙论和天文学；另一方为挑战者的宇宙论和天文学的世界观，该世界观被宽泛地称为哥白尼学说，这种学说出自哥白尼（逝于1543年）本人。为了进行这种比较研究，我们将应用某些我们自己的观念，即关于不要成为辉格主义者的观念，例如，不把亚里士多德看作愚蠢的一方，也不把信奉哥白尼学说的人看作明显正确的一方。我们将跟着这些人，同他们一起制造和毁灭事实，以及制造和毁灭理论。我们将证明，事实的制造和毁灭以及理论的制造和毁灭并不是某种历史现象，这种历史现象依赖于"好汉"与实在的本性的真实联系，而"坏蛋"则没有这样的联系。这些现象依赖于人们制造和毁灭事实与理论的个人的、社会的、政治的和制度的策略以及方式方法——这就是为什么它导致有趣的历史，而非虚构的辉格史神话的原因。

第三篇：科学方法神话：两个传说

在第二篇中，我们考察了科学史中的一个有趣的部分，哥白尼挑战托勒玫和亚里士多德，我们发现，我们在本书开头讨论过的关于事实的理论渗透和辉格科学史的问题都开始起作用了。由于我们在单单这一场对抗中就已经看到了如此多的新东西，现在我们有了一个哲学的喘息空间。在这一篇中，我们将从哲学的视域来考量科学方法的神话故事，既包括亚里士多德发明的老故事，也包括最新的故事之一，即波普尔的方法故事。我们将看到，基于我们的经验，除了科学家喜欢把那些方法故事当作说服他人的工具外，为什么那些故事没有告诉我们关于科学进展的大量的有用信息。只要人们不再认为科学实际上是按照单一的方法实践的，我们就能够在以后各篇中继续我们的历史案例研究。

第四篇:科学家究竟怎样进行研究的?

本篇开篇就要将我们曾经用过的但尚不明晰的观念展示出来,但这就需要某种哲学讨论。这种观念就是,理论总是有深层的预设内在于其中,正是这些预设决定并制约着理论本身,科学史家将这种观念称为"形而上学",或者理论的形而上学背景。我们已经动摇了有关所与的客观事实的陈腐观念,因为我们已经看到事实实际上是理论渗透的。我们将要看到的是,理论是预设渗透的,理论是被文化预设、信念、承诺和目的决定和制约的,这些因素存在于某种既定的社会或文化之中,这些预设塑造了既定理论的生成和应用。所以正如理论决定着事实一样,文化预设(或理论的形而上学背景)决定着理论本身。

接下来在本篇中我们转向哥白尼去世后的两代人对哥白尼学说的争论。我们将讨论三个主要参与者——第谷、开普勒和伽利略——的研究工作,我们将把到目前为止已经开始出现的有关事实、理论、预设和知识的社会塑形等新的重要观念应用于我们的历史分析。

因此当某种新理论被提出来时,我们将关注对这种新理论的反应和解释,即关注最终接受或拒绝这种新理论的业内沟通和再解释的过程。这就是科学的社会现象之一,科学史家和科学社会学家发现,这种社会现象很值得研究。毕竟,某个理论并不仅仅由它的创立者说了算;一个理论取决于业内其他成员的认可,因为业内成员的辩论和协商展示了新主张的可接受性。你不能将自己的意志强加在整个学术共同体之上。你的理论是由你的同行来评判和解释的。

我们在研究哥白尼的后继者及其对手的协商和解释过程的同时,也将关注科学的某些社会-政治维度。对于这种社会-政治维度研究,我们着眼于有关哥白尼学说的争论中的某些人物的工作,并且从每个案例中抽取一种它们所阐明的社会-政治维度:对于第谷而言,它是理论主张的专业沟通;对于开普勒而言,它是作为智力建构的科学发现的本质,这种智力建构是某种形而上学背景和先验性研究之网内部的智力建构;对于伽利略和望远镜而言,我们将关注仪器的理论渗透以及仪器在科学中的使用的政治学。

第五篇:尝试重新理解科学是如何运作的

我们已经考察了有关科学方法的两种解释,即波普尔的解释和古老的归纳法优越论者的解释。我们已经看到,这两种解释并没有使我们对科学史的理解更清楚一些。由于社会的和政治的原因,科学变革、科学争论和科学的日常研究远比这些故事所告诉我们的要复杂得多。到目前为止,我们已经达到了与本学科在约45年前所达到的程度相类似的人为建构的节点。处于这一节点的科学史和科学哲学领域的工作,在很大程度上受到了库恩关于科学变革的本质的著作的影响。库恩有关科学变革的研究已经影响了许多领域的思考,并延伸到更宽泛的历史领域、社会学领域、政治科学领域、人类学领域甚至艺术史领域。尽管今天一个受过教育的人可能不知道波普尔,但却不可能不知道库恩。库恩肯定是沿着正确的方向前进的,即使他的许多追随者对于他的原创思想存有争议。在这一篇中,我们将详细考察库恩的观点。这将为以非方法论的方式思考科学变革问题提供一个有用的出发点。

库恩有关科学如何发展以及科学家研究什么的理论始建于1962年。这一理论已成为现代科学哲学以及科学史领域最有影响的且广为传播的著述。几乎没有人会全盘接受库恩的思想,但大多数有关过去40年的科学的新观念都在某种程度上受到了库恩哲学的激励或影响。库恩的著述也在其他学术领域被广为传阅。如果你努力理解了库恩的思想,你在某个领域就会有所作为,并会以某种有意义的方式提升你的与21世纪早期的文化相关的通识教育。

第六篇:思想冒险:社会、政治与科学变革

本篇重新回到历史研究,但这种研究的概念和理论焦点都发生了变化。是时候从更多地考虑广泛的社会力量、制度因素和社会环境的角度来考虑科学史了。

首先,我们将考察伽利略同天主教会的不幸对决这一经典的且受到极大误解的历史问题,我们还将继续考察伽利略事件的深层社会环境。这种考察将使我们触及这一事件的核心,因为我们将讨论"自然哲学"在科学革命中的冲突问题。自然哲学具有重要意义,因为它跟社会环境和社会塑形相关。自然哲学作为自然界的宏大系统解释,对社会和制度的旨趣非常敏感。自然哲学必须与宗教、教育制度、政治气候等保持适度的关系,所以自然哲学就是社会和文化的避雷针。我们考察自然哲学在科学革命中的变化时,其实我们从中看到的是各种社会力量对科学发展的影响。

因而我们必须研究机械论哲学的形成及其被接受的原因。这种考察与批判亚里士多德哲学的关系不大,倒是与摧毁一个激进的新挑战者——新柏拉图主义(特别是其巫术型的表现形式)的关系比较大。我们将学会小心地避免得出这样的辉格式结论:机械论胜出的原因是它是"正确的"。

最后,我们将讨论牛顿和牛顿的自然哲学。在这里,我们必须小心地避开两个陷阱:第一,牛顿是"对的",他是第一个"真正看到"自然的人;第二,牛顿代表了科学革命的"终结",代表了终极真理,这种终极真理早就自然而然地存在于万事万物之中。

第七篇:理解科学史的关键何在?

最后一篇讨论编史学,编史学意味着分析并讨论史学家在研究工

作(描述、叙事和解释)中所使用的假设和理论。换言之,即在历史解释中所作的关于世界如何运作的假设。因此,科学编史学就是对科学史家所作假设的分析。

首先,我们将探究科学编史学中流行于20世纪的两个主要思想传统或流派,它们分别是科学史研究的内史论和外史论。我们将看到,无论是内史论还是外史论,都不能对作为社会的、政治的、制度的亚文化的16世纪和17世纪的天文学共同体给出一个令人满意的说明。我们也将详细考察一个最重要的外史论观点,即科学社会学家默顿有关"新教伦理与近代科学的兴起"的研究。尽管他的工作受到了质疑,但最近某些重要的科学史家还是以改进的形式推进了默顿理论。按照本书一贯的精神,我们将对原初的和新兴的"默顿"解释进行校正和改进。

最后,我们将认识到,我们在本书中所看到的观点呈现出反对内史论/外史论争论的新的特殊意义。在这场争论中,不论是外史论还是内史论都不能形成这样一种观念,即科学的"内部"是某种社会场域、某种亚文化,微观政治以及对事实和理论主张的建构、协商和解构就发生在其中。基于这种考虑,我们可以得出"后库恩主义"观的结论以及把"自然哲学"理解为科学革命中的社会–思想的竞技场的情愫。归根结底,这些思考为我们描述了作为一个整体的科学革命进程的画卷,这幅画卷也即对16—17世纪科学革命的某种新的叙述及解读。

译后记

2010年11月，译者获国家留学基金委资助，以高级访问学者身份赴澳大利亚新南威尔士大学（UNSW）从事科学哲学、科学思想史研究，发现澳大利亚有一部名为《科学史与科学哲学导论》的教材在网络上颇为流行，深受学生欢迎，而且在各大学和远程教育平台上被广泛使用。仔细通读该教材后，译者觉得将科学史与科学哲学以及STS等多个学科的内容融汇在一本教材中的做法值得国内借鉴，于是与该教材的作者约翰·A.舒斯特先生达成了将该教材译成中文的初步意向。在译者回国后，该意向得到了上海科技教育出版社的大力支持。

该中译本是2012年国家第三批哲学社会科学重大招标课题重点项目"西方科学哲学史"（12AZD070）阶段性成果。全书由安维复教授主译及校对，并翻译了第一、二、三、四篇，第六篇，以及每章中的思考题、书后的附录等内容；傅海辉翻译了第五篇的第15章，任杰翻译了第16章，何静翻译了第七篇的第22、23章，代利刚翻译了第24、25章，安宁翻译了第26、27章。

感谢笔者的部分学生参与了书稿的初译工作，其中，张军和张叶参与了第一篇的初译，王洋参与了第三篇的初译，刘佳参与了第四篇的初译，袁邦兴和代利刚参与了第六篇的初译。对他们而言，参与翻译更多的算是一种学习过程，离恰当的译文还有距离。

特别感谢责任编辑殷晓岚、王洋对本书所做的编辑加工，并由此对上海科技教育出版社严谨的学术态度表示由衷的钦佩。

译者

2013年5月16日于华东师范大学

图书在版编目(CIP)数据

科学史与科学哲学导论 / (澳)约翰·A.舒斯特著；安维复主译 . -- 上海：上海科技教育出版社, 2025. 1. -- ISBN 978-7-5428-8282-0

Ⅰ. N091；N02

中国国家版本馆 CIP 数据核字第 2024BW0436 号

责任编辑 殷晓岚　王　洋
封面设计 符　劫

KEXUESHI YU KEXUEZHEXUE DAOLUN

科学史与科学哲学导论

[澳]约翰·A.舒斯特　著

安维复　主译

出版发行　上海科技教育出版社有限公司
　　　　　　（上海市闵行区号景路159弄A座8楼　邮政编码201101）
网　　址　www.sste.com　www.ewen.co
经　　销　各地新华书店
印　　刷　常熟市华顺印刷有限公司
开　　本　720×1000　1/16
印　　张　32.25
版　　次　2025年1月第1版
印　　次　2025年1月第1次印刷
书　　号　ISBN 978-7-5428-8282-0/N·1230
图　　字　09-2024-0881号
定　　价　108.00元